普通高等教育"十一五"国家级规划教材

高等学校规划教材

计算机导论
——基于计算思维视角
（第4版）

王玉龙 方英兰 王虹芸 编著

电子工业出版社
Publishing House of Electronics Industry
北京·BEIJING

内 容 简 介

本书是普通高等教育"十一五"国家级规划教材的修订版。全书共 9 章：计算思维概述、算法基础、计算机的硬件基础、计算机系统的硬件结构、数据的组织与管理、计算机系统的软件、计算机系统及应用、计算机信息安全及职业道德、计算机导论实验。附录还给出了专业学习指南。本书为任课老师免费提供电子教案、习题参考答案和实验用程序等教学资源。

本书适合作为计算机专业本科和专科入门教材，也可作为非计算机专业的"计算机基础"教材，也是计算机初学者的理想入门读物。

图书在版编目 (CIP) 数据

计算机导论：基于计算思维视角 / 王玉龙，方英兰，王虹芸编著. —4 版. —北京：电子工业出版社，2017.9
高等学校规划教材

ISBN 978-7-121-32482-6

Ⅰ．①计… Ⅱ．①王… ②方… ③王… Ⅲ．①电子计算机－高等学校－教材　Ⅳ．①TP3

中国版本图书馆 CIP 数据核字(2017)第 194742 号

策划编辑：章海涛
责任编辑：袁　玺
印　　刷：北京京师印务有限公司
装　　订：北京京师印务有限公司
出版发行：电子工业出版社
　　　　　北京市海淀区万寿路 173 信箱　　邮编：100036
开　　本：787×1092　1/16　印张：21　字数：537 千字
版　　次：2004 年 2 月第 1 版
　　　　　2017 年 9 月第 4 版
印　　次：2020 年 12 月第 10 次印刷
定　　价：46.00 元

凡所购买电子工业出版社图书有缺损问题，请向购买书店调换。若书店售缺，请与本社发行部联系，联系及邮购电话：(010)88254888，88258888。

质量投诉请发邮件至 zlts@phei.com.cn，盗版侵权举报请发邮件至 dbqq@phei.com.cn。

本书咨询联系方式：unicode@phei.com.cn，192910558（QQ 群）。

前　　言

　　《计算机导论——基于计算思维视角（第 4 版）》是在前三版的《计算机导论》基础上修订而成的。《计算机导论》第 1 版作为国家"九五"规划教材于 1997 年出版，至 2004 年 9 月已印刷 21 次；《计算机导论》第 2 版于 2005 年 1 月出版，至 2008 年 9 月已印刷 9 次；《计算机导论》第 3 版作为普通高等教育"十一五"国家级规划教材，于 2009 年 7 月出版，至 2015 年 7 月已印刷 10 次。从《计算机导论》一书的出版情况看，该书尚受读者欢迎，其原因是该书的内容能切合教育部制定的对该课程的基本要求：《计算机导论》应为新生提供一个关于计算机科学与技术学科的入门介绍，使学生能对该学科有一个整体的认识，并了解该专业的学生应具有的基本知识和技能。短短的几年过去了，计算机科学技术的飞速发展，对该专业的学生要掌握的计算机科学的"整体认识"及应培养的"能力素质"发生了较大的变化，为适应这一变化，《计算机导论》一书需要重新修订。

　　在摩尔定律的驱动下，2010 年集成电路的最小线宽从 32 纳米开始跨入惊人的 22 纳米量级，一个大头针大小的圆头上可以集成 1 亿个晶体管，使芯片的处理能力不再是应用的瓶颈。强大而廉价的处理能力，不仅提供了卓越的计算功能和海量的存储能力，而且提供了足够的通信带宽，解除了信息技术基础技术平台对应用发展的制约，由此促使了虚拟技术、智能化工具以及云计算、大数据、移动互联网和物联网等新技术应用的快速发展。这一发展具有颠覆性的影响，正在彻底改变科技和社会的方方面面，也改变着人们的思维方式。2012 年，教育部组织申报大学计算机课程改革项目，要求大学计算机教学的总体建设目标应该定位在普及计算机文化，培养专业应用能力，训练计算思维能力上。如何将计算思维融入大学计算机教育，已得到计算机教育工作者的广泛关注。

　　本次修订，将保持前三版的基本风格，尽量写成一本既通俗又严谨的计算机科学的入门教材。在教材内容组织上强调计算思维能力的培养。当然，计算思维能力的训练要通过计算机专业的完整教学计划及课程改革来实现，非一门课程所能完成。为此，新版教材名称调整为《计算机导论——基于计算思维视角（第 4 版）》。

　　本次主要修订内容如下：

　　（1）增加新的一章"计算思维概述"。在简要介绍计算机科学的发展进程基础上，说明计算思维提出的背景，讲述计算思维的定义、特征及与其他科学的关系，简述用计算思维求解问题的途径，说明培养计算思维能力的重要性。

　　（2）全书进行了"吐故纳新"，包括：对经典的基础内容进行精简，对陈旧的内容进行删除，并增加计算机科学的新技术、新发展。

　　（3）按培养学生计算思维能力的要求，对全书内容进行重新编排。

　　修订后的《计算机导论——基于计算思维视角（第 4 版）》分为 9 章，保留了原有的计算机导论实验及 4 个附录，供教师与学生参考。此外，为任课教师提供下列教学资源：电子教案、习题参考答案、实验用软件及模拟试题等。任课老师可通过华信教育资源网 http://www.hxedu.com.cn 免费注册下载。

本书力求处理好下列三方面的关系:

首先,是课程内容的广度与深度的关系。广度是本课程的基本要求,而深度则是为广度服务的,应以讲清楚各知识单元的基本概念为目的。

其次,是课程内容的深度与读者对象的关系。本课程的对象是"初学者",而随着微型计算机及计算机网络的普及,这些"初学者"中的大多数都已具有计算机的某些知识或使用经历。因此,本教材在内容深度上虽是"入门"性的,但必须是系统和严谨的,并区别于一般的计算机科普读物。

第三,是课程内容与授课时间的关系。本课程的授课总学时约 32 学时,按这些学时数要求写出一本全面介绍计算机系统的教材难度相当大。解决这一难点的简单办法是适当地多写些,任课教师根据教学要求及给予的学时数,少讲或精讲某些内容,或部分内容供学生自学。例如,"计算机网络及其应用"部分内容可少讲或不讲。"计算机信息安全及职业道德"部分内容可以用讲座方式作简单介绍,书中带"※"号的内容可少讲或不讲;"计算机应用"部分内容可以用讲座方式作简单介绍,或供学生自学;"计算机导论实验"可由学生自行上机完成,老师负责指导,并向老师提交实验报告;附录内容可作为入学新生的专业教育参考资料,本书以二维码方式呈现,学生用手机扫描二维码即可获取学习内容。

本次修订由王玉龙、方英兰两位老师合作完成。在编写本书过程中,得到电子工业出版社童占梅编审的大力支持与帮助,北方工业大学吴乐明老师完成了本书的校对与录入工作,在此对她们表示衷心的感谢。此外,还要感谢为本书的前几版编写做出贡献的付晓玲、刘高军等诸位老师。

教材内容总是落后于科学技术发展,在本次修订中,难免出现错误或不妥之处,恳请广大读者提出宝贵的意见。

编著者

目　　录

第 1 章

计算思维概述

著名计算机科学家、1972 年图灵奖得主 Edsger Dijkstra 曾说过这样一句话："我们所使用的工具影响着我们的思维方式和思维习惯，从而也将深刻地影响我们的思维能力。"事实确是如此，计算工具的发展、计算环境的演变以及计算科学的形成，在不断地改变着计算机科学工作者的思维方法。计算思维就是在当前计算机技术飞速发展的背景下凸显出来的，如何用计算思维的方法来求解问题或进行系统设计，如何培养学生具有计算思维能力已成为当前教学关注的热点问题。本章将从计算机的发展过程来认识计算工具的演变是如何影响人们的思维方式和思维能力，主要介绍有关人的思维方式，以及计算思维的定义和特征，简述用计算思维的方法求解问题的大致过程，为学习后续课程打下基础。

1.1 计算机发展概述

1.1.1 历史回顾

计算机（Computer）作为一种计算工具，可追溯到中国古代。早在春秋战国时代（公元前 770 年至公元前 221 年），我们的祖先已使用竹子制作的算筹完成计数，唐代时已出现早期的算盘（数据的表示与存储），宋代时已有算盘口诀（计算规则制定和执行）的记载。17 世纪后，随着西方产业革命的到来，推动了计算工具的进一步发展，在欧洲出现了能实现加、减、乘、除运算的机械式计算机。1944 年，美国物理学家艾肯（Howard Aiken）完成了第一台机电式通用计算机，主要组件采用继电器，是一台可编程的自动计算机，可以由机器来自动完成数据的表示与存储、制定计算规则，并自动执行规则。

世界公认的第一台通用电子数字计算机是美国宾夕法尼亚大学莫尔学院电工系莫克利（John Mauchly）和埃克特（J.Presper Eckert）领导的科研小组建造的，取名为 ENIAC（Electronic Numerical Integrator And Culculator），直译名为"电子数值积分和计算器"。该计算机由 18 000 多个电子管、1500 多个继电器等组成，占地 170 平方米，重量 30 吨，投资超过 48 万美元。该机器字长为 10 位十进制数，计算速度为 5 000 次/秒，每次至多只能存储 20 个字长为 10 位的十进制数。计算程序是通过"外接"线路实现的，未采用"程序存储"方式。为了在机器上进行几分钟的数字计算，其准备工作要花去几小时甚至 1～2 天的时间，使用很不方便。ENIAC 计算机于 1945 年年底宣告完成，1946 年 2 月 15 日正式举行揭幕典礼，它标志着人类计算工具的历史性变革。

1944 年 8 月至 1945 年 6 月是电子数字计算机发展史上智力活动最紧张的收获季节。冯·诺依曼（Von Neuman）与莫尔学院的科研组合作，提出了一个全新的存储程序的通用电子数字计算机方案 EDVAC（Electornic Discret Variable Automatic Computer），即"离散变量自动电子计算机"，这就是人们通常所说的冯·诺依曼型计算机。该计算机采用"二进制"代码表示数据和指令，并提出了"程序存储"的概念，奠定了现代电子计算机的基础。1946 年 7 月，莫尔学院在美国海军研究局和陆军军械部的资助下，开办了"电子数字计算机设计的理论和技术"的专门讲座，听讲的有 20 多个美国和英国机构派来的 29 位专家。这大大触发了电子计算机的繁荣局面，多台程序存储式计算机同时在美英等国设计与制造，如 1949 年问世的由英国剑桥大学研制的 EDSAC（Electronic Delay Storage Automatic Calculator）、美国的 SEAC计算机（1950 年）等。冯·诺依曼等人提出的 EDVAC 计算机，由于设计组内部对发明权的争议致使研制工作进展缓慢，直到 1952 年才面世，在美国只名列第四。

对计算机的产生做出杰出贡献的另一位科学家是英国剑桥大学的图灵（AlanTuring，1912～1954）。早在 1936 年，图灵为了解决一个纯数学的基础理论问题，发表了著名的"理想计算机"论文，在该文中提出了现代通用数字计算机的数学模型，后人把它称为"图灵机"。冯·诺依曼在世时，曾不止一次地说过："现代计算机的设计思想来源于图灵"，且从未说过程序存储型计算机的设计思想是由他本人提出的。图灵在 1945 年曾研制过 ACE 计算机，1947年提出了自动程序设计的思想，1950 年发表了著名的论文"计算机能思考吗"，对人工智能的研究作出了贡献。

1.1.2　发展现状

自 1946 年第一台电子计算机问世以来，以构成计算机硬件的逻辑组件为标志，计算机的发展大致经历了从电子管、晶体管、中小规模集成电路到大规模和超大规模集成电路计算机等 4 个发展阶段，通常称为"四代"计算机，表 1-1 列出了这四代计算机的硬件、软件及应用的简要特征。

表 1-1　四代计算机的简要特征

特征 项目	第一代 1946—1957	第二代 1957—1964	第三代 1964—1972	第四代 1972—至今
逻辑元件	电子管	晶体管	中小规模集成电路	大规模和超大规模集成电路
存储器	延迟线，磁鼓，磁芯	磁芯，磁带，磁盘	磁芯，磁盘，磁带	半导体，磁盘，光盘
典型机器 举例	IBM—701 IBM—650	IBM—7090 IBM—7094	IBM—370（大型） IBM—360（中型） PDP—11　（小型）	ILLIAC—IV（巨型） IBM—3033　（大型） VAX—11　（小型） 80486（微型） 8098（单片机）
软件	机器语言 汇编语言	高级语言 管理程序	结构化程序设计 操作系统	数据库，软件工程 程序设计自动化
应用	科学计算	数据处理 工业控制 科学计算	系统模拟，系统设计 大型科学计算 科技工程各个领域	事务处理，智能模拟，大型 科学计算，普及到社会生活 各个方面

自进入第四代计算机以来，计算机的硬件与软件技术都获得了惊人的发展。计算机系统

向微型化、巨型化、网络化和智能化的方向发展，计算机系统软件的功能日趋完善，规模越来越大，应用软件的开发日趋简便。多媒体技术的兴起引起计算机应用领域的革命，人们利用声音、符号、图形、图像技术即可开发计算机的应用。在网络技术的支持下，信息表达工具（电话、电视、终端）、信息处理工具（计算机）和信息传输工具（有线通信、无线通信及卫星通信）已趋于一体化，为人类方便地处理信息开辟了更广阔的前景。下面分别介绍计算机在上述各方面的发展概况。

1. 微型计算机

随着微电子技术的发展，一台计算机的各个组成部分，甚至整台计算机都可集成在一片大规模或超大规模集成电路芯片上，这就出现了以微处理器为核心的微型计算机，简称微型机或微机。自 1971 年美国 Intel 公司推出第一台微处理器 Intel 4004 以来，微型计算机的发展大致经历了 5 个阶段。

（1）第一阶段（1971～1973）。该阶段的典型微处理器有 Intel 4004，Intel 8008，其数据线为 4～8 位，地址线为 4～8 条。由这些微处理器所组成的微型计算机比较简单，指令系统不完整，只支持汇编语言，无操作系统，主要用于工业仪表、过程控制或计算器中。芯片采用 PMOS 工艺，速度较低。

（2）第二阶段（1974～1977）。该阶段具有代表性的微处理器有 Intel 8080，Intel 8085，M6800，Z80 等。它们的数据线为 8 位，地址线为 16 条。由这些微处理器所组成的微型计算机已有较完整的指令系统，并配有简单的磁盘操作系统（如 CP/M），支持高级编程语言，有较强的功能，出现了个人计算机（PC 机）。芯片采用 NMOS 工艺，速度较快。

（3）第三阶段（1978～1981）。该阶段典型的微处理器有 Intel 8086，MC68000，Z8000 等，它们的数据线为 16 位，地址线有 20～24 条。由这些微处理器所组成的微型计算机已吸收传统小型计算机甚至大型计算机的设计思想，如虚拟存储和存储保护等。已具备较完善的操作系统、高级语言、工具软件和应用软件，出现了多用户微型计算机系统及多处理机微型计算机系统。

（4）第四阶段（20 世纪 80 年代初期至中期）。该阶段的代表性微处理器有 Intel 80x86（如80286，80386，80486），它们的数据线为 16～32 位，地址线为 24～32 条。由这些微处理器所组成的微型计算机在芯片、操作系统及总线结构等方面完全开放，实际上已形成国际性的微型机工业生产的主要标准，是微型机发展的一个里程碑。这一阶段的微型机已具有菜单式选择功能及图形用户界面，推动了微型机应用的飞速发展。

（5）第五阶段（20 世纪 80 年代中后期开始）。该阶段的典型微处理器有 Pentium I～Pentium IV，SPARC，Power601，Power60x 等，其数据线为 64 位，地址线为 32 条。这些微处理器采用了精简指令系统计算机技术（简称 RISC 技术），使微处理器的体系结构发生了重大变革。由 Intel 80x86 发展而来的 Pentium 微处理器，尽管是复杂指令系统计算机（CISC），但它已采用了大量 RISC 技术，使指令执行时间大大缩短。RISC 微处理器（如 SPARC，Power60x）的推出使微型机的运算速度提高到几亿次每秒。RISC 技术的采用，使微型机、小型机和大型机的界限越来越模糊。

微型计算机按组装形式可分为便携式和非便携式两类，前者如笔记本电脑，后者如常见的台式微型机。根据微型计算机是否由最终用户使用，可将微型机分为独立式微型计算机和嵌入式微型计算机。前者可供最终用户直接使用，最常见的是个人计算机；后者则作为一个信息处理部件装入一个应用设备中，最终用户使用的是该设备，如医疗设备、高级录像机、家电产品等，嵌入式微型机一般是单片机或单板机。

人们不断研究集成电路的制造工艺，光刻技术、微刻技术到现在的纳刻技术，使得集成电路的规模越来越大，形成了超大规模集成电路。集成电路的发展就像 Intel 创始人戈登·摩尔（Gordon Moore）预言一样（称之摩尔定律）："当价格不变时，集成电路上可容纳的晶体管数目约每隔 18 个月会增加 1 倍，其性能也将提升 1 倍"。截至 2012 年，一个超大规模集成电路芯片上的晶体管数量可达 14 亿只以上。科学家还在不断进行新形式的元器件的研究，发现蛋白质具有 01 控制的特性，它能否被用于制作芯片呢？这种生物芯片在解决一些复杂的计算时是否会有与人一样的计算模式呢？目前生物芯片已经取得不少的成果，其应用价值有待进一步开发。

2．巨型计算机

尖端科学技术的发展，要求具有超高速、超大容量和高可靠性的计算机，以满足大量复杂的高精度数据计算和处理的要求，这就促进了巨型计算机（Super Computer）的发展。早期典型的巨型计算机如美国的 ILLIAC-IV 型计算机（运算速度 1.5 亿次每秒）、CRAY-1 型计算机（运算速度 1 亿次每秒）。我国于 1983 年研制成功的"银河"计算机，其运算速度超过 1 亿次每秒；1994 年初，研制成功的"曙光一号"并行计算机，其定点运算速度可达 6.4 亿次每秒；2002 年 8 月公布的联想深腾 1800，其运算速度实测为 1.027 万亿次（浮点运算）每秒，这些都标志着我国己跻身世界巨型计算机的先进行列。

超高速的运算能力已成为巨型机的主要指标，而单靠提高电子器件的速度用传统的结构已无法实现上亿次的运算。为此，必须从计算机的系统结构上进行改革，这就出现了巨型机所特有的结构形式，如用多个 CPU 构成一个计算机系统，这就需要研究多 CPU 协同工作的分布式计算、并行计算及多种体系结构等技术。

2010 年 11 月，超级计算机 500 强第一名为中国"天河一号 A"，它有 14336 个 Intel Xeon X5670 2.93GHz 六核处理器，2048 个我国自主研发的飞腾 FT-1000 八核处理器，7168 块 NVIDIA Tesla M2050 高性能计算卡，总计 186368 个核心，224TB 内存。实测运算速度可以达到每秒 2570 万亿次。这意味着，它计算一天相当于一台家用计算机计算 800 年。2011 年 6 月，超级计算机 500 强第一名为日本的 K Computer，运行速度为每秒 8.16 千万亿次浮点计算（Petaflops），它由 68544 个 SPARC64 VIII fx 处理器组成，每个处理器均内置 8 个内核，总内核数量为 548352 个，投资超过 12.5 亿美元。发展高速度、大容量、功能强大的超级计算机，对于进行科学研究、保卫国家安全、提高经济竞争力具有非常重要的意义。诸如气象预报、航天工程、石油勘测、人类遗传基因检测、机械仿真等现代科学技术，以及开发先进的武器、军事作战的谋划和执行、图像处理及密码破译等，都离不开高性能计算机。研制超级计算机的技术水平体现了一个国家的综合国力，已成为各国在高技术领域竞争的热点。

3．计算机网络

计算机网络（Computer Network）就是把地理上分散的计算机系统、终端和各种形式的数字设备通过通信信道互连在一起而形成的彼此可互相协作的综合信息处理系统。计算机网络本身也经历了从简单到复杂、从低级到高级的发展过程。

第一代计算机网络是单处理中心网络，其基本结构是一台中央计算机通过通信线路连接大量的终端设备，因而也称为"面向终端的计算机网络"，如美国的半自动地面防空系统SAGE。第二代计算机网络是多处理中心的网络，它由多台计算机和各种数字设备通过通信线路互连在一起，又称为"计算机-计算机网络"，如美国国防部高级研究计划局开发的 ARPA网。上述两代计算机网络都是由各研究单位、大学或应用部门为自己的应用要求而各自建立的，它们没有统一的网络体系结构，因而要把它们互连起来十分困难，甚至是不可能的。为了适应以信息和知识为主的技术革命的迅猛发展，以实现网络上硬软件资源的高度共享，必须发展新一代的计算机网络，使各种计算机网络遵从统一的标准，从而可方便地实现互连。1984 年，国际标准化组织（ISO）在经过多年努力后，正式提出了"开放系统互连（OSI）参考模型"的国际标准，该模型已得到国际社会的广泛接受和承认，成为新一代计算机网络的体系结构。

随着微型机的广泛应用，以微型机为主体的局域网络（LAN）发展很快，至今已有数百种之多的产品，其中有代表性的是 Ethernet，3COM，Omninet，Pcnet，TokenRing 及 Novell网等。计算机网络的应用正越来越普及，并朝着高速化、全球化和智能化的方向发展。

4．人工智能与第五代计算机

人工智能（AI：Artificial Intelligence）是研究如何用人工的方法和技术来模仿、延伸和扩展人的智能，以实现某些"机器思维"或脑力劳动自动化的一门学科。例如，应用人工智能的方法和技术，设计和研制各种计算机的"机器专家"系统，可以模仿各行各业的专家，去从事医疗诊断、质谱分析、矿床探查、数学证明和管理决策等脑力劳动工作，完成某些需要人的智能、运用专门知识和经验技巧的任务。为了使机器具有类似于人的智能，需要解决下列三方面的问题。

（1）机器感知——知识获取。研究机器如何直接或间接获取知识及如何输入自然信息（文字、图像、声音、语言、物景）等工程技术方法。

（2）机器思维——知识处理。研究在机器中如何表示知识和存储知识，如何进行知识推理和问题求解等工程技术方法。

（3）机器行为——知识运用。研究如何运用机器所获取的知识，通过知识信息处理，做出反应，付诸行动，以及各种智能机器和智能系统的设计方法和工程实现技术。

"人工智能"这一术语是 1956 年在美国召开的"关于用机器模拟智能"的学术讨论会上首次正式采用的，它标志着人工智能学科的诞生。1969 年，国际人工智能联合会（IJCAI）成立，并决定每两年召开一次国际人工智能学术会议。此后，美、日等国家对人工智能的学科体系实用技术开展了广泛的研究，出现了多种实用的人工智能专家系统，如化学专家系统DENDRAL、医学专家系统 MYCIN、探矿专家系统 PROSPECTOR 等。1981 年，在日本举行了"第五代计算机"国际学术会议，为期十年（1982～1991）的"知识信息处理系统（KIPS）"开始研制。日本政府为了实现这一宏伟目标，筹资 1000 亿日元，并专门成立了"新一代计算机技术研究所（简称 ICOT）"。

KIPS（Knowledge InformationProcessing System）就是人们通常所说的第五代计算机系统（FGCS: Fifth Generation Computer System），又称智能计算机，它由下列各部分组成：

- 知识库（KB:Knowledge Bank）、知识库计算机（KBM:Knowledge Bank Machine）和知识库管理系统（KBMS:Konwledge Bank Management System）。
- 问题求解和推理机。
- 智能接口系统。
- 应用系统。

第五代计算机系统要达到的目标是：

- 用自然语言、图形、图像和文件进行输入/输出。
- 用自然语言进行对话的信息处理方式，为外行使用计算机提供方便。
- 能处理和保存知识，以供使用；配备各种知识数据库，起顾问作用。
- 能够自学习和推理，帮助人类扩展自己的才能。

由以上可知，第五代计算机与传统计算机的主要差别在于：

- 处理的"信息"是"知识"，而不是"数据"。
- "信息"的传送是知识的传送，而不是字符串的传送。
- "信息"的处理是对问题的求解和推理，而不是按既定进程进行计算。
- "信息"的管理是知识的获取和利用，而不是数据收集、积累和检索。

日本的第五代计算机系统研制于 1992 年结束，虽然并未达到预定的目标，但在智能计算机领域中完成了大量的基础研究工作。第五代计算机的研制激起了人工智能热潮，美、英、法等国家都相继制定对策和发展战略，如美国国防部的第五代计算机计划，英国的"阿尔维"计划及法国的"尤利卡"计划等。关于人工智能和新一代计算机的研究、开发和应用已列入许多国家发展战略的议事日程，成为科技发展规划的重要组成部分。

人工智能的实现离我们尚远，但其研究成果已显现出来。几个典型的智能计算的成果是：1997 年 IBM 的"深蓝"计算机以 3.5∶2.5 的比分战胜了国际象棋特级大师卡斯帕罗夫。2003 年"小深"替换上场，以 3∶3 的比分"握手言和"。2011 年，IBM 的"沃森"计算机在美国的一次智力竞猜电视节目中，成功击败该节目历史上两位最成功的人类选手，能够理解人类主持人以英语提出的如"哪位酒店大亨的肘子戳坏了他自己的毕加索的画，之前这幅画值 139 亿美元，之后只值 8500 万美元"等抽象的问题。

大家都用过搜索引擎（如"百度"或"谷歌"）来进行搜索，输入我们想要的特征关键字后，它的检索结果是否是我们想要的呢？从你第一天使用开始，到今天为止，你是否发现它的检索结果越来越符合我们的期望？这是否有智能计算的影子呢？再有一类智能计算的例子就是模式识别：指纹识别技术已经得到广泛应用；机器翻译方面也取得了一些进展，计算机辅助翻译极大提高了翻译效率；在输入方面，手写输入技术已经在手机上得到应用；语音输入也在不断完善中。这一切都在向智能人机交互方面发展，即让计算机能够听懂人类的语言，看懂人类的表情，能够像人类一样具有自我学习与提高的能力，能够吸收不同的知识并能灵活运用知识，能够进行如人类一样的思维和推理。

5. 计算机软件技术

由表 1-1 可知，计算机由第一代发展到第四代，其软件也不断地从低级向高级发展。进入 20 世纪 80 年代之后，由于廉价工作站的出现及微机的大量普及，从根本上改变了应用领域的面貌，基于单主机的字符输入让位于网络环境下多媒体界面的应用。微机大量普及使得专门生产微机软件的 Microsoft 公司盈利激增，而使专营大中型计算机的 IBM 公司于 1992 年出现亏损。这些现象说明，危机重重的软件技术又一次受到挑战。基于单主机的顺序程序还没有解决好不可靠、难维护、生产率低下、难于移植和重用等问题，又增加了并发、分布式环境下安全可靠性问题，还要支持 20 世纪 80 年代蓬勃发展起来的多媒体技术。为了迎接这一挑战，软件行业发展了以下技术。

（1）软件工程环境的大发展。20 世纪 80 年代以来，各种软件工具相对成熟，各种软件制造、销售商都配备了工具集。无论是语言编译、还是数据库、操作系统，动辄就是十几张或几十张高密盘，大量工具和实用程序使所售软件更好用。这种发展的必然后果是产生了一系列新的问题：大量单用途工具如何无冗余、不冲突地集成，如何与软件开发各阶段广泛协调使用，如何提供一个使不同人员（开发者、管理者、用户）都能方便使用的软件工程环境。这导致了计算机辅助软件工程（CASE:Computer Aided Software Engineering）和集成 CASE（I-CASE）技术的发展。CASE 就是软件工程中的 CAD（Computer Aided Design），利用软件工具开发软件可以提高软件的生产率，减少人工编程、测试、修改带来的错误。

（2）面向对象技术成为焦点。面向对象技术，以其对象的封装性、继承性、多态性和分类抽象，为支持软件工程与管理软件各种成分，保证可修改、可移植、易维护、能重用等目标提供了实现基础。对象体系构成的对象模式结构，实质上是知识表示的框架结构，从而为智能推理与传统软件工程技术的结合架设了桥梁。

（3）人工智能的成果引入传统软件工程中。人工智能的思想及已成熟的部分成果已用于传统软件工程，如软件开发中的域分析、版本管理中的基于规则推理、信息工程中的决策支持模型、多介质系统中的联想和触发机制等。推理机技术的发展为传统软件局部智能化开辟了新天地，当前多媒体信息的联想切换、海量数据库查找、最优决策都非常需要它。

（4）软件开发多范型化。基于分阶段的瀑布式软件生存周期模型奠定了 20 世纪 80 年代初软件工程学的基础。在此基础上的规范、标准和工具确实使 20 世纪 70 年代开发的最大的软件（385 万行代码的美国导弹预警系统）在 20 世纪 80 年代上升了一个数量级（航天飞机系统 4000 万行代码）。但人们从 20 世纪 80 年代初期许多大型软件系统的失败中发现，即使是经过严格评审的需求规格说明也是不可靠的，等到开发完成后才发现问题，代价太大，于是"原型开发"模式应运而生。

所谓"原型开发"就是利用已有重用件，很快搭起应用原型"骨架"，让用户及早参与修改，原型基本通过后再全面开发。20 世纪 80 年代基于可重用库及代码自动生成技术的进展，使第四代语言大量出现，与此相应的第四代开发技术只描述程序"做什么"而不用编写"怎么做"的程序代码，它使软件生产率大幅度提高。随着软件环境的完善，这种开发范型的比重将越来越大，此外，在统一环境下若集成了逻辑型、函数型、数据流型开发工具，则可构成软件开发的多范型化。

1.1.3　发展趋势

计算机科学的发展趋势可归纳"高、广、深"三个方向。

第一个方向是向"高"的方向发展，要求计算机的性能越来越高，速度越来越快。其途径有两个：一是提高器件的速度；另一是采用并行处理。早期人们采用的 286、386 等型号的 CPU，其主频只有几十 MHz。之后出现的奔腾系列 CPU，其主频可达到 2GHz 以上。由于 RISC 技术的成熟与普及，CPU 性能的年增长率由 20 世纪 80 年代的 35%发展到 90 年代的 60%。此外，器件速度还可通过研制新的器件（如生物器件、量子器件等）、采用纳米工艺、片上系统等技术提高几个数量级。

展望未来的计算机，将是微电子技术、光学技术、超导技术和电子仿生技术相互结合的产物。第一台超高速全光数字计算机已由欧盟的英国、法国、德国、意大利和比利时等国的 70 多名科学家和工程师合作研制成功，光子计算机的运算速度比电子计算机快 1000 倍。在不久的将来，超导计算机、神经网络计算机等全新的计算机也会诞生。届时计算机将发展到一个更高、更先进的水平。

第二个方向是向"广"度发展。计算机发展的趋势就是无处不在，以至于像"没有计算机一样"。近年来，更明显的趋势是网络化向各个领域的渗透，即在广度上的发展开拓，国外称这种趋势为普适计算（Pervasive Computing）或叫"无处不在"的计算。未来，计算机也会像现在的马达一样，存在于家中的各种电器中，比如记事本、书籍都已电子化；学生们上课用的不再是教科书，而只是一个笔记本大小的计算机，所有的中小学的课程教材、辅导书、练习题都在里面。不同的学生可以根据自己的需要方便地从中查到想要的资料。而且，这些计算机将与现在的手机合为一体，随时随地都可以上网，相互交流信息。未来的计算机会像纸张一样便宜，可以一次性使用。计算机将成为不被人注意的最常用的物品。可见，普适计算把计算和信息融入人们的生活空间，使我们生活的物理世界与在信息空间中的虚拟世界融合成为一个整体。人们生活在其中，可以随时、随地得到信息访问和计算服务，从根本上改变了人们对信息技术的思考，也改变了我们整个生活和工作的方式。普适计算所涉及的技术包括移动通信技术、小型计算设备制造技术、小型计算设备上的操作系统技术及软件技术等。普适计算技术在现在的软件技术中将占据着越来越重要的位置，其主要应用方向有嵌入式技术、网络连接技术、基于 Web 的软件服务构架。

Google 眼镜是由 Google 公司于 2012 年 4 月发布的一款"增强现实"眼镜，具有与智能于机一样的功能，可以通过声音控制拍照、视频通话和辨明方向、上网、处理文字信息和电子邮件等。Google 眼镜于 2014 年 4 月 15 日正式在网上限量发售。虽然 Google 眼镜有诸多非议，但必须承认，它开启了"可穿戴计算机"的时代。

第三个方向是向"深"度发展，即向信息的智能化发展。网上有大量的信息，怎样把这些浩如烟海的东西变成我们想要的知识，这是计算机科学要研究的重要课题。同时要求人机界面更加友好，可以用自然语言与计算机打交道，也可以用手写的文字打交道。甚至可以用表情、手势来与计算机沟通，使人机交流更加方便快捷。电子计算机从诞生起就致力于模拟人类思维，希望计算机越来越聪明，不仅能做一些复杂的事情，而且能做一些需要"智慧"才能做的事，比如推理、学习、联想等。自从 1956 年提出"人工智能"以来，计算机在智能化方向迈进的步伐不尽如人意。科学家多次关于人工智能的预期目标都没有实现，这说明探索人类智能的本质是一件十分艰巨的任务。目前计算机"思维"的方式与人类思维方式有很大区别，人机之间的间隔还不小。人类还很难以自然的方式，如语言、手势、表情与计算机打交道，计算机的易用性已成为阻碍计算机进一步普及的巨大障碍。随着 Internet 的普及，普通用户使用计算机的需求日益增长，这种强烈需求将大大促进计算机智能化方向的研究。近几年来，计算机识别文字（包括印刷体、手写体）和口语的技术已有较大提高，初步达到商业化水平，手势（特别是哑语手势）和脸部表情识别也已取得较大进展。使人沉浸在计算机世界的虚拟现实（Virtual Reality）技术是近几年来发展较快的技术，未来将会更加迅速地发展。

1.2 什么是计算思维

1.2.1 计算机的发展与思维方式的变化

前文已经指出，我们所使用的工具影响着我们的思维方式和思维习惯，典型的例子是电动机的出现引发了自动化思维。回顾计算机的发展历史，不难发现人们对"计算"的思维方式在不断地改变。早期的计算机时代，由于计算机性能低，人们只是期待用计算机来实现运算任务，以提高计算的速度、减轻人的计算工作量。随着计算机技术的发展和信息时代的到来，计算机不再局限于用作"计算"的工具，计算机的应用渗透到各个领域。

（1）在科学与工程计算中的应用。在科研领域，人们使用计算机进行各种复杂的运算及大量数据的处理，如卫星飞行的轨迹、天气预报、太空探索、科学研究中的数学计算和处理等。由于计算机能高速、准确地进行运算，并具备海量的信息存储能力，因此人们往往需要花费数天、数年时间甚至一辈子才能完成的计算任务，计算机只需很短时间就能完成。

（2）在信息管理中的应用。现代信息管理充分利用了计算机信息技术的优势，突破了传统信息管理，采用网络传输、云存储、大数据、数据库、数据仓库、联机分析技术等先进技术手段与方法。大到世界、国家，中到省市地域，小到单位个人，计算机信息管理与我们的工作和生活早已经水乳交融密不可分了。如企事业部门的人事管理、图书馆信息检索、办公自动化（OA）、银行账户管理、网络信息浏览与查询、各种专用的管理信息系统（MIS）等等，计算机信息管理带给人们的便利和改变令我们目不暇接。

（3）在多媒体技术的应用。多媒体技术依托计算机作为基本平台，融声音、文本、图像、动画、视频和通信等功能融于一体，借助日益普及的高速信息网，可实现计算机的全球联网和信息资源共享，因此被广泛应用在咨询服务、图书、教育、通信、军事、金融、医疗和娱乐等诸多行业，并正潜移默化地改变着我们的生活。

随着三维动画技术的完善，电脑特技已经成为现在电影制作不可缺少的一种手段。电脑特技，顾名思义，就是借用计算机这一工具实现特殊效果，这种特殊效果是现实不能实现或者不存在的事物，经过人脑的想象，构架它存在的状态并赋予它的视觉符号。诸多电影大片中频繁使用电脑特技实现虚拟和震撼的视觉效果，如《星球大战》、《侏罗纪公园》、《2012》、《阿凡达》等。

（4）在计算机辅助系统的应用。计算机辅助系统统称为 CAX，包括 CAD（Computer Aided Design，计算机辅助设计）、CAT（Computer Aided Test，计算机辅助测试）、CAE（Computer Aided Engineering，计算机辅助工程）、CAM（Computer Aided Manufacturing，计算机辅助制造）、CAI（Computer Aided Instruction，计算机辅助教学）等。在工厂，计算机为工程师们在设计产品时提供了有效的辅助手段和工具。人们在进行建筑设计时，只要输入有关的原始数据，计算机就能自动处理并绘出各种设计图纸。

（5）在过程自动控制中的应用。在一些环境危险恶劣或批量化程度高的生产线中，由计算机控制的机器人来代替人类进行劳动，大大减轻了人类的劳动强度，提高了生产效率。在生产中，用计算机控制生产过程的自动化操作，如温度控制、电压电流控制等，从而实现自动进料、自动加工产品以及自动包装产品等。特别是在太空探索中，大量采用了自动化机器人操控。

（6）在嵌入式系统中的应用。嵌入式系统（Embedded Systems）是一种以应用为中心、以微处理器为基础，软件、硬件可裁剪的，适应应用系统对功能、可靠性、成本、体积、功耗等综合性要求的专用计算机系统，也是种类繁多、形态多样的计算机系统。嵌入式系统几乎应用在生活中的所有电器设备，如掌上 PDA、计算器、电视机顶盒、手机、数字电视、多媒体播放器、汽车、微波炉、数字相机、家庭自动化系统、电梯、空调、安全系统、自动售货机、蜂窝式电话、消费电子设备、工业自动化仪表与医疗仪器等。

（7）在人工智能领域中的应用。人工智能是研究、开发用于模拟、延伸和扩展人的智能的理论、方法、技术及应用系统的一门新的技术科学。人工智能领域的研究包括机器人、语言识别、图像识别、自然语言处理和专家系统等，具体应用有：智能家用电器，计算机智能医生，计算机自动识别系统（指纹识别、人脸识别、视网膜识别、虹膜识别和掌纹识别等），智能搜索，定理证明，博弈，自动程序设计等。

显然，计算机技术应用于不同的领域，人们解决问题的思维方法也会随之发生变化。许多重大的科学技术问题无法求得理论解，也难以应用试验手段求解，但可以用计算的方法求解。计算方法突破了实验和理论科学方法的局限，为科学研究与技术创新提供了新的重要手段和理论基础，正在并将继续推动当代科学和高新技术的发展。例如，在汽车产品的设计过程中，人们可以通过产品的实体建模与造型，看到该产品将来被生产出来之后的三维立体造型。这相当于孩子还未出生，就可以通过计算机及计算机技术看到孩子将来出生后的真实照片了。又如，过去研制核武器，要通过实际实验才能了解其威力和毁伤效果，给环境造成巨大的核污染，甚至带来生命、财产的损害，通过计算与计算机技术，核试验可以不需要实际试爆了，在高性能计算机上就可以完成核爆炸的模拟。

从 20 世纪中叶开始，伴随着计算机的出现，计算与理论、实验并列为三大科学方法和手段，三者相辅相成，而又相对独立。近年来，云计算、大数据、社交网络、物联网及移动网络等新技术的迅猛发展，引爆了几乎所有经济社会领域的裂变与重构，"颠覆"着金融、零售、电信、咨询甚至教育和房地产等行业，促使人们的思维方式进入一个新的时代。计算思维（Computational Thinking）就是在利用计算机作为认识和改造世界之工具的过程中发展起来的一种思维方式，它是信息时代和知识经济所需要的思维。2006 年，原美国卡内基·梅隆（Carnegie Meiion）大学计算机科学系主任、时任美国国家科学基金会计算机与信息科学工程学部负责人周以真教授，曾明确地提出了"计算思维"的定义，并推动一项计划，力图使所有人都能像计算机科学家一样进行思考，使计算思维像"读、写、算"一样成为每个人的一种基本能力。

1.2.2　思维与科学思维

什么是思维？思维（Thinking）是人脑对客观事物的一种概括的、间接的反映，它反映客观事物的本质和规律。思维是在人的实践活动中，特别是在表象的基础上，借助于语言，以知识为中介来实现。实践活动是思维的基础，表象是对客观事物的直接感知过渡到抽象思维的一个中间环节，语言是思维活动的工具。

思维具有概括性、间接性和能动性等特征。思维的概括性是指，在人的感性基础上，将一类事物的共同、本质的特征和规律抽取出来，加以概括。例如，通过感觉和知觉，只能感知太阳每天从东方升起，又从西方落下。通过思维，则能揭示这种现象由于地球自转的结果。思维的间接性是指非直接的、以其他事物作媒介来反映客观事物。思维是凭借知识和经验对客观事物进行的间接反应。例如，医生根据医学知识和临床经验，通过病史询问以及一定程度的辅助检查，就能判断病人内器官的病变情况，并确定其病因、病情和做出治疗方案。思维的能动性是一个重要的特征，它不仅能认识和反映客观世界，而且还能对客观世界进行改造。例如，人的肉眼看不到 DNA 分子，但人的思维却揭示了 DNA 分子的双螺旋结构，从而揭示了大自然潜藏的遗传密码。

思维可分为科学思维与日常思维。所谓科学思维是指形成并运用于科学认识活动的、人脑借助信息符号对感性认识材料进行加工处理的方式与途径。一般来说，科学思维比日常思维更具有严谨性与科学性。

科学思维（Scientific Thinking）通常是指，经过感性阶段获得的大量材料，通过整理和改造，形成概念、判断和推理，以便反映事物的本质和规律。简而言之，科学思维是人脑对科学信息的加工活动。从人类认识世界和改造世界的思维方式出发，科学思维又可分为理论思维、实验思维和计算思维三种。一般来说，理论思维、实验思维和计算思维分别对应于理论科学、实验科学和计算科学。

理论思维（Theoretical Thinking）又称逻辑思维，是指通过抽象概括，建立描述事物本质的概念，应用科学的方法探寻概念之间联系的一种思维方式。它以推理和演绎为特征，以数学学科为代表。

实验思维（Experimental Thinking）又称实证思维，是通过观察和实验获取自然规律法则的一种思维方式。它以观察和归纳自然规律为特征，以物理学科为代表。与理论思维不同，实验思维往往需要借助某种特定的设备，使用它们来获取数据以便进行分析。

计算思维（Computational Thinking）又称构造思维，是指从具体的算法设计规范入手，通过算法过程的构造与实施来解决给定问题的一种思维方法。它以设计和构造为特征，以计算机学科为代表。计算思维就是思维过程或功能的计算模拟方法论，其研究的目的是提供适当的方法，使人们能借助现代和将来的计算机，逐步实现人工智能的较高目标。

1.2.3　计算思维的定义

目前国际上广泛使用的计算思维定义是由美国卡内基·梅隆大学周以真教授提出的，即"计算思维是运用计算机科学的基础概念去求解问题、设计系统和理解人类行为的涵盖了计算机科学之广度的一系列思维活动"。对于这一定义我们将从下列三方面作一解释。

（1）求解问题中的计算思维。利用计算手段求解问题，首先要把实际的应用问题转换为数学问题，然后建立模型，再设计算法和编制程序。最后在计算机中运行并求解。前两步是计算思维中的抽象，后两步是计算思维中的自动化。

（2）设计系统中的计算思维。任何自然系统和社会系统都可视为一个动态演化系统，演化伴随着物质、能量和信息的交换，这种交换可以映射为符号变换，使之能用计算机实现离散的符号处理。当动态演化系统抽象为离散符号系统后，就可以采用形式化的规范来描述，通过建立模型、设计算法和开发软件来揭示演化的规律，实时控制系统的演化并自动执行。

（3）理解人类行为中的计算思维。利用计算手段来研究人类的行为，可视为社会计算，即通过各种信息技术手段，设计、实施和评估人与环境之间的交互。社会计算涉及人们的交互方式、社会群体的形态及其演化规律等问题。

实际上，在中国，计算思维并不是一个新的名词。从小学到大学教育，计算思维经常被"朦朦胧胧"使用，却一直没有被提升到周以真教授所描述的高度和广度，从来没有那样的新颖、明确和系统。周以真教授更是把计算机这一从工具到思维的发展提炼到与"3R（读 Read、写 wRite、算 aRithmetic）"同等的高度和重要性，成为适合于每个人的一种普遍的认识和一类普适的技能。在一定程度上，这也意味着计算机科学从前沿高端到基础普及的转型。

1.2.4　计算思维的特性

计算思维是涵盖计算机科学的一系列思维活动，而计算机科学是计算的学问——什么是可计算的？怎样去计算？因此，计算思维具有以下特性：

① 计算思维是概念化，而不是程序化的。计算机科学不仅仅是计算机编程。像计算机科学家那样去思维意味着远不止能为计算机编程，还要求能够在抽象的多个层次上思维。

② 计算思维是根本，而不是刻板的技能。根本技能是每个人为了在现代社会中发挥职能所必须掌握的。刻板技能意味着机械的重复。

③ 计算思维是人，而不是计算机的思维方式。计算思维是人类求解问题的一条途径，但决非要使人类像计算机那样地思考。配置了计算设备，我们就能用自己的智慧去解决那些在计算机时代之前不敢尝试的问题，实现"只有想不到，没有做不到"的境界。

④ 计算思维是数学和工程思维的互补与融合。计算机科学在本质上源自数学思维，因为像

所有的科学一样，其形式化基础"建筑"于数学之上。计算机科学又从本质上源自工程思维，因为我们建造的是能够与实际世界互动的系统，基本计算设备的限制迫使计算机科学家必须计算性地思考，不能只是数学性地思考。构建虚拟世界的自由使我们能够设计超越物理世界的各种系统。

⑤ 计算思维是思想，而不是人造物。不仅是我们生产的软件、硬件等人造物将以物理形式到处呈现，也时时刻刻触及我们的生活，而且将包含我们用来接近和求解问题、管理日常生活、与他人交流和互动的计算概念和思想。

⑥ 计算思维是面向所有人和所有地方。计算思维是每个人都应该具备的基本技能，不仅属于计算机科学家及计算机科学专业的学生，而是面向所有专业。我们应当在培养个人解析能力的同时，不但要掌握阅读、写作和算术（3R），还要学会计算思维。正如印刷出版促进了 3R 的普及，计算和计算机也以类似地正反馈促进了计算思维的传播。

我们生存在计算机时代，当我们要解决一个相对复杂的问题，就不仅是考虑传统的手工处理方式，而应该将计算机的因素考虑其中，因为我们要借助计算机帮我们解决问题。诸如，常规我们怎么处理这个问题，而利用计算机来实现是可行的吗？需要做哪些规律性的归纳和一致性的整合？实现的效率是我们可以接受的吗？怎样在人与计算机之间找到一个最佳的契合点，这就是具备计算思维的重要性。

1.3　计算机求解问题的过程

本节将通过计算机求解问题的大致过程，进一步讲解什么是计算思维。用计算机求解任何问题，首先必须给出解决问题的方法和步骤，也就是算法，再按照某种语法规则编写成计算机可执行的指令，即程序，交给计算机去自动执行。该过程可分为以下 6 个主要步骤，图 1-1 给出了问题求解的流程图。

1.3.1　问题的描述

一个问题的正确描述应当使用科学规范的语言。问题无非是一个要完成的任务，即对应着一组输入和一组输出。为了设计求解某一问题的算法，必须了解已知条件是什么？要求输出的结果是什么？问题的定义中包含了哪些限制和约束？由于算法处理的范围是有限的，严格确定算法需要处理的实例范围非常重要。只有在问题被准确定义并完全理解后才能研究问题的解决办法。例如排序问题，输入数据是一组待排序的学生成绩，输出数据是由高到低排好序的学生成绩。学生成绩应为 0～100 之间的正整数等。

1.3.2　建立数学模型

通过对问题的分析，找出其中所有操作对象以及对象之间的

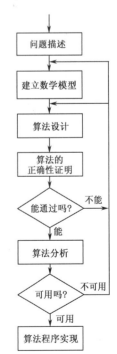

图 1-1　问题求解的流程图

关系，并用数学语言加以描述，即建立数学模型。据统计，当今处理非数值计算问题占用了90%以上的机器时间。这类问题涉及的数据对象之间的关系一般无法用数学方程式加以描述，而需要用集合、数组、链表、树、图等数据结构来描述。因此解决这类问题的关键不再是数学分析和计算方法，而是如何设计合适的数据结构。例如排序问题，输入数据是一组学生的学号、姓名及成绩，可以将这些数据按线性表结构进行组织。输出数据与输入数据内容结构相同，只是数据排列顺序不同。又如 n 皇后问题中，输入数据是 $n×n$ 棋盘，我们可以用一个二维数组表示棋盘。皇后在棋盘中的位置，则可用相应的数组下标来表示。

1.3.3 算法设计

根据数据模型，给出求解问题的一系列步骤，且这些步骤可通过计算机的各种操作来实现，这个过程就是算法设计。常用的算法设计策略有枚举法、贪心法、动态规划、分治递归、回溯法、模拟法等。通常算法的选择与数学模型的选择密切相关，但同一模型可有不同算法。仅就排序问题而言，人们已经发明了几十种排序算法。算法还需要用一定的方式来描述，常用的算法描述方式有自然语言描述、流程图描述、伪代码描述等。例如，n 皇后问题，数据的输入为一个 $n×n$ 格棋盘，我们可用二维数组表示棋盘，皇后在棋盘上的位置对应于数组下标。算法策略为：将求解过程看作 n 步决策，从空棋盘开始，首先取第一个皇后放在第一行第一列，然后取第二个皇后放第二行，依此类推。每添加一个皇后之前都要搜索该行中有没有合适位置。如果有则将皇后放入该位置；如果该行所有位置都不满足放置条件，则需回溯到上一层，将上一层皇后位置进行调整后再重复放置。这种算法策略就是回溯法，回溯法的求解过程实质上就是在一个由所有可能解构成的状态空间树中搜索最终解的过程。

1.3.4 算法的正确性证明

一旦完成对算法的描述，我们必须证明它是正确的。算法的正确性是指对一切合法的输入，算法均能在有限次的计算后产生正确的输出。显然，当算法输入数据的取值范围很大或无限时，我们不可能对每一输入检查算法的正确性，即事后的穷举法验证是不可能的。在实际应用中，人们往往采取测试的方法，选择典型的数据进行实际计算。如果与事先知道的结果一致，则说明程序可用。但"测试只能证明程序有错，不能证明程序正确"。严格的形式证明也是存在的，可采用推理证明（演绎法），但十分繁琐，证明过程通常比程序本身还要长，目前还只是具有理论意义。关于程序正确性证明的一些方法在程序设计方法学中有具体介绍。

1.3.5 算法分析

算法分析是指对执行一个算法所消耗的计算机资源进行估算。对数值型算法还需分析算法的稳定性和误差等问题。计算机资源中最重要的是时间和空间资源，执行一个算法程序需要的时间和占用的内存空间分别称为算法的时间复杂性和空间复杂性。算法的复杂性分析具有极重要的实际意义。许多实际应用问题，理论上是有计算机解的，但由于求解所需的时间或空间耗费巨大，如成千上万年，以至于实际上无法办到。对有些时效性很强的问题，如实时控制，即使算法执行时间很短，只有一两秒，也可能是无法忍受的。算法分析的另一个意义是一个问题可能有多个算法，通过对算法的复杂性分析，从中找到最合适的算法。

1.3.6 算法的程序实现

将一个算法描述正确地编写成计算机语言程序，即通常所说的"coding"阶段。算法的程序实现并非总是简单工作，判定一个程序是否正确反映了算法在理论上也决非易事，这是"程序证明论"的一项内容。

习题 1

1．试从计算机技术的发展历史，说明"我们所使用的工具影响着我们的思维方式和思维习惯"。如何理解计算思维出现背景？

2．什么是思维？简述科学思维的三种类型及相互关系。

3．计算思维的含义是什么？它有什么特征？

4．举例说明计算机求解问题的过程

5．普适计算的含义是什么？如何预测未来将出现的"无处不在的计算"？

6．为什么说大学计算机教育应将学生计算思维能力的培养作为重点？

第 2 章

算法基础

计算机机求解问题的关键之一在于算法，算法是利用计算机来求解问题的关键。本章将简要介绍算法的基础知识，包括算法的典型问题、算法概念、算法特征、算法描述、算法结构、算法设计方法和算法分析。掌握了这些基础知识，将为利用计算机来求解问题提供了良好的基础。

2.1 计算科学的典型问题

典型问题的提出及研究有助于我们深刻理解这一学科领域的概念和方法的本质。下面给出几个算法研究的典型例子。

2.1.1 排序问题

【例 2-1】 排序问题。将全班学生的考试成绩按分数由高到低排序。表 2-1 为待排序的成绩，表 2-2 为排序后的结果。

<table>
<tr><td colspan="3" align="center">表 2-1　待排序成绩表</td></tr>
<tr><td>学号</td><td>姓名</td><td>成绩</td></tr>
<tr><td>01</td><td>张　明</td><td>85</td></tr>
<tr><td>02</td><td>王伟彬</td><td>95</td></tr>
<tr><td>03</td><td>林岳辉</td><td>68</td></tr>
<tr><td>04</td><td>孙莉莉</td><td>72</td></tr>
<tr><td>05</td><td>傅东海</td><td>79</td></tr>
</table>

<table>
<tr><td colspan="3" align="center">表 2-2　排序后的成绩表</td></tr>
<tr><td>学号</td><td>姓名</td><td>成绩</td></tr>
<tr><td>02</td><td>王伟彬</td><td>95</td></tr>
<tr><td>01</td><td>张　明</td><td>85</td></tr>
<tr><td>05</td><td>傅东海</td><td>79</td></tr>
<tr><td>04</td><td>孙莉莉</td><td>72</td></tr>
<tr><td>03</td><td>林岳辉</td><td>68</td></tr>
</table>

2.1.2 汉诺塔问题

【例 2-2】 汉诺塔问题。设 A，B，C 是 3 个塔座。如图 2-1 所示。开始时，在塔座 A 上有一叠共 n 个圆盘，这些圆盘自下而上，由大到小地叠在一起。各圆盘从小到大编号为 $1,2,\ldots,n$。现要求将塔座 A 上的这叠圆盘移到塔座 B 上，并仍按同样顺序叠放。在移动圆盘时应遵守以下移动规则：

规则 1 每次只能移动 1 个圆盘；

规则 2 任何时刻都不许将较大圆盘压在较小圆盘之上；

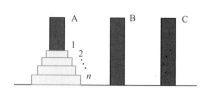

图 2-1 汉诺塔示意图

规则 3 在满足移动规则 1 和 2 的前提下，可将圆盘移至 A，B，C 中任一塔座上。

2.1.3 *n* 皇后问题

【例 2-3】 *n* 皇后问题。国际象棋中的"皇后"在横向、纵向、和斜向都能走步和吃子，问在 $n \times n$ 格的棋盘上如何能摆上 *n* 个皇后而使她们不能互相吃掉？图 2-2 是 *n*=4 时的两种解。

2.1.4 旅行商问题

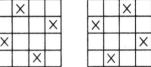

图 2-2 4 皇后问题的两种解

【例 2-4】 旅行商问题。设有 *n* 个城市，已知任意两城市间的距离，现有一推销员想从某一城市出发经过每一城市（且只经过一次）最后又回到出发点，问如何找一条最短路径。

如果用结点代表城市，连接两城市之间的道路用边来表示，则问题可抽象为在一个赋权图中找一条最小周游路线问题。如图 2-3 所示，由 A 出发可行的路线是：A→E→D→C→B→F→A，路长=49。

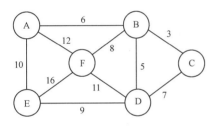

图 2-3 旅行商问题实例

以上问题是算法的几个典型例子。在计算领域遇到的无数问题中，最重要的问题类型如下：

① 排序。排序问题要求按照某种顺序重新排列数据项，如对学生成绩从高到低排序。排序是人们研究最多的问题，广泛用于信息处理、网络路由选择、图形图像处理、数字信号处理等。目前已有几十种排序算法，如选择排序、冒泡排序、合并排序、快速排序等，可用于不同排序情况。排序不仅限于对数字的排序，更多的是对字母和字符串构成的列表进行排序，如按姓氏笔画或拼音对人名的排序。

② 查找。查找涉及从给定的集合中找一个给定值。如在学生成绩表中找成绩最高者，或在图书馆的藏书中找某一本书。查找算法包括顺序查找、折半查找等。也可先将数据排序再进行查找。在海量数据中查找，往往还要结合索引机制以加快查找速度。

③ 串处理。串是字母表中符号构成的序列。应用最多的是由字母、数字和特殊符号构成的文本串。在文本中查找一个给定的词，称为串的匹配。例如，要在互联网上按关键字查找有关算法的文章，就涉及串的匹配算法。

④ 图问题。图是由若干结点及其关联边组成的图形,它是算法中最古老也最有趣的领域。图可以对各种各样的实际应用建模，包括交通和通信网络、项目时间表和各种竞赛问题。基本的图算法包括图的遍历算法、最短路径、有向图的拓扑排序等。如上面提到的旅行商问题就是最短路径问题。

⑤ 组合问题。也称组合优化问题，在给定有限集的所有具备某些条件的子集中，按某种目标找出一个最优子集。旅行商问题实际上就是一个组合优化问题。组合问题是计算领域最难的问题，因为随着问题规模的增大，组合对象的数量将急剧增长，运算量通常会超出可接受的范围。

⑥ 几何问题。几何算法处理类似于点、线、多面体这样的集合对象，应用于计算机图形学、机器人技术和超大规模集成电路设计等。几何问题的经典算法包括求直线段的相交、求凸包、求最近点对距离和判断几何体是否相交等。

⑦ 数值问题。它是另一个广阔的应用领域，其涉及的问题包括解方程和方程组、计算定积分和函数求值等，主要应用于科学和工程计算。对大多数这类问题，计算机只能求近似解。对这方面的算法研究主要是数值分析这门学科的任务，本领域不涉及。

本学科的主要任务是研究有限离散问题的计算机求解方法，并且评估各个不同算法的执行效率和复杂性。

2.1.5　学习算法的意义

算法的研究被公认为是计算机科学的基石，也是计算机科学与技术专业的核心课程。对算法的研究主要包括两方面内容：一是如何设计算法，常用的算法设计方法有分治递归、贪心法、回溯法、动态规划、分支限界等；二是对给定算法，如何分析它的效率和性能。

有的学生认为，学计算机专业就是学习各种编程语言，这是极大的误解。编程语言要学，但是学习计算机算法和理论更重要，因为计算机语言和开发平台日新月异，但万变不离其宗的是那些算法和理论，包括数据结构、算法、编译原理、计算机体系结构、关系型数据库原理等。这些基础课程相当于武学中的"内功"，而新的语言、技术不过是武学中的各种招数。整天赶时髦的人最后只懂得招式，没有功力，是不可能成为高手的。

2.2　算法初步

2.2.1　算法概念

算法（Algorithm）一词源于公元 9 世纪一位波斯数学家的名字，原意指计算步骤或规则，完全属于数学范畴。事实上，对算法的研究比这个词出现要早很多。

例如，求两个数的最大公因子的欧几里德算法（辗转相除法）：

若 $n=0$，则 m 和 n 的最大公因数等于 m；

若 $n>0$，则 m 和 n 的最大公因数等于 n 和用 n 除 m 的余数的最大公因数。

这个算法在中国古代数学家秦九韶的《数书九章》中也有记载。还有求若干数的最小公倍数的孙子算法等。广义上说，算法是将问题的输入转化为输出的操作步骤的集合。

算法获得空前研究和广泛应用是在出现了计算机之后。在计算机科学中，算法一词有特殊的意义，特指用计算机求解某一问题的方法。所以这里讨论的是用计算机语言描述的、并能在计算机上可执行的各种算法。

数学算法和计算机算法两者是有差异的。由于计算机本身是一个有限离散结构，这决定了计算机所能处理的问题必须是确定有解的，而且能在有限步骤内得到解。有的问题可将求解过程写成算法由计算机求解，有的问题则不能，如求二次方程的复数根。一个问题能否由计算机求解，属于可计算性理论研究的范畴。此外，有的问题虽然可由计算机求解，但手工算法与计算机算法大不相同。

例如，求定积分 $s = \int_a^b f(x)\mathrm{d}x$，人工处理步骤如下：

- 找出 $f(x)$ 的源函数 $F(x)$；
- 利用牛-莱公式计算 $s=F(b)-F(a)$。

而计算机计算定积分则采用数值积分法，得到的是一个近似解。因为用程序很难找到原函数。作为计算机算法，应具有哪些基本特征呢？

2.2.2　算法特征

算法的基本特征如图 2-4 所示。

① 有穷性（Finiteness）。一个算法须在执行有限运算步后终止，每一步必须在有限时间内完成。实际应用中，算法的有穷性应该包括执行时间的合理性。

② 确定性（Definiteness）。算法的每一步骤必须有确定的含义，对每一种可能出现的情况，算法都应给出确定的操作，不能有多义性。

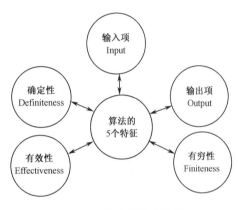

图 2-4　算法的基本特征

例如，计算分段函数 $f(x) = \begin{cases} 1 & x > 100 \\ 0 & x < 10 \end{cases}$

算法描述：

> 输入变量 x，
> 若 x 大于 100, 输出 1;
> 若 x 小于 10, 输出 0.

则算法在异常情况下（输入 $10 \leqslant x \leqslant 100$)，执行结果是不确定的。

③ 有效性（Effectiveness）。算法中的每个步骤都是能实现的，算法的执行结果应达到预期目的，即正确、有效。如算法执行过程中出现 $x/0$、负数开方等操作将导致算法无法执行。

④ 有 0 个或多个输入项。

⑤ 至少有一个输出项。

算法和程序是有区别的。因为程序不一定要满足有穷性的要求，如操作系统，除非死机，否则它永远在循环等待。另外，算法必须有输出，而程序可以没有输出。

例如，欧几里德算法描述如下：

输入两个正整数 m、n，输出这两个数的最大公因数 $\gcd(m,n)$。

步骤 1　输入两个正整数 m,n。

步骤 2 如果 *n=0*，返回 *m* 的值作为结果，过程结束，否则进入步骤 3。

步骤 3 用 *n* 除以 *m*，余数赋给 *r*。

步骤 4 将 *n* 的值赋给 *m*，并将 *r* 的值赋给 *n*，返回步骤 2。

对每一个合法输入，该算法都会在有限的时间内输出一个满足要求的结果。计算最大公约数的欧几里德算法的正确性基于等式 gcd(*m,n*)=gcd(*n, m* mod *n*)的正确性。该算法每做一次循环，第 2 个数字就会变得更小，最后算法会在第 2 个数字变为 0 时停止。

2.2.3 算法描述

如何描述一个算法呢？算法描述是让阅读者了解算法的工作流程与步骤，因此只要能清楚表现算法的 5 个特性即可。常用的算法描述有三种方式：自然语言描述、流程图描述、伪代码描述。

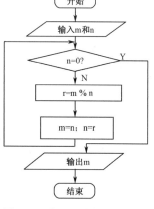

图 2-5 欧几里德算法流程图

（1）自然语言描述。一般的日常文字叙述，如中文、英文、数字等。其特色在于，使用文字或语言叙述说明操作步骤。上面给出的欧几里德算法就是自然语言描述。

（2）流程图描述。流程图是用一组几何图形表示各种类型的操作，在图形上用扼要的文字和符号表示具体的操作，并用带有箭头的流线表示操作的先后次序。

表 2-3 列出了流程图的基本符号及其含义。例如，欧几里德算法的流程图如图 2-5 所示。

表 2-3 流程图基本符号及其含义

图形符号	名　称	含　义
	起止/结束框	表示算法的开始或结束
	输入/输出框	表示输入/输出操作
	处理框	表示处理或运算功能
	判断框	根据给定的条件是否满足决定执行两条路径中的某一路径
	流线	表示程序执行的路径，箭头代表方向
	连接符	表示算法流向的出口连接点或入口连接点，同一对出口与入口的连接符内，必须标以相同的数字或字母

（3）伪代码描述。它是一种介于自然语言和计算机语言之间的描述形式。它比自然语言简洁，又比计算机语言灵活，没有严格的语法，但很容易转换成计算机语言程序。常用的有类 PASCAL 语言、SPARKS、类 C 语言等。以下是用伪代码写成的欧几里德算法：

```
euclid(m,n)
while n≠0 do
  r:= m mod n;
  m:=n;
  n:=r
return m;
```

2.3　算法结构

不管算法多复杂，都可以由顺序结构、选择结构、循环结构这三块"积木"通过组合和嵌套表达出来，这样表达的算法，结构清晰，易于验证和纠错，遵循这种方法的程序设计，就是结构化程序设计。正确理解和识别三种基本结构是描述算法的关键所在。

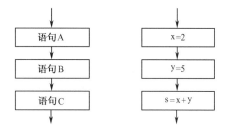

图 2-6　顺序结构流程图

（1）顺序结构。顺序结构是最简单的算法结构，语句与语句之间，是按从上到下的顺序执行的。其流程图如图 2-6 所示，语句的执行顺序为 A→B→C。

（2）选择（分支）结构。其伪代码语句结构描述为：

　　　If 条件 then　A　else　B

这种结构是对给定条件进行判断，条件为真时执行语句 A，条件为假时执行语句 B。

其流程图基本形状有两种，如图 2-7 所示。图 2-7（a）的执行序列为：当条件为真时执行语句 A，否则执行语句 B。图 2-7（b）的执行序列为：当条件为真时执行语句 A，否则什么也不做。

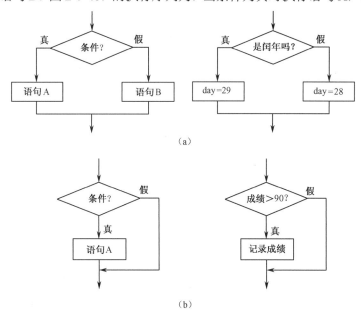

图 2-7　选择（分支）结构流程图

（3）循环结构。重复执行同一组操作的结构称为循环结构，即从某处开始，按照一定条件反复执行某一处理步骤。反复执行的处理步骤称为循环体。循环结构有两种基本形态：while 型循环和 do-while 型循环。要注意这两种循环的联系和区别。

while 型循环如图 2-8（a）所示。其执行序列是：当条件为真时，反复执行 A，一旦条件为假，跳出循环，执行循环体后的语句。

do-while 型循环如图 2-8（b）所示。其执行序列是：首先执行 A，再判断条件，条件为真时，循环执行 A，一旦条件为假，结束循环，执行循环体后的下一条语句。

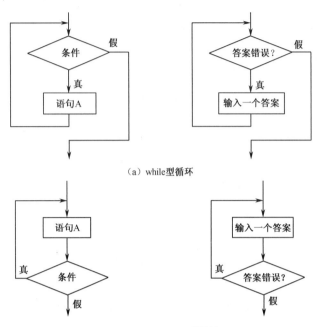

（a）while 型循环

（b）do-while 型循环

图 2-8　循环结构流程图

在图 2-8 中，语句 A 称为循环体，条件被称为循环控制条件。要注意，在循环体中，必然对条件的判断值进行修改，使经过有限次循环后，循环一定能结束。

while 型循环中循环体可能一次都不执行，而 do-while 型循环则至少执行一次循环体。

这三种基本结构的共同特点是：①只有一个入口和一个出口。②结构内的每一部分都有机会执行到，也就是说，对每一个框来说，都应当有一条从入口到出口的路径通过它。③结构内不存在死循环。

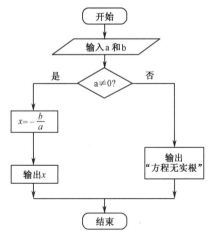

【例 2-5】　给出求方程 $ax+b=0$（a 和 b 为实数）实根的一个算法，并画出流程图。

此方程的根与 a 和 b 的取值有关。算法如下：

S_1：输入 a，b；

S_2：如果 $a\neq0$，x=−b/a，执行 S_3；否则，执行 S_4；

S_3：输出 x；结束。

S_4：输出 "方程无实数根"；结束。

该算法对应的流程图如图 2-9 所示。

图 2-9　求 $ax+b=0$ 根的算法流程图

2.2.5 算法设计方法

如何才能设计一个好的算法呢？这很大程度上依赖设计者个人的学识水平，因此有人说算法设计更像一门艺术而不是一门技术。但算法设计还是有一些可以遵循的策略或方法。下面介绍几种常用的算法设计方法。

（1）递归技术。一个直接或间接地调用自身的算法称为递归算法。在使用递归策略时，必须有一个明确的递归结束条件，称为递归出口。在通常情况下，递归调用都受条件控制，而且在被调用过程中，会对调用条件进行修改，并最终达到结束递归调用条件并逐级返回。所以递归算法一般都包含三个基本部分：①当前问题 Q_n；②从较简单的问题 Q_{n-1} 到 Q_n 的操作；③已解决的基础问题 Q_0。

【例 2-6】 用递归策略求 $n!$。

因为 $n!=1\times2\times3\times\cdots\times n=(n-1)!\times n$，设 $f(n)=n!$，那么 $f(n-1)=(n-1)!$，则 $f(n)=f(n-1)\times n$。

【例 2-7】 汉诺塔问题的递归算法。

将 n 个盘子从 A 塔座移动到 C 塔座可以分解为以下三个步骤：

① 将 A 塔座上 $n\text{-}1$ 个盘子借助 C 塔座先移到 B 塔座上；

② 把 A 塔座上剩下的一个盘子移动到 C 塔座上；

③ 将 $n\text{-}1$ 个盘子从 B 塔座借助于 A 塔座移动到 C 塔座上。

上面第①步和第③步，都是把 $n-1$ 个盘子从一个塔座移到另一个塔座上，采取的办法一样，只是塔座的名字不同而已。为此，可以把上面三个步骤分成两类操作：

① 将 $n-1$ 个盘子从一个塔座移到另一个塔座上（$n>1$）。

② 将 1 个盘子从一个塔座移到另一个塔座上。

这就是递归，且 $n\geq1$，递归出口的条件是 $n=1$。

（2）分治法。将规模为 n 的问题分解为 k 个规模较小的子问题，而这些子问题相互独立且可分别求解，再将 k 个子问题的解合并成原问题的解。如子问题的规模仍很大，则反复分解直到问题小到可直接求解为止。在分治法中，子问题的解法通常与原问题相同，从而导致递归过程。

【例 2-8】 将 n 个整数按递增排序。

采用合并排序的算法策略：若 n 为 1，算法终止；否则，将 n 个待排元素分割成 k（$k=2$）个大致相等的子集合 A，B，对每一个子集合分别递归排序，再将排好序的子集归并为一个集合。实例如下：

初始序列　[8] [4] [5] [6] [2] [1] [7] [3]

一次归并　[4 8]　　[5 6]　　[1 2]　　[3 7]

二次归并　[4 5 6 8]　　　　[1 2 3 7]

三次归并　[1 2 3 4 5 6 7 8]

归并过程是从两个序列的头部开始。例如归并[4，5，6，8]和[1，2，3，7]时：4 与 1 比较，1 被移到结果序列；4 与 2 比较，2 被移入结果序列；4 与 3 比较，3 被放入结果序列；4 与 7 比较，4 被放入结果序列；5 与 7 比较……

（3）贪心算法。问题的求解过程被划为多步选择，每次都是在条件允许范围内找一个当前最好的选择，由每一步的选择构成问题的最终解。贪心法以当前情况为基础进行最优选择，而不考虑各种可能的整体情况，一般可以快速得到问题的解，但并不总能找到最优解。

【例 2-9】 设计一个算法使找回的零钱的硬币数最少。

算法思路：划分为多步选择，每次选取一个硬币，策略是先尽量用大面值的币种，这就是贪心策略。所以算法是从最大面值的币种开始取硬币，当余额不足硬币面值时取下一种较小面值的币种。

如面值分别为 1，5 和 10 单位的硬币，而希望找回总额为 15 单位的硬币。按贪心算法，应找 1 个 10 单位面值的硬币和 1 个 5 单位面值的硬币，共找回 2 个硬币。这是最优解；但如果面值分别为 1，5 和 11 单位的硬币，贪心策略的解是 1 个 11 单位面值的硬币和 4 个 1 单位面值的硬币，共找回 5 个硬币，而最优解则是 3 个 5 单位面值的硬币。

（4）回溯法。也称"万能算法"。求解过程相当于在所有可能解构成的解空间树中搜索满足约束条件的解。

【例 2-10】 0-1 背包问题。设有 n 个物体和一个背包，物体 i 的重量为 w_i，价值为 p_i，背包的载荷为 M。若将物体 $i(1 \leqslant i \leqslant n)$ 装入背包，则有价值为 p_i。目标是找到一种方案，使放入背包的物体总价值最高。

算法思路（通过一个实例说明）：设 $n=3$，$w=(w_1, w_2, w_3)=(20, 15, 15)$，$p=(p_1, p_2, p_3)=(40, 25, 25)$，$M=30$。设问题的解为 $x=(x_1, x_2, x_3)$，

$$x_i = \begin{cases} 1 & \text{物体} i \text{装入} \\ 0 & \text{否则} \end{cases} \quad (i = 1, 2, 3)$$

则问题所有可能的解为

$$(1,0,0), \quad (0,0,1), \quad (0,1,0), \quad (0,1,1),$$
$$(1,0,0), \quad (1,0,1), \quad (1,1,0), \quad (1,1,1)$$

可表示为一棵三层的二叉树，如图 2-10 所示。

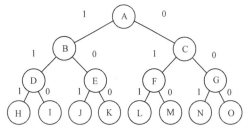

图 2-10　解空间树

回溯法按深度优先策略从根开始向下搜索，当搜索到任一结点时，判断该点是否满足约束条件：背包剩余空间是否大于等于当前物体重量，满足就把当前物体加入背包；否则，跳过该结点以下的子树（剪枝），向上逐级回溯。

（5）动态规划法。用来求解最优化问题。其思想是：化为多步决策，如果问题的最优解可以由子问题的最优解推导得到，则先求解子问题的最优解，再由子问题的最优解构造原问题的最优解；若子问题有较多的重复出现，则可以自底向上，从最终子问题向原问题逐步求解。

【例 2-11】 在多段图中找一条从 s 到 t 的最短路径。

算法思路：将问题化为多步决策，从最后一段开始向前依次计算各结点到 t 的最短路长。当作第 i 层结点计算时，会用到上一层结点的计算结果。

如图 2-11 所示，先求⑧→t 和⑨→t 的最短路径，再求⑤→t、⑥→t、⑦→t 的最短路径，再求②→t、③→t、④→t 的最短路径，最后求 s→t 的最短路径。例如，⑤ 到 t 的最短路径应该是 ⑤→②→t、⑤→③→t、⑤→④→t 这三条路中最短者，而②→t、③→t、④→t 的最短路径在上一步已经求出，可以直接利用。也就是说，在②→t、③→t、④→t 的最短路径基础上各增加一条边，即可求出 s→②→t、s→③→t、s→④→t，三者最小者即为所求。

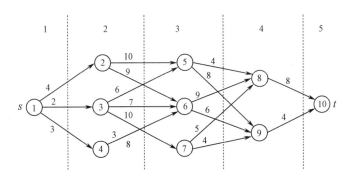

图 2-11 求多段图的最短路径

2.2.6 算法分析

算法的特征之一是有穷性，一个算法必须在有穷步执行后终止。但在实际应用中，仅要求算法能终止还远远不够，还需对算法的执行效率进一步分析，以确定算法是否有效地求得问题的解。有许多实际应用问题，理论上有计算机解，但求解所需的时间或空间耗费巨大，实际上无法办到；对有些时效性很强的问题，如实时控制，即使算法执行时间很短，如只有一两秒，也可能是无法忍受的。

例如，给出 26 个英文字母的全排列。

它的排列数 $26! \approx 4 \times 10^{26}$ 个。

以每年 365 天计算，每年共有 $365 \times 24 \times 3600 = 3.1536 \times 10^7$ 秒。

以每秒能完成 10^7 个排列的超高速电子计算机来做这项工作，需要
$$4 \times 10^{26}/(3.1536 \times 10^{14}) \approx 1.2 \times 10^{12} \text{ 年}$$

显然计算机运行速度是不可能实现的。

我们知道，算法分析就是对执行该算法所消耗的计算机资源进行估算。一个算法所需资源越多，它的复杂性越高，反之则低。算法设计的目标是设计复杂性尽可能低的算法。

计算机资源中最重要的是时间和空间资源：

● 时间复杂性指一个算法在计算机上运算所花费的时间。

● 空间复杂性指一个算法在计算机上运算所花费的空间。

对算法的时间复杂性进行分析，就是统计算法中各种操作的执行时间，即包括哪些基本运算（如赋值、加、减、乘、除等），每种运算执行的次数，该运算执行一次所花费的单位时间等。

一个算法的执行时间=算法运行时所执行的每一语句的执行时间总和。算法分析举例如表2-4所示。

表2-4　算法分析举例

项　目	算 法 1	算 法 2	算 法 3

包含语句	$x \leftarrow x+y$	for $i \leftarrow 1$ to n do
		$x \leftarrow x + y$
			for $i \leftarrow 1$ to n do
			for $j \leftarrow 1$ to n do
			$x \leftarrow x + y$

语句执行次数	$x \leftarrow x+y$ 执行了 1 次	$x \leftarrow x+y$ 执行了 n 次	$x \leftarrow x+y$ 执行了 n^2 次
运算量	加法一次，赋值一次	加法 n 次，赋值 n 次	加法 n^2 次，赋值 n^2 次

显然，一个算法的时间复杂性 C 与问题的规模 n、输入值 I 和算法本身 A 有关。当问题的算法 A 确定后，在某一输入值 I 下，算法的时间复杂性就是规模 n 的函数，记作 $C=T(n)$。

为减少估算算法效率的代价，在问题规模 n 较大时，通常采用 $T(n)$ 的数量级来对估算进行简化，其含义是，在估算过程中忽略低阶项和最高项系数。如一个算法的时间复杂性为 $T(n)=n^2-3n+2$，则它的数量级记作 $O(n^2)$，表示该算法的时间复杂性不会超过 n 的平方阶。

对算法的空间复杂性进行分析，就是统计一个算法执行过程中在计算机存储器上所占用的存储空间，包括存储算法本身所占用的存储空间，算法的输入、输出数据所占用的存储空间和算法运行过程中临时占用的存储空间。临时空间，如局部变量所占用的存储空间和系统为了实现递归所使用的堆栈等。

习题 2

1. 什么是算法？算法的特征是什么？

2. 常用的算法描述有几种方式？分别是什么？

3. 算法有几种结构？

4. 常用的算法设计方法有几种？

第 3 章

计算机的硬件基础

本章将简要介绍学习计算机所必须具备的基础知识，包括计算机的基本组成及其工作原理，计算机中信息的表示，计算机可实现的运算和实现这些运算所需要的基本逻辑电路及部件。掌握了这些基础知识，将为学习计算机系统的构成及其工作原理奠定基础。

3.1　计算机的基本组成及其工作原理

3.1.1　计算机的基本组成

自 1946 年世界上出现第一台电子数字计算机以来，计算机的硬件结构（Hardware Structure）和软件系统（Software System）都已发生惊人的变化。但就其基本组成而言，仍未摆脱冯·诺依曼型计算机的设计思想，即计算机由五大基本部分组成，它们是运算器（Arithmetic Unit）、控制器（Control Unit）、存储器（Memory）、输入设备（Input Device）和输出设备（Output Device），如图 3-1 所示。

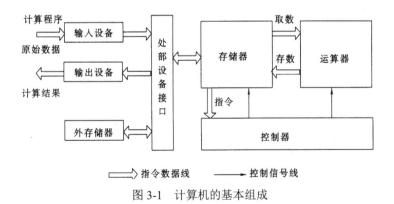

图 3-1　计算机的基本组成

图 3-1 中，运算器用来实现算术、逻辑等各种运算，存储器用来存放计算程序及参与运算的各种数据，控制器实现对整个运算过程的有规律的控制，输入设备实现计算程序和原始数据的输入，输出设备实现计算结果的输出。上述计算机的基本组成有效地保证了用机器模拟人的计算过程，并能获得预期的计算结果。此外，为扩大计算机存储信息的能力，常配备有外存储器。

习惯上，常把输入、输出设备及外存储器等统称为外部设备，简称 I/O 设备。把运算器、控制器和存储器统称为计算机的主机。外部设备与主机之间的信息交换是通过外部设备接口

（简称 I/O 接口）实现的，不同的外部设备有各自的 I/O 接口。

随着集成电路芯片的集成度的提高，出现了大规模和超大规模集成电路。在这种芯片内已可集成一台计算机的运算器和控制器，甚至包括存储器和 I/O 接口的整台计算机，通常把前者称为微处理器（CPU：Central Processing Unit），把后者称为单片微型计算机（简称单片机）。图 3-2 示出了一台典型微型计算机的组成框图，它由微处理器、存储器及 I/O 接口等大规模或超大规模集成电路芯片组成，各部分之间是通过"总线"连接在一起的，并实现信息的交换。所谓"总线"是一束同类的信号线，如图 3-2 中的控制总线是指一组传送不同控制信号的信号线。

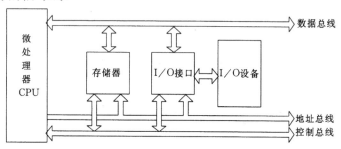

图 3-2　微型计算机组成框图

冯·诺依曼型计算机的两大特征是"程序存储"（Program Storage）和"采用二进制"（Binary）。具体地说，在上述计算机中，要实现机器的自动计算，必须先根据题目的要求，编制出求解该问题的计算程序（Computational Program），并通过输入设备将该程序存入计算机的存储器中，称为"程序存储"。在计算机中，计算程序及数据是用二进制代码表示的，如表 3-1 给出了十进制数 0～9 的二进制代码表示法。计算机只能存储并识别二进制代码表示的计算程序和数据，称为"采用二进制"。

表 3-1　十进制数的二进制数表示

十进制	二进制	十进制	二进制
0	0000	5	0101
1	0001	6	0110
2	0010	7	0111
3	0011	8	1000
4	0100	9	1001

3.1.2　计算机的基本工作原理

对于计算机来说：如何能够让计算机自动存取数据？如何让计算机识别计算规则并执行？这是计算机必须要做的基本工作。本节将通过一个简单的算题实例来说明计算程序的基本概念，以便帮助读者理解计算机的基本工作原理。

例如，要求在图 3-1 所示的计算机中计算 5+4=？要解决这一简单算题，必须先编写出完成这一算题的计算步骤，如表 3-2 所示。我们把该表称为文字形式的计算程序，表中的每一个计算步骤完成一个基本操作（如取数、加法、存数、打印输出等），如同向计算机下达一条完成某种操作的命令，我们称它为一条"指令"（Instruction）。这就是说，计算程序是由完成某一特定任务的一组指令所组成。由表 3-2 可知，每条指令都必须向计算机提供两个信息：一是执行什么操作，二是参与这一操作的数据是什么。例如，表 3-2 中的第 1 条指令，它向计算机指明，该条指令要执行的操作是"取数"，从存储器取到运算器的数据是"5"，按此原理，可将表 3-2 所示的计算程序简化为表 3-3 所示的形式。在计算机中，所有"操作"都是用二进制代码进行编码的，若假定前述 5 种基本操作的编码如表 3—4 所示，则称"0100"为"取数"操作的操作码，其他 4 个操作码分别为"0010"（加法操作）"0101"（存数操作）、"1000"（打印输出操作）、"1111"（停机操作）。在计算机中，数据是以二进制代码表示的，并存放在存储器的预定地址的存储单元中。若假定本题的原始数据 5（等值二进制代码为 0101）、4（等值二进制代码为 0100）及计算结果存放在第 1 至第 3 号存储单元中，如表 3-5 所示，那么表 3-3 所示的计算程序可改写为表 3-6 所示，该表中已假定 6 条指令分别存放在第 5 至第 10 号存储单元中，且每条指令的内容由操作码（Operation Code）和地址码（Address Code）组成，其中地址码包含存储单元地址（用 D_i 表示）及运算器中寄存器编号（用 R_i 表示）。表 3-6 给出了计算 5+4 的真正计算程序，其含义与表 3-2 给出的最原始的计算程序完全一样，但它能为计算机所存储、识别和执行。根据上述对数据和指令在存储器中存放地址的假定，可以得到图 3-3 所示的存储器布局。由图可知，地址为 0001 至 0011 的存储单元中存放数据（假定用 8 位二进制代码表示），地址为 0101 至 1010 的存储单元中存放指令，第 0100 号存储单元为空。

表 3-2 计算 5+4 的程序（文字形式）

计算步骤	解题命令
1	从存储器中取出 5 到运算器的 1 号寄存器中
2	从存储器中取出 4 到运算器的 2 号寄存器中
3	在运算器中将 1 号和 2 号寄存器中的数据相加，得和 9
4	将结果 9 存入存储器中
5	从输出设备将结果 9 打印输出
6	停机

表 3-3 表 3-2 的改写形式

指令顺序	指令内容	
	执行的操作	操作数
1	取数	5
2	取数	4
3	加法	5, 4
4	存数	9
5	打印	9
6	停机	

表 3-4 指令操作码表

操作名称	操作码
取数	0100
加法	0010
存数	0101
打印	1000
停机	1111

表 3-5 操作数的存放单元

数的存放地址	存放的数
0001	0101（5）
0010	0100（4）
0011	计算结果

表 3-6 用二进制代码表示的计算程序

指令地址	指令内容		所完成的操作（用符号表示）
	操作码	地址码	
0101	0100	0001	R0←（D1）
0110	0100	0010	R1←（D2）
0111	0010	0001	R0←（R0）+（R1）
1000	0101	0011	D3←（R0）
1001	1000	0011	打印机←（D3）
1010	1111		停机

下面以图 3-1 所示的计算机组成框图为基础，结合图 3-3 所示的计算程序，简要说明计算机的基本工作原理。

（1）根据给定的算式（如 5+4=？），编制计算程序，并分配计算程序及数据在存储器中的存放地址（见表 3-5 和表 3-6）。

（2）用输入设备将计算程序和原始数据输入到存储器的指定地址的存储单元中（见图 3-3）。

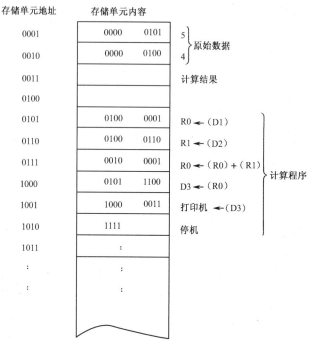

图 3-3　存储器布局

（3）从计算程序的首地址（0101）启动计算机工作，在控制器的控制下完成下列操作：

① 从地址为 0101 的存储单元中，取出第 1 条指令（01000001）送入控制器。控制器识别该指令的操作码（0100），确认它为"取数"指令。

② 控制器根据第 1 条指令中给出的地址码（0001），发出"读"命令，便从地址为 0001（D1）的存储单元中取出数据 00000101（十进制数 5）送入运算器的 R0 寄存器中。

至此，第 1 条指令执行完毕，控制器自动形成下一条指令在存储器中的存放地址，并按此地址从存储器中取出第 2 条指令，在控制器中分析该条指令要执行的是什么操作，并发出执行该操作所需要的控制信号，直至完成该条指令所规定的操作。依次类推，直到计算程序中的全部指令执行完毕。

由上可知，计算机的基本工作原理可概括如下：

（1）计算机的自动计算（或自动处理）过程就是执行一段预先编制好的计算程序的过程。

（2）计算程序是指令的有序集合。因此，执行计算程序的过程实际上是逐条执行指令的过程。

（3）指令的逐条执行是由计算机硬件实现的，可顺序完成取指令、分析指令、执行指令所规定的操作，并为取下一条指令准备好指令地址，如图 3-4 所示。如此重复操作，直至执行到停机指令。

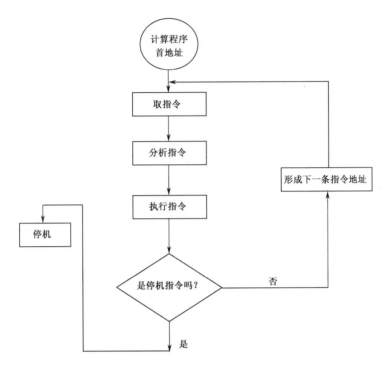

图 3-4　计算机的基本工作原理

需指出的是，现代计算机系统提供了强有力的系统软件，计算机的使用者无须再用指令的二进制代码（称为机器语言）进行编程，计算程序在存储器中的存放位置都由计算机的操作系统自动安排。有关计算机系统的软件知识将在第 6 章中介绍。计算机硬件如何实现取指令、分析指令和执行指令的细节问题，将在第 4 章中讲述。

3.2　信息在计算机中的表示

计算机中的信息，虽然都是用二进制代码表示，但它有多种表现形式，如数值、字符、声音、图像与图形数据等。下面分别介绍这几种信息形式在计算机中是如何用二进制代码表示的。

3.2.1　数值数据

用二进制代码表示数据信息有两种基本方法，一是按"值"表示，二是按"形"表示。按值表示要求在选定的进位制中正确地表示出数值，包括数字符号、小数点位置及正、负号等，如数值"负九点五"用二进制代码可表示为"–1001.1"。按形表示则是按照一定的编码方法来表示数据，如用 ASCII 码表示"负九点五"这一数值，其形式为"0101101、0111001、0100111、0110101"。

下面先介绍计算机中按值表示数据时所要解决的三个问题：数字符号的选用，小数点位置的表示，正、负号的表示；然后介绍计算机中常用的数据编码。

1．进位制数及其相互转换

（1）进位制数。日常生活中人们都采用十进制（Decimal）来表示数值，计算机领域中采用二进制（Binary）、八进制（Octal）或十六进制（Hexadecimal）来表示数值。若把它们统称为 R 进制，则该进位制具有下列性质：

① 在 R 进制中，具有 R 个数字符号，它们是 0，1，2，…，（$R-1$）。

② 在 R 进制中，由低位向高位是按"逢 R 进一"的规则计数。

③ R 进制的基数（Base）是"R"，R 进制数的第 i 位的权（Weight）为"R^i"，并约定整数最低位的位序号 $i=0$（$i=n$，$n-1$，…，2，1，0，-1，-2，…）。

表 3-7 给出了十进制、二进制、八进制及十六进制的上述特征。由表可知，不同进位制具有不同的"基数"。对于某一进位制数，不同的数位具有不同的"权"。基数和位权是进位制数的两个要素。基数表明了某一进位制的基本特征，如对于二进制，有 2 个数字符号（0，1），且由低位向高位是"逢二进一"，故其基数为 2。位权表明了同一数字符号处于不同数位时所代表的值不同，如对于下列二进制数，各位的"权"分别为

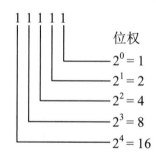

计算机中常用的权值有

$$2^{10} = (\underbrace{10\cdots0}_{10\text{个}})_2 = (1\,024)_{10} = 1\text{K}$$

$$2^{20} = (\underbrace{10\cdots0}_{20\text{个}})_2 = (1\,048\,576)_{10} = 1\text{M}$$

$$2^{30} = (\underbrace{10\cdots0}_{30\text{个}})_2 = (1\,073\,741\,824)_{10} = 1\text{G}$$

$$2^{40} = (\underbrace{10\cdots0}_{40\text{个}})_2 = (1.0\,995\,116\times10^{12})_{10} = 1\text{T}$$

在表 3-7 中，用圆括号外的下标值（如 10，2，8，16）表示该括号内的数是哪种进位制数，或在数的最后加上字母 D（十进制）、B（二进制）、Q（八进制）、H（十六进制）来区分其前面的数属于哪种进位制。

表 3-7　十进制、二进制、八进制和十六进制的特性

进位制＼项目	十 进 制	二 进 制	八 进 制	十六进制
特　点	(1) 具有 10 个数字符号 0,1, 2, …, 9 (2) 按"逢十进一"的规则计数 (3) 基数为 10，第 i 位权为 10^i	(1) 具有 2 个数字符号 0,1 (2) 按"逢二进一"的规则计数 (3) 基数为 2，第 i 位权为 2^i	(1) 具有 8 个数字符号 0,1, …, 7 (2) 按"逢八进一"的规则计数 (3) 基数为 8，第 i 位权为 8^i	(1) 具有 16 个数字符号 0,1, …, 9, A, B, …, F (2) 按"逢十六进一"的规则计数 (3) 基数为 16，第 i 位权为 16^i
举　例	$(1994.34)_{10}=1\times10^3$ $+9\times10^2+9\times10^1+4\times10^0$ $+3\times10^{-1}+4\times10^{-2}$	$(1011.101)_2=1\times2^3$ $+0\times2^2+1\times2^1+1\times2^0+1\times2^{-1}$ $+0\times2^{-2}+1\times2^{-3}$	$(1753.204)_8=1\times8^3$ $+7\times8^2+5\times8^1+3\times8^0+2\times8^{-1}$ $+0\times8^{-2}+4\times8^{-3}$	$(19A5.EBC)_{16}=1\times16^3+9\times16^2+$ $A\times16^1+5\times16^0+E\times16^{-1}+B\times16^{-2}$ $+C\times16^{-3}$
表示方法	$(1994.34)_{10}=1994.34D$	$(1011.101)_2=1011.101B$	$(1753.204)_8=1753.204Q$	$(19A5.EBC)_{16}=19A5.EBCH$

（2）进位制数的相互转换。同一个数值可以用不同的进位制数表示，这表明不同进位制只是表示数的不同手段，它们之间必定可以相互转换。下面将通过具体例子说明计算机中常用的几种进位制数之间的转换，即十进制与二进制数之间的转换，二进制与八进制或十六进制数之间的转换。

① 二进制数转换为十进制数。二进制数转换为十进制数的基本方法是，将二进制数的各位按位权展开后再相加。

【例 3-1】　$(1011.101)_2 = (?)_{10}$
$$(1011.101)_2 = 1\times2^3 + 0\times2^2 + 1\times2^1 + 1\times2^0 + 1\times2^{-1} + 0\times2^{-2} + 1\times2^{-3}$$
$$= 8+2+1+0.5+0.125$$
$$= (11.625)_{10}$$

② 十进制数转换为二进制数。十进制数转换为二进制数的基本方法是，对于整数采用"除 2 取余"，对于小数采用"乘 2 取整"。

【例 3-2】　$(13)_{10} = (?)_2$

"除 2 取余"的计算过程如下：

```
2 │13      取余数
  │ 6     1    （低位）
  │ 3     0      ↑
  │ 1     1      │
    0     1    （高位）
```

求得 $(13)_{10} = (1101)_2$。

由上可知，用"除 2 取余"法实现十进制整数的转换规则是，用 2 连续除要转换的十进制数及各次所得之商，直除到商为 0 时止，则各次所得之余数即为所求二进制数由低位到高位的值。

【例 3-3】　$(0.625)_{10} = (?)_2$

"乘 2 取整"的计算过程如下：

$$
\begin{array}{r}
0.625 \\
\times \quad 2 \quad \text{取整数} \\
\hline
1.250 \qquad 1 \quad （高位）
\end{array}
$$

$$
\begin{array}{r}
0.250 \\
\times \quad 2 \\
\hline
0.500 \qquad 0
\end{array}
$$

$$
\begin{array}{r}
0.500 \\
\times \quad 2 \\
\hline
1.000 \qquad 1 \quad （低位）
\end{array}
$$

求得 $(0.625)_{10} = (0.101)_2$。

可见，用"乘 2 取整"法实现十进制小数的转换规则是，用 2 连续乘要转换的十进制数及各次所得之积的小数部分，直乘到积的小数部分为 0 时止，则各次所得之积的整数部分即为所求二进制数由高位到低位的值。

需指出的是，在用上述规则实现十进制小数的转换时，会出现乘积的小数部分总不等于 0 的情况，这表明此时的十进制小数不能转换为有限位的二进制小数，出现了"循环小数"。如

$$(0.6)_{10} = (0.100110011001)_2$$

在这种情况下，乘 2 过程的结束由所要求的转换位数（即转换精度）确定。

当十进制数包含有整数和小数两部分时，可按上面介绍的两种方法将整数和小数分别转换，然后相加。

③ 二进制数与八进制数的转换。由于八进制的基数为 8，二进制的基数为 2，两者满足 $8 = 2^3$，故每位八进制数可转换为等值的 3 位二进制数，反之亦然。

【例 3-4】　$(63.54)_8 = (?)_2$

只要将每位八进制数写成等值的 3 位二进制数，便可得到转换的结果，如下所示：

$$
\begin{array}{ccccc}
6 & 3 & . & 5 & 4 \\
\downarrow & \downarrow & & \downarrow & \downarrow \\
110 & 011 & . & 101 & 100
\end{array}
$$

求得 $(63.54)_8 = (110011.101100)_2$。

【例 3-5】　$(11110100.10111)_2 = (?)_8$

以小数点为界，整数部分从右到左分成 3 位一组，小数部分从左到右分成 3 位一组，头尾不足 3 位时补 0，再将每组的 3 位二进制数写成一位八进制数，则得

$$
\begin{array}{ccccc}
011 & 110 & 100 & . \quad 101 & 110 \\
\downarrow & \downarrow & \downarrow & \downarrow & \downarrow \\
3 & 6 & 4 & . \quad 5 & 6
\end{array}
$$

求得 $(11110100.10111)_2 = (364.56)_8$。

④ 二进制数与十六进制数的转换。由于十六进制的基数为 16，二进制的基数为 2，两者满足 $16 = 2^4$，故每位十六进制数可转换为 4 位二进制数，反之亦然。

【例 3-6】　$(D8.C4)_{16} = ?)_2$

将每位十六进制数写成 4 位二进制数，便得转换的结果，如下所示：

$$
\begin{array}{ccccc}
D & 8 & . & C & 4 \\
\downarrow & \downarrow & & \downarrow & \downarrow \\
1101 & 1000 & . & 1100 & 0100
\end{array}
$$

求得 $(D8.C4)_{16} = (11011000.110001)_2$。

【例 3-7】　$(1101110.10101)_2 = (?)_{16}$

以小数点为界，整数部分从右到左分成 4 位一组，小数部分从左到右分成 4 位一组，头尾不足 4 位时补 0，然后将每组的 4 位二进制数写成一位十六进制数，如下所示：

$$
\begin{array}{cccc}
0110 & 1110 & . & 1010 & 1000 \\
\downarrow & \downarrow & & \downarrow & \downarrow \\
6 & E & . & A & 8
\end{array}
$$

求得 $(1101110.10101)_2 = (6E.A8)_{16}$。

从例 3-4 至例 3-7 可以看出，二进制数与八进制数或十六进制数之间存在直接转换关系。可以说，八或十六进制数是二进制数的缩写形式。在计算机中，利用这一特点可把用二进制代码表示的指令或数据写成八或十六进制形式，以便于书写或认读。

2．二进制数的定点及浮点表示

按值表示数据所要解决的第二个问题是如何正确标出小数点的位置。在计算机中，表示小数点的方法有两种，一是定点表示法，二是浮点表示法。

（1）定点表示法。所谓定点（Fixed Point）表示法，是指计算机中的小数点位置是固定不变的。根据小数点位置的固定方法不同，又可分为定点整数及定点小数表示法。前者小数点固定在数的最低位之后，后者小数点固定在数的最高位之前。设计算机的字长为 8 位，则上述两种表示法的格式如下：

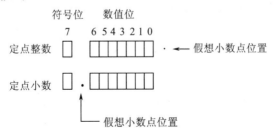

显然，对于定点整数表示法而言，它能表示的数值范围（绝对值）为 00000001～01111111，即 $1 \sim (2^7 - 1)$。

显而易见，计算机采用定点整数表示时，只能表示整数。但在实际问题中，数不可能总是整数，这就需要在用解题之前对非整数进行必要的加工，以变为适于机器表示的形式。加工的方法是，选择适当的比例因子，使全部参加运算的数都变为整数。例如，二进制数+101.1 和−10.11 都是非整数，若将它们都乘以比例因子 2^2，则得

$$+101.1 \times 2^2 = +10110$$

$$-10.11 \times 2^2 = -1011$$

在 8 位字长的计算机中可分别表示为

+	0	0	1	0	1	1	0	$+101.1 \rightarrow$

−	0	0	0	1	0	1	1	$-10.11 \rightarrow$

当然，在输出结果时必须除以比例因子。

类似地，定点小数表示法只能表示小于 1 的数，它与定点整数表示法无原则区别，读者可自行分析。

（2）浮点表示法。所谓浮点（Floating Point）表示法，是指计算机中的小数点位置不是固定的，或者说是"浮动"的。为了说明它是怎样浮动的，我们引入二进制数的另一种表示法——记阶表示法。任何一个二进制数 N 都可表示为

$$N = 2^{\pm E} \times (\pm S)$$

式中，E 称为阶码，它是一个二进制正整数；E 前的±号为阶码的正负号，称为阶符（E_f）。S 称为尾数，它是一个二进制正小数；S 前的±号为尾数的正负号，称为尾符（S_f）。式中 2 是阶码 E 的底数。在某些大中型计算机中，阶码的底数可为"16"。

例如，二进制数+101.1 和−10.11 的记阶表示形式为

$$+101.1 = 2^{+11} \times (+0.1011) \begin{cases} E = 11 & E_f \text{为} + \\ S = 0.1011 & S_f \text{为} + \end{cases}$$

$$-10.11 = 2^{+10} \times (-0.1011) \begin{cases} E = 10 & E_f \text{为} + \\ S = 0.101 & S_f \text{为} - \end{cases}$$

采用记阶表示法后，计算机中只需表示出它的阶码、尾数及其符号，阶码的底数 2 可以不表示出来。若用 8 位字长中的 2 位表示阶码，4 位表示尾数，另 2 位分别表示阶符和尾符，则上述两个二进制数在机器内的浮点表示形式如下：

$+101.1 \rightarrow$
7	6	5		4	3	2	1	0
+	1	1		+	1	0	1	1

$-10.11 \rightarrow$
E_f	E			E_f	E	S_f	S	
+	1	0		−	1	0	1	1

比较+101.1 和−10.11 两数可知，它们的有效数字（1011）是完全相同的，只是正负号和小数点的位置不同。正负号的不同反映在尾符 S_f 不同。因此，对于规格化的浮点数（其尾数 $1/2 \leq S < 1$ 而言，小数点的位置是随阶码的大小而"浮动"的。

3．二进制数的原码、反码及补码表示

按值表示数据要解决的第三个问题是如何表示数的正负号。在计算机中，数的正负号是用 0，1 表示的。例如，二进制数+101.1 和-10.11 可表示为

$$取比例因子 2^2$$

$$
\begin{array}{ccccc}
+101.1 & \longrightarrow & +0010110 & \longrightarrow & 0,0010110 \\
-10.11 & \longrightarrow & -0001011 & \longrightarrow & 1,0001011
\end{array}
$$

该例中，自左至右的第一式（+101.1 和-10.11）是给定的二进制数；第二式（+0010110 和-0001011）是乘比例因子（2^2）后的二进制整数形式（7 位整数），它除符号（+或-）外已能在计算机中表示（设该计算机采用定点整数表示），称该数为计算机的真值；第三式（0,0010110 和 1,0001011）是真值符号"数值化"（$+ \to 0$，$- \to 1$）后所得的数，它已完全能在计算机中表示，称为机器数。机器数的最高位为符号位，为明显起见，常用逗号"，"隔开（也可以省略）。

一般地，通过对机器数的定义，可以将真值的符号"数值化"，有关机器数的定义及其性质将在后续课程中详细讨论。下面仅讨论常用机器数——原码（Primary Code）、反码（One's Complement）和补码（Two's Complement）是怎样由真值得到的。

设计算机的字长为 n 位，它可表示的真值 $x = \pm x_{n-2}x_{n-3}\cdots x_0$，其中 $x_i = 0$ 或 1，则有

① 真值 $x = +x_{n-2}x_{n-3}\cdots x_0$ 时，原码、反码和补码完全相同，即

$$[x]_原 = [x]_反 = [x]_补 = \underbrace{0x_{n-2}x_{n-3}\cdots x_0}_{n位}$$

② 真值 $x = -x_{n-2}x_{n-3}\cdots x_0$ 时，原码、反码、补码与 x 的关系如下：

$$[x]_原 = 1x_{n-2}x_{n-3}\cdots x_0$$

$$[x]_反 = 1\overline{x}_{n-2}\overline{x}_{n-3}\cdots \overline{x}_0$$

$$[x]_补 = 1\overline{x}_{n-2}\overline{x}_{n-3}\cdots (\overline{x}_0 + 1)$$

由上可知，在 n 位机器数中，最高位为符号位，该位为 0 表示真值为正，为 1 表示真值为负；其余（$n-1$）位为数值位，各位的值可为 0 或 1。当真值为正时，原码、反码和补码的数值位与真值完全相同；当真值为负时，原码的数值位保持真值的原样，反码的数值位为原码的各位取反，补码则是反码的最低位加 1。

根据上述关系，很容易实现真值与机器数之间及三种机器数之间的相互转换，下面举例说明。

【例 3-8】　已知计算机字长为 8 位，试写出二进制数+101010 和-101010 在机器中表示的原码、反码及补码。

先写出这两个二进制数的真值。设该机器采用定点整数表示，则其真值形式如下：

$$x = +0101010$$

$$y = -0101010$$

即连同符号构成 8 位（字长），为使所表示的值保持不变，故在不足 7 位的数值位前添 0。按真值与机器数的关系，写出机器数如下。

真值 x 为正，则有

$$[x]_原 = [x]_反 = [x]_补 = 00101010$$

真值 y 为负，则有

$$[y]_原 = 10101010$$

$$[y]_反 = 11010101$$

$$[y]_补 = 11010110$$

【例 3-9】 已知 $[x]_补 = 101101$，求真值 x。

先由 $[x]_补$ 求出 $[x]_反$，则得

$$[x]_反 = 101101 - 1$$

$$= 101100$$

$[x]_反$ 的符号位为 1，故其所对应的真值为负，且数值位为 $[x]_反$ 的各位取反，即

$$[x]_反 = 101100$$

$$x = -10011$$

在计算机中，参与运算的是机器数，不同的机器数其运算规则的复杂程度不同，我们期望所选用的机器数不仅与真值之间的转换关系直观简便（如原码），而且运算规则简单（如补码的加减运算）。关于机器数的运算规则将在后续课程中详细讲述。

4. 数据的编码表示

所谓编码（Code），就是用按一定规则组合而成的若干位二进制代码来表示数值数据，它是计算机中所采用的按"形"表示数的一种方法。计算机中常用的编码有十进制编码、可靠性编码。不同的编码，其编码规则不同，具有不同的特性及应用场合。

（1）十进制编码。十进制编码是指用若干位二进制代码来表示一位十进制数，也称 BCD（Binary Coded Decimal）码。BCD 码可分为多种，其中最常用的是 8421 码，它用 4 位权为 8421 的二进制数来表示等值的一位十进制数，其编码规则如表 3-2 所示。按表中给定的规则，很容易实现十进制数与 8421 码之间的转换。

【例 3-10】 $(731)_{10} = (?)_{8421}$

$$(731)_{10} = (011100110001)_{8421}$$

【例 3-11】 $(1011.01)_2 = (?)_{8421}$

$$(1011.01)_2 = (11.25)_{10} = (00010001.00100101)_{8421}$$

（2）可靠性编码。在计算机中进行数据传输或存取时，免不了要出错。为了能及时发现错误，并及时检测与校正错误，采用了可靠性编码。常用的可靠性编码有格雷码（Gray Code）、奇偶校验码（Oddeven Check Code）、海明码（Hamming Code）和循环冗余码（CRC）等。

在格雷码中，任意两个相邻代码只有一位二进制数不同，因而当数据顺序改变时不会发生"粗大"误差，从而提高了可靠性。海明码和循环冗余码则是一种既能检测出错位又能校

正出错位的可靠性代码。奇偶校验码是一种广泛采用的可靠性编码，它由若干信息位加一个校验位所组成，其中校验位的取值（0 或 1）将使整个代码中 1 的个数为奇数或偶数。若 1 的个数为奇数，则称奇校验码；否则，称偶校验码。表 3-8 中给出了以 8421 码为信息位所构成的奇校验码。

表 3-8　8421 码及其奇校验码

十进制数	8421 码	8421 奇校验码	十进制数	8421 码	8421 奇校验码
0	0000	00001	5	0101	01011
1	0001	00010	6	0110	01101
2	0010	00100	7	0111	01110
3	0011	00111	8	1000	10000
4	0100	01000	9	1001	10011

奇偶校验码具有检测一位错的能力。例如，若约定计算机中的二进制代码都是以奇校验码存入存储器，那么当从存储器取出时，若检测到某一二进制代码中 1 的个数不是奇数，则表明该代码在存取过程中出现了错误，但不知是哪一位错，故无自动校正能力。不难理解，若代码在存取过程中发生了两位错，则用奇偶校验码就检测不出来。

3.2.2　字符数据

计算机中采用的字符主要有西文、中文及控制符号，它们都以二进制编码方式存入计算机并得以处理，这种对字母和符号进行编码的二进制代码称为字符代码（Character Code）。

1．西文字符

在计算机中常用的西文字符编码有 ASCII 码（美国标准信息交换代码）和 EBCDIC 码（扩展的 BCD 交换代码）。表 3-9 给出了 ASCII 码字符集，由表不难写出 SIN（3.14/N）的 ASCII 码如下：

1010011	1001001	1001110	0101001
S	I	N	（

0110011	0101110	0110001	0110100
3	.	1	4

0101111	1001110	0101000
/	N	）

表 3-9　ASCII 码字符集

高 3 位 低 4 位	000	001	010	011	100	101	110	111
0000	NULL	DC1	间隔	0	@	P		p
0001	SUM	DC2	!	1	A	Q	a	q
0010	EOA	DC3	"	2	B	R	b	r
0011	EOM	DC4	#	3	C	S	c	s
0100	EOT	DC5	$	4	D	T	d	t
0101	WRU	ERR	%	5	E	U	e	u

续表

高 3 位 低 4 位	000	001	010	011	100	101	110	111
0110	RU	SYNC	&	6	F	V	f	v
0111	BELL	LEM	1	7	G	W	g	w
1000	BKSP	CAN	(	8	H	X	h	x
1001	HT	EM	)	9	I	Y	i	Y
1010	LF	SUB	*	:	J	Z	j	z
1011	VT	ESC	+	;	K	[	k	{
1100	FF	FS	,	<	L	\	l	|
1101	CR	GS	−	=	M	]	m	}
1110	SO	RS	•	>	N	↑	n	~
1111	SI	US	/	?	O	←	o	DEL

为书写方便，常把 ASCII 码的 7 位二进制代码写成两位十六进制数，例如，上例中 S 的 ASCII 码为 53H，1 的 ASCII 码为 31H，依次类推。

2．中文字符

在计算机中，为了解决汉字的输入、处理及输出问题，出现了各种汉字编码（Chinese Character Code）方案，包括汉字的输入码、机内码及汉字字形码。

用键盘输入汉字时所使用的汉字编码称为输入码，它与汉字的输入方式有关，常见的有汉语拼音码、五笔字型码、音形码、国标区位码及电报明码等数十种之多。每种输入码各有特点，如汉语拼音码是以字音为输入依据，使用方便，平均输入一字需击 3～4 个键，但重码较多。五笔字型码是以字形为输入依据，将汉字分为 5 种字根，用专用键帽指示，易学易用，熟练后输入汉字的速度较快。

不管以何种编码方式输入汉字，最终都要转换为机内代码，以实现汉字在计算机内的存储与处理。目前，汉字机内码统一使用国家标准 GB2312—80 规定的国标区位码，它收集了汉字和其他语言图形符号 7445 个，其中汉字 6763 个。国标区位码中的编码按其位置分为 94 区，每区 94 个字符，"区位码"由此得名。区位码中的每个汉字用其所在"区、位"号进行编码，并用两字节（1 字节有 8 个二进制位）分别表示区号和位号，每字节的最高位置"1"作为汉字标记。例如，汉字"啊"的区位码为 3021H，用两个最高位置"1"的字节表示该码时，所得机内码实际为 B0A1H，如下所示：

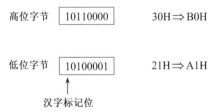

汉字在显示和打印时都是以点阵方式输出，常用 16×16 点阵表示一个汉字。为此，在计算机内（或 CRT 显示器、打印机内）需建立汉字库，该库内以图形方式存储了国标所规定的两级汉字。当需要输出汉字时，计算机便根据汉字的机内码从汉字库中取出相应的汉字点阵图形（汉字字形码），显示在 CRT 上或从打印机上打印出来。汉字库除采用 16×16 点阵外，还有压缩型的 8×16 或 16×8 点阵，以及扩展型的 32×32，48×48 和 128×128 点阵，可输出几十种字体的大小汉字。

3.2.3 声音数据

声音是一种连续的随时间变化的波，即声波。用连续波形表示声音的信息，称为模拟信息，或模拟信号。模拟信号主要由振幅和频率来描述，振幅大小反映声音的音量大小，频率的大小反映声音的音调高低。

在时间和幅度上都是离散的信号称为数字信号。计算机不能表示模拟信号，只能表示数字信号（0 和 1）。因此，声音在计算机内表示时需要把声波数字化，又称量化。量化的方法是，在每一固定的时间间隔里对声波进行采样，采得的波形称为样本，再把样本（振幅的高度）量化成二进制代码存储在机内。这个过程称为声音的离散化或数字化，也称模/数转换。反之，将声音输出时，要进行逆向转换，即数/模转换。数字化声音的质量与采样频率、采样点数据的测量精度及声道数有关。

采样频率是指每秒钟的采样次数；采样点精度是指存放每一个采样点振幅值的二进制位数；声道数是指声音通道的个数。单声道只记录和产生一个波形，而双声道产生两个波形，即立体声。可见，存储一秒钟声音信息所需存储容量的字节数为

$$采样频率 \times 采样精度（位数）\times 声道数/8$$

在计算机中，存储声音的文件方式很多，常用的声音文件扩展名为.wav，.au，.voc 和.mp3等。当记录和播放声音文件时，需要使用音频软件，如 Windows Media 等。

3.2.4 图像和图形数据

在计算机中，图像和图形是两个完全不同的概念。图像是由扫描仪、数字照相机、摄像机等输入设备捕捉的实际场景或以数字化形式存储的任意画面，即图像是由真实的场景或现实存在的图片输入计算机产生的，图像以位图形式存储。而图形一般是指通过计算机绘制工具绘制的由直线、圆、圆弧、任意曲线等组成的画面，即图形是由计算机产生的，且以矢量形式存储。下面先看颜色的表示方法，然后再介绍用数字表示图像和图形的方法。

1. 颜色表示法

颜色是我们对到达视网膜的各种频率的光的感觉。我们的视网膜有三种颜色感光视锥细胞，负责接收不同频率的光。这些感光器分别对应于红、绿、蓝三种颜色。人眼可以觉察的其他颜色都是由这三种颜色混合而成的。

因此，在计算机中，用 RGB（Red-Green-Blue）值来表示颜色。RGB 值是三个数字，每个数字取值是 0～255，不同的数值说明了每种原色的相对份额。例如 0 表示这种颜色完全没有参与，255 表示这种颜色完全参与其中。

表 3-10 显示的是不同的 RGB 取值和它们表示的颜色。

表 3-10 不同的 RGB 取值对应的颜色

RGB 值			表示颜色
红色	绿色	蓝色	
0	0	0	黑色
255	255	255	白色
255	255	0	黄色
255	130	255	粉色
146	81	0	棕色
157	95	82	紫色
140	0	0	栗色

2．数字化图像和图形

（1）位图图像。计算机通过指定每个独立的点（或像素）在屏幕上的位置来存储位图图像。一副图像可认为是由若干行和若干列的像素（Pixels）组成的阵列，每个像素点用若干二进制位进行编码，表示图像的颜色，这就是图像的数字化。描述图像的主要属性是图像分辨率和颜色深度。图像分辨率是指图像的水平方向和垂直方向的像素个数。颜色深度是指每一个像素点表示颜色的二进制位数。如单色图像的颜色深度为 1；256 色图像的颜色深度为 8；真彩色图像的颜色深度为 24。存储一幅图像所需的存储容量的字节数为：

$$图像分辨率 \times 颜色深度 / 8$$

位图图像通常用于现实中的图像，如扫描的图像。文件的扩展名为.bmp，.pcx，.tif，.jpg 和.gif。因为位图文件用一系列的二进制位来表示像素，因此可以用 Adobe Photoshop 等软件来修改或编辑单个像素。

（2）矢量图形。矢量图形是由一串可重构图形的指令构成。在创建矢量图片的时候，可以用不同的颜色来画线和图形。然后计算机将这一串线条和图形转换为能重构图形的指令。计算机只存储这些指令，而不是真正的图形，所以矢量图形看起来没有位图图像真实。

矢量图形文件的扩展名为.wmf，.dxf，.mgx 和.cgm。常用的矢量图形软件包有 Micrographx Designer 和 CorrelDRAW。

矢量图形与位图图像相比，有以下优点：矢量图形占用的存储空间小。矢量图形的存储依赖于图形的复杂性，图形中的线条、图形、填充模式越多，所需要的存储空间越大。使用矢量图形软件，可以方便地修改图形。可以把矢量图形的一部分当作一个独立的对象，单独地加以拉伸、缩小、移动和删除。

3.2.5　视频数据

计算机中的视频数据一般分为两类：

① 动画。其每一幅画面都是通过一些工具软件对图像素材进行编辑制作而成。它是用人工合成的方法对真实世界的一种模拟。

② 视频。对视频信号源（如电视机、摄像机等）经过采样和数字化处理后保存下来的信息。视频影像是对真实世界的记录。

视频的数字化是指在一段时间内，以一定的速度对视频信号进行捕获，并加以采样后形成数字化数据的处理过程。各种制式的普通电视信号都是模拟信号，而计算机只能处理数字信号，因此必须将模拟信号的视频转化为数字化信号的视频。视频是由一系列的帧组成，每帧是一幅静止的图像，可用位图文件形式表示。但视频每秒钟至少显示 30 帧，所以视频需要非常大的存储空间。

一幅全屏的、分辨率为 640×480 的 256 色图像有 307200 个像素。因此，一秒钟视频需要的存储空间是 9 216 000 字节，大约 9MB。两小时的电影需要 66 355 200 000 字节，超过 66GB，所以视频数据需要一些特殊的编码技术来产生兆字节数量级的视频文件。

视频文件的扩展名为.avi，.mpg。常用的视频文件软件包有 Micrographx Designer 和 Corel DRAW 等。

3.3　运算基础

计算机中的基本运算有两类，一是算术运算（Arithmetic Operation），二是逻辑运算（Logic Operation）。算术运算包括加、减、乘、除等四则运算，逻辑运算包括逻辑乘、逻辑加、逻辑非及逻辑异或等运算，它们都是按位进行运算的，也称逻辑操作。本节将简要介绍计算机中最常用的补码加减运算规则及用 8421 码表示的十进制数的运算规则，最后介绍几种常见的逻辑运算。讲述上述内容的目的只是帮助读者了解计算机实现运算的基本原理，计算机的各种运算方法将在后续课程中详细讲述。

3.3.1　四则运算

在讲述计算机中的运算方法之前，先介绍用手算实现二进制加、减、乘、除等运算的基本方法。这些方法与十进制数运算极为相似，只要抓住二进制数的特点（只有两个数字符号 0、1；由低位到高位"逢二进一"），就不难理解二进制的四则运算要比十进制更为简单。下面列举 4 个例子，对照说明二进制与十进制数的四则运算。

【例 3-12】　1001+0101 = ?

算式如下：

$$
\begin{array}{r}
1001 \\
+\ 0101 \\
\hline
1110
\end{array}
\qquad
\begin{array}{r}
9 \\
+\ 5 \\
\hline
14
\end{array}
$$

【例 3-13】　1110–1011 = ?

算式如下：

$$
\begin{array}{r}
1110 \\
-\ 1011 \\
\hline
0011
\end{array}
\qquad
\begin{array}{r}
14 \\
-\ 11 \\
\hline
3
\end{array}
$$

【例 3-14】　1101×1001 = ?

算式如下：

$$
\begin{array}{r}
1101 \\
\times\ 1001 \\
\hline
1101 \\
0000 \\
0000 \\
1101 \\
\hline
1110101
\end{array}
\qquad
\begin{array}{r}
13 \\
\times\ 9 \\
\hline
117
\end{array}
$$

【例 3-15】　$1000001 \div 101 = ?$

算式如下：

$$
\begin{array}{r}
1101 \\
101\overline{)1000001} \\
\underline{101} \\
110 \\
\underline{101} \\
101 \\
\underline{101} \\
0
\end{array}
\qquad
\begin{array}{r}
13 \\
5\overline{)65} \\
\underline{5} \\
15 \\
\underline{15} \\
0
\end{array}
$$

由上述例 3-14 和例 3-15 可知，二进制数乘法的结果可以通过逐次左移后的被乘数（或 0）相加而获得。也就是说，乘法可以由"加法"和"移位"两种操作实现。类似地，除法可以由"减法"和"移位"两种操作实现。在计算机中，正是利用这一原理实现二进制数乘法和除法，即在运算器中只需进行加、减法及左、右移位操作便可实现四则运算。不同的是，计算机中参加运算的数都是以机器数形式出现的，如加、减法通常都用补码进行。下面介绍计算机中用补码实现加、减法的基本原理。

3.3.2　补码加减运算

1. 补码加法

设 x, y 为正或负整数的真值，则由补码的定义可证得（证明方法在后续课程中讲述）

$$[x]_{补} + [y]_{补} = [x+y]_{补} \tag{3-1}$$

应用这一公式很容易实现补码的加法运算，下面举例说明这一运算及其注意事项。

【例 3-16】　设 $x = +0110110$，$y = -1111001$，求 $x+y = ?$

在计算机中，真值 x, y 表示为下列补码形式：

$$[x]_{补} = 0, 0110110$$

$$[y]_{补} = 1, 0000111$$

根据式（3-1），有

$$
\begin{array}{ll}
0,0110110 & [x]_{补} \\
\underline{+\quad 1,0000111} & [y]_{补} \\
1,0111101 & [x]_{补} + [y]_{补}
\end{array}
$$

即

$$[x+y]_{补} = [x]_{补} + [y]_{补} = 1,0111101$$

求得 $x+y = -1000011$，结果正确。

【例 3-17】 设 $x = +1010011$，$y = +0100101$，求 $x + y = ?$

$$[x]_补 = 0,1010011$$
$$+ \quad [y]_补 = 0,0100101$$
$$\overline{[x]_补 + [y]_补 = 0,1111000}$$

即

$$[x+y]_补 = [x]_补 + [y]_补 = 0,1111000$$

求得 $x + y = +1111000$，结果正确。

【例 3-18】 设 $x = -1000011$，$y = -0100001$，求 $x + y = ?$

$$[x]_补 = 1,0111101$$
$$+ \quad [y]_补 = 1,1011111$$
$$\overline{[x]_补 + [y]_补 = 11,0011100}$$

$$\underset{丢失}{\uparrow}$$

即

$$[x+y]_补 = [x]_补 + [y]_补 = 1,0011100$$

求得 $x + y = -1100100$，结果正确。

该例中，因机器字长假定为 8 位，故 $[x]_补 + [y]_补$ 的结果中最高位 1 无法保存，自动丢失，计算机中的实际结果为 $1,0011100$。

【例 3-19】 设 $x = +1000101$，$y = +1100111$，求 $x + y = ?$

$$[x]_补 = 0,1000101$$
$$+ \quad [y]_补 = 0,1100111$$
$$\overline{[x]_补 + [y]_补 = 1,0101100}$$

即

$$[x+y]_补 = [x]_补 + [y]_补 = 1,0101100$$

求得 $x + y = -1010100$。

显然，该结果是错误的，因为两个正数相加，其和不可能是负数。那么，错在哪里呢？由本例可知，真值 x 和 y 所表示的十进制数分别为 $(+69)_{10}$ 和 $(+103)_{10}$，其和为 $(+172)_{10}$，该十进制数所对应的二进制数为 $+10101100$，需用 9 位字长的机器数表示，现机器只有 8 位字长，无法表示，我们称这种现象为"溢出"（Overflow）。在计算机中，一旦发生溢出，其运算结果肯定是错误的，机器将进行溢出处理。类似地，当两个负数相加时，其和肯定是负数，若出现正数，则表明发生了负方向的"溢出"，所得结果同样是错误的。当然，当两个异号的数相加时，肯定不会发生溢出。

2. 补码减法

设 x, y 为正或负整数的真值，则可利用下列补码关系求得 $x - y$ 的值：

$$[x-y]_补 = [x+(-y)]_补 = [x]_补 + [-y]_补$$

【例 3-20】 设 $x = +1010101$，$y = +1100001$，求 $x - y = ?$

$$[x]_{补} = 0,1010101$$

$$-y = -1100001，[-y]_{补} = 1,0011111$$

故得

$$[x - y]_{补} = [x]_{补} + [-y]_{补} = 1,1110100$$

求得 $x - y = -0001100$。

可见，利用补码表示法可以方便地将减法转换成加法，这就是计算机的运算器中只有加法器的原因。

3.3.3 十进制数运算

计算机进行十进制数运算时，其十进制数通常都是用 8421 码表示的。由于运算器只能对纯二进制数进行运算，因而对 8421 码表示的十进制数进行运算时一般需要经历下列两步：

第 1 步，将 8421 码按纯二进制数进行运算。例如，要完成 8+5 运算，需进行下列纯二进制数加法：

$$
\begin{array}{rr}
00001000 & 8 \\
+\ 00000101 & +\ 5 \\
\hline
00001101 & 13
\end{array}
$$

所得结果是二进制数"13"，它不是 8421 码，需进行修正。

第 2 步，对纯二进制数的加法结果进行加"6"（110）修正：

$$
\begin{array}{r}
00001101 \\
+\ 00000110 \\
\hline
00010011 \\
\downarrow\quad\ \downarrow \\
1\quad\ 3
\end{array}
$$

所得结果为 8421 码表示的"13"，且结果正确。

那么，什么情况下需要进行加"6"修正呢？设 A，B 为两个一位 8421 码，其纯二进制数加法之和为 S，则 S 可能出现下列三种情况。

（1）$0 \leqslant S \leqslant 9$，即 $(0000)_2 \leqslant S \leqslant (1001)_2$，例如，

$$
\begin{array}{rr}
A & 0101 \\
+\ B & 0011 \\
\hline
S & 1000
\end{array}
$$

在这种情况下，S 就是 8421 码，不需要进行修正。

（2）$10 \leqslant S \leqslant 15$，即 $(1010)_2 \leqslant S \leqslant (1111)_2$，例如：

$$
\begin{array}{rr}
A & 1001 \\
+\ B & 0100 \\
\hline
S & 1101
\end{array}
$$

在这种情况下，S 不是 8421 码，需要进行加 "6" 修正，以求得正确的结果，如下所示：

$$
\begin{array}{r}
1101 \\
+\quad 0110 \\
\hline
1\quad 0011 \\
\end{array}
$$

$$
\begin{array}{cc}
\downarrow & \downarrow \\
1 & 3
\end{array}
$$

（3）$16 \leqslant S \leqslant 19$，即 $(10000)_2 \leqslant S \leqslant (10011)_2$，例如，

$$
\begin{array}{rl}
A & 1001 \\
+\quad B & 1000 \\
\hline
S & 10001
\end{array}
$$

在这种情况下，S 虽是 8421 码（看作 00010001），但值不对（结果应是 "17"，而不是 "11"）。此时，需要进行加 "6" 修正，以求得正确的结果，如下所示：

$$
\begin{array}{r}
1\quad 0001 \\
+\quad 0110 \\
\hline
1\quad 0111 \\
\end{array}
$$

$$
\begin{array}{cc}
\downarrow & \downarrow \\
1 & 7
\end{array}
$$

由上可知，用 8421 码实现十进制数运算时，也只需要一个二进制加法器，只是应增加是否需要进行加 "6" 修正的判别。

3.3.4 逻辑运算

逻辑是指条件与结论之间的关系，因此逻辑运算是指对因果关系进行分析的一种运算。逻辑运算的结果并不表示数值大小，而是表示一种逻辑概念，若成立用真或 1 表示；若不成立用假或 0 表示。

常用的逻辑运算有 "或" 运算（逻辑加）、"与" 运算（逻辑乘）、"非" 运算（逻辑非）及 "异或" 运算（逻辑异或）等，下面将介绍这些运算的规则，并举例说明。

1. "或" 运算

"或"（OR）运算的规则如下：

$$0 \vee 0 = 0 \qquad 0 \vee 1 = 1 \qquad 1 \vee 0 = 1 \qquad 1 \vee 1 = 1 \qquad (3\text{-}2)$$

式中，"$\vee$" 是 "或" 运算符号，也可用 "+" 号代替，此时应特别注意 1+1=1（"+" 为或运算）和 1+1=10（"+" 为加法运算）的区别。

"或" 运算的一般式为

$$C = A \vee B \quad 或 \quad C = A + B \qquad (3\text{-}3)$$

式中，A，B，C 都是一位二进制数，只要 A 或 B 中至少有一个为 1，则结果 C 必为 1；只有 A 与 B 同时为 0 时 C 才为 0。例如，两个 8 位二进制数的 "或" 运算结果如下：

$$01010101$$
$$\vee \quad 11001010$$
$$\overline{\qquad\qquad\qquad}$$
$$11011111$$

2."与"运算

"与"（AND）运算的规则如下：

$$0 \wedge 0 = 0 \qquad 0 \wedge 1 = 0 \qquad 1 \wedge 0 = 0 \qquad 1 \wedge 1 = 1 \qquad (3\text{-}4)$$

式中，"$\wedge$"是"与"运算符号，通常也用"·"号代替。

"与"运算的一般式为

$$C = A \wedge B \quad 或 \quad C = A \cdot B \qquad (3\text{-}5)$$

式中，只有当 A 与 B 同时为 1 时，结果 C 才为 1；否则，C 总为 0。例如，两个 8 位二进制数的"与"运算结果如下：

$$01010101$$
$$\wedge \quad 11001010$$
$$\overline{\qquad\qquad\qquad}$$
$$01000000$$

3."非"运算

"非"（NOT）运算的规则如下：

$$\overline{0} = 1 \qquad \overline{1} = 0 \qquad (3\text{-}6)$$

式中，"－"是"非"运算符号。"非"运算的一般式为

$$C = \overline{A}$$

该式表明，C 为 A 的"非"。例如，若对二进制数 01010101 进行"非"运算，则得其反码 10101010。

4."异或"运算

"异或"（EOR：Exclusive OR）运算的规则如下：

$$0 \oplus 0 = 0 \qquad 1 \oplus 0 = 1 \qquad 1 \oplus 1 = 0 \qquad 0 \oplus 1 = 1 \qquad (3\text{-}7)$$

式中，"$\oplus$"是"异或"运算符号。"异或"运算的一般式为

$$C = A \oplus B$$

当 A 和 B 的值相异时，结果 C 为 1；否则，C 为 0。例如，两个 8 位二进制数的"异或"运算结果如下：

$$01010101$$
$$\oplus \quad 11001010$$
$$\overline{\qquad\qquad\qquad}$$
$$10011111$$

综上可知，计算机中的逻辑运算是按位计算的，它是一种比算术运算更简单的运算，由

于计算机中的基本电路都是两个状态的电子开关电路，这种极为简单的逻辑运算正是描述电子开关电路工作状态的有力工具。

3.4　逻辑代数及逻辑电路

前面已指出，计算机的各部分主要由电子开关电路组成，这些电路只有两种稳定状态：从电路的内部看，或是晶体管导通，或是晶体管截止；从电路的输入/输出看，或是高电位，或是低电位。若用 1 表示高电位，0 表示低电位，便可利用这些电路实现数字运算或逻辑运算。因此，常称这些开关电路为数字电路或逻辑电路。本节将介绍计算机中常用的几种逻辑电路及它们组成的基本逻辑部件，如门电路、触发器、全加器、译码器、寄存器及计数器等。为便于读者掌握这些电路，先简要介绍分析和设计逻辑电路所用的数学工具——逻辑代数（Logic Algebras），或称布尔代数（Boolean Algebras）。

3.4.1　逻辑代数的初步知识

1. 逻辑变量

逻辑代数是一种双值代数，其变量只有 0，1 两种取值。逻辑代数的变量简称逻辑变量，可用字母 A，B，C 等表示。逻辑变量只有三种最基本的运算，即逻辑加（"或"运算）、逻辑乘（"与"运算）及逻辑非（"非"运算），逻辑代数中的一切其他运算都可由这三种运算构成。

逻辑变量的三种基本运算的一般表示式如下：

$$F = A \vee B \vee C \vee \ \dots \qquad \text{或 } F = A + B + C \ \dots \qquad （逻辑加）$$
$$F = A \wedge B \wedge C \wedge \ \dots \qquad \text{或 } F = A \cdot B \cdot C \ \dots \qquad （逻辑乘）$$
$$F = \overline{A} \qquad\qquad\qquad\qquad\qquad\qquad\qquad\qquad （逻辑非）$$

根据逻辑变量只有 0，1 两种取值及上述三种基本运算规则，可以证明任意逻辑变量 A 都具有下列基本等式：

$$
\left.
\begin{array}{lll}
A + 0 = A & A \cdot 0 = 0 & A = \overline{\overline{A}} \\
A + 1 = 1 & A \cdot 1 = A & \\
A + A = A & A \cdot A = A & \\
A + \overline{A} = 1 & A \cdot \overline{A} = 0 &
\end{array}
\right\}
\qquad (3\text{-}8)
$$

2. 逻辑函数

与普通代数中的函数概念类似，逻辑代数中的函数（简称逻辑函数）也是一种变量，只是这种变量随其他变量的变化而改变，可表示为

$$F = f(A_1, \ A_2, \ \cdots, \ A_i, \ \cdots, \ A_n)$$

式中，$A_i (i = 1, 2, \cdots, n)$ 为逻辑变量，F 为逻辑函数，F 与 A_i 的函数关系用 f 表示。

在逻辑代数中，表示逻辑函数的方法有三种：逻辑表达式、真值表和卡诺图。下面仅对前两种方法做一简要介绍。

逻辑表达式是用公式表示函数与变量关系的一种方法。例如，当两个逻辑变量 A，B 的取值相异时，函数 F 的值为 1；否则，F 值为 0。对于这一函数关系，可用下列逻辑表达式描述：

$$F = f(A,B) = A \cdot \overline{B} + \overline{A} \cdot B \tag{3-9}$$

表 3-11　$F = A \cdot \overline{B} + \overline{A} \cdot B$ 的真值表

逻辑变量		逻辑函数
A	B	F
0	0	0
0	1	1
1	0	1
1	1	0

真值表则是用表格表示函数与变量关系的一种方法。例如，对于上例可用表 3-11 所示的真值表表示，表中列出了逻辑变量的各种可能的取值组合，以及与它对应的逻辑函数值。显然，两个逻辑变量共有 4 种取值组合；3 个逻辑变量则有 8 种（2^3）取值组合；n 个逻辑变量便有 2^n 种取值组合。这就是说，随着变量的增多，真值表将变得很庞大。当然，用真值表表示逻辑函数要比用逻辑表达式更直观易懂。

3．逻辑代数的常用公式

根据式（3-8）及逻辑函数的概念，可以证得一组常用公式，以供逻辑线路分析时直接引用。

（1）$A + A \cdot B = A$ （3-10）

证明：$A + A \cdot B = A \cdot (1 + B) = A \cdot 1 = A$

（2）$A + \overline{A} \cdot B = A + B$ （3-11）

证明：$A + \overline{A} \cdot B = (A + A \cdot B) + \overline{A} \cdot B$

$\qquad = A + B \cdot (A + \overline{A})$

$\qquad = A + B \cdot 1$

$\qquad = A + B$

（3）$A + B \cdot C = (A + B) \cdot (A + C)$ （3-12）

证明：$A + B \cdot C = A \cdot (1 + B + C) + B \cdot C$

$\qquad = A \cdot A + A \cdot B + A \cdot C + B \cdot C$

$\qquad = A \cdot (A + B) + C \cdot (A + B)$

$\qquad = (A + B) \cdot (A + C)$

（4）$A \cdot B + \overline{A} \cdot C + B \cdot C = A \cdot B + \overline{A} \cdot C$ （3-13）

证明：$A \cdot B + \overline{A} \cdot C + B \cdot C = A \cdot B + \overline{A} \cdot C + B \cdot C \cdot (A + \overline{A})$

$\qquad = A \cdot B + A \cdot B \cdot C + \overline{A} \cdot C + \overline{A} \cdot B \cdot C$

$\qquad = A \cdot B \cdot 1 + \overline{A} \cdot C \cdot 1$

$\qquad = A \cdot B + \overline{A} \cdot C$

（5）$\overline{A + B} = \overline{A} \cdot \overline{B}$ （3-14）

证明：设 $F = \overline{A + B}$，$G = \overline{A} \cdot \overline{B}$，分别列出逻辑函数 F 和 G 的真值表，如表 3-12 所示。由表可知，对于任何变量取值，F 与 G 的值分别相等，即 F=G，该公式得证。

表 3-12 证明 $\overline{A+B}=\overline{A}\cdot\overline{B}$ 的真值表

A	B	A+B	$F=\overline{A+B}$	$\overline{A}\cdot\overline{B}$	$G=\overline{A}\cdot\overline{B}$
0	0	0	1	1　1	1
0	1	1	0	1　0	0
1	0	1	0	0　1	0
1	1	1	0	0　0	0

（6）$\overline{A\cdot B}=\overline{A}+\overline{B}$ （3-15）

证明：本公式的证明方法同（5），留给读者作为练习。

上述公式（5）和（6）称为狄·摩根定理，它可推广到 n 个逻辑变量，如下所示：

$$\overline{A+B+C+D+E}=\overline{A}\cdot\overline{B}\cdot\overline{C}\cdot\overline{D}\cdot\overline{E}$$ （3-16）

$$\overline{A\cdot B\cdot C\cdot D\cdot E}=\overline{A}+\overline{B}+\overline{C}+\overline{D}+\overline{E}$$ （3-17）

该式可简述为"或"的"非"等于"非"的"与"；"与"的"非"等于"非"的"或"。

（7）$\overline{A\cdot\overline{B}+\overline{A}\cdot B}=\overline{A}\cdot\overline{B}+A\cdot B$ （3-18）

证明：
$$\overline{A\cdot\overline{B}+\overline{A}\cdot B}=(\overline{A\cdot\overline{B}})\cdot(\overline{\overline{A}\cdot B})$$
$$=(\overline{A}+B)\cdot(A+\overline{B})$$
$$=\overline{A}\cdot A+\overline{A}\cdot\overline{B}+A\cdot B+B\cdot\overline{B}$$
$$=\overline{A}\cdot\overline{B}+A\cdot B$$

式中，$A\cdot\overline{B}+\overline{A}\cdot B$ 称为"异或"运算，记为 $A\oplus B$；$\overline{A}\cdot\overline{B}+A\cdot B$ 称为"同或"运算，记为 $A\odot B$。式（3-18）表明"异或"的"非"等于"同或"，反之亦然。

3.4.2 基本逻辑电路

计算机中所采用的基本逻辑电路主要有各种门电路（Gate Circuits）及触发器（Flip-Flop），前者用来实现二进制数的算术运算和逻辑运算，后者用来寄存参与运算的二进制数（0 或 1）。下面分别介绍这些逻辑电路的基本工作原理、逻辑符号及外部特性。

1."或"门电路

"或"门（OR　Gate）是一种能够实现"或"运算的逻辑电路，用晶体二极管组成的"或"门电路如图 3-5（a）所示。根据二极管的单向导电原理，可将二极管等效为一个受阳极和阴极电位差控制的电子开关，如图 3-5（b）所示。

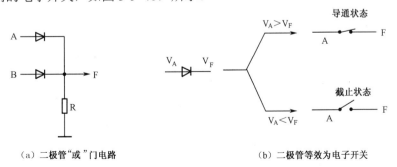

（a）二极管"或"门电路　　　　　　　　（b）二极管等效为电子开关

图 3-5 用晶体二极管组成的"或"门逻辑电路

图 3-5（a）所示的"或"门电路有两个输入端（A，B）和一个输出端（F）。根据二极管的单向导电原理及欧姆定律，可确定该"或"门电路的输出（F）与输入（A，B）之间的电位关系如表 3-13 所示，表中 L 表示低电位，H 表示高电位。若定义高电位 H 表示 1，低电位 L 表示 0，则由表 3-13 可得表 3-14。由表 3-14 可知，输出 F 实现了输入 A，B 的或运算，即表 3-7 是图 3-5 所示"或"门电路的真值表。

表 3-13　"或"门的输入/输出电位关系

A	B	F
L	L	L
L	H	H
H	L	H
H	H	H

表 3-14　"或"门的真值表

A	B	F
0	0	0
0	1	1
1	0	1
1	1	1

需指出的是，当前集成电路芯片中的门电路都采用晶体三极管作为电子开关时，门电路的构造与二极管门电路不同。而且，门电路的输入端可以有多个，一般为 2～8 个。图 3-6（a）示出了用 MOS 晶体管组成的三输入端"或"门电路，为了说明图示"或"门的工作原理，我们先介绍 MOS 晶体管的工作原理，见图 3-6（b）所示。

MOS 晶体管有三个极：源极（S）、栅极（G）和漏极（D）。当栅极为高电位时，源极和漏极之间导通（呈低阻抗）；当栅极为低电位时，源极和漏极之间截止（呈高阻抗）。因此，图 3-6（b）所示的 MOS 晶体管可看作由栅极的高、低电位控制的电子开关，以控制源、漏两个接点之间的"接通"或"断开"。图 3-6（a）中的 $T_1 \sim T_4$ 就工作在这种状态下，T_5 和 T_6 则总是处于导通状态，在电路中仅起两个电阻的作用。

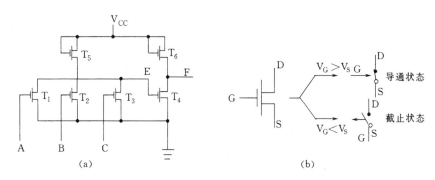

图 3-6　"或"门逻辑电路

下面说明图 3-6（a）所示"或"门的工作原理：图中 A，B，C 是"或"门的三个输入端，只要其中一个输入（A 或 B 或 C）为高电位，$T_1 \sim T_3$ 中必有一个管子导通，于是图中 E 点为低电位。该低电位加在 T_4 的栅极，使 T_4 截止，输出 F 为高电位。反之，只有当 A，B，C 三个输入都为低电位时，$T_1 \sim T_3$ 才都截止，于是 E 点为高电位，使 T_4 导通，输出 F 为低电位。上述输入与输出的电位关系可用表 3-15 表示，表中 H 是高电位，L 是低电位。若令高电位为 1，低电位为 0，则由表 3-15 可得表 3-16。显而易见，表 3-16 就是"或"运算的真值表，故称图 3-6（a）所示电路为"或"门。

表 3-15　"或"门的输入/输出电位数

A	B	C	F
L	L	L	L
L	L	H	H
L	H	L	H
L	H	H	H
H	L	L	H
H	L	H	H
H	H	L	H
H	H	H	H

表 3-16　"或"门的真值表

A	B	C	F
0	0	0	0
0	0	1	1
0	1	0	1
0	1	1	1
1	0	0	1
1	0	1	1
1	1	0	1
1	1	1	1

"或"门电路的逻辑符号如图 3-7 所示，图中左侧为目前国内常用符号（SJ1223—77 标准），中间为新规定的国家标准符号（GB312—12），右侧为国外常用符号（M1L—STD— 806 标准）。"或"门电路的逻辑功能可用表 3-16 所示的真值表表示，或用下列逻辑表达式表示：

$$F = A + B + C \qquad (3-19)$$

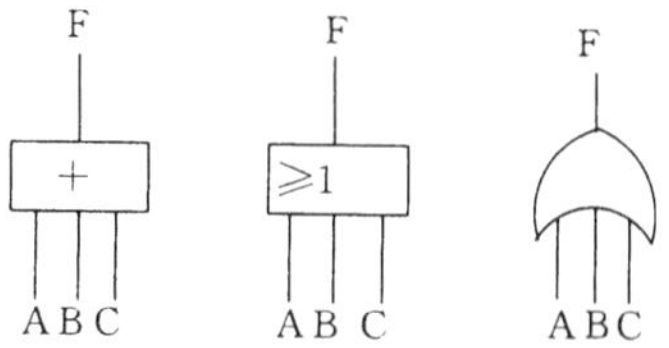

图 3-7　"或"门电路的逻辑符号

2."与"门电路

"与"门（AND Gate）是一种能够实现"与"运算的逻辑电路，它可按图 3-6（a）类似的方法组成，其逻辑符号如图 3-8 所示。"与"门电路的逻辑功能可用表 3-17 所示的真值表表示，也可用下列逻辑表达式表示：

$$F = A \cdot B \cdot C \qquad (3-20)$$

"与"门的输入端可为多个，但只有当所有输入都为 1 时，输出才为 1。反之，只要其中一个输入为 0 时，输出便为 0。

表 3-17　"与"门的真值表

A	B	C	F
0	0	0	0
0	0	1	0
0	1	0	0
0	1	1	0
1	0	0	0
1	0	1	0
1	1	0	0
1	1	1	1

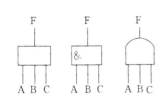

图 3-8　"与"门电路的逻辑符号

3."非"门电路

"非"门（NOT Gate）是一种能够实现"非"运算的逻辑电路，其典型电路及逻辑符号如图 3-9 所示。该电路由两个 MOS 管组成，当输入 A 为高电位时，T_1 导通，输出 F 为低电位；反之，当 A 为低电位时，T_1 截止，F 为高电位。可见，"非"门的输出总是输入的反相，故又常称为反相器。"非"门的这一逻辑功能可用表 3-18 所示的真值表表示，或用下列逻辑表达式表示：

$$F = \overline{A} \tag{3-21}$$

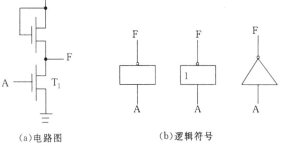

表 3-18　"非"门的真值表

A	F
0	1
1	0

(a)电路图　　　　(b)逻辑符号

图 3-9　"非"门电路及逻辑符号

4．复合门电路

上述门电路，每种只能实现一种逻辑功能，称为简单门电路。与此相对应，凡能实现两种或两种以上逻辑功能的门电路，如"与非"门、"或非"门、"与或非"门和"异或"门等，称为复合门电路。

"与非"门（NAND　Gate）是一种能够实现"与"、"非"运算的逻辑电路，其逻辑符号如图 3-10 所示。"与非"门的逻辑功能可用下列逻辑表达式表示：

$$F = \overline{A \cdot B \cdot C} \tag{3-22}$$

"与非"门可有多个输入端。只有当所有输入都为 1 时，输出才为 0；而只要有一个输入为 0，输出必为 1。与"与"门的逻辑符号相比，"与非"门的输出端上多一个小圆圈，其含意就是"非"。

"或非"门（NOR　Gate）是一种能够实现"或"、"非"运算的逻辑电路，其逻辑符号如图 3-11 所示。"或非"门的逻辑功能可用下列逻辑表达式表示：

$$F = \overline{A + B + C} \tag{3-23}$$

图 3-10 "与非"门的逻辑符号　　　　　图 3-11　"或非"门的逻辑符号

"与或非"门（AOI：AND-OR-Invert Gate）是一种能够实现"与"、"或"、"非"运算的逻辑电路，其逻辑符号如图 3-12 所示。"与或非"门的逻辑表达式如下：

$$F = \overline{A \cdot B \cdot C + A_1 \cdot B_1 \cdot C_1} \tag{3-24}$$

"异或"门是一种能够实现"异或"运算的逻辑电路，其逻辑符号如图 3-13 所示，其逻辑表达式如下：

$$F = A \cdot \overline{B} + \overline{A} \cdot B \tag{3-25}$$

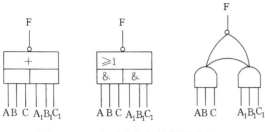

图 3-12　"与或非"门的逻辑符号

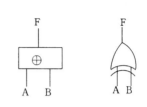

图 3-13　"异或"门的逻辑符号

5. 触发器

触发器是计算机中广泛采用的另一类逻辑电路，它具有两种稳定状态，可用来存储 1 或 0。触发器是怎样构成的，又是怎样寄存 1 或 0 的？下面将以最简单的基本触发器来说明，并简要介绍计算机中常用触发器的逻辑符号及其外部特性。

基本触发器可由两个输入、输出交叉连接的与非门组成，如图 3-14 所示。图中，R_D 和 S_D 是它的两个输入端，可使触发器直接置 0 和置 1；$\overline{Q}$ 和 Q 是它的两个输出端，表示触发器所处的状态。

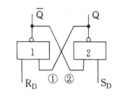

图 3-14　基本触发器的组成

基本触发器具有哪两种稳定状态呢？为了说明这个问题，先假定 R_D 和 S_D 是悬空的（从电路分析可知，相当于在 R_D 和 S_D 上加高电位）。这样，若接通电源后 Q 输出为高电位，则经反馈线①使门 1 的输入为高电位，根据与非门的逻辑功能，门 1 的输出 $\overline{Q}$ 必定为低电位。该低电位又经反馈线②使门 2 的输入为低电位，这又使门 2 的输出 Q 为高电位。于是，基本触发器就稳定在 Q 为高电位、$\overline{Q}$ 为低电位的状态。反之，若接通电源后 Q 输出为低电位，则经反馈线①和②的作用，将使触发器稳定在 Q 为低电位、$\overline{Q}$ 为高电位的状态，基本触发器的上述两种稳定状态如图 3-15 所示。如果约定前一种稳定状态，见图 3-15（a），是触发器的 1 状态，则后一种稳定状态，见图 3-15（b），就是触发器的 0 状态。若规定高电位表示 1，低电位表示 0，则当触发器的输出 $\overline{Q}=1$（此时 $\overline{Q}$ 必为 0）时，表明触发器寄存的是 1。反之，当触发器的输出 $Q=0$（此时 $\overline{Q}$ 必为 1）时，表明触发器寄存的是 0。

怎样使触发器按人们的要求寄存 1 或 0 呢？这可通过输入端 S_D 和 R_D 加适当的高、低电位来实现。根据"与非"门的逻辑功能，不难得知，当 $S_D=1$（高电位），$R_D=0$（低电位）时，触发器将置 0 状态；当 $S_D=0$，$R_D=1$ 时，触发器将置 1 状态；当 $S_D=1$，$R_D=1$，触发器将保持原来状态；当 $S_D=0$，$R_D=0$ 时，触发器的两个输出 Q 和 $\overline{Q}$ 都将是高电位，一旦 S_D 和 R_D 都由 0 变为 1，触发器的状态将无法预知（可能是 1，也可能是 0 状态），我们称触发器的状态"不确定"。基本触发器的上述逻辑功能可用表 3-19 表示，称为触发器的功能表。表中 Q^{n+1} 表示触发器在 S_D 和 R_D 作用下所建立的次态，Q 则是触发器的现态。在实际应用中，表中第 4 行的情况是不允许出现的，因为它将导致基本触发器的次态为不确定，使触发器不能按照人们预定的规律去工作。

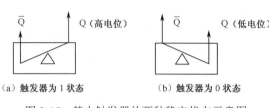

（a）触发器为 1 状态　　　　　（b）触发器为 0 状态

图 3-15　基本触发器的两种稳定状态示意图

表 3-19　基本触发器的功能表

输　　入		输出
R_D	S_D	Q^{n+1}
0	1	0
1	0	1
1	1	Q
0	0	不确定

计算机中的常用触发器，如 RS 触发器、D 触发器及 JK 触发器等，都是以上述基本触发器为基础构成的，下面将分别介绍这些常用触发器的逻辑符号及其逻辑功能。

RS 触发器的逻辑符号如图 3-16 所示，图中 R，S 是代码输入端，CP 是控制输入用的同步时钟脉冲，R_D 和 S_D 是直接置 1、置 0 端。当 R_D 端加入低电位（$R_D=0$）时，该触发器就被置为 0 状态，当 S_D 端加入低电位（$S_D=0$）时，该触发器就被置为 1 状态。可见，R_D，S_D 的功能同基本触发器完全一样。RS 触发器的输入代码通常是加在 R 和 S 端上，在时钟脉冲 CP 到来（CP=1）时，该触发器将按表 3-20 所示的规律建立相应的次态。表 3-20 称为 RS 触发器的功能表。

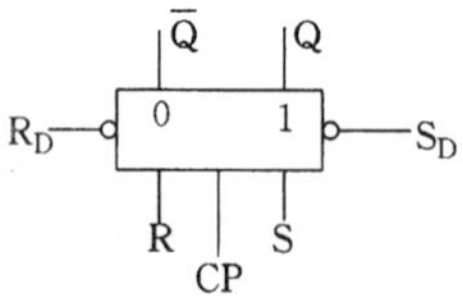

图 3-16　RS 触发器的逻辑符号

表 3-20　RS 触发器的功能表

时钟脉冲	输　　入		输出
CP	R	S	Q^{n+1}
0	—	—	Q
1	1	0	0
1	0	1	1
1	0	0	Q
1	1	1	不确定

D 触发器的逻辑符号如图 3-17 所示，图中 D 是代码输入端，CP 是时钟脉冲，S_D 和 R_D 是直接置位和复位端（功能同上）。D 触发器的功能表如表 3-21 所示。该表指出，当无 CP 脉冲（CP=0）时，不管 D 输入端为何值，D 触发器将保持原有状态 Q；只有当 CP=1 时，D 触发器的次态将等于输入代码 D。由表可得 CP＝1 时，D 触发器的特征表达式如下：

$$Q^{n+1} = D \tag{3-26}$$

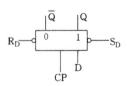

图 3-17　D 触发器的逻辑符号

表 3-21　D 触发器的功能表

时钟脉冲	输入	输出
CP	D	Q^{n+1}
0	—	Q
1	0	0
1	1	1

JK 触发器的逻辑符号如图 3-18 所示，图中 J 和 K 是代码输入端。JK 触发器的功能表如表 3-22 所示。该表指出，当 CP=1 时，JK 触发器的次态由输入 J 和 K 的不同取值所确定：若 J=K=0，则 JK 触发器保持原有状态 Q；若 J=0，K=1，则 JK 触发器置 0 状态；若 J=1，K=0，则 JK 触发器置 1 状态；若 J=K=1，则 JK 触发器翻转一次（$Q^{n+1} = \overline{Q}$）。

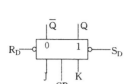

图 3-18　JK 触发器的逻辑符号

表 3-22　JK 触发器的功能表

时钟脉冲	输　入		输出
CP	J	K	Q^{n+1}
0	—	—	Q
1	0	0	Q
1	0	1	0
1	1	0	1
1	1	1	$\overline{Q}$

3.4.3　基本逻辑部件

用门电路和触发器可以构成具有一定逻辑功能的部件，如全加器、译码器、多路转换器、寄存器、计数器和节拍发生器等，它们统称为基本逻辑部件。计算机中的运算器、控制器、存储器等装置是由这些基本逻辑部件组成的。下面将分别介绍这些部件的组成及简单工作原理，以便于读者理解计算机的整机工作原理。

1．全加器

众所周知，两个二进制数相加之和是逐位相加求得的，且每位的和（S_i）由本位的被加数（A_i）、加数（B_i）及低位来的进位C_{i-1}确定。

根据二进制数加法规则，可以列出求一位二进制数之和的所有 8 种可能情况，如表 3-23 所示。表中，S_i 表示本位和，C_i 表示本位向高位的进位；前 4 行（$C_{i-1}=0$）为低位向本位无进位的情况，后 4 行（$C_{i-1}=1$）为低位向本位有进位的情况。例如，表中的最后一行表示：本位的被加数 A_i 为 1，加数 B_i 为 1，低位向本位进位 C_{i-1} 为 1，则求得本位之和 S_i 为 1，本位向高位的进位为 1。

表 3-23　全加器的真值表

输　　入			输　　出	
C_{i-1}	A_i	B_i	C_i	S_i
0	0	0	0	0
0	0	1	0	1
0	1	0	0	1
0	1	1	1	0
1	0	0	0	1
1	0	1	1	0
1	1	0	1	0
1	1	1	1	1

由表 3-23 可知，当 $C_{i-1}A_iB_i$ 的取值为 001，010，100 和 111 时，S_i 为 1，由此可得 S_i 的逻辑表达式为

$$S_i = \overline{C}_{i-1} \cdot \overline{A}_i \cdot B_i + \overline{C}_{i-1} \cdot A_i \cdot \overline{B}_i + C_{i-1} \cdot \overline{A}_i \cdot \overline{B}_i + C_{i-1} \cdot A_i \cdot B_i$$

同理，可求得 C_i 的逻辑表达式为

$$C_i = \overline{C}_{i-1} \cdot A_i \cdot B_i + C_{i-1} \cdot \overline{A}_i \cdot B_i + C_{i-1} \cdot A_i \cdot \overline{B}_i + C_{i-1} \cdot A_i \cdot B_i$$

为书写方便，将上两式中表示第 i 位的下标 i 省略，并对它们进行变换，可得

$$S = \overline{C}_{i-1} \cdot (\overline{A} \cdot B + A \cdot \overline{B}) + C_{i-1} \cdot (\overline{A} \cdot \overline{B} + A \cdot B)$$

令

$$H = \overline{A} \cdot B + A \cdot \overline{B}$$
$$= A \oplus B$$

则得

$$S = \overline{C}_{i-1} \cdot H + C_{i-1} \cdot \overline{H}$$
$$= H \oplus C_{i-1} \tag{3-27}$$
$$= A \oplus B \oplus C_{i-1}$$

同理，对公式 C_i 进行变换，可得

$$C = A \cdot B \cdot (\overline{C}_{i-1} + C_{i-1}) + C_{i-1} \cdot (\overline{A} \cdot B + A \cdot \overline{B})$$
$$= A \cdot B + C_{i-1} \cdot H \tag{3-28}$$
$$= A \cdot B + C_{i-1} \cdot (A \oplus B)$$

由式（3-27）和式（3-28）可画出全加器（Full Adder）的逻辑图如图 3-19 所示，它由两个"异或"门、一个"与或非"门及一个"非"门组成。通常，把 H 称为半加和，它是由被加数 A 和加数 B 所确定，而与低位来的进位 C_{i-1} 无关。S 由两次半加和形成，称 S 为全加和。可见，全加器是一种实现一位二进制数相加的逻辑部件，它可用图 3-20 所示的逻辑符号表示。若计算机的字长为 8 位，则实现两个 8 位二进制数相加需要 8 个全加器，以组成一个 8 位加法器，如图 3-21 所示。

在该加法器的基础上增加逻辑运算的线路，便可组成 8 位算术逻辑单元（Arithmetic and Logical Unit），简称 ALU，其逻辑符号如图 3-22 所示，ALU 可实现两个 *n* 位二进制数的算术运算或逻辑运算，它是组成运算器的核心部件。

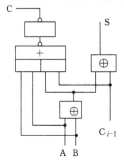

图 3-19　全加器的逻辑图

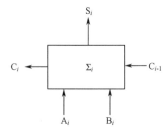

图 3-20　全加器的逻辑符号

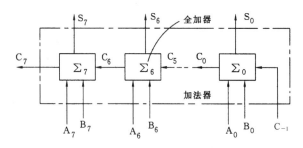

图 3-21　8 位加法器的组成框图

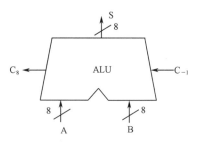

图 3-22　算术逻辑单元（ALU）的逻辑符号

2. 译码器

前已提到，最简单的指令由操作码和地址码组成，计算机通过对操作码的"译码"才能确定该指令要执行的是什么操作。译码器（Decoder）是一种能够完成对输入代码进行译码的逻辑部件。

图 3-23 是一个能对 3 位输入代码进行译码的译码器，它由 8 个"与门"组成，可对 3 位输入代码的 8 种可能组合（000～111）进行译码，使相应的输出（$F_0 \sim F_7$）为 1。由图 3-23 可列出译码器的 8 个输出逻辑表达式：

$$F_0 = \overline{A} \cdot \overline{B} \cdot \overline{C} \qquad F_1 = \overline{A} \cdot \overline{B} \cdot C \qquad F_2 = \overline{A} \cdot B \cdot \overline{C}$$
$$F_3 = \overline{A} \cdot B \cdot C \qquad F_4 = A \cdot \overline{B} \cdot \overline{C} \qquad F_5 = A \cdot \overline{B} \cdot C \tag{3-29}$$

例如，当输入 ABC=101 时，代入式（3-29）可得输出 F_5=1，其他输出均为 0，按此原理可方便地建立译码器的真值表（留给读者作为练习），由真值表可一目了然地看出译码器的"译码"原理。图 3-24 示出了 3-8 译码器的逻辑符号，它与图 3-23 完全对应。

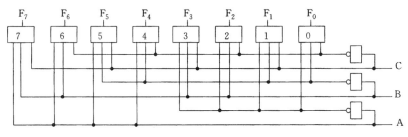

图 3-23　3-8 译码器的逻辑图

图 3-24　3-8 译码器的
逻辑符号

3. 多路转换器

多路转换器（Multiplexer）是一种能够从多路输入中选择其中任一路作为输出的逻辑部件，也称多路选择器或多路开关。图 3-25 是一个"4 中选 1"的多路转换器，其中 A～D 是 4 路输入，S_2S_1 是选择信号，F 是一路输出。由图可写出该 4 路转换器的输出函数 F 的逻辑表达式：

$$F = \overline{S}_2 \cdot \overline{S}_1 \cdot A + \overline{S}_2 \cdot S_1 \cdot B + S_2 \cdot \overline{S}_1 \cdot C + S_2 \cdot S_1 \cdot D \tag{3-30}$$

例如，当 $S_2S_1 = 10$ 时，代入上式可得：

$$F = 0 \cdot A + 0 \cdot B + 1 \cdot C + 0 \cdot D = C$$

即选择信号 S_2S_1 为 10 时，实现了输入 C 到 F 的连接。按此原理，可列出 4 路转换器的转接条件，如表 3-24 所示。

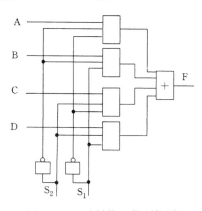

图 3-25　4 路转换器的逻辑图

表 3-24　4 路转换器的转接条件

选择信号		转接情况
S_2	S_1	
0	0	A→F
0	1	B→F
1	0	C→F
1	1	D→F

图 3-26 给出了 4 路转换器的逻辑符号，它与图 3-25 相对应。

4．寄存器

寄存器（Register）是一种能够暂时存放数据的逻辑部件。图 3-27 示出了一个可存放 3 位二进制数的寄存器，它由 3 个 D 触发器（$C_3 \sim C_1$）、3 个 "与或非" 门（$YHF_3 \sim YHF_1$）、3 个 "非" 门（$F_3 \sim F_1$）及 3 个 "与" 门（$Y_3 \sim Y_1$）所组成。图中所有 D 触发器的 R_D 端连接在同一条线上，称为清除线；所有 D 触发器的 CP 端连接在同一条线上，称为时钟脉冲线 m_{cp}（或称打入脉冲线）。每个数

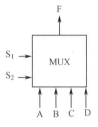

图 3-26 4 路转换器的逻辑符号

码接收控制门（$YHF_3 \sim YHF_1$）都有 3 组输入，以第 2 位 YHF_2 为例，这 3 组输入为 $W_{AC}A_2$，W_RQ_3，W_LQ_1。其中 A_2 为另一个 A 寄存器送来的代码，W_{AC} 为直送控制电位；Q_3 为触发器 C_3 的输出，W_R 为右移控制电位；Q_1 为触发器 C_1 的输出，W_L 为左移控制电位。每个触发器（$C_3 \sim C_1$）的输出（$Q_3 \sim Q_1$）受发送控制门（$Y_3 \sim Y_1$）的控制，W_{CB} 为发送控制电位。下面分 6 种情况讨论寄存器的工作原理。

（1）清除数码。如果需要将寄存器中的数码清除掉，可在清除线上加一负电位。根据 D 触发器的逻辑功能，当 R_D 端上加一负电位时，触发器便置 0 状态，使寄存器清除为 000 状态。

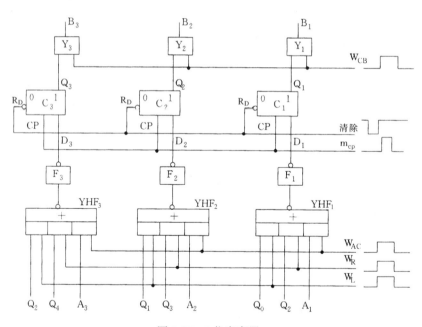

图 3-27 3 位寄存器

（2）直送数码。若要将 A 寄存器的输出代码 $A_3 \sim A_1$ 送入 C 寄存器，则可使 W_{AC} 为高电位，且在 W_{AC} 为高电位期间发出时钟脉冲 m_{cp}。在该时钟脉冲的作用下，便可将 $YHF_3 \sim YHF_1$ 输入端的 $A_3 \sim A_1$ 代码打入 3 个 D 触发器（$C_3 \sim C_1$）。为说明这一 "直送" 的工作原理，先列出 3 个触发器的 D 输入端的逻辑表达式：

$$
\left.\begin{aligned}
D_3 &= \overline{\overline{A_3 \cdot W_{AC} + Q_4 \cdot W_R + Q_2 \cdot W_L}} \\
&= A_3 \cdot W_{AC} + Q_4 \cdot W_R + Q_2 \cdot W_L \\
D_2 &= A_2 \cdot W_{AC} + Q_3 \cdot W_R + Q_1 \cdot W_L \\
D_1 &= A_1 \cdot W_{AC} + Q_2 \cdot W_R + Q_0 \cdot W_L
\end{aligned}\right\} \tag{3-31}
$$

式中，Q_4 和 Q_0 是 C 寄存器的 C_4 和 C_0 触发器的状态输出（图中未画出）。当进行"直送数码"操作时，只有直送控制电位 $W_{AC}=1$，其他控制电位 $W_R=0$，$W_L=0$。将它们的值代入式（3-31），则得

$$D_3 = A_3$$

$$D_2 = A_2$$

$$D_1 = A_1$$

根据 D 触发器的逻辑功能，当时钟脉冲 m_{cp} 出现时，C 寄存器的次态（$Q_3^{n+1} \sim Q_1^{n+1}$）将为 $A_3 \sim A_1$，实现了数码由 A 到 C 寄存器的传送。

$$Q_3^{n+1} = D_3 = A_3$$

$$Q_2^{n+1} = D_2 = A_2$$

$$Q_1^{n+1} = D_1 = A_1$$

（3）寄存数码。当 C 寄存器寄存了所接收的代码后，只要不出现"清除"、"直送"、"右移"、"左移"等控制信号，它将一直保持原有状态。

（4）右移数码。若要将 C 寄存器所寄存的数码右移一位（即 $C_i \rightarrow C_{i-1}$），可由右移控制电位（W_R）和时钟脉冲 m_{cp} 来实现。此时，$W_R=1$ 而 $W_{AC}=0$，$W_L=0$，代入式（3-31）可得

$$D_3 = Q_4$$

$$D_2 = Q_3$$

$$D_1 = Q_2$$

在时钟脉冲 m_{cp} 的作用下，C_3 触发器的次态置为 Q_4（即原 C_4 触发器的原状态），C_2 触发器的次态变为 C_3 触发器的原状态 Q_3，依次类推：

$$Q_3^{n+1} = D_3 = Q_4$$

$$Q_2^{n+1} = D_2 = Q_3$$

$$Q_1^{n+1} = D_1 = Q_2$$

（5）左移数码。若要将 C 寄存器所寄存的数码左移一位（即 $C_i \leftarrow C_{i-1}$），可由左移控制电位（W_L）和时钟脉冲 m_{cp} 来实现。此时，$W_L=1$，而 $W_{AC}=0$，$W_R=0$，代入式（3-31）可得

$$D_3 = Q_2$$

$$D_2 = Q_1$$

$$D_1 = Q_0$$

在时钟脉冲 m_{cp} 的作用下，C_3 触发器的次态置为 Q_2，即将原 C_2 触发器的状态左移到 C_3 触发器，其他依此类推：

$$Q_3^{n+1} = D_3 = Q_2$$

$$Q_2^{n+1} = D_2 = Q_1$$

$$Q_1^{n+1} = D_1 = Q_0$$

（6）发送数码。若要将 C 寄存器所寄存的数码发送出去，则由控制器发出"发送控制电位"，使 $W_{CB}=1$，打开与门 $Y_3 \sim Y_1$，$C_3 \sim C_1$ 触发器的输出 $Q_3 \sim Q_1$ 将通过各自的与门输出，如下所示：

$$B_3 = Q_3 \cdot W_{CB} = Q_3$$

$$B_2 = Q_2 \cdot W_{CB} = Q_2$$

$$B_1 = Q_1 \cdot W_{CB} = Q_1$$

由上可知，"直送"、"右移"、"左移"都是通过接收控制门实现的，只是所接收的数码来路不同而已。实现寄存器上述操作所需要的控制信号，如 W_{AC}，W_R，W_L，W_{CB}，m_{cp} 和清除信号等，都是由计算机的控制器发出的。寄存器的逻辑符号如图 3-28 所示，图中假定 C 寄存器可寄存 16 位二进制代码（$C_{15} \sim C_0$），它在时钟脉冲 CP 的作用下接收来自其他寄存器（如 $A_{15} \sim A_0$）的代码。

5. 计数器

计数器（Counter）是一种能够对输入脉冲进行计数的逻辑部件。它的种类很多，按计数功能可分为累加计数器、累减计数器和可逆计数器；按计数的进位方式可分为串行计数器和并行计数器；按计数的数制可分为二进制计数器和非二进制计数器。下面仅介绍一种最简单的二进制串行累加计数器，以便读者对计数器有一个基本概念。

图 3-29 是由 JK 触发器组成的 3 位串行累加计数器。图中，低位触发器的输出端 Q_{i-1} 连接到高位触发器的时钟脉冲输入端 CP_i，最低位触发器的 CP 脉冲输入端作为外加计数脉冲输入端，3 个 JK 触发器的 J 端与 K 端都加高电位（或悬空）。

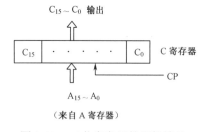

图 3-28　16 位寄存器的逻辑符号

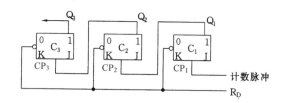

图 3-29　3 位串行累加计数器

根据 JK 触发器的逻辑功能，当 J=K=1 时，每来一个 CP 脉冲，则在 CP 脉冲的下跳沿时刻（由高电位变为低电位），触发器将翻转一次，即由 0 状态变为 1 状态，或由 1 状态变为 0 状态。按此原理，触发器 C_2 只有当触发器 C_1 由 1 变 0 时才翻转一次；C_3 只有当 C_2 由 1 变 0 时翻转一次；触发器 C_1 则是每来一个计数脉冲就翻转一次。据此分析，可得该计数器的计数规律如表 3-25 所示，表中假定计数器的初始状态为 000。可见，该计数是从 000 到 111，再返回 000，是一个"逢八进一"的计数器。计数器的逻辑符号如图 3-30 所示，图中假定 C 计数器由 8 位触发器组成，可对输入脉冲 CP 进行加 1 计数，其计数范围为 00000000 $\sim$ 11111111，即 0 $\sim 2^8-1$。

表 3-25   3 位计数器的计数规律

计数脉冲	计数器状态		
	Q_3	Q_2	Q_1
0	0	0	0
1	0	0	1
2	0	1	0
3	0	1	1
4	1	0	0
5	1	0	1
6	1	1	0
7	1	1	1
8	0	0	0

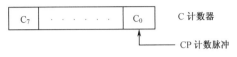

图 3-30   8 位计数器的逻辑符号

6. 节拍发生器

由寄存器部分可知，计算机中的基本操作（如"直送"、"右移"、"左移"等）都是在相应的控制电位（如 W_{AC}，W_R，W_L）和时钟脉冲（如 m_{cp}）的配合作用下完成的，我们称为"节拍"控制。节拍发生器（Pulse-train Generator）就是用来产生节拍控制所需要的电位与脉冲的逻辑部件。下面介绍一个简单的节拍发生器，它由一个 2 位计数器和一个 2-4 译码器组成，如图 3-27 所示，它可产生 4 个节拍电位（$W_3 \sim W_0$）。

图 3-31 中，JK 触发器 C_2 和 C_1 构成一个模 4 计数器，其状态变化规律如下所示：

$$00 \rightarrow 01 \rightarrow 10 \rightarrow 11$$

"与"门 $Y_3 \sim Y_0$ 的输出为 $W_3 \sim W_0$，其逻辑表达式如下：

$$W_3 = Q_2 \cdot Q_1 \qquad W_2 = Q_2 \cdot \overline{Q_1}$$
$$W_1 = \overline{Q_2} \cdot Q_1 \qquad W_0 = \overline{Q_2} \cdot \overline{Q_1}$$

由上分析可画出图 3-31 所示节拍发生器的工作波形图，如图 3-32 所示。图中表明，当清除信号 R_D 出现时，触发器 C_2 和 C_1 置"00"状态；在时钟脉冲 m 作用下，W_0 至 W_3 依次出现高电位，其宽度等于时钟脉冲 m 的周期。利用节拍电位 $W_0 \sim W_3$ 及其"包住"的时钟脉冲 m

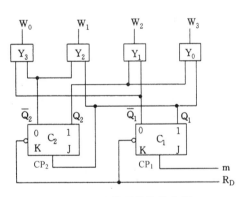

图 3-31   计数型节拍发生器

（此处用做节拍脉冲），便可实现寄存器操作所需要的控制电位（W_{AC}，W_R，W_L）及打入脉冲（m_{cp}）。

节拍发生器也称计算机的时标电路，其逻辑符号如图 3-33 所示。图中假定 MF 是机器的主频（相当于图 3-31 中的 m）,$T_1 \sim T_4$ 是时标电路产生的 4 个节拍（相当于 $W_1 \sim W_4$）。

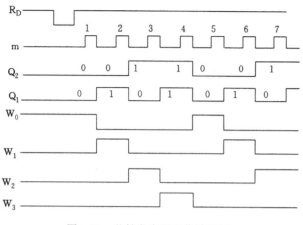

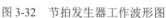

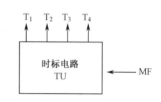

图 3-32　节拍发生器工作波形图　　　　图 3-33　节拍发生器的逻辑符号

以上我们简要介绍了计算机中常用的 6 种基本逻辑部件的组成及功能，读者不难发现，其中前 3 种是由门电路组合而成的，称为组合逻辑线路，其显著的特点是输出只与当前的输入有关，而与历史的输入情况无关；后 3 种则是由门电路和触发器（记忆元件）所组成，其输出不仅与当前的输入有关，而且与线路的原有状态有关，称为时序逻辑线路。综观计算机的各大组成部分（如运算器、控制器、存储器及输入/输出接口等），无疑都是由这两类逻辑线路所构成的。

习题 3

1. 冯·诺依曼计算机的主要特征是什么？

2. 试述计算机的基本组成及各组成部分的功能。

3. 简述计算机的基本工作原理。

4. 以 R 进制为例，说明进位制数的特点。

5. 将十进制数（125）$_{10}$ 转换为二进制、八进制及十六进制数。

6. 将十六进制数（A5.4E）$_{16}$ 转换为二进制数及八进制数。

7. 将二进制数（101011.101）$_2$ 转换为十进制数。

8. 设某计算机的字长为 16 位，其定点整数表示与浮点表示时的格式如下，试分别写出它们所能表示的最大和最小正数。

（1）定点整数表示格式如下：

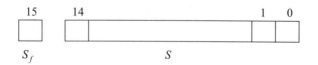

（2）浮点数表示格式如下：

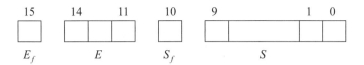

9. 设真值 $-2^4 \leqslant x < 2^4$，写出下列真值的原码、反码和补码。

$$+1010 \qquad -1010$$
$$+1111 \qquad -1111$$
$$-0000 \qquad -1000$$

10. 已知下列机器数，写出它们所对应的真值：

$$[x_1]_\text{原} = 11011 \qquad [x_4]_\text{原} = 00000$$
$$[x_2]_\text{反} = 11011 \qquad [x_5]_\text{反} = 01111$$
$$[x_3]_\text{补} = 11011 \qquad [x_6]_\text{补} = 01000$$

11. 实现下列机器数之间的转换：

（1）已知 $[x]_\text{原} = 10110$，求 $[x]_\text{反}$。

（2）已知 $[x]_\text{反} = 10110$，求 $[x]_\text{补}$。

（3）已知 $[x]_\text{补} = 10110$，求 $[x]_\text{原}$。

12. 试将十进制数 $(518.98)_{10}$ 用 BCD 码表示。

13. 计算机中，中文字符是如何表示的？

14. 简述计算机中声音信息的表示方法。

15. 比较计算机中两种表示图像和图形信息方法的优缺点。

16. 试用补码加法完成下列真值 $(x+y)$ 的运算：

（1）$x = +001011 \qquad y = +100111$

（2）$x = +101100 \qquad y = -110010$

（3）$x = -011011 \qquad y = -100100$

17. 已知 $A = 101101$，$B = 110100$，试完成 $A \vee B$，$A \wedge B$，$A \oplus B$ 等逻辑运算。

18. 已知逻辑函数 $F = A \cdot B + A \cdot \overline{B} \cdot C + \overline{A} \cdot B \cdot C$，列出它的真值表。

19. 化简下列逻辑函数：

（1）$F = A \cdot B + B \cdot \overline{C} + A \cdot B \cdot C + A \cdot B \cdot \overline{C}$

（2）$F = A \cdot B + \overline{A} \cdot C + \overline{\overline{B} \cdot C}$

（3）$F = (\overline{A} + \overline{B}) \cdot (A \cdot B) + C$

（4）$F = \overline{D} + D \cdot A \cdot B \cdot \overline{C} + \overline{A} \cdot D$

20. 证明下列等式：

（1） $A \cdot B + \overline{A} \cdot C + \overline{B} \cdot C = A \cdot B + C$

（2） $A \cdot B \cdot C + \overline{A} \cdot \overline{B} \cdot \overline{C} = \overline{A \cdot \overline{B} + B \cdot \overline{C} + C \cdot \overline{A}}$

21．写出如图3-34所示的组合线路的输出逻辑表达式。

22．试述计算机中常用的6种基本逻辑部件的功能。

23．试述基本逻辑部件的分类及其特点。

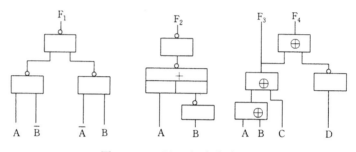

图3-34　习题21组合线路图

第 4 章

计算机系统的硬件结构

现代计算机的基本结构仍未摆脱冯·诺依曼型计算机的结构，即计算机的硬件设计仍建立在"程序存储"和"采用二进制"的基础上，计算机仍然由运算器、控制器、存储器、输入设备和输出设备（包括它们的接口）等 5 个基本部分组成。本章将首先介绍这 5 个组成部分的基本工作原理，以及如何通过"指令流"的执行，完成"数据流"的加工，从而理解计算机工作的基本原理。

随着大规模和超大规模集成电路的发展，计算机硬件成本不断下降，系统软件日益完善。为适应现代高科技发展的需要，计算机系统的硬件结构也发生了不少变化，采用了多种先进技术，如并行处理技术（流水线结构和阵列式结构）、RISC 结构、多级存储体系等。本章也将对这些新型计算机系统结构进行简要介绍。

4.1 中央处理器（CPU）

中央处理器是由计算机的运算器及控制器组成，它是计算机的核心部件。在微型计算机中，中央处理器集成在一块超大规模集成电路芯片上，也称微处理器，简称 CPU。由前可知，中央处理器的主要功能是：

- 实现数据的算术运算和逻辑运算。

- 实现取指令、分析指令和执行指令操作的控制。

- 实现异常处理及中断处理等。如电源故障、运算溢出错误等处理，外部设备的请求服务处理。

本节将先介绍运算器的组成及工作原理，然后介绍控制器的组成及工作原理，最后给出典型微处理器的组成框图，以使读者对中央处理器有一个较完整的了解。

4.1.1 运算器

在中央处理器中，运算器是实现数据算术运算和逻辑运算的部件。图 4-1 示出了一个简化的运算器结构图，它主要包括算术逻辑单元（ALU：Arithmetic and Logical Unit）、多路选择器（M1～M3）、通用寄存器组（R1～R4）及标志寄存器（FR：Flag Register）等。

图 4-1 中 DBUS 和 CBUS 分别为数据总线（Data Bus）和控制总线（Control Bus），

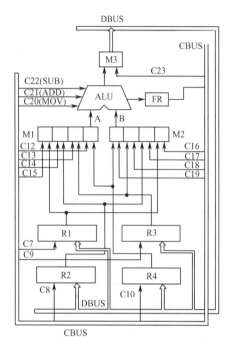

图 4-1　简化的运算器结构图

它们都由若干条数据线及若干条控制信号线组成。图中符号 C_i（如 C7，C8，…，C23）表示控制信号。

下面说明运算器各组成部分的功能。

1. 算术逻辑单元（ALU）

它主要由加法器组成。若 CPU 的字长为 16 位，则该加法器至少由 16 个全加器组成。算术逻辑单元可直接实现加法运算及逻辑运算。如前所述，减法可通过"加补码"实现，而乘除运算则可通过加法（或减法）和移位（右移或左移）操作实现。这就是说，ALU 是运算器中实现 4 种算术运算和各种逻辑运算（"与"、"或"、"非"及"异或"等）的核心部件。

由图可知，ALU 的数据输入端为 A 和 B，它们来自两组多路选择器（M1 和 M2）的输出，ALU 的运算结果输出到 M3 多路选择器，ALU 的操作（如加法、减法、传送等）是在控制信号 C20（MOV）、C21（ADD）和 C22（SUB）等控制下完成的，这些控制信号来自控制总线 CBUS。

2. 通用寄存器组（R1～R4）

通用寄存器由若干位触发器组成。若 CPU 的字长为 16 位，则图中 R1～R4 寄存器分别由 16 个触发器组成，可存放 16 位二进制数。每个寄存器各有一个打入脉冲（见图中 C7～C10），在该打入脉冲的作用下，可将数据总线 DBUS 上的数据打入某一寄存器中。例如，当 C7=1（有效）时，DBUS 的数据打入 R1 寄存器。各寄存器的输出可分别送至 M1 和 M2 两组多路选择器的输入端。

3. 多路选择器（M1～M3）

多路选择器可从多路输入中选择一路作为输出。以 M1 为例，其逻辑功能可用下列逻辑表达式表示：

$$A = R1 \cdot C15 + R2 \cdot C14 + R3 \cdot C13 + R4 \cdot C12$$

若要将 R1 寄存器中的数据送入 ALU，可令控制信号 C15=1，其他控制信号 C14，C13，C12 都等于 0（无效），即得

$$A = R1 \cdot 1 + R2 \cdot 0 + R3 \cdot 0 + R4 \cdot 0 = R1$$

可见，要将某一通用寄存器的内容送入 ALU 的 A 组输入，只需使相应的控制信号（C15～C12）有效。M2 多路选择器的工作原理与此相同，不再赘述。

M3 为 ALU 的一组输出控制门，当控制信号 C23 有效时，ALU 的运算结果（S）将通过 M3 送入 DBUS 上。

4. 标志寄存器（FR）

标志寄存器由若干位触发器组成，用来存放 ALU 的运算结果的一些状态，如结果是否为全零、有否进位等。标志寄存器也称状态寄存器，或称程序状态字（PSW），它反映了计算机在执行某条指令后所处的状态，为后续指令的执行提供"标志"。一般微型计算机中的标志寄存器主要包含下列标志位。

- 进位标志位（C）。当运算结果的最高位有进位时，该标志位（触发器）置 1，否则置 0。
- 零标志位（Z）。当运算结果为全零时，该标志位置 1，否则置 0。
- 符号标志位（S）。当运算结果为负时，该标志位置 1，否则置 0。
- 溢出标志位（V）。当运算结果产生溢出时，该标志位置 1，否则置 0。
- 奇偶标志位（P）。当运算结果中 1 的个数为偶数时，该标志位置 1，否则置 0。

在不同的计算机中，标志寄存器所设置的标志位的数目和表示方法各有不同，但都有上述 5 个标志。

现在，我们以两种基本操作说明运算器的基本工作原理。

（1）传送操作。将 R1 寄存器中的数据传送到 R2 寄存器。该操作可通过执行传送指令"MOV R2，R1"实现，因为执行该指令时，控制器将通过 CBUS 发出下列控制信号：

- C15=1，使 R1 的数据通过 A 组输入端进入 ALU。
- C20=1，使 A 组输入数据不经任何处理便从 ALU 输出。
- C23=1，使 R1 的各位数据直接送到数据总线 DBUS 的对应数据线上。
- C8=1，将数据总线 DBUS 上的数据打入 R2 寄存器的对应位。

至此，便将 R1 的内容传送到了 R2 中。

（2）加法操作。将 R2 和 R1 寄存器中的数据相加，结果送入 R2 中。该操作可通过执行加法指令"ADD R2，R1"实现，因为执行该指令时，控制器将通过 CBUS 发出下列控制信号：

- C15=1，使 R1 的数据经 A 组输入端进入 ALU。
- C17=1，使 R2 的数据经 B 组输入端进入 ALU。
- C21=1，在 ALU 中实现 A+B，其结果从 ALU 输出。
- C23=1，将结果直接送到 DBUS 的数据线上。
- C8=1，将数据线 $DB_{15} \sim DB_0$ 上的结果打入 R2 寄存器中。

至此，完成了（R2）＋（R1）→R2 的加法操作。此时，R1 中的加数仍保留着，而 R2 中的被加数已被冲掉，且保存着加法结果。

由上不难看出，运算器实质上只是提供了各种"数据通路"。在不同控制信号序列的控制下，让数据从"源地址"出发，途经不同的"通路"，到达"目的地址"，便可完成对数据的"加工"，即实现了对数据的运算。

4.1.2　控制器

控制器是统一指挥和控制计算机各个部分协调操作的中心部件。如第 1 章所述，计算机的自动计算过程就是执行已存入存储器的一段程序的过程，而执行程序的过程就是执行一条条指令的过程，即周而复始地按一定的顺序取指令、分析指令和执行指令的过程。为实现这一过程，控制器应具备下列功能：

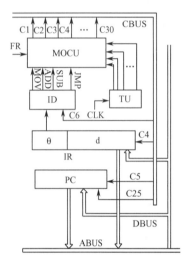

（1）根据指令在存储器中的存放地址，从存储器中取出指令，并对该指令进行分析，以判别取出该指令是一条什么指令。

（2）根据判别结果，按一定的顺序发出执行该指令的一组操作控制信号，如前所述的 C7，C8，…等控制信号。由于这些控制信号所完成的操作是计算机中最简单的"微小"操作，故称为微操作（Microoperation）控制信号。这些信号通过控制总线 CBUS 送到计算机的运算器、存储器及输入/输出设备等部件。

（3）当执行完一条指令后，便自动从存储器中取出下一条要执行的指令。

为了实现上述功能，控制器一般由指令部件、时序部件和微操作控制部件等组成。图 4-2 示出了简化的控制器

图 4-2　简化的控制器结构图

结构图，下面介绍图 4-2 中各部件的组成及工作原理。

1．指令部件

指令部件包括程序计数器（PC）、指令寄存器（IR）、指令译码器（ID）等。它们是实现上述控制器的第（1）和第（3）个功能所必需的。

（1）程序计数器。程序计数器（PC：Program Counter）由若干位触发器及逻辑门电路组成，用来存放将要执行的指令在存储器中的存放地址。通常，指令是按顺序执行的，每当按程序计数器所提供的地址从存储器取出现行指令后，程序计数器就自动加 1（记为 PC←PC+1），指向下一条指令在存储器的存放地址。据此，程序计数器也称为指令地址计数器，简称指令计数器。当遇到转移指令时，控制器将把转移后的指令地址送入程序计数器，使程序计数器的内容被指定的地址所取代。这样，按此地址从存储器中取出指令，便改变了程序的执行顺序，实现了程序的转移。

程序计数器的位数（即所包含的触发器个数）取决于指令在存储器中存放的地址范围。例如，若程序计数器为 16 位，则指令在存储器中的存放地址可为 $0 \sim 2^{16}-1$。程序计数器中的指令地址是通过地址总线 ABUS 传送到存储器的，以实现按此地址从存储器中取出指令。

（2）指令寄存器。指令寄存器（IR：Instruction Register）是由若干位触发器组成的，用来存放从存储器取出的指令。指令寄存器的位数取决于计算机的基本指令格式，设指令格式如下：

15	12	11	0
θ		d	

其中，操作码 θ 占 4 位，可有 16（2^4）种操作代码；地址码 d 占 12 位，其编址范围为 0～2^{12}−1。该指令寄存器由 16 位触发器组成。从存储器中取出的指令通过数据总线 DBUS 送入指令寄存器。

（3）指令译码器。指令译码器（ID：Instruction　Decoder）是由门组合线路组成的，用来实现对指令操作码（θ）的译码。假定如图 4-2 所示的指令译码器实现对 4 位操作码进行译码，产生 16 个译码信号，如表 4-1 所示。该译码信号识别了指令所要求进行的操作，并"告诉"微操作控制部件，以便由该部件发出完成该操作所需要的控制信号。

表 4-1　指令操作码表（虚拟）

操作码θ	译码信号
0001	MOV
0010	ADD
0011	SUB
0100	OUT
0101	IN
⋮	⋮
1111	HALT

2．时序部件

如前所述，计算机执行一条指令是通过按一定的时间顺序执行一系列微操作实现的，如在运算器中完成（R2）+（R1）→R2 操作，控制器必须按时间顺序依次发出 C17,C15,C21,C23,C8 等信号，这一"时间顺序"就是通常所说的"时标"。计算机中的"时标"是由时标发生器（TU）产生的，它由节拍脉冲发生器和启停线路组成。在主脉冲振荡器（MF）所产生的主脉冲（CLK）驱动下，TU 将产生如图 4-3 所示的时标信号 T_1～T_4，其先后次序反映了"时间顺序"，构成了计算机中的"时标"。若将一条指令所包含的一系列微操作安排在不同的"时标"中，即可实现对微操作的定时。

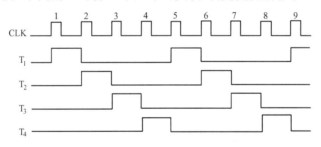

图 4-3　时标发生器所产生的定时信号

3．微操作控制部件

微操作控制部件（MOCU：Micro Operation Control Unit）的功能是，综合时序部件所产生的时标信号和指令译码器所产生的译码信号，发出取指令和执行指令所需要的一系列微操作信号。由于计算机的指令种类很多，每种指令所包含的微操作又各不相同，要把每条指令的微操作合理地安排在不同的时标上是一件相当复杂的工作。因此，微操作控制部件是计算机硬件设计中难度最大的部件，通常采用两种设计方法来实现：组合逻辑（Combinational Logic）与微程序逻辑（Microprogram Logic）。下面简要介绍用这两种方法构成微操作控制部件的基本原理。

（1）组合逻辑控制。这种控制方式下，微操作信号是由组合线路产生的。该组合线路的输入变量是指令操作码的译码信号、时标发生器产生的节拍信号及标志寄存器输出的状态信号，该组合线路的输出函数是指令的微操作信号。这样，微操作控制部件的设计就归结为组合线路的设计，现以加法指令"ADD R2，R1"和传送指令"MOV　R2，R1"为例，说明如何产生这两条指令的微操作信号。

首先，要建立这两条指令的操作时间表，如表 4-2 所示。表中将这两条指令的微操作合理地安排在 $T_1 \sim T_4$ 4 个时标中，如在 T_1 时，MOV 指令将执行 R1→A 微操作，为实现该微操作，控制器将发出 C15 微命令；而 ADD 指令将执行 R1→A 和 R2→B 微操作，为实现这两个微操作，控制器将同时发出 C15 和 C17 两个微命令；其他依次类推。

其次，按操作时间表列出实现各个微操作的微命令的逻辑表达式，并将这些表达式化简。由表 4-2 可得

$$C15 = MOV \cdot T_1 + ADD \cdot T_1$$
$$C17 = ADD \cdot T_1$$
$$C20 = MOV \cdot T_2$$
$$C21 = ADD \cdot T_2$$
$$C23 = MOV \cdot T_3 + ADD \cdot T_3$$
$$C8 = MOV \cdot T_4 + ADD \cdot T_4$$

上述各式表示产生相应微命令的条件，如在执行 MOV（传送）或 ADD（加法）指令时，在 T_1 时刻将产生微命令 C15。其他微命令的产生条件（指令译码信号及时标 T_i）同理可推出。

表 4-2　指令操作时间表举例

时标	MOV R2, R1		ADD R2, R1	
	微操作	微命令	微操作	微命令
T_1	R1→A	C15	R1→A R2→B	C15 C17
T_2	MOV	C20	ADD	C21
T_3	M3→DBU5	C23	M3→DBU5	C23
T_4	DBU5→R2	C8	DBU5→R2	C8

最后，用逻辑门电路实现上述逻辑表达式，如图 4-4 所示。图中 MOV 和 ADD 是指令译码器输出的译码信号，$T_1 \sim T_4$ 是时标发生器输出的时标信号，该组合线路输出的是执行指令"MOV　R2，R1"和"ADD　R2，R1"所需要的微操作控制信号，即微命令。

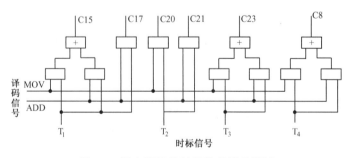

图 4-4　组合逻辑控制器组成原理举例

由上可知，从原理上讲，用组合逻辑来组成微操作控制部件并不困难，但当指令的数量和种类很多时，这一工作将变得非常复杂，它不仅要求设计者非常熟悉每条指令所包含的微操作（或称指令流程），而且要熟悉数据通路及计算机的时标系统。一旦设计完成，微操作控

制部件将是一个凌乱的树形网络，要想对某一指令稍作修改或增加新的指令，都将形成牵一发而动全身的局面，修改、增补和检查都较困难。组合逻辑控制方式的优点是微操作控制信号只要通过几级门电路的延时便可产生，因而速度较快。因此，这种控制方式在指令种类较少的简单计算机或速度要求较高的高速计算机中获得广泛应用。

（2）微程序逻辑控制。如前所述，计算机的任何一条指令都是按一定的时间顺序执行一系列微操作而完成的，这些微操作的实质是打开或关闭数据通路中的一些门。如果我们用一位数字 1 和 0 来代表某一微操作的"执行"和"不执行"，那么就可以用一个字的不同位来表示不同的微信号。按此方式定义的字，其各位的值（1 或 0）将直接产生不同的微命令，我们称这一控制字为一条微指令（Microinstruction）。存放微指令的存储器称为控制存储器（Control Memory）。

设微指令的格式如图 4-5 所示，它由微操作码段和微地址段组成。微操作码段的各位定义了不同的微命令，图 4-5 中假定微操作码段由 30 位二进制代码组成，可定义 30 个微命令（C1～C30）。微地址段包含下一微指令地址及状态条

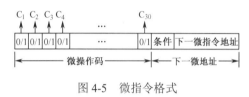

图 4-5　微指令格式

件，用来指出下一条微指令在控制存储器中存放的地址，以便在本条微指令执行完毕后，按此地址从控制存储器中取出下一条微指令。

至此，我们可以用若干条微指令编制一段微程序（Microprogram），并通过对微程序的执行来实现一条指令所要求的微操作。例如，指令"MOV R2，R1"可用表 4-3 所示的微程序来产生全部所需的微操作控制信号，表 4-3 中假定了实现 MOV 指令的微程序的首地址是"1000"，该微程序由 4 条微指令组成，分别产生 4 个微命令 C15，C20，C23，C8。在最后一条微指令的"下一微地址段"中提供了本段微程序的结束标志（这里假定为"1111"）。

表 4-3　实现指令"MOV R2，R1"的微程序

本条微指令地　址	微指令		所产生的微命令
	微操作码	下一微指令地址	
1000	0·········1·········0	1001	C15
1001	0·····1·····0	1010	C20
1010	0·······1···0	1011	C23
1011	0···1·········0	1111	C8

由上可知，微程序逻辑控制方式的设计思想与传统的组合逻辑控制方式完全不同，它是建立在微程序设计技术基础上的。概括地说，每一条机器指令是用一段微程序来解释，而微程序由微指令组成，每一条微指令可产生一个或多个可同时执行的微命令。按此原理组成微操作控制部件需解决下列几个问题：

（1）如何存放微程序？如何使微程序与每一条机器指令相对应？

（2）如何读取微指令（顺序读取或跳转）？

（3）如何由微操作码来产生微命令？图 4-6 示出了微程序控制方式下的微操作控制部件的组成框图，它由微地址形成器、微地址寄存器、微地址译码及驱动器、控制存储器及微指

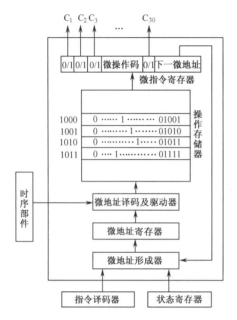

图 4-6　微程序控制器组成框图

令寄存器等组成。其中控制存储器用来存储微程序，也称微程序只读存储器，不同机器指令所对应的微程序段以各自的首地址存放在该存储器中，如指令"MOV　R2，R1"的微程序的首地址为"1000"。从控制存储器读出的微指令送入微指令寄存器，该寄存器由三段组成：微操作码段将根据其各位的值产生对应的微命令（1 为有效，0 为无效）；下一微地址段及状态条件段为形成下一条微指令的微地址提供信息。通常，微指令是按微地址加 1 的顺序执行的，当状态条件段为某一特征值时，微指令可跳转到指定的微地址。

现以指令"MOV　R2，R1"为例，说明微程序控制器的基本工作原理。首先，假定该指令的微程序（见表 4-3）已存放在控制存储器的第 1000 至 1011 号微地址单元中。这样，当将指令"MOV　R2，R1"从计算机的存储器中取到指令寄存器（IR）后，其操作码经指令译码器产生译码信号 MOV，并送到微程序控制器的微地址形成器（见图 4-6）。微地址形成器根据译码信号 MOV，便生成微程序的首地址"1000"。将该微地址送入微地址寄存器暂存，经微地址译码器译码，选中控制存储器的"1000"号微地址单元，从该单元中读出第一条微指令（见表 4-3），并送入微指令寄存器。该寄存器中的微操作码"0…010…0"将产生微命令 C15，而其下一微地址"1001"将送至微地址形成器。重复上述过程，直至 4 条微指令执行完毕，便完成了"MOV　R2，R1"指令所要执行的全部微操作。当然，上述微程序的执行过程是在时序部件所产生的时标信号控制下完成的。

以上我们只是简要介绍了微程序控制方式下微操作控制部件（或称微程序控制器）的基本组成及其工作原理，实际应用中尚有许多问题有待进一步解决，如微指令格式的选择、微操作码的译码方式、微地址的形成规则及微程序的编程技巧等，这里不再讨论。与组合逻辑控制方式下的微操作控制部件相比较，微程序控制器具有结构规范，易于指令的修改、增删及控制器的调试等优点。但由于机器指令是通过执行一段微程序来实现的，指令的执行速度较慢。

4.1.3　CPU 典型结构举例

随着微电子学的发展，计算机的运算器和控制器可以集成在一片超大规模集成电路芯片上，出现了中央处理器（CPU）芯片。计算机软硬件技术的飞速发展使 CPU 的结构不断更新，性能不断提高。下面以 Intel 公司生产的微处理器 80x86 为例，简要说明 CPU 结构的变化，其目的是使读者在理解 CPU 的功能及其基本组成的基础上，对实际的结构较为复杂的 CPU 有一个大致的了解。这些 CPU 的深层次的问题将在相关的后续课程中做详细的介绍。

自 1978 年 6 月 Intel 公司推出 8086 CPU 以来，到 2000 年 11 月 Pentium Ⅳ CPU 芯片问世，80x86 系列 CPU 一直占有微型计算机市场的主流地位，其主要性能如表 4-4 所示。

表 4-4　80x86 系列 CPU 主要性能一览表

序号	CPU 名称	推出年代	主频（MHz）	数据线（位）	地址线（位）	主　要　性　能
1	8086	1978.6	10	16	20	寻址空间 2^{20}=1MB，实地址方式（无虚存），CPU 由 EU 和 BIU 组成，可并行工作，提高了 CPU 效率
2	80286	1982.5	20	16	24	寻址空间 2^{24}=16MB，有实地址方式和虚存方式，虚存空间 1GB
3	80386	1985.10	40	32	32	寻址空间 2^{32}=4GB，有 3 种存储地址空间（逻辑地址、线性地址、物理地址）
4	80486	1989.4	60	32/64	32	有一个指令、数据共用的 8KB Cache 和一个数字协处理器（FPU），内部数据传输为 64 位；采用 RISC 技术及突发式总线传输
5	Pentium（80586）	1993.3	100	32/64	32	采用 CRIP（CISC-RISC PROCESSOR）技术；有 3 个指令处理部件：整数处理部件（U，V 两条流水线），微码处理部件和浮点处理部件（8 级流水线）
6	Pentium Pro	1995.1	200	32/64	32	有两个 8KB 的 L1 Cache 和一个 256KB 的 L2 Cache；采用超级流水线和超标量技术
7	Pentium MMX	1997.1	300	32/64	32	采用了多媒体处理技术和通信功能新技术，具有饱和运算、积和运算等功能
8	Pentium II	1997.5	500	32/64	32	采用了一系列多媒体扩展技术，增强了三维图形、图像处理、可视化计算及交互等功能
9	Pentium III	1999.2	733	32/64	32	基本结构同 Pentium II，具有数据 Cahce 和指令 Cache 分开的 L1 Cache(32KB)，及一个 512KB 的 L2 Cache；具有第二代多媒体扩展指令集，浮点运算速度可达 20 亿次/秒

1. 8086 微处理器

8086 CPU 的内部结构框图如图 4-7 所示。由图可知，8086 CPU 由指令执行部件 EU（Execution Unit）和总线接口部件 BIU（Bus Interface Unit）组成。指令执行部件 EU 主要由算术逻辑单元（ALU）、标志寄存器（FR）、8 个 16 位的通用寄存器（AX，BX，CX，DX，SP，BP，DI，SI）和 EU 控制器等几个主要部件构成，其主要功能是实现指令操作码所指定的操作。总线接口部件 BIU 主要由地址加法器（Σ）、5 个 16 位的专用寄存器（CS，DS，SS，ES，IP）、6 字节指令队列和总线控制电路等几个主要部件构成，其主要功能是通过系统总线实现 CPU 与主存储器及 I/O 接口之间的数据交换（读/写操作及输入/输出操作）。

若将 8086 CPU 与前述的运算器、控制器进行比较不难看出，EU 中的 ALU，FR 及 AX～DX 可视作运算器的组成部分；EU 中的 EU 控制器包含有指令译码器及微操作控制器；BIU 中的 IP（指令指示器）相当于控制器中的程序计数器（PC），指令队列相当于多个指令寄存器；而 EU 中的 SP（堆栈指示器）、BP（基址指示器）、DI（目标变址器）、SI（源变址器）及 BIU 中的 4 个段基址寄存器（CS，DS，SS，ES）则是形成指令地址及操作数地址所必需的寄存器。可见，8086 CPU 仍然是由实现运算及控制功能的基本部件组成，只是增加了通用和专用寄存器，使 CPU 的功能更完善。将 8086 CPU 分为 EU 和 BIU 两部分，使 CPU 执行本条指令的操作与取后续指令的操作可以同时完成，从而提高了 CPU 的工作效率。

2. 80486 微处理器

80486 CPU 的内部结构框图如图 4-8 所示。由图可知，80486 CPU 由指令部件、执行部件、存储管理部件和总线接口部件等 4 个部分组成。

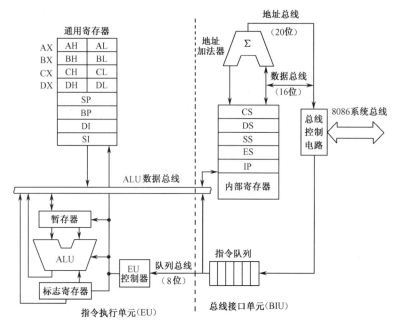

图 4-7　8086 CPU 结构框图

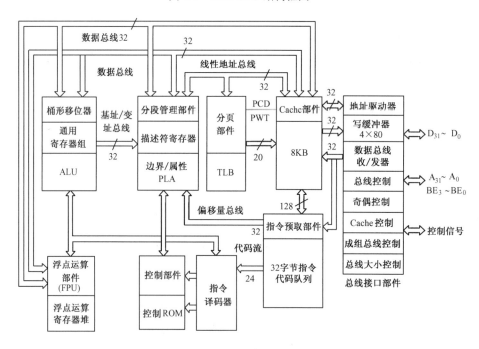

图 4-8　80486 CPU 结构框图

（1）指令部件。指令部件由指令预取部件、32 字节指令代码队列、指令译码器及产生微命令的控制 ROM 等组成。在 80486 中，微操作控制部件采用组合逻辑控制与微程序控制相结合的方式。一些常用的简单指令，如加法指令、传送指令等，采用组合逻辑控制方式，通过流水线可在一个时钟周期内执行完一条指令。一些复杂指令采用微程序控制方式。

（2）执行部件。执行部件由 32 位通用寄存器组、64 位桶形移位器、32 位 ALU、浮点运算部件 FPU 及其浮点运算寄存器堆等构成。

（3）存储管理部件。存储管理部件由分段管理部件、分页部件和高速缓冲存储器 Cache 部件等构成。片内的 8 KB Cache 可存放指令或数据，其命中率可达 92%左右，与运算部件之间有两组 32 位数据总线相连。片内的分段和分页部件可支持存储器的段式、页式及段页式存储管理方式。段的大小可变，最大可达到 4 GB；页的大小是固定的，每页为 4 KB。

（4）总线接口部件。总线接口部件由数据总线收/发器、写缓冲器、地址驱动器等 8 个部件组成。它提供 32 条数据总线、32 条地址总线和一系列控制信号，完成 CPU 与主存储器（或 I/O 接口）之间的信息交换。

3．Pentium 微处理器

Pentium CPU 的内部结构如图 4-9 所示。由图可知，Pentium CPU 由两条并行操作的流水线、两个 Cache 部件、浮点部件、页面部件及总线接口部件等组成。各组成部分简要说明如下：

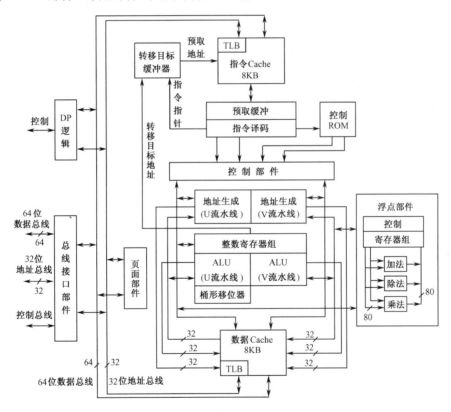

图 4-9　Pentium CPU 结构框图

（1）两条并行操作的流水线分别称为 U 流水线和 V 流水线，每条流水线各有独立的算术逻辑运算单元、地址生成电路、可独立于数据 Cache 的接口。正常情况下，两条流水线并行工作，各自完成 32 位的运算，可实现每一个时钟周期执行完两条机器指令。

（2）两个 Cache 部件的容量分别为 8 KB。一个存放指令，称为指令 Cache；另一个存放数据，称为数据 Cache，它们有效地解决了 Cache 的争用问题。

（3）浮点部件内部可实现 8 级流水，每个时钟周期可执行完一条浮点运算指令，使其浮点运算速度比 80486 快 3～5 倍。

（4）Pentium CPU 的页面部件与总线接口部件的功能与 80486 中的相应部件相同，前者实现主存的页式、段式及段页式存储管理，后者实现 CPU 与主存（或 I/O 接口）之间的信息交换，但 Pentium CPU 的数据总线为 64 位，而 80486 CPU 的数据总线为 32 位。

（5）Pentium CPU 的微操作控制部件与 80486 CPU 一样，也是采用组合逻辑控制和微程序控制相结合的方式。对于一些常用指令采用组合逻辑控制方式，以加快它们的执行速度。

2000 年 11 月 21 日，Inter 推出的代号为 Willamette 的处理器就是 Pentium 4（奔腾 4），简称 "P4"（奔 4），它集成了 4200 万个晶体管，采用了全新的 32 位微体系结构——NetBurst，起步频率为 1.3GHz。之后又推出了 1.4GHz ～2.0GHz 的第二代 P4。NetBurst 微体系结构是 Pentium 4 处理器的基石，它是一个完全重新设计的处理机，汇集了许多具有创新特点的技术和能力。NetBurst 微体系结构的主要特点如下：

- 超流水线技术
- 执行追踪 Cache
- 快速执行引擎 REE
- 400MHz 系统总线
- 先进的传输 Cache
- 先进的动态执行引擎

Pentium 4 所采用的上述新技术，读者将在后续课程中学习，这里暂不做进一步讨论。

4．国产 CPU（龙芯）

2002 年 9 月，中国科学院计算技术研究所研制成功我国首个具有自主知识产权的高性能通用 CPU 芯片 "龙芯 1 号"。这一成果填补了我国在计算机通用处理器领域的空白，结束了以往全部依赖国外处理器产品的局面。

2005 年 3 月，中科院计算技术研究所在北京正式发布 "龙芯 2 号"，该芯片包含 4700 万个晶体管、最高主频为 1GHz、面积约两个拇指大小、功耗为 3～8W。

"龙芯 2 号" 是国内首款 64 位高性能通用 CPU 芯片，支持 64 位 Linux 操作系统和 X-Window 视窗系统，比 32 位的 "龙芯 1 号" 更流畅地支持视窗系统、桌面办公、网络浏览、DVD 播放等应用，尤其在低成本信息产品方面具有很强的优势。由于龙芯采用特殊的硬件设计，可以抵御一大批黑客和病毒攻击。作为国内首台完全自主知识产权的电脑，"福珑" 采用龙芯 2E CPU，产品预装了 Linux，但无法使用 Windows 操作系统。产品能满足办公、上网、邮件、多媒体播放等基本需求。

4.1.4　多核 CPU 和 GPU

1．多核技术的发展

提高单个 CPU 核心运行速度的主要手段是提高其工作频率以及增加指令级并行处理，但这两种传统的手段都受到制约。一是处理器的主频提高受芯片单位尺寸上的能耗和发热的限制；二是通用计算中的指令级并行处理并不多，因此精心设计获得的性能提高与投入的大量晶体管相比很不划算。由于上述原因限制了单核 CPU 性能的进一步提高，CPU 厂商开始在单块芯片内集成更多的处理器核心，使 CPU 向多核方向发展。2005 年，Intel 和 AMD 正式向主流消费市场推出了双核 CPU 产品，2007 年推出 4 核 CPU，2009 年 Intel CPU 进入 8 核时代。

随着多核 CPU 的普及，现代的普通 PC 都拥有数个 CPU 核心，实际上已经相当于一个小型集群。可以预见，未来 CPU 中的核心数量还将进一步增长。与此同时，多核架构对传统的系统结构也提出了新的挑战。多核处理器产生的直接原因是替代单处理器，解决微处理器的发展瓶颈，但发展多核的深层次原因还是为了满足人类社会对计算性能的无止境需求，而且这种压力还会持续下去。阻碍多核性能向更高水平发展的问题很多，但真正束缚多核发展的是低功耗和应用开发两个问题。由于现有的多核结构设计方法和技术还不能有效地处理这两个问题，因此有必要在原有技术基础上探索新的思路和方法。为了实现高性能、低功耗和高应用性的目标，多核处理器呈现以下几种发展趋势。

（1）多核上将集成更多结构简单、低功耗的核心。因为如果核心结构过于复杂，随着核心数量的增多，不仅不能提升性能，还会带来线延迟增加和功耗变大等问题。例如，2007 年 Tilera 公司和 Plurality 公司分别推出了自己的 64 核处理器产品，而 Intel 公司也推出了 80 个核心的低功耗处理器。

（2）异构多核是一个重要的方向。目前多核处理器的核心结构主要有同构和异构两种。顾名思义，同构多核处理器是指处理器芯片内部的所有核心结构是完全相同的，各个核心的地位也是等同的。目前的同构多核处理器大多数由通用的处理器核心组成，每个处理器核心可以独立地执行任务，与通用单核处理器结构相近。异构多核处理器将结构、功能、功耗、运算性能各不相同的多个核心集成在芯片上，并通过任务划分将不同的任务分配给不同的核心，让每个核心处理自己擅长的任务，这种异构组织方式比同构的多核处理器执行任务更有效率，实现了资源的最优化配置，而且降低了整体功耗。目前的异构多核处理器通常同时集成通用处理器、DSP（Digital Signal Processing）、媒体处理器、网络处理器等多种类型的处理器核心，针对不同需求提高应用的计算性能。其中，通用处理器核心常作为处理器控制与通用计算之用的主核，而其他处理器核心则为用于加速特定的应用的从核。

（3）多核上应用可重构技术。大规模高性能可编程器件的出现，推动了现场可编程门阵列（Field Programmable Gate Arrays，FPGA）技术的发展。在芯片上应用 FPGA 技术有高灵活性、高可靠性、高性能、低能耗和低成本多种优势。微处理器设计人员将 FPGA 等可重构技术应用到多核结构上，让结构具备可重构性和可编程性。这种创新思路大大提高了多核的通用性和运算性能，使处理器既有了通用微处理器的通用性，又有专用集成电路的高性能，使之兼具了灵活性、高性能、高可靠、低能耗等众多优良特点。

（4）多核的功率和发热管理。适当的频率和较低的电压是降低处理器芯片功耗的基础。多核环境下的低功耗技术也主要体现在芯片的基础参数和片上功耗管理方面。多核处理器芯片的工作频率和工作电压一般都较单核处理器低，相对较低频率和较低电压，再配合按实际需求动态智能化管理功耗的方法，减少实际耗散功率，将整个处理器芯片的功耗控制在有效的发热管理技术之下。

（5）片上多核处理器时代的到来。多核处理器也称为片上多核处理器（Chip Multi Processor，CMP）或单芯片多处理器，是把多个处理器核集成到同一个芯片之上，属于层次性、分布式、可复制性的设计。得益于片上更高的通信带宽和更短的通信时延，片上多核处理器在挖掘线程级并行性方面具有天然的优势。

2．GPU 的发展

（1）GPU 简介。GPU 英文全称 Graphic Processing Unit，中文翻译为"图形处理器"。GPU 是相对于 CPU 的一个概念。由于现代计算机中图形的处理变得越来越重要，因此需要一个专门的处理图形的核心处理器，它是显示卡的"心脏"，相当于 CPU 在电脑中的作用，它决定了该显卡的档次和大部分性能，同时也是 2D 显示卡和 3D 显示卡的区别依据。2D 显示芯片在处理 3D 图像和特效时主要依赖 CPU 的处理能力，称为"软加速"；3D 显示芯片是将三维图像和特效处理功能集中在显示芯片内，也即所谓的"硬件加速"功能。

20 世纪六七十年代，受硬件条件的限制，图形显示器只是计算机输出的一种工具。限于硬件发展水平，人们只是纯粹从软件实现的角度来考虑图形用户界面的规范问题。图形用户界面国际标准 GKS（GKS3D）、PHIGS 就是其中的典型代表。

20 世纪 80 年代初期，出现 GE（Geometry Engine）为标志的图形处理器。GE 芯片的出现使图形处理器成为引导计算机图形学发展的年代。1999 年推出具有标志意义的图形处理器——GeForce 256，第一次在图形芯片上实现了 3D 几何变换和光照计算。此后 GPU 进入高速发展时期，平均每隔 6 个月就出现性能翻番的新的 GPU。

（2）GPU 通用计算。目前，主流计算机中的处理器主要是中央处理器 CPU 和图形处理器 GPU。传统上，GPU 只负责图形渲染，而大部分的处理都交给了 CPU。21 世纪人类所面临的重要科技问题，如卫星成像数据处理、基因工程、全球气候预报、核爆炸模拟等，数据规模已经达到 TB 甚至 PB 量级，没有万亿次以上的计算能力是无法解决的。同时，人们在日常应用中（如游戏、高清视频播放）面临的图形和数据计算也越来越复杂，对计算速度提出了严峻挑战。

GPU 在处理能力和存储器带宽上相对 CPU 有明显优势，在成本和功耗上也不需要付出太大代价，从而为这些问题提供了新的解决方案。由于图形渲染的高度并行性，使得 GPU 可以通过增加并行处理单元和存储器控制单元的方式提高处理能力和存储器带宽。GPU 设计者将更多的晶体管用作执行单元，而不像 CPU 那样用作复杂的控制单元和缓存，并以此来提高执行单元的执行效率。

受游戏市场和军事视景仿真需求的牵引，GPU 性能提高速度很快。最近几年中，GPU 的性能每一年就可以翻倍，大大超过了 CPU 遵照摩尔定律的发展速度。为了实现更逼真的图形效果，GPU 支持越来越复杂的运算，其可编程性和功能都大大扩展了。

目前，主流 GPU 的单精度浮点处理能力已经达到了同时期 CPU 的 10 倍左右，而其外部存储器带宽则是 CPU 的 5 倍左右；在架构上，目前的主流 GPU 采用了统一架构单元，并且实现了细粒度的线程间通信，大大扩展了应用范围。

3．CPU 和 GPU 的融合

我们已经看到，无论是移动、桌面还是云计算等各个平台，无论是芯片级、机器级还是数据中心级，单位能耗所提供的性能、可扩展的并行处理能力等成为共同的焦点。在 CPU 的潜力挖掘渐尽的情况下，技术人员纷纷将目光投向天生适合并行计算的 GPU。例如，在互联网领域或云端，在 2010 年底已有使用集群 GPU 实例，可以以极低的成本提供超级计算能力。曾经夺得超级计算机世界冠军的天河 lA，也配备了近万个 GPU。

为了降低功耗和硬件系统成本，主要传统桌面计算 CPU 供应商 Intel 和 AMD（Advanced Micro Device）都在努力将 CPU 和 GPU 的功能在单芯片上进行融合，形成融合了 X86 CPU 计算功能和图像处理功能的融合处理器。从 AMD 和 Intel 的路线图可以预计，在需要大量人机交互的移动计算领域，融合 CPU 和 GPU 功能的处理器芯片将逐步成为低功耗、高效能系统的主流处理器。

4.2　主存储器

计算机的存储器是存放数据和程序的部件，可分为主存储器（Memory，也称内存储器）和辅助存储器（Auxiliary Storage，也称外存储器）两大类。主存储器存储直接与 CPU 交换的信息，辅助存储器存放当前不立即使用的信息，它与主存储器批量交换信息。目前，主存储器（简称主存）都由半导体存储器组成，辅助存储器（简称辅存）则由磁带机、磁盘机（硬磁盘与软磁盘）及光盘机组成。本节将介绍由半导体存储器芯片组成的主存储器的结构及工作原理。

4.2.1　主存储器概述

1．主存储器的基本组成

为了实现按"地址"写入或读出数据，存储器至少由地址寄存器、地址译码和驱动器、存储体、读/写放大电路、数据寄存器及读/写控制电路等部件组成，如图 4-10 所示。各组成部分的功能如下。

（1）存储体（MB：Memory Bank）。存储体由存储单元（Memory Location）组成，每个单元包含若干存储元件（Memory Cell），每个存储元件可存储一位二进制数（1 或 0）。每个存储单元有一个编号，称为存储单元的地址，简称"地址"，存储单元的地址按二进制编码。计算机的数据和指令是按地址存放在存储体的各个存储单元中，通常一个存储单元由 8 个存储元件组成，可存放一字节（8 位二进制数）的数据，存储体所包含的存储单元总数称为存储器的容量。

（2）地址寄存器（MAR：Memory Address Register）。地址寄存器由若干位触发器组成，用来存放访问存储器的地址（指令地址或操作数地址）。地址寄存器的长度（即位数）应该与存储器的容量相匹配，如存储器的容量为 4KB，则地址寄存器的长度至少为 $2^i = 4K$，即 $i=12$。

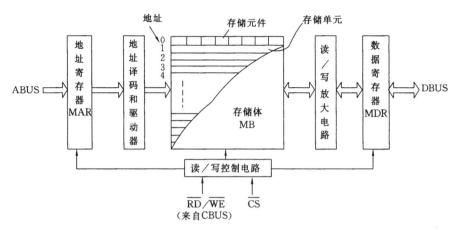

图 4-10 主存储器组成框图

（3）地址译码和驱动器。该部件实现对地址寄存器所提供的地址码进行译码，经驱动器的电流放大"选中"某一存储单元，如地址寄存器所提供的地址码为"0…0100"，则选中存储体的第 4 号存储单元。

（4）数据寄存器（MDR：Memory Data Register）。数据寄存器由若干位触发器组成，用来暂存从存储单元中读出的数据（或指令），或暂存从数据总线来的即将写入存储单元的数据。显然，数据寄存器的宽度（W）应该与存储单元的长度相匹配，如存储单元的长度为一字节，则数据寄存器的位数应为 8 位。

（5）读/写放大电路（Read/Write Amplifier）。该部件实现信息电平的转换，即将存储元件表示 1 和 0 的电平转换为数据寄存器中触发器所需要的电平，反之亦然。

（6）读/写控制电路（Read/Write Control Circuit）。该部件一般由逻辑门电路组成，它根据计算机控制器发来的"存储器读/写"信号（$\overline{RD}/\overline{WE}$）发出实现存储器读或写操作的控制信号。片选信号 $\overline{CS}$（CS：Chip Select）是由若干位地址码经译码而形成的，当 $\overline{CS}=0$（低电位有效）时，该存储器芯片工作；否则，该芯片不工作。

2. 主存储器的读/写操作

主存储器如何实现读操作（取数）和写操作（存数）呢？通常，我们把这两种操作称为对存储器的"访问"。当对某一存储器芯片进行访问时，该芯片应处于工作状态，故必须先选中该芯片（$\overline{CS}=0$）。下面结合图 4-10 说明读操作和写操作的过程。

（1）读操作过程

① 送地址。控制器通过地址总线（ABUS）将指令地址或操作数地址送入地址寄存器（MAR）。

② 发读命令。控制器通过控制总线（CBUS）将"存储器读"信号（$\overline{RD}=0$）送入读/写控制电路。

③ 从存储器读出数据。读/写控制电路根据读信号有效（$\overline{RD}=0$）和片选信号有效（$\overline{CS}=0$），向存储器内部发出"读出"控制信号，在该信号的作用下，地址寄存器中的地址码经地址译码器译码，选中并驱动存储体中的某一存储单元，从该单元的全部存储元件中读出数据，

经读/写放大电路放大，送入数据寄存器。再经数据总线（DBUS）将读出的数据送入控制器（若读出的数据是指令）或运算器（若读出的数据是操作数）。至此，读操作过程结束。

（2）写操作过程

① 送地址。同读操作，从略。

② 送数据。将要写入存储体的数据由运算器（如运算结果）或输入设备（如输入程序或数据）经数据总线（DBUS）送入数据寄存器。

③ 发写命令。控制器通过控制总线（CBUS）将"存储器写"信号（$\overline{\text{WE}} = 0$）送入读/写控制电路。

④ 将数据写入存储器。读/写控制电路根据写信号有效（$\overline{\text{WE}} = 0$）和片选信号有效（$\overline{\text{CS}} = 0$），向存储器内部发出"写入"控制信号。在该信号作用下，地址寄存器中的地址码经译码，选中存储体中的某一存储单元，与此同时，将数据寄存器中的数据经写入电路，写入到被选中的存储单元中。至此，写操作过程结束。

3. 主存储器的主要技术指标

存储器的外部特性可用它的技术参数来描述。下面所述的技术参数主要针对主存储器而言，但其含义同样适用于任何类型的存储器。

（1）存储容量。存储器可以容纳的二进制信息量，称为存储容量，它可以按"字节数"、"字数"、或"二进制位数"表示。主存储器的容量一般指存储体所包含的存储单元数量（N），通常称为"实际装机容量"（2^i）。如前所述，一般情况下地址寄存器 MAR 的长度是按满足 $2^i = N$ 关系设计的，即地址空间等于主存的实际装机容量。但在现代计算机中，出现了 $2^i < N$ 或 $2^i > N$ 的情况。如 16 位字长的计算机，$i =16$ 位，地址空间 $2^i =64$ KB，但主存装机容量却达到 512 KB 以上。又如 32 位字长的计算机，$i =32$ 位，地址空间 $2^i =4$ GB（1 GB=1 KMB），而主存实际装机容量可能只有 4 MB。一般讲，存储器的容量越大，所能存放的程序和数据就越多，计算机的解题能力就越强。

（2）存取时间和存储周期。存取时间 T_A（Access Time）和存储周期 T_{MC}（Memory Cycle）是表征存储器工作速度的两个技术指标。存取时间（T_A）是指存储器从接受读命令到被读出信息稳定在数据寄存器（MDR）的输出端所需的时间。存储周期（T_{MC}）是指两次独立的存取操作之间所需的最短时间。通常，T_{MC} 要比 T_A 时间长。

（3）存取速率。存取速率是指单位时间内主存与外部（如 CPU）之间交换信息的总位数，记为 C，则

$$C = \frac{1}{T_{MC}} \cdot W$$

式中，$1/T_{MC}$ 表示每秒从主存读/写信息的最大速率，单位是字/秒或字节/秒；W 为数据寄存器的宽度（即一次并行读/写的位数），故 W / T_{MC} 表示主存数据传输带宽，即每秒能并行传输多少位。

（4）可靠性。存储器的可靠性用平均故障间隔时间 MTBF（Mean Time Between Failures）来描述，它可理解为两次故障之间的平均时间间隔。显然，MTBF 越长，可靠性越高。

4.2.2　半导体存储器

本节将以实际应用的存储器芯片（Intel 2114）为例，说明存储元件存储 0 和 1 信息的原理、存储体的矩阵结构及存储器的基本工作原理。

1. 半导体存储器的分类

半导体存储器（Semiconductor Memory）按其不同的半导体材料可分为双极型（TTL：Transistor-Transistor Logic）和单极型（MOS：Metal Oxide Semiconductor）半导体存储器两类。前者具有高速的特点，后者具有集成度高、制造简单、成本低、功耗小等特点，故 MOS 半导体存储器是目前广泛应用的半导体存储器。

半导体存储器按存取方式不同，可分为随机存取存储器（RAM：Random Access Memory）和只读存储器（ROM：Read Only Memory）两类。RAM 是一种可读/写存储器，在程序执行过程中，该存储器中的每个存储单元可随机地写入或读出信息。RAM 又可分为双极型和 MOS 型两类，双极型 RAM 存取速度高，主要用做高速缓冲存储器。ROM 是一种在程序执行过程中只能将内部信息读出而不可写入的存储器，其内部信息是在脱机状态下用专门设备写入的。ROM 按存储信息的方法不同又可分为 4 类。

（1）固定掩模型 ROM。这类 ROM 的内部信息是在制作集成电路芯片时，用定做的掩模"写入"的，制作后用户不能再修改。

（2）可编程只读存储器 PROM（Programmable ROM）。这类 ROM 的内部信息是由用户按需要写入的，但只允许编程写入一次。

（3）可擦除可编程只读存储器 EPROM（Erasible Programmable ROM）。这类 ROM 的内部信息可多次改写。当用户自行写入的信息不需要时，可用"擦除器"（紫外线照射）将原存的信息擦掉，再写入新的内容。

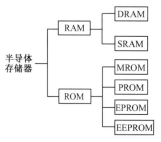

（4）电可擦除可编程只读存储器 EEPROM（E/ec Erasible Programmable ROM）。EPROM 是通过紫外线光的照射将芯片内的原存信息全部擦除，EEPROM 则可通过加入大电流使芯片内的某一个存储单元的原存信息擦除掉，从而减少重新编程的工作量，而且这一擦除与重新编程的工作可在线完成，为用户使用 ROM 芯片提供方便。

图 4-11　半导体存储器的分类

上述半导体存储器的分类情况如图 4-11 所示。

2. 存储元件

如前所述，存储元件用来存储一位二进制信息（1 或 0）。不同的半导体存储器，其存储元件的结构不同，但就存储信息的原理而言，大致分为如下三种：一是用触发器作为存储元件，如双极型和 MOS 型静态 RAM（SRAM：Static RAM）；二是用电容器作为存储元件，电容充电时为 1，放电时为 0，如 MOS 型动态 RAM（DRAM：Dynamic RAM）；三是用晶体管作为存储元件，管子导通时为 0，截止时为 1，如 ROM。下面仅介绍 MOS 型动态 RAM 存储元件的组成及其存储信息的原理。

动态 RAM 存储元件是用电容的充放电来存储二进制信息的，常用的有三管和单管两种动态存储元件，图 4-12 示出了单管动态存储元件的基本组成，它包括 MOS 管 T 和记忆电容 C。

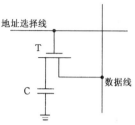

图 4-12　MOS 型单管动态 RAM 的存储元件

当电容 C 上有电荷时，表示其存储的信息为 1；反之，当电容 C 上无电荷时，表示其存储的信息为 0。读出时，地址选择线为高电位，T 管导通，电容 C 上的电压经 T 管从数据线上读出。写入时，写入信息置于数据线上，且地址选择线为高电位，T 管导通。此时，数据线上的信息经 T 管对电容 C 充电（若写入信息为 1）或放电（或写入信息为 0），使写入信息以电荷方式存储在电容 C 上。

为了缩减元件所占的芯片面积，单管动态存储元件中的电容 C 不可能做得很大，故每次读出后信息会很快消失，为维持原存信息，需在读出后立即进行"重写"。此外，即使不进行读操作，电容 C 上的电荷也会通过电路内部的漏电阻和分布电容发生慢速放电，以致经过一段时间后，电容上的电荷也会放光，存储的信息自动丢失。为此，在由动态存储元件所组成的动态 RAM 中，每隔一定时间需对存储元件进行"刷新"，以保证原存的信息不丢失。"重写"和"刷新"是动态 RAM 要解决的两个特殊问题，使这类存储器的外围电路比较复杂。

3．存储矩阵

如前所述，存储体是由存储单元组成，而存储单元是由存储元件组成。那么，如何组织存储元件以构成一个存储体呢？常用的方法有两种，一种是一维阵列结构，或称字选法（Linear Selection）；另一种是二维阵列结构，或称重合法（Coincident Current Selection）。

（1）一维阵列结构（字选法）。图 4-13 是一个 16×4 位的字选法存储矩阵结构示意图。图中存储元件为 MOS 型单管动态 RAM 存储元件，其连接方式如图 4-13 左下方所示。4 位地址寄存器 MAR 所提供的 4 位地址码（$A_3 \sim A_0$）经译码器译码，产生 16 条地址选择线，分别连接 16 个存储单元的 4 个存储元件。不同存储单元的同一位存储元件的数据线连接同一个读/写放大器（R/W），共有 4 个 R/W，并与 4 位数据寄存器（MDR）相连接。该存储器的读/写原理，留给读者自行分析。这种结构的存储器具有结构简单的优点，但当存储容量增大时，选择线将以 2^n（n 为地址码的位数）剧增，故适用于小容量存储器。

（2）二维阵列结构（重合法）。图 4-14 是一个 16×1 位重合法存储矩阵结构示意图。图中仍采用单管动态存储元件，其行选择（x）信号与列选择（y）信号分别由高两位（A_3，A_2）和低两位（A_1，A_0）地址经译码器译码产生。行选择线直接连接到各行存储元件的地址选择线，列选择线则作为开关管 $T_3 \sim T_0$ 的栅极控制信号，以控制某一列存储元件的数据线上信息的读出或写入。

下面举一个简单例子，以说明该存储器是如何实现按地址读出信息的。设 $A_3 \sim A_0 = 1001$，则 $A_3A_2 = 10$，经译码使 x_2 地址选择线为高电位，选中地址为"8～11"4 个存储单元。$A_1A_0 = 01$，经译码使 y_1 选择线为高电位，打开 MOS 管 T_1。这样，处于 x_2-y_1 交点处的地址为"9"的存储元件所存储的信息将通过 y_1 数据线，经 T_1 读出到读/写放大器（R/W），并输出到数据寄存器。这种结构的存储器具有选择线少的优点，适用于大容量存储器。

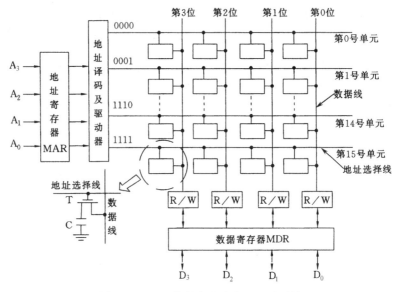

图 4-13　16×4 位的字选法存储矩阵结构

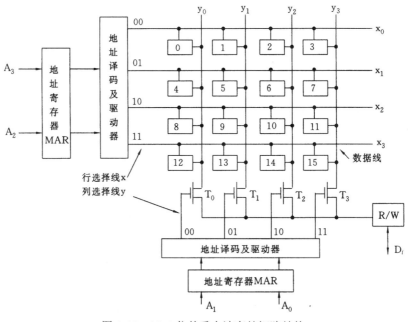

图 4-14　16×1 位的重合法存储矩阵结构

4. 半导体存储器芯片举例

半导体存储器都由集成电路芯片组成，图 4-15 示出了一个容量为 1K×4 位的 MOS 型静态 RAM 芯片，型号为 Intel 2114。该存储器的存储元件为触发器，存储矩阵为重合法结构，其行选择信号由 6 位地址码（$A_8 \sim A_3$）产生，共 64 条行选择线；其列选择信号由 4 位地址码（A_9，$A_2 \sim A_0$）产生，共 16 条列选择线。图中"行选择"和"列选择"就是图 4-14 所示的地址译码和驱动器，"列 I/O 电路"就是读/写放大器（R/W）。该存储器的每个存储单元含 4 个存储元件，每次可并行读出（或写入）4 位二进制数，对外公用一个端口（$I/O_4 \sim I/O_1$），只是读出时受输出三态门控制，写入时受输入三态门控制。读出与写入由片选信号（$\overline{CS}$）

和写信号（$\overline{WE}$）确定，当 $\overline{CS}=0$（有效），且 $\overline{WE}=0$（写有效）时，$CS\cdot WE=1$，执行写操作；当 $\overline{CS}=0$ 且 $\overline{WE}=1$（读有效）时，$CS\cdot\overline{WE}=1$，执行读操作。图 4-15 右上角示出了 2114 芯片的外部引脚及对应的信号。在对 2114 芯片做如上说明后，读者可以自行分析它的工作原理。

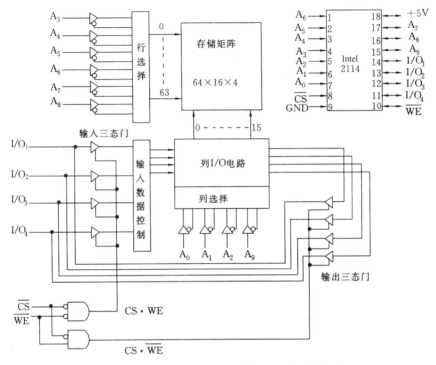

图 4-15　Intel 2114 MOS 型静态 RAM 芯片结构

4.2.3　用芯片组成一个存储器

用现成的集成电路芯片构成一个一定容量的半导体存储器，大致要完成以下工作：

① 根据所要求的存储器容量大小，确定所需芯片的数目。

② 完成地址分配，设计片选信号译码器。

③ 实现总线（DBUS，ABUS，CBUS）连接。

④ 解决存储器与 CPU 的速度匹配问题。

下面，通过一个简单例子，说明如何用现成芯片来构成一个存储器。

【例 4-1】　试用 Intel 2114 芯片组成一个容量为 4K×8 位的存储器。

（1）确定所需芯片的数目。2114 芯片的容量为 IK×4 位。为了扩展成 IK×8 位，需用 2 片芯片；为了扩展 4K×8 位，则需用 4 组 2 片芯片，故所需芯片的数目

$$N=\frac{4K\times 8}{1K\times 4}=4\times 2=8 \text{（片）}$$

（2）完成地址分配。因 2114 芯片内含有 IK 个存储单元，故实现片内寻址需 10 位地址码（$2^{10}=1\,024$），占用地址码 $A_9\sim A_0$。为实现片外 4 组芯片的选择，需占用两位地址码（A_{11}，

A_{10}），并用 4-4 译码器对该两位地址码的行译码以产生 4 个片选信号 $\overline{CS_3} \sim \overline{CS_0}$。这样，4K×8 位存储器的一种地址分配方案如表 4-5 所示。

表 4-5　4K×8 位存储器地址分配的一种方案

芯片组别	存储单元地址			寻址范围（用十六进制表示）
	留用	片选	片内	
	$A_{15} \cdots A_{12}$	A_{11}　A_{10}	$A_9 A_8 A_7 \cdots A_0$	
1	0000 0000	0　0 0　0	000……0 111……1	000H～03FFH
2	0000 0000	0　1 0　1	000……0 111……1	0400H～07FFH
3	0000 0000	1　0 1　0	000……0 111……1	0800H～0BFFH
4	0000 0000	1　1 1　1	000……0 111……1	0C00H～0FFFH

（3）实现总线连接。存储器与 CPU 的连接是通过三组总线实现的，如图 4-16 所示。

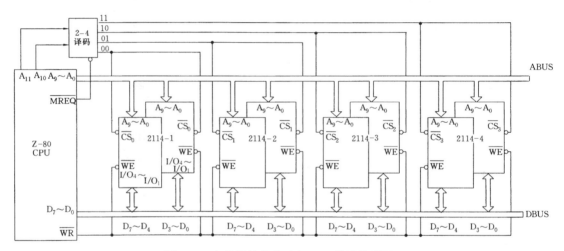

图 4-16　存储器的组成及与 CPU 的连接举例

由图可知，4 组 2114 芯片（2114-1～2114-4）中的每组两片芯片的数据端口（$I/O_4 \sim I/O_1$）分别连接到数据总线 DBUS 的 $D_7 \sim D_4$ 和 $D_3 \sim D_0$，而地址线 $A_9 \sim A_0$ 都连接到地址总线 ABUS 的 $A_9 \sim A_0$。这样，每组两片芯片组成了一个容量为 1K×8 位的存储器，4 组芯片则组成一个容量为 4K×8 位的存储器。每一组的片选信号分别由地址 $A_{11}A_{10}$ 的 4 个译码信号所产生，从而使 4 组芯片的寻址范围如表 4-5 所示。当存储器进行读/写操作时，CPU 将发出"访存信号"（$\overline{MREQ} = 1$）有效，该信号使 4-4 译码器工作，产生地址 $A_{11}A_{10}$ 的 4 个译码信号。$\overline{WR}$ 为 CPU 发出的读/写信号，若为写操作，则 $\overline{WR} = 0$；若为读操作，则 $\overline{WR} = 1$；它连接到所有芯片的 $\overline{WE}$ 端。应用前述知识，读者可以自行分析该存储器的读/写工作原理。

微型机中所使用的主存储器都是以"内存条"形式出现的。所谓内存条是一种封装有多片半导体存储器芯片的一块条形电路板，如图 4-17（a）所示。内存条的容量有多种，如 16 MB、32 MB 和 64 MB 等，用户可根据需要进行选择。选择内存条时，除满足容量要求外，还需注意存储器芯片的类型、芯片的工作速度及引脚线的类型。

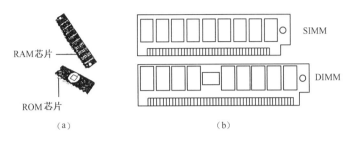

图 4-17　内存条结构示意

内存条分为下列两种类型，如图 4-17（b）所示。

（1）单面单列存储模块 SIMM（Single Inline Memory Module）。这类内存条尺寸较小，在一块小型印刷板上装有 8 片（或 9 片）存储器芯片。小印刷板的一边有 30 条引脚或 72 条引脚，便于插入主板的插座上。30 条引脚的内存条只有 8 位数据线，而 72 条引脚的内存条有 32 位数据线。对于使用 80486 CPU 的 PC 机，其数据线为 32 位，若采用数据线为 32 位的 SIMM 内存条，则用一条内存条做主存，便可使 PC 机工作；若采用数据线为 8 位的 SIMM 内存条，则至少需用 4 条内存条做主存，才能使 CPU 工作。SIMM 内存的工作电压为 5V。

（2）双面单列存储模块 DIMM（Dual Inline Memory Module）。这类内存条的印刷板的两边都有引脚线，共 168 条。在带有奇偶校验的 DIMM 内存条中数据线有 72 位。这样，对于奔腾系列的 PC 机，其数据线为 64 位，故只用一条 DIMM 内存条就可以使 PC 机工作。DIMM 内存条的工作电压为 3.3 V，与奔腾系列 CPU 所采用的工作电压相适应。

4.3　辅助存储器

辅助存储器用于存放当前不立即使用的信息。一旦需要，辅存便与主存成批交换数据，或将信息从辅存调入主存，或将信息从主存调出到辅存。通常，把 CPU 与主存储器看作是计算机系统的主机，其他设备都称为主机的外部设备，故辅助存储器常称为"外存储器"，简称"外存"。目前，常用的辅助存储器有磁带存储器、磁盘存储器、光盘存储器及 PC 存储卡等，这类存储器的最大特点是存储容量大、可靠性高、价格低，在脱机情况下可以永久地保存信息。下面先介绍磁带与磁盘存储器，它们统称为磁表面存储器。

4.3.1　磁表面存储器

1. 磁表面存储器的存储原理

磁表面存储器是用某些磁性材料涂在金属铝片或塑料片（带）的表面作为载磁体来存储信息的存储器，其存储信息的原理可用图 4-18 说明。

在载磁体的附近有一个磁头，其上绕有一个写线圈和一个读线圈。写操作时，在磁头的线圈中通以一定方向的脉冲电流，磁头的铁芯内便产生一定方向的磁通，该磁通使磁头空隙下的载磁体局部磁化，形成相应极性的磁化元。写入脉冲电流的方向不同，在载磁体上形成的磁化元的极性不同。用一种极性表示信息"1"，另一种极性表示信息"0"，则一个磁化元就是一个存储元件，可存储一位二进制信息。可见，写操作过程是将两个方向的电流脉冲转化为两种极性磁化元的过程，该磁化元的极性可永久地保存在载磁体上，直到下一次重新写入为止。读操作与此相反，是将不同极性的磁化状态转化为不同方向的电流脉冲的过程。其原理是：当载磁体按一定方向移动时，磁头做切割磁力线运动，便在磁头的读线圈中产生感应电势，该电势在外电路的作用下转化为脉冲电流。

2. 磁带存储器

磁带存储器（Magnetic Tape Cartridge）类似于家用的磁带录音机，录音机记录的是模拟信息，而磁带存储器记录的是数字信息。磁带机的组成简图如图4-19所示，它由磁带、磁带盘、读/写磁头、主导轮、驱动磁带盘转动的电机及控制电路等组成。磁带是一种表面涂有磁性材料的塑料带，绕在磁带盘上。当磁带盘在电机的驱动下转动时，磁带从一个盘卷向另一个盘，使磁带在读/写磁头下移动。在CPU发出的指令控制下，通过读/写磁头便可实现对磁带的读/写操作。为了能快速启动，在磁头的两边各留有一段自由带，作为加速时的缓冲，以减轻带盘惯性的影响。

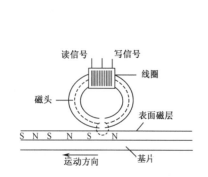

图4-18   磁表面存储器存储信息原理图

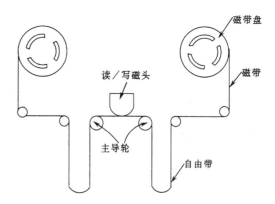

图4-19   磁带机的组成简图

磁带机是一种顺序存取的存储器，磁带上的信息以信息块的形式（一个"记录"或一个"文件"）顺序地存放在磁带上，其存放格式如图4-20所示。各信息块之间留有间隙，每个信息块都有文件的"头标"和"尾标"。若磁头当前的位置在磁带首部，而要读取的信息块在磁带的尾部，则必须空转磁带到尾部，才能读取该信息块。因此，磁带的存取时间较长，速度较慢。但磁带能存储的信息容量大，价格便宜，便于携带，互换性好，是大中型计算机系统中常用的辅助存储器。

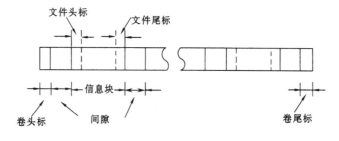

图4-20   磁带存放信息格式示意图

磁带机的主要技术参数如下。

（1）带速。在磁带机初始加速之后，磁带以稳定的速度运动，磁头可进行读/写操作，该速度称为磁带机的带速。如高速磁带机的带速为 4～5 m/s。

（2）记录密度。磁带每英寸所能记录的字节数，称为磁带机的记录密度，单位是 BPI（Byte Per Inch）。如磁带机的记录密度分为 800 BPI，1 600 BPI，3 200 BPI，6 250 BPI 等几种。

（3）数据传输速率。磁带机在单位时间内所能传送信息的数量，它是记录密度与带速之积。如某磁带机的记录密度为 1 600 BPI，带速为 18.75 英寸/秒，则数据传输速率为 1 600×18.75 ＝ 30 000 B/s。

磁带有各种不同的规格，每种规格的磁带宽度、长度、记录密度及宽度方向的磁道数各不相同，常用磁带的宽度为 1/2 英寸，含 9 个磁道，每个磁道上有一个磁头，记录密度为 1 600 BPI。

3.　磁盘存储器

磁盘存储器（Magnetic Disk Storage）按其载磁体的基片是"硬"的（铝合金圆盘）还是"软"的（塑料圆盘），分为硬磁盘存储器和软磁盘存储器两种，简称硬盘机和软盘机。这两种磁盘机的组成及工作原理大致相同，故下面先说明这两种磁盘机的共性问题，然后分别介绍它们的不同之处。

（1）磁盘机的结构。磁盘机的结构原理图如图 4-21 所示，它由磁盘驱动器、磁盘机接口板及磁盘等组成。

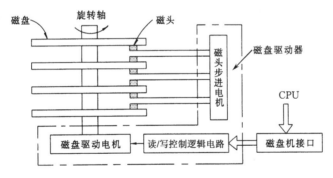

图 4-21　磁盘机的结构原理图

在图 4-21 中，磁盘是存储信息的载磁体，每片磁盘可有两个盘面，每个盘面上有一个读/写磁头，用于读取或写入该盘面上的信息。磁盘驱动器是实现读/写操作的设备，它包含磁头步进电机、磁盘驱动电机及读/写控制逻辑电路等。磁盘机接口是连接 CPU 与磁盘驱动器的部件，它接收来自 CPU 的控制命令，发出使磁盘驱动器进行操作的控制信号。

图 4-21 的盘片组由 4 个盘片组成，其中最上面和最下面的两个盘片只有一个盘面存储信息，其他盘片的上下两个盘面都可存储信息。盘片表面的信息存放格式如图 4-22 所示，每个盘面（或称记录面）上有几十条到上千条同心圆磁道，由外向里分别为 0 磁道、1 磁道、……、n 磁道。每条磁道上又分成若干扇区，每个扇区存放若干字节信息（一般为 512 字节）。磁盘上的信息以块（簇）作为存取单位，一个信息块可以是一个扇区或多个扇区。

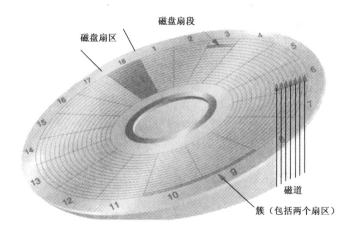

图 4-22　盘片表面的信息存放格式

磁盘机与主存交换信息时，应给出访问磁盘机的"地址"，该地址由下列参数确定：

① 柱面号。柱面由不同盘片上的相同磁道组成，如图 4-21 所示。图中设有 4 个盘片，共 6 个盘面，若每个盘面上有 1 000 个磁道，则该盘组就有 1 000 个同轴的柱面，其编号由外向里依次为 0 柱面、1 柱面、……、999 柱面。每个柱面上有 6 个扇区信息可同时进行读/写操作。

② 扇区号。每个盘面划分为若干过圆心的扇形区域，并按一定顺序对这些扇区进行编号，称为扇区号。

③ 簇数。要存取信息块的长度。通常，1 簇等于 2 个扇区信息（2×512 字节=1 KB）。

这样，当 CPU 访问磁盘机时，先根据给定的"柱面号"，由磁头步进电机将读/写磁头移动到该柱面号下。盘片在磁盘驱动电机的驱动下旋转，当给定"扇区号"的扇区进入读/写磁头之下时，控制磁头进行读/写操作，即可将选定柱面上的各扇区中的信息同时读出或写入，读出（或写入）信息块的长度可用一个"簇计数器"控制。例如，要从磁盘机的第 100 柱面上的第 8 扇区开始，读出 6 簇信息。根据访问磁盘机的"地址"（100 号柱面，第 8 扇区，6 簇长度），先将读/写磁头移动到第 100 号柱面上，当盘片的第 8 扇区转到读/写磁头下时，磁头从 6 个盘面的第 8 扇区开始同时读出 6 个扇区的信息，当连续读出 12 个扇区（6 簇）的信息后，读/写磁头关闭，本次读操作完成。

（2）磁盘机的主要技术指标。磁盘机的主要技术指标有 4 项，它们是记录密度、存储容量、寻址时间和数据传输速率。下面简要说明这 4 项指标。

① 记录密度。又称存储密度，一般用磁道密度和位密度来表示。磁道密度是指沿盘面半径方向，单位长度内磁道的条数，其单位是道/英寸。位密度是指沿磁道方向，单位长度内存储二进制信息的位数，单位是位/英寸。由于各个磁道上的存储容量是相同的，而越靠内侧的磁道越短，故内侧磁道上的位密度要比外侧磁道上的高。有时也用磁道密度与平均位密度的乘积来描述磁盘机的记录密度。

② 存储容量。磁盘机的存储容量是指它所能够存储的有用信息的总量，其单位是字节。存储容量可按下列公式计算：

$$C = n \times k \times s \times b$$

式中，n 为存储信息的盘面数，k 为盘面上的磁道数，s 为每一磁道上的扇区数，b 为每个扇区可存储的字节数。

如目前常用的 3 英寸软盘：$n=2$，$k=80$，$s=18$，$b=512$，则该盘的容量为
$$C = 2 \times 80 \times 18 \times 512 = 1\,474\,560 \text{ B} \approx 1.44 \text{ MB}$$

③ 寻址时间。指磁头从启动位置到达所要求的读/写位置所经历的全部时间，它由寻道时间 t_s（又称查找时间）和平均等待时间 t_w 两部分组成。寻道时间是指磁头从当前位置（柱面）移动到给定柱面号位置所需要的时间。平均等待时间是指从所读/写的扇区旋转到磁头下方所用的平均时间。因为磁头等待不同的扇区所用的时间不同，故一般取磁盘旋转一周所用时间的一半作为平均等待时间。显然，平均等待时间与磁盘的转速有关。寻道时间由磁盘机的性能决定，它由磁盘生产厂商给出。

④ 数据传输速率。指磁头找到地址后，每秒读出（或写入）的字节数。

上述磁盘机的 4 项技术指标，读者将通过完成本章给出的练习题得以进一步的理解。

（3）硬盘。硬盘（Hard Disk）是以铝合金玻璃或陶瓷圆盘为基片，上下两面涂有磁性材料而制成的磁盘。它质地坚硬，可将多个盘片固定在一根轴上，以组成一个盘组，一台硬磁盘机可有一个或多个盘组。硬盘上的读/写磁头大多数是浮动的，它可沿着盘面径向移动。目前常用的硬盘是温彻斯特盘（简称温盘），其直径有 14 英寸、8 英寸、5.25 英寸和 3.5 英寸等几种类型。在微型计算机中，采用了直径为 3.5 英寸和 2.5 英寸的小型温盘，并将硬盘片、磁头、电机及驱动部件全做在一个密封的盒子中，因而具有体积小、重量轻、防尘性好、可靠性高、使用环境比较随便等特点。与软盘相比，硬盘具有存储容量大（几十 GB 到几百 GB）、存取速度快（盘片转速可达 3\,600～7\,200 转每分钟）等优点。但硬盘多固定于主机箱内，故不便于携带，价格也高于软盘。

为方便用户携带，出现了一种新型硬盘驱动器——活动硬盘，这种硬盘封装在一个塑料或金属盒子内，可以插入驱动器或从中取出，就像使用软盘一样。活动硬盘还可以组成磁盘组，常用于大型机及小型机中。

在网络服务器中，还采用冗余磁盘阵列 RAID（Redundant Array of Independent Disks），它由多个较小的磁盘组成，并把相同的数据存储在不同的磁盘上，以此来提高存储可靠性和存取速度。

4.3.2　光盘存储器

1．光盘存储信息的原理

光盘是光盘存储器（Opticaldisk Storage）中用来记录信息的媒体，它主要由圆盘形（直径为 4.75 英寸）的玻璃或塑料基片及其上面所涂的适于光存储的记录介质组成。与磁盘存储器相似，光盘也需要光盘驱动器配合才能工作。

光盘是利用表面有无凹痕来存储信息 0 或 1 的，有凹痕记录 0，无凹痕记录 1。光盘上的凹痕是用高能激光束照射光盘片灼烧而成，灼烧的过程就是写入数据的过程。读取时，用低能激光束入射光盘，如果射中平面（即无凹痕）激光就会准确地反射到光敏二极管上，二极

管接到信号并记为 1；如果射中凹痕，激光束因散射而被吸收，光敏二极管接不到信号，则记为 0。光盘存储器的工作原理示意图如图 4-23 所示。

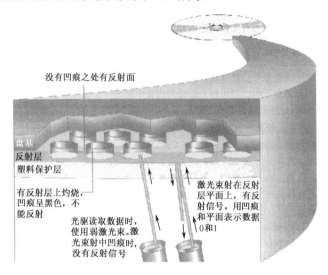

没有凹痕之处有反射面

盘基
反射层
塑料保护层

有反射层上灼烧，凹痕呈黑色，不能反射

光驱读取数据时，使用弱激光束。激光束射中凹痕时，没有反射信号

激光束射在反射层平面上，有反射信号。用凹痕和平面表示数据 0 和 1

图 4-23　光盘存储器的工作原理示意图

　　光盘上的数据记录在一条轨上，轨从光盘中心呈螺旋状不断展开直至光盘边沿（磁盘的磁道是几个同心圆）。这条轨又均分为多个段，数据以有无凹痕的方式记录在这些段上。

　　光盘上的数据是通过光盘驱动器（简称光驱）读出的。光驱将数据从光盘传送到其他设备所需要的时间，称为光驱的速度。最早的光驱速度为 150 KB 每分钟，并将其规定为单速。之后的光驱都以单速的倍数表示其速度，如某光驱的速度为 40X，表示该光驱每秒钟可传达 40×150 KB 的数据，即光驱的速度约为 6 MB/s。光驱的速度越高，播放的图像和声音就越平滑，价格也就越高。

2．光盘的分类

　　根据性能的不同，光盘可分为下列三类：

　　（1）只读型光盘 CD-ROM（Compact Disk ROM）。这类光盘中的数据是由生产厂商预先写入的，用户只能读取盘上的数据而无法修改。通常，CD-ROM 呈银白色。

　　（2）一次性写入光盘 CD-R（Compact Disk Recordable）。这类光盘允许用户写入自己的数据，而且可以分期分批地写入数据，但对于光盘的同一存储空间只能写入一次。一旦写入，可多次读取。

　　为了与银白色的 CD-ROM 区别，CD-R 通常呈金黄色。要想在 CD-R 上写入数据，必须使用相应软件和 CD-R 驱动器。CD-R 驱动器既可以读出 CD-R 上的数据，也可以读出标准 CD-ROM 中的数据，因而 CD-R 驱动器要比 CD-ROM 驱动器贵。

　　（3）可擦除型光盘 CD-RW（Compact Disk Rewritable）。这类光盘的存储功能与磁盘相似，用户可以多次对其读写。同理，为了使用 CD-RW，必须配有 CD-RW 驱动器和相应软件。CD-RW 驱动器的速度慢，且与标准的 CD-ROM 不兼容，即不能读取 CD-ROM 上的数据。因此，许多用户并不热衷于使用 CD-RW，而倾向于等待 DVD 技术价格的降低，使用 DVD 代替 CD-RW。

3．DVD-ROM

为满足一些复杂软件对存储容量的要求，方便诸如电影、动画等视频信息的存储，许多软件已开始从 CD-ROM 移到 DVD-ROM。DVD-ROM（Digital Video Disc ROM）的容量及质量都已超过 CD-ROM，其容量约为 4.7 GB～17 GB，相当于一个很大的硬盘容量。使用 DVD-ROM 同样需要配置相应的 DVD-ROM 驱动器或 DVD 播放器软件。

除 DVD-ROM 外，DVD 也有一次性写入 DVD 和可擦除 DVD 之分。随着 DVD 设备的价格日趋合理，DVD 将最终代替只读型光盘。

4.3.3　可移动外存储器

由于软盘存储器容量小，也较易损坏，目前已被可移动存储器所取代，常用的有 PC 存储卡、闪存盘和移动硬盘

1．PC 存储卡

PC 存储卡（Personal Computer Memory Card）是一种大容量的便携式半导体芯片存储器，其容量为几十 MB 到几百 MB。与其他类型的外存储器相比，PC 存储卡的特点是体积小，容量大、携带使用方便。同一般半导体存储器相比，PC 存储卡中的内容在脱离了相关设备之后仍可继续保持。

所有 PC 存储卡必须满足个人计算机存储卡国际协会 PCMCIA（Personal Computer Memory Card International Association）的要求，不但要有相同的接口标准，还要有相同的尺寸。

2．闪存盘

闪存盘（Flash Memory Disk）又名优盘，是一种采用快闪存储器（Flash Memory）为存储介质，通过 USB 接口与计算机交换数据的新一代可移动存储装置。大多数人都把闪存盘作为 1.44MB 软盘的替代产品，但是原理却完全不同。1.44MB 软盘是传统的磁介质存储产品，而闪存盘是以 Flash Memory 为介质，所以具有可多次擦写、容量超大、存取快捷、轻巧便捷、即插即用、安全稳定等许多传统移动存储设备无法替代的优点。

3．移动硬盘

移动硬盘是以硬盘为存储介制，强调便携性的存储产品。移动硬盘可以提供相当大的存储容量（几百 GB），是一种较高性价比的移动存储产品。移动硬盘大多采用 USB、IEEE1394 接口，能提供较高的数据传输速度。

移动硬盘与笔记本电脑硬盘的结构类似，多采用硅氧盘片。这是一种比铝、磁更为坚固耐用的盘片材质，并且具有更大的存储量和更高的可靠性，提高了数据的完整性。

4.3.4　计算机的存储体系

1．什么是多级存储体系

由前可知，计算机中的存储器（内存与外存）是用来存放数据和程序的。显然，我们要求存储器的容量越大越好，存取速度越快越好，价格越低越好。然而这三个要求是相互矛盾

的，一般来说，一个容量很大的存储器难以做到很高的存取速度，而一个速度很快的存储器，由于其材料优质、技术先进，位价格总是较高的。如何来协调这三者之间的矛盾呢？在计算机中，引入了多级存储体系的设计思想。

通常，将计算机的存储体系分为三级，即高速缓冲存储器（Cache）、主存储器（主存）和辅助存储器（辅存），如图4-24所示。图中三级存储器的主要特点如表4-6所示。

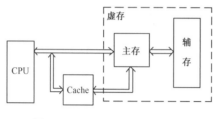

图 4-24　三级存储体系示意图

表 4-6　三级存储器的主要特点

性能＼类别	Cache	主存	辅存
容　　量	小	中	大
速　　度	最快	中等	最慢
价格/位	最高	中等	最低

2．高速缓冲存储器

前已指出，CPU在执行程序时，总是按指令地址或操作数地址访问主存。由于主存的速度较CPU的速度低，导致CPU在执行指令时，其执行速度受主存的限制，不能充分发挥，降低了计算机整体的运行速度。

高速缓冲存储器是一种小容量的高速存储器，常做在CPU内（见Pentium CPU），其容量为32～512 KB，速度完全与CPU匹配。通常将Cache作为主存的缓冲区连接在CPU与主存之间（见图4-24）。计算机开始运算后，将当前正要执行的一部分程序批量地从主存复制到Cache中。这样，CPU读取指令时，先到Cache中查找，若在Cache中找到，则直接从Cache中读取，不必访问主存，称为命中Cache；若在Cache中未找到，则从主存中读取，并将该指令所在位置的邻近一段程序同时写入Cache，以备再次使用，称为未命中Cache。程序执行的局部性原理（即在较短时间间隔内，CPU执行的一段程序往往集中于存储器中地址连续的一个很小区域内）及主存与Cache的映射算法，可以保证CPU访问Cache的命中率较高（如90%），而Cache比主存的存取速度快得多，从而使CPU不必等待主存，快速地与Cache完成读/写操作，提高了计算机整体运行速度。

CPU对主存的访问转换为对Cache的访问，Cache与主存之间的数据小批量的交换，并保持两者数据的一致性都是由辅助硬件实现的，其实现的算法及硬件结构将在计算机组成原理课程中讲述。

3．虚拟存储器

Cache的引入"提高"了主存的速度，那么如何"扩大"主存的容量呢？显然，这里不是指通过增加内存条的方法来扩大主存的容量，而是通过虚拟存储技术来获得一个用户可以使用但实际又不存在的容量比主存大得多的"虚拟主存"。

虚拟存储技术的基本原理是，将辅存的一部分（甚至全部）虚拟为主存，它与由内存条组成的实际主存形成一个虚拟存储器（如图4-24虚线框所示）。由于辅存的容量远远大于实际主存，虚拟存储器（简称虚存）的存储空间将远远大于实际主存（简称实存）的存储空间。用户在虚拟空间中编程，因而多大的程序都可以存放得下。但计算机执行程序时，CPU访问的是实存，为此需将虚存中的指令地址（称逻辑地址）转换为实存中的地址（称物理地址）。这一转换过程是借助于虚拟存储技术中的硬件及软件自动实现的。当 CPU 访问实存而找不到所需要的指令（或数据）时，操作系统中的存储管理软件便会自动从虚存中调入包含所需指令的一段程序到实存。虚拟存储器就是借助于辅存到主存的信息动态调度，为用户提供了一个可以使用的但实际又不存在的大容量主存。

虚拟存储技术的实现涉及操作系统中存储管理算法与软件，我们将在第 6 章操作系统一节中做进一步讨论。需指出，虚拟存储器必须建立在"主存—辅存"结构上，但一般的"主存—辅存"系统并不一定是虚拟存储器，其主要差别是在一般的"主存—辅存"系统中，用户的编程空间只是主存。当用户的程序很大时，可以将大部分程序先存放在辅存中，用户根据需要在不同时间将主存中的不用程序调出到辅存，将辅存中要用的程序调入主存，这一主存与辅存之间的信息调度要由用户来实现。而在虚拟存储器中，主存与辅存之间的信息调度是由操作系统自动完成的，用户无须关心这一调度过程，因而用户可认为自己使用的"主存"是非常大的，这一大容量"主存"并非实际主存，而是一个虚拟的主存。

4.4　输入/输出系统

外界的信息如何被计算机感知？如何使计算机的处理结果被外界感知？这些将涉及到输入输出的处理。本节将介绍计算机系统中与输入、输出有关的设备、接口及控制方法。输入/输出设备是实现计算机系统与人（或其他系统）之间进行信息交换的设备。通过输入设备可以把程序、数据、图像甚至语音送入到计算机中，通过输出设备可以把计算机的处理结果显示或打印出来呈现给用户。输入/输出设备是通过其接口（Interface）实现与主机交换信息的，输入/输出设备的接口接收来自 CPU 的命令，发出执行该命令的控制信号，以控制输入/输出设备完成输入或输出操作。输入或输出操作的实现可有多种控制策略，如程序查询方式、中断控制方式、直接存储器存取方式及外部处理机方式等。

4.4.1　输入设备

计算机的输入设备按功能可分为下列几类。

- 字符输入设备：如键盘。
- 光学阅读设备：如光学标记阅读器、光学字符阅读器。
- 定位设备：如鼠标器、操纵杆、触摸屏幕和触摸板、轨迹球、光笔。
- 图像输入设备：如摄像机、扫描仪、数码相机。
- 模拟输入设备：如语音输入设备、模数转换器。

下面简要介绍目前常用的输入设备。

1. 键盘

键盘（Keyboard）是最常用的输入设备，它由一组开关矩阵组成，包括数字键、字母键、符号键、功能键及控制键等，共 105 个左右（101 或 107 个），分散在一定的区域内。每个按键在计算机中都有它的唯一代码。当按下某个键时，键盘接口将该键的二进制代码送给计算机的主机，并将按键字符显示在显示器上。当前，键盘接口多采用单片微处理器，由它控制整个键盘的工作，如上电时对键盘的自检、键盘扫描、按键代码的产生、发送及与主机的通信等。

目前计算机使用的键盘主要有：标准键盘、Dvorak 键盘和专用键盘。标准键盘有时也称 QWERTY 键盘，因为其打字区的第一行自左向右依次排放的是 Q, W, E, R, T, Y 几个字符键，这是流行最广的一种键盘。Dvorak 键盘中，将最常用的字符排放在打字区中部，以提高打字速度。专用键盘是为某种特殊应用而设计的，如银行计算机管理系统中供储户用的键盘，按键为数不多，只是为了输入储户标识码和选择操作之用。如果定义键盘上的某些字符与显示器上的光标结合，获取图形的坐标，也可以绘制图形，但效率较低。

此外，笔记本电脑的键盘和系统单元做成一体，为适应体积要求，不但按键小，而且个

数也只有 85 个。另一种是根据人机工程学原理重新设计的键盘，如图 4-25 所示，称为人机工程学键盘。这种键盘改变了传统键盘都是矩形的、键位分成几排、各排直线排列的格局，其目的是使用键盘更舒适、更高效，并可减少长期操作键盘对手腕带来的疲劳和损害。

图 4-25　人机工程学键盘

2．鼠标

鼠标（Mouse）是一种手持式屏幕坐标定位设备，常用在下拉式菜单中选择操作项或计算机辅助设计系统中的作图。常用的鼠标有两种：一种是机械式的，另一种是光电式的。

机械式鼠标的底座上装有一个可以滚动的金属球，当鼠标在桌面上移动时，金属球与桌面摩擦发生转动。金属球与 4 个方向的电位器接触，可测量出上、下、左、右 4 个方向的相对位移量，用以控制屏幕上光标的移动，光标和鼠标的移动方向是一致的，而且移动的距离也成比例。

光电式鼠标的底部装有红外线发射和接收装置，当鼠标在特定的反射板上移动时，红外线发射装置发出的光经反射板反射后被接收装置所接收，并转换为移位信号。该移位信号送入计算机，使屏幕上的光标随之移动。其他方面均和机械式鼠标一样。

此外，还有无线鼠标，它是利用红外线或无线电波与计算机通信的，其优点是不受桌面的限制。

3．光学标记阅读器

光学标记阅读器（OMR：Optical Mark Reader）是一种利用光电原理读取纸上标记的输入设备，如用做计算机评卷记分的输入设备、广泛用于商品和图书管理的条形码阅读器（Bar Code Reader）等。条形码阅读器的基本原理是：用粗细不同的明暗条纹表示号码，当条形码阅读器顶端的光源扫描明暗条纹时，便产生了长短不同的电压波形，经译码后就是所读条纹

的编码。因此，只要把数字、符号、字母变成条形码，就可以很方便地将它读入到计算机中。

4．扫描仪

光学扫描仪（Optical Scanner）简称扫描仪，它是一种将图像信息输入计算机的设备。

光学扫描仪是一种光机电一体化的产品，它由扫描头、控制电路和机械部件等组成。扫描头由光源、光敏元件和光学镜头等组成。工作时，光源（如长条状白色发光二极管）发出的光照射到原稿（即扫描对象）上，经反射（或透射）后，光被电荷耦合器件（CCD）所接收。由于电荷耦合器件本身由许多单元组成，因而在接收光信号时，将连续的图像分解成分离的点（像素），同时将不同强弱的亮度信号变成幅度不同的电信号，再经过模数转换变成数字信号。扫描完一行后，控制电路和机械部件使扫描头（或原稿）移动一小段距离，继续扫描下一行。扫描得到的数字信号以点阵形式保持，再使用文件编辑软件将它编辑成标准格式的文件，存储在磁盘上。一幅 300 DPI（点/英寸，1 英寸=25.4 mm）的 A4 幅面的彩色图像，最后形成的文件大约是 30 MB。

扫描仪的种类很多，可以按不同的标准来分类。按图像类型分为黑白、灰度和彩色扫描仪。按扫描对象幅面大小可分为小幅面手持式扫描仪、中等幅面台式扫描仪和大幅面工程图扫描仪。按扫描对象的材料分为扫描纸质材料的反射式扫描仪及扫描透明胶片材料的透射式扫描仪。

5．语音输入设备

语音输入设备（Speech Input Device）是一种可以将人的语音转换为计算机能接收的数字信号并加以识别的设备。它由下列三个主要部件组成：

（1）输入器。该部件（如话筒等拾音器）可将语音转换为模拟信号，该信号经前端模拟放大器放大，作为下一级的输入。

（2）模数转换器。该部件将经过放大的模拟信号转换成数字信号。

（3）语音识别器。利用计算机和语音识别软件，将以数字表示的语音信息与计算机内部所存储的语音模型进行比较，从而找出最佳匹配作为识别结果。语音识别的方法很多，比较流行的方法有基于稳式马尔可夫模型（HMM）和基于人工神经网络（ANN）等两种。在完成语音识别后，还可利用语法、语义等对识别结果进行校正，以保证结果的正确性。

语音输入设备有广阔的应用领域，如语音听写机（用语音输入代替键盘输入），声控系统（使用声音进行自动控制）、电话的语音拨号（以说人名或单位名代替拨号）等。

4.4.2 输出设备

计算机的输出设备种类很多，常用的有打印机、显示器、绘图仪、投影仪及语音输出设备等。下面简要介绍这些设备。

1．打印机

打印机（Printer）是计算机最基本的输出设备之一，它将计算机的处理结果打印在纸上。打印机按印字方式可分为击打式和非击打式两类。击打式打印机（Impact Printer）是利用机械动作打击"字体"，使打印头与色带和打印纸相撞，在纸上印出字符或图形。根据"字体"的结构，击打式打印机又分为活字式打印和点阵式打印（Dot Matrix Printer）。活字式打印是把每一个字刻在印字机构上，可以是球形、菊花瓣形、鼓轮形等各种形状。点阵式打印是利用打印钢针组成的点阵来表示要打印的字符，每个字符可由 $m \times n$ 的点阵组成。

点阵式打印机简称针式打印机，其打印原理是：打印头上有一列钢针，打印机在打印驱动程序的控制下，使每个钢针在适当的位置上动作，打印出码点。例如，一个字符由 7×8 点阵组成，则打印头上有一列 7 个钢针，每打印一个字符打印头要打印 8 次。显然，点阵的码点越多，打出来的字越漂亮，一般汉字是由 24×24 点阵组成。针式打印机常以打印头上的钢针数目命名，如 9 针打印机、24 针打印机。针式打印机具有结构简单，价格低、打印内容不受限制（可打印字符、汉字及各种图形）等优点，曾是计算机中最常用的打印机。

非击打式打印机（Nonimpact Printer）是用各种物理或化学的方法印刷字符，如静电感应、电灼、热敏效应、激光扫描和喷墨等。其中常用的是激光打印机（Laser Printer）和喷墨打印机（Inkjet Printer），它们都是以点阵的形式组成字符和各种图形的。激光打印机接收来自 CPU 的信息，然后进行激光扫描，将要输出的信息在磁鼓上形成静电潜像，并转换成磁信号，使碳粉吸附到纸上，经加热定影后输出。喷墨式打印机是靠墨水通过精制的喷头喷到纸面上形成字符和图形。非击打式打印机具有打印速度高、印字质量高、运行无噪声等优点，但其价格较针式打印机高。

最后需指出的是，用打印机打印汉字时，若打印机不带汉字库，则要先执行汉字驱动程序，它将要输出的汉字从编码变为汉字点阵，再发向打印机。带汉字库的打印机，只要给打印机送入汉字编码，它就可以从自带的汉字库中找出对应的汉字点阵进行打印，无须调用汉字驱动程序。

2. 显示器

显示器（Display）是计算机必备的输出设备，常用的有阴极射线管显示器、液晶显示器和等离子体显示器。液晶和等离子体显示器是平板式的，体积小、功耗少，主要用于笔记本电脑。

阴极射线管（CRT：Cathode Ray Tube）显示器可分为字符显示器和图形显示器。字符显示器只能显示字符，不能显示图形，一般只有两种颜色。图形显示器不但可以显示字符，而且可以显示图形和图像，一般都是彩色的。图形是指工程图，即由点、线、面、体组成的图形；图像是指景物图，它们都是由显示器上的像素（光点）所组成。无论哪种显示器，其工作原理都与电视机相似。它由阴极电子枪发射电子束，电子束从左向右、从上而下地逐行扫描荧光屏。每扫描一遍屏幕，称为刷新一次，只要两次刷新的时间间隔少于 0.01 s，人们在屏幕上看到的就是一个稳定的画面。CRT 显示器的大小是用屏幕对角线的长度表示的，常见的有 15，17，19 和 21 英寸。

液晶显示器（LCD：Liquid Crystal Display）由显示单元矩阵组成，每个显示单元含有称作液晶的特殊分子，它们沉积在两种材料之间。加电时，液晶分子变形，能够阻止某些光波通过而允许另一些光波通过，从而在屏幕上形成需要的图像。LCD 通常用在便携式计算机上，大小分成 12.1，13.3 和 14.1 英寸几种。

等离子体显示器也是由显示单元矩阵组成的,但每个显示单元分隔成一个个密封的方格,充入混合气体和荧光粉,并用电极连接。当电极之间放电时,气体发射的紫外线激发三原色荧光粉发光,从而形成显示图像。等离子体显示器的优点是视角宽、色彩还原性好、响应速度快、不受磁场干扰、无闪烁现象等。它适用于制作成大屏幕(如 42 英寸)显示器,并能直接挂在墙上,但价格很贵。

显示器的主要技术指标包括下列三项。

(1)分辨率。显示器屏幕上的图像实际上是由许多小点组合而成的,这些小点称为像素(Pixel)。显示器整个屏幕上像素的总数称为该显示器的分辨率,它由行、列两个方向上的像素乘积求得。例如,某显示器可显示 480 行,每行有 640 列像素,则该显示器的分辨率为 640×480。现代显示器的分辨率多为 800×600 或 1024×768。

显示器是通过视频卡与 CPU 相连,视频卡中有一个存放像素信息的显示存储器,该存储器中的每一个存储单元的位数,可对相对应的一个像素的颜色种类进行编码。若存储单元为 8 位二进制代码,则一个像素的颜色可有 256(2^8)种;同理,若用 24 位二进制代码来表示一个像素的颜色种类,则可有 16.7 兆种颜色。

为了便于显示器与视频卡配套,推出了多种视频卡标准。早期的标准有 MDA(单色显示适配器),目前大多数显示器都支持 SVGA(超越视频图形适配器)。SVGA 支持的分辨率包括 800×600,1024×768,1280×1024 或 1600×1200;可以显示的颜色多达 16.7 兆种。显然,分辨率越高,能显示的像素数目就越多,像素的颜色种类越多,则可显示的图像就越清楚、越平滑、色彩也越逼真。

(2)点距。两个相邻像素之间的水平距离称为点距。点距越小,显示的图像越清晰。为降低眼睛的疲劳程度,应采用点距不大于 0.28 mm 的显示器。

(3)刷新频率。前面已指出,要在屏幕上看到一幅稳定的画面,必须按一定频率在屏幕上重复显示图像。显示器每秒重画图像的次数称为刷新频率。通常,显示器的刷新频率至少要达到 75 Hz,即每秒钟在屏幕上至少要重画图像 75 次,才能维持图像的稳定,使用户不会因屏幕图像的闪烁而感到头痛。

3. 绘图仪

绘图仪(Plotter)是输出图形的重要设备,在计算机辅助设计(CAD)系统中有广泛的应用。常用的绘图仪有两种:一种是平板式绘图仪,另一种是滚桶式绘图仪。

平板式绘图仪将绘图纸固定在平板上。计算机执行绘图程序,将加工成的绘图信息送入绘图仪,绘图仪产生驱动 X 方向和 Y 方向的步进电机的脉冲,使绘图笔在 XY 平面上运动,并控制绘图笔的起落,从而在图纸上绘出图形。滚桶式绘图仪是将图纸卷在一个滚桶上,在计算机的控制下,图纸沿垂直方向随滚桶卷动,绘图笔则沿水平方向移动,图纸卷动一行,绘图笔绘制一行。与平板式绘图仪相比较,滚桶式绘图仪具有结构紧凑、占地面积小、重量轻、绘图速度快等优点,但对绘图纸要求高。

4. 语音输出设备

将计算机处理过的文本信息以语音的形式输出的设备,称为语音输出设备(Speech Output

Device），也称文语转换系统或语音合成系统。在计算机中，语音通常不是以原始语音的形式存储的，而是以语音的压缩编码形式存储的。编码经过解码或特征参数按照某种规则合成产生出语音，从而可以节省计算机的存储空间。

语音输出设备一般由下列三个主要部件组成：

（1）语音合成器。该部件是语音输出设备的核心，由计算机和语音合成软件组成。语音合成的方法有两种：压缩编码和参数合成法。

（2）数模转换器。该部件将语音合成器输出的数字信号转换成人耳可以接收的模拟信号。

（3）输出器。数模转换器输出的模拟信号太小，不足以推动扬声器等器件，需经输出功率放大器放大，然后输出到扬声器或耳机，得到人们能听见的语音信号。

扬声器和耳机是两种常用的语音输出设备，计算机内部配置一个扬声器，但输出声音的质量不高，人们常为计算机系统配置大一些的音箱。

4.4.3　输入/输出接口

以上介绍的辅助存储器、输入设备和输出设备统称为计算机的外部设备，简称外设。主机与外设之间是通过"接口"交换信息的，每一台外部设备都有各自的"接口"，也称适配器（Adapter）、设备控制卡（Device Control Card）或输入/输出控制器。输入/输出接口（简称 I/O 接口）是指主机与外设交换数据的界面，图 4-26 给出了 I/O 接口的基本组成及其与主机、外设连接示意图。

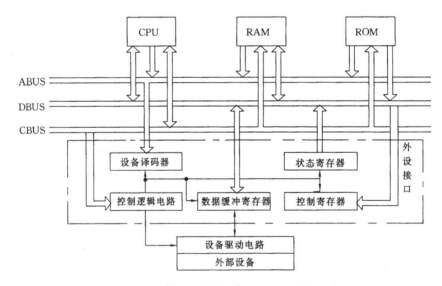

图 4-26　I/O 接口及其与主机、外设的连接示意图

尽管不同外设接口的组成及任务各不相同，但它们要实现的基本功能大致相同。一般来说，任何外设接口都必须具有下列基本功能：

（1）实现数据缓冲。在外设接口中设置若干数据缓冲寄存器，在主机与外设交换数据时，先将数据暂存在该缓冲器中，然后输出到外部设备或输入到主机。

（2）能够将外设的工作状态"记录"下来，并"通知"主机，为主机管理外设提供必要的信息。外设工作状态一般可分为"空闲"、"忙"和"结束"三种，这三种状态在接口中用状态寄存器记录下来。

（3）能够接收主机发来的各种控制信号，以实现对外设的控制操作。为此，在接口设置了控制寄存器，以存放主机发来的控制字。

（4）能够判别主机是否选中该接口及其所连接的外部设备。众所周知，一个计算机系统往往配置有多台外部设备，如 CRT 显示器、打印机、磁盘机等。这些外部设备都有各自的设备号，主机根据这些设备号来确定与哪一台外设交换数据。为识别该设备号（或端口地址），接口中设置了设备译码器。

（5）实现主机与外设之间的通信控制。包括同步控制、中断控制等。为此，在接口中包含有控制逻辑电路。

下面以打印机为例，说明接口的工作过程。当主机需要用打印机输出数据时，打印机接口的工作过程如下：

（1）主机通过地址总线向接口发送设备号，经设备译码器译码，选中该打印机接口。

（2）主机测试打印机接口中的状态寄存器的状态，以判别打印机所处的工作状态：

① 若测得打印机处于"忙"状态，则表明打印机正忙于打印输出，因而不能接收新的打印数据，直到打印机由"忙"状态转换到"结束"状态。

② 若测得打印机处于"结束"状态，则表明前一次打印已结束，可以接收新的打印数据。

③ 若测得打印机处于"空闲"状态，则表明打印机尚未启动，需先启动打印机，然后才能接收新的打印数据。

（3）当确定打印机可以接收新的打印数据后，主机通过数据总线向接口的数据缓冲寄存器送入要打印的数据。

（4）主机向接口中的控制寄存器送入控制字，通过控制逻辑电路发出打印输出所需要的控制信号。在该信号的控制下，驱动打印机把数据缓冲寄存器中的内容打印在纸上。在打印过程中，打印机进入"忙"状态，直到打印完毕才转入"结束"状态。

以上工作过程都是在一定的输入/输出控制方式下，通过程序的执行完成的。

输入/输出接口按不同方法可分为多种类型，下面以 Intel 公司生产的接口芯片为例，介绍主要分类方法。

（1）按数据传送方式分类

① 并行接口。接口与外设之间是以并行方式传送数据，即每次都是将一字节（或一个字）的所有位同时进行传送，如 Intel 82C55A（可编程并行接口）。

② 串行接口。接口与外设之间是以串行方式传送数据，即一字节（或一个字）的各位是逐位传送的。如 Intel 8251A（可编程串行接口）。

（2）按功能选择的灵活性分类

① 可编程接口。该类接口的操作方式及所实现的功能可用程序来设定。如 Intel 82C55A，

Intel 8251A，Intel 82C54（可编程计数器/定时器接口）。

② 不可编程接口。该类接口的操作方式与所实现的功能是由硬连线逻辑完全确定，不能用程序改变。如 Intel 8212。

（3）按通用性分类

① 通用接口。该类接口可供多种外设使用。如 Intel 82C55A，Intel 8212。

② 专用接口。该类接口是为某种外设或用途专门设计的。如 Intel 8279（可编程键盘/显示器接口），Intel 8275（可编程 CRT 控制接口）。

（4）按数据传送的控制方式分类

① 程序型接口。该类接口是通过程序执行（程序查询或程序中断方式）实现 I/O 操作，适用于连接低速外设（显示器、键盘、打印机等）。如 Intel 82C59A（可编程中断控制器）。

② DMA 型接口。该类接口是通过硬件发出的控制信号直接实现 I/O 操作，适用于连接高速外设（磁盘、磁带）。如 Intel 82C37A（可编程 DMA 控制器）。

在微型计算机中，上述接口芯片常集成在称为"芯片组"（Chip Set）的器件内，以简化主板的设计，降低系统的成本，提高系统的可靠性。此外，微型机中还采用了专门的接口，如 EIDE（Extended Integrated Drive Electronics），SCSI（Small Computer System Interface）等。

4.4.4　输入/输出控制方式

主机是通过"接口"实现对外部设备的管理，其管理方式主要有 4 种：程序查询方式、中断控制方式、直接存储器存取方式（DMA 方式）及输入/输出处理机方式。下面简要介绍这几种输入/输出控制方式的工作原理及特点。

1．程序查询方式

用程序查询（Program Inquiry）方式实现输入/输出的工作原理如图 4-27 所示。

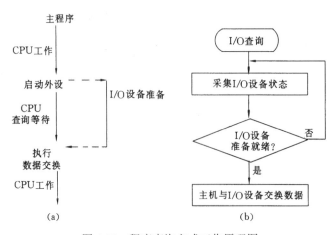

图 4-27　程序查询方式工作原理图

在 CPU 执行主程序的过程中,需要进行输入或输出操作时,就启动外设工作(见图 4-27(a))。此后,CPU 执行"查询程序",其工作过程如图 4-27(b)所示。在此期间,输入/输出设备(I/O 设备)做好允许进行新的输入/输出操作的准备。一旦准备完毕,CPU 就查得"I/O 设备已准备就绪",可执行主机与外设之间的数据交换。输入/输出操作完毕,CPU 继续执行原来的主程序。

由图可知,这种控制方式的主要特点是,在 I/O 设备准备期间,CPU 将处于查询等待状态(见图 4-27(a)),使 CPU 的工作效率降低。

2．中断控制方式

用中断控制(Interrupt Control)方式实现输入/输出的工作原理如图 4-28 所示。

在 CPU 执行主程序过程中,需要进行输入或输出操作时,就启动外设工作。一旦外设被启动后,CPU 继续执行原来的主程序,而 I/O 设备则进入准备状态。当 I/O 设备准备就绪后,向 CPU 发出"中断请求",以"通知"CPU 可以进行输入/输出操作。CPU 接收到该信号后,经中断优先级排队后确信可以响应该中断,就向 I/O 设备发出中断响应信号,

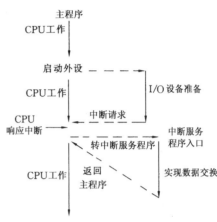

图 4-28　中断控制方式工作原理图

并转入执行中断服务程序,实现主机与外设之间的数据交换,输入/输出操作完毕,CPU 由中断服务程序返回执行原来的主程序。

由图可见,用中断控制方式实现输入/输出的主要特点是,在 I/O 设备准备期间,CPU 无须查询 I/O 设备的工作状态,可继续有效地工作(即执行原主程序)。通过执行中断服务程序完成输入/输出操作。显然,与程序查询方式相比,中断控制方式提高了 CPU 的工作效率,因为对于慢速的 I/O 设备而言,(如键盘输入机、打印机),其 I/O 设备的"准备"时间远大于执行中断服务程序所需的时间。

3．直接存储器存取(DMA：Direct Memory Access)方式

这种输入/输出控制方式要求在机器内增设 DMA 控制器(简称 DMAC),并由它直接控制主机与外设之间的数据交换,其工作原理如图 4-29 所示。

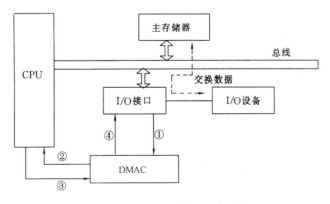

图 4-29　DMA 方式工作原理图

当 I/O 设备准备就绪后，向 DMAC 发出"DMA 请求"，见图中①。DMAC 在接收到该请求后，向 CPU 发出"总线请求"，见图中②。CPU 接收到该请求后，向 DMAC 发出"总线响应"，见图中③。与此同时，CPU 将总线使用权暂时交给 DMAC。DMAC 在接收到"总线响应"信号后，表示它已取得总线的使用权，向 I/O 设备发出"DMA 响应"，以"通知"外设可与主存交换数据，见图中④。至此，DMAC 可直接控制外设实现输入或输出操作，而 CPU 仍能完成无须使用总线的内部操作。

与中断控制方式相比，DMA 方式的主要优点如下：

（1）加快了主存与外设之间的数据传送的速度。因为在 DMA 方式下，数据传送是在硬件（DMAC）控制下直接完成的，它比 CPU 执行中断服务程序要快得多。

（2）提高了 CPU 的工作效率。因为在 DMA 方式下，CPU 不仅可以省去执行中断服务程序所需要的时间，而且在外设与主存交换数据期间可以进行内部操作。

当然，采用 DMA 方式将增加硬件成本，因为它是用 DMA 控制器取代 CPU 来实现对主存和外设之间的数据交换的控制，而且一类或一个 I/O 设备都需要一套 DMA 控制器。

4. 外部处理机方式

在大型计算机系统中，I/O 设备种类多、数量大，I/O 设备与主存之间数据交换频繁，故采用外部处理机（Peripheral Processor）方式。这种控制方式的基本原理是用一台或多台外部处理机来管理众多的 I/O 设备，它既可控制 I/O 设备的输入/输出操作，还可完成与输入/输出操作有关的处理及通信控制。外部处理机一般可采用小型计算机，它与主处理机之间只是一种简单的"通信"关系。

4.5　指令系统及执行

以上我们介绍了计算机硬件的各主要组成部分，它们是中央处理器（运算器和控制器）、主存储器、辅助存储器和输入/输出设备及其接口。它们之间的"硬连接"是通过总线实现的，它们之间的"软连接"是通过指令实现的。本节将先介绍实现"软连接"的指令系统及实现"硬连接"的总线；然后简要说明计算机执行指令的时标系统，即一条指令的执行时间是怎样安排的；最后介绍一台简单计算机（模型机）的组成框图及整机工作原理。

4.5.1　指令系统

计算机的自动计算过程归根到底是执行一条条指令的过程。一条指令就是给计算机下达的一道命令，它告诉计算机每一步应做什么操作，参与操作的数来自何处、操作结果又将送到什么地方。这就是说，一条指令必须包含有指出操作类型的操作码，以及指出操作数地址的地址码。通常，一台计算机能够完成多种类型的操作（如表 4-1 所示），而且可用多种方法来形成操作数的地址。因此一台计算机可有多种多样的指令，这些指令的集合称为该计算机的指令系统（Instruction Set）。本节将简要介绍计算机指令系统的有关问题，包括指令的格式、分类及寻址方式。

1. 指令的基本格式

所谓指令格式（Instruction Format），是指一条指令中操作码和地址码的安排方式。按一条指令所包含的地址码的个数，指令格式分为三地址、二地址、单地址和零地址等，如图 4-30 所示。

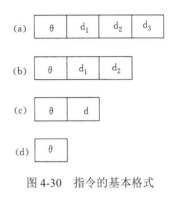

图 4-30(a)是三地址指令，它由操作码 θ 和三个地址码 d_1，d_2，d_3 所构成，它所实现的功能是，从源地址（Source Address）d_1 和 d_2 中取出两个操作数，进行 θ 操作，并将结果送入目标地址（Object Address）d_3 中。源地址和目标地址可为存储单元或运算器中的寄存器。这一功能可记为

图 4-30　指令的基本格式

$$d_3 \leftarrow (d_1)\,\theta\,(d_2)$$

式中，带括号的（d_1）和（d_2）表示地址为 d_1 和 d_2 单元中的内容，不带括号的 d_3 则表示地址。

图 4-30(b)是二地址指令，其功能是

$$d_2 \leftarrow (d_1)\,\theta(d_2)$$

式中，地址为 d_2 的单元先作为第二操作数的源地址，后作为存放结果的目标地址。

图 4-30(c)是单地址指令，其功能是

$$A \leftarrow (A)\,\theta\,(d)$$

式中，d 为存储单元的地址或寄存器的编号，A 是称为"累加器"的某一指定通用寄存器。

图 4-30(d)是零地址指令，这是一种特殊的没有地址码的指令，如空操作指令、停机指令和堆栈指令等。其中空操作和停机指令无须操作数，当然没有地址码；堆栈指令用来完成"堆栈"操作，其操作数地址由专门的堆栈指示器 SP 给出，故在堆栈指令中不需要再给出地址码。

所谓"堆栈"（Stack），是指用作数据暂存的一组寄存器或一片存储区。它像一只口袋，其口袋底称为"堆底"，它的地址是预先约定的。这样，以堆栈的栈底地址为基础，数据只能从堆栈的一端"压入"并从同一端"弹出"。显然，先压入的数据在堆栈的下方，而先弹出的数据却是后压入的数据，这种工作方式称为"先进后出"。堆栈的压入和弹出操作（简称压栈和出栈）是由压栈指令（PUSH）和出栈指令（POP）实现的，其操作过程如图 4-31 所示，可用下式描述：

（1）PUSH　R_i：将某一寄存器 R_i 的内容压入栈顶（SP 所指的存储单元）。

- SP $\leftarrow$ SP-1：SP=3FF7H-1=3FF6H。
- （SP）$\leftarrow$（R_i）：将 R_i 中的数据传送到 SP 所指示的存储单元。

（2）POP　R_i：将原栈顶的内容弹出到 R_i 寄存器中。

- $R_i \leftarrow$（（SP））：以 SP 的内容作为地址，按此地址取出数据传送到某一寄存器 R_i 中。
- SP$\leftarrow$SP+1：SP = 3FF7H + 1 = 3FF8H。

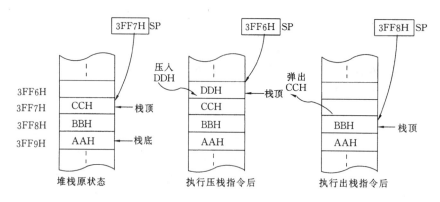

图 4-31　堆栈操作示意图

2．指令的分类

为使读者对指令格式中的两要素（即操作码和地址码）有进一步的了解，下面分别讨论指令的分类及指令的寻址方式。指令中的操作码部分表示了该指令要执行的操作，不同的指令所实现的操作不同。为叙述简便，我们按操作类型将指令分为下列 4 大类。

（1）数据处理类指令（Data Processing Instructions）。这类指令实现对数据的加工，如对数据进行算术和逻辑运算、移位操作、比较两数的大小等，执行这类指令后将产生新的结果数据，这类指令举例如下：

① 算术运算指令。实现算术运算，如加法（ADD），减法（SUB），乘法（MUL），除法（DIV）、增量（INC），减量（DEC）等指令。

② 逻辑运算指令。实现逻辑运算，如逻辑与（AND），逻辑或(OR)，逻辑非（NOT），逻辑异或（XOR）等指令。

③ 移位指令。实现某个寄存器中的数据左移或右移，如逻辑左移（SHL），逻辑右移（SHR），算术左移（SAL），算术右移（SAR），循环左移（ROL），循环右移（ROR）等指令。

（2）数据传送类指令（Data Transmission Instructions）。这类指令可实现数据在计算机各部件之间的传送，如数据在寄存器之间、存储器与寄存器之间、存储器（或寄存器）与输入/输出端口之间的传送。执行这类指令后将不改变原数据，只是将源地址内的数据复制到目标地址中。这类指令举例如下：

① 寄存器或存储器传送指令。实现寄存器之间、寄存器与存储器之间的数据传送，如传送指令（MOV）。

② 堆栈指令。实现压栈及出栈操作，如压栈指令（PUSH）、出栈指令（POP）。

③ 输入/输出指令。实现寄存器与输入/输出端口之间的数据传送，即输入/输出操作，如输入（IN）和输出（OUT）指令。

（3）程序控制类指令（Program Control Instructions）。这类指令用来改变程序的执行顺序，主要包括下列指令：

① 转移指令。分无条件转移指令和条件转移指令。通常，程序按指令的先后排列次序执行，当遇到无条件转移指令时，程序被强迫转移到该指令所指出的地址开始执行。当遇到条

件转移指令时，则先判断条件（标志寄存器的某一位的值）是否
成立；若成立，则转移到该指令所指出的地址开始执行；若不成
立，则程序仍按原指令顺序执行。如无条件转移（JMP），有进位
（借位）转移（JC），结果为零转移（JZ），结果不为零转移（JNZ）
指令等。

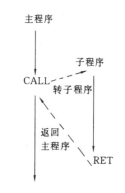

图 4-32　调用指令（CALL）
和返回指令（RET）
功能示意图

② 调用指令和返回指令。在程序设计时，将经常使用的"算
法"编制为子程序，供其他程序调用。通常，把调用子程序的程
序称为主程序。当主程序执行调用指令（CALL）后，CPU 就转
入执行子程序；而当子程序执行返回指令（RET）后，CPU 又重
新继续执行原来的主程序，如图 4-32 所示。

③ 中断指令。计算机在运行过程中，一旦出现故障（如电源
故障、存储器校验出错等），故障源立即发出中断信号，CPU 就自动执行中断指令，其结果
是暂停当前程序的执行，并转入执行故障处理程序。这类中断指令不提供给用户使用，而是
由 CPU 根据中断信号自动产生并执行，称为隐含指令。另有一些可供用户使用的中断指令，
如 Intel 80x86 CPU 提供的软中断指令 INT nH 和中断返回指令 IRET 等，利用它来实现系统
调用和程序请求。

（4）CPU 状态管理类指令（CPU State Management Instructions）。这类指令用来设置 CPU
的状态，如使 CPU 复位、执行空操作，使 CPU 允许接收或不接收外来的中断请求信号。这
类指令举例如下：

① 标志操作指令。实现标志寄存器（FR）中某个标志的置位或复位，如中断允许标志
置 1（STI），中断允许标志置 0（CLI），进位标志置 1（STC），进位标志置 0（CLC）等。

② 空操作指令（NOP）。执行该指令后使 CPU 不执行任何操作。

③ 暂停指令（HLT）。执行该指令后，使 CPU 暂停，直至中断和复位信号出现。

以上只是介绍了计算机中的一些主要指令。尽管计算机的指令种类繁多，但大致都可
归并为上述 4 类。显然，指令的种类越多，指令系统的功能就越强，但控制器的结构也就
越复杂。

3．指令的寻址方式

指令中的地址码不一定是操作数的真正存放地址，它是根据指令的操作码和地址码所提
供的信息，按一定的规则形成的，称这一规则为寻址方式。由寻址方式形成的操作数的真正
存放地址，称为操作数的有效地址（Available Address）。不同计算机具有不同的寻址方式，
但都可归结为下列几类：直接寻址、立即寻址、间接寻址、相对寻址和变址寻址等。为讨论
方便，我们假设指令格式如下：

15　14　13　12	11　　10　　9　8	…　　　　0
θ	x	d

这里，假定操作码 θ 占 4 位，形式地址 d 占 9 位，寻址方式标志 x 占 3 位。三位寻址方

式标志码可有 8 种编码，可表示 8 种寻址方式。若用 EA 表示操作数的有效地址，则 EA=*f*（x,d）在下列不同寻址方式下可分别计算如下：

① 用 x=001 表示直接寻址，则　　　　　　　　EA=d

该式表明，指令中给出的形式地址 d 就是操作数的有效地址，按此地址可从存储器中取出操作数。

② 用 x=010 表示立即寻址，则指令中的 d 就是操作数，它在取出指令的同时已取出。

③ 用 x=011 表示间接寻址，则　　　　　　　　EA=（d）

该式表明，指令中给出的形式地址 d 是操作数地址的地址，即以地址 d 从存储器中取出数据，该数据是操作数的有效地址，按此地址才能从存储器中取出操作数。

④ 用 x=100 表示相对寻址，则　　　　　　　　EA=PC+d

式中，PC 是程序计数器。该式表示，操作数的有效地址 EA 等于程序计数器的当前内容加上形式地址 d。

⑤ 用 x=101 表示变址寻址，则　　　　　　　　EA=IX+d

式中，IX 是变址寄存器。该式表明，操作数的有效地址 EA 等于变址寄存器的内容加上形式地址 d。

以上我们只假定 5 种寻址方式，而且都是对存储器的寻址。实际上还有多种其他寻址方式，如寄存器直接寻址、寄存器间接寻址等，其含义类同，不再一一列举。

4．指令系统的兼容性

各计算机公司设计生产的计算机，其指令格式、数量和功能、寻址方式各不相同，即使是一些常用的基本指令，如算术逻辑运算指令、转移指令等也都有差别。因此，用一台计算机的机器指令编制的程序几乎不可能在另一台计算机上运行。然而，随着计算机硬件的迅速发展，计算机的更新换代加快，这就出现了计算机软件的继承性问题，即如何使原有机器上的软件能继续在新机器上使用。

1964 年 IBM 公司在设计 IBM 360 计算机时，提出了"系列机"（Family Machine）的设计思想，该设计思想的基本要点是，同一系列的计算机尽管其硬件实现方法可以不同，但指令系统、数据格式、I/O 系统等保持相同，因而软件可完全兼容。这样，当研制该系列计算机的新型号或高档产品时，尽管指令系统可以有较大的扩充，但仍保留原来的全部指令，保持了软件向上兼容的特点，使同一系列的低档机或旧机型上的软件可以不加修改地在新机器上运行，以保护用户在软件上的投资。与系列机相对应的另一概念是"兼容机"（Compatible Machine）。所谓兼容机是仿制"原装机"的一种产品，它与原装机的指令系统完全相同，但硬件的实现方法（包括零部件的质量）却不相同。一般情况下，兼容机与原装机的软件是兼容的。

4.5.2　总线

如前所述，计算机的各部件之间的硬连接是由总线实现的。简单地讲，总线是指各"模块"之间传送信息的通路；严格地说，总线作为计算机的一个部件，它是由传输信息的物理介质（如导线）、管理信息传输的硬件（如总线控制器）及软件（如传输协议）等构成。根据总线所连接的对象（"模块"）所在位置不同，可将总线分为三类。

（1）片内总线。指计算机各芯片内部传送信息的通路，如 CPU 内部寄存器之间、寄存器与 ALU 之间传送信息的通路。

（2）系统总线。指计算机各部件之间传送信息的通路，如 CPU 与主存储器之间、CPU 与外设接口之间传送信息的通路。

（3）通信总线。指计算机系统之间、计算机系统与其他系统（仪器、仪表、控制装置）之间传送信息的通路。

下面将着重讨论计算机的系统总线，它将计算机的各功能部件（CPU、主存、I/O 接口等）之间的相互关系变为面向总线的单一关系，使计算机系统结构简单、规整，便于系统功能的扩充或性能更新。采用总线结构也简化了计算机系统的硬件与软件设计，降低了系统的成本，提高了系统的可靠性。

现代微型机系统中大多采用总线结构，而且要求系统总线采用统一的标准，以便计算机零部件厂商遵循此标准生产面向系统总线标准的计算机零部件，使微型机系统成为真正的开放式系统，用户可根据自己的实际需要选购相应的计算机零部件组装成满足自己要求的微型机系统。

所谓总线标准，就是对系统总线的机械物理尺寸（如接插件尺寸、形状及机械性）、引线数目、信号含义、功能和时序、数据传输率、工作频率、总线协议（通信方式、仲裁策略）等进行统一的严格定义，使它具有高度的科学性和权威性，以便被计算机界广泛接受。表 4-7 列出了微型机系统中所采用的部分标准系统总线的名称及某些特征。图 4-33 示出了采用 PCI 总线的微型机系统结构示意图。此外，微型机系统中还广泛采用 IEEE—488，EIA-RS—232C 和 USB 等标准总线作为通信总线（外总线），图 4-34 示出了采用 USB 总线的微型机系统结构示意图。国际上从事接纳和主持制订总线标准的机构有美国电气与电子工程师协会（IEEE），国际电工委员会（IEC）和美国国家标准局（ANSI）组织的专门标准化委员会。

表 4-7　微型机系统常用标准系统总线

特征　　　总线名称	ISA	EISA	PCI
数据传输位数	8/16	8/16/32	32/64
最高速率	<8MB/s	33MB/s	528MB/s
系统配置能力	资源冲突突出	有条件地自动配置	自动配置，即插即用
驱动程序	与硬件有关	与硬件有关	与硬件无关
适用的外设类别	低速 I/O 设备	中速 I/O 设备	高速 I/O 设备
插座的引脚数	98	188	124（32 位）/188（64 位）
插座的兼容性	极广泛的 8 位/16 位卡	浅部同 ISA，深部扩充	32 位/64 位两类，尺寸小
成本价格	低	高	中、低

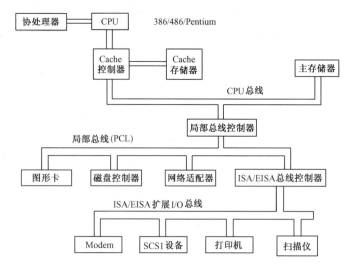

图 4-33　采用 PCI 总线的微型机系统结构示意图

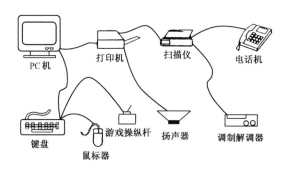

图 4-34　采用 USB 总线的微型机系统结构示意图

4.5.3　计算机的时标系统

如前所述，指令是通过执行一系列的微操作实现的，不同的指令对应着不同的微操作序列，（见表 4-2）。如何在时间上安排这些微操作呢？这是计算机时标系统要解决的问题。

在同步控制方式的计算机控制器中，都有统一的时钟信号。各种微操作都是在这一时钟信号的同步下完成的，称这一时钟信号为计算机的主频（Main Frequency），其周期称为时钟周期（Clock Cycle），它是计算机时标系统的基础。

分析不同指令所完成的操作可以发现，它们都是由一些基本操作实现的，如按指令地址从存储器取出指令（这对任何指令都是一样的）、从存储器读出数据、向存储器写入数据、向 I/O 设备输出数据、I/O 设备输入数据、中断请求与响应操作等。显然，这些基本操作是通过若干微操作实现的，而一条指令要完成的操作则可以用若干基本操作来组合。我们称完成一个基本操作所需要的时间为机器周期（Machine Cycle），而实现一条指令操作（取指令、分析指令和执行指令的全部操作）所需要的时间，称为指令周期（Instruction Cycle），它可由若干机器周期组成。这样，在计算机中就形成了三级时标系统，即指令周期、机器周期和时钟周期，其关系如图 4-35 所示。

在图 4-35 中，假定一个指令周期由 2 个机器周期组成，记为 M_1 和 M_2；每个机器周期都由 4 个时钟周期组成，设计算机的主频 $f = 100\,\text{MHz}$，按此假定，则执行一条指令所需时间

$$
\begin{aligned}
T &= t_\phi \times 4 \times 2 \\
&= 8 \times t_\phi \\
&= 8 \times \frac{1}{f} \\
&= 8 \times \frac{1}{100} \times 10^{-6} \\
&= 0.08\,\mu\text{s}
\end{aligned}
$$

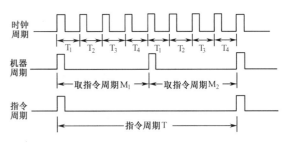

图 4-35　时标系统举例

即一秒钟内可执行 12.5 百万条指令，记为 12.5 MIPS。

必须指出，在不同计算机中，时标系统的安排是不同的。在有的机器中，任何指令周期都包含有相同数目的机器周期，而每个机器周期又都包含相同数目的时钟周期。但有的机器中与此相反，它根据基本操作所需要的微操作序列不同，确定包含有不同数目的时钟周期，而不同指令的指令周期又可包含有不同数目的机器周期。此外，在异步控制方式的计算机控制器中，由于机内没有统一的时钟信号，各种微操作信号的时序是由专用的应答线路控制的，即按"命令—回答"的方式进行工作，故不同指令的指令周期差异更大。

4.5.4　计算机的整机工作原理

计算机系统的硬件可由图 4-36 所示的各部分组成。将图 4-1，图 4-2，4-10 及图 4-26 做适当的简化，并组合在一起，便得到图 4-37 所示的计算机组成原理框图。图中，上方自左到右分别是运算器、控制器和主存储器，下方则是外部设备及其接口。为使画面简洁，我们引入自行约定的符号，现说明如下。

（1）运算器

● 多路选择器 M1，M2，M3

● 算术逻辑单元 ALU

● 通用寄存器 R1，R2，R3，R4

● 标志寄存器 FR

（2）控制器

● 微操作控制部件 MOCU

● 指令译码器 ID

● 指令寄存器 IR

● 程序计数器 PC

● 时标发生器 TU

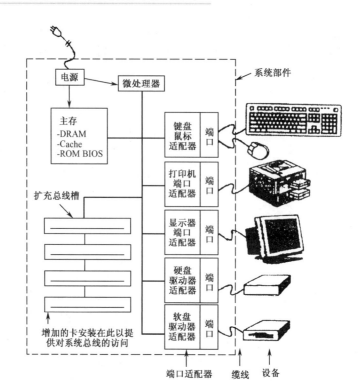

图 4-36　计算机系统的硬件组成

（3）主存储器

● 数据寄存器及读/写放大器 MDR

● 存储体 MB

● 地址寄存器及译码驱动器 MAR

● 读/写控制逻辑 R/WCL

（4）外部设备及其接口

● 键盘 KB，其接口为 KB-IF。

● 显示器 CRT，其接口为 CRT-IF。

● 打印机 PRT，其接口为 PRT-IF。

● 硬磁盘机 HD，其接口为 HD-IF。

（5）总线

● 数据总线 DBUS

● 控制总线 CBUS

● 地址总线 ABUS

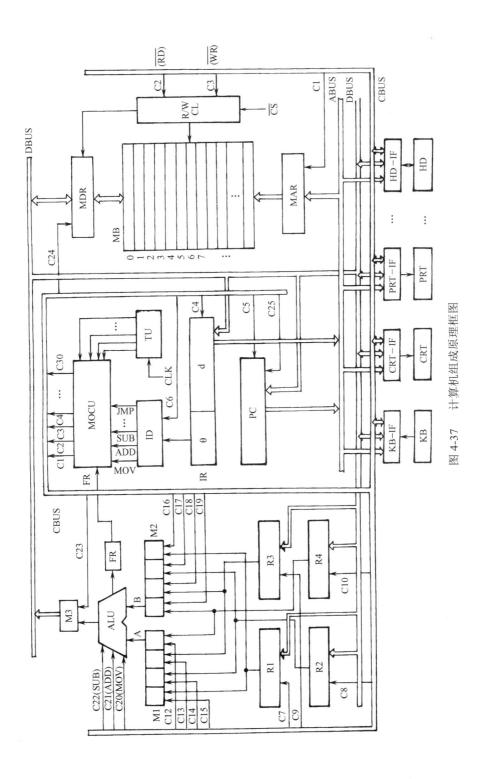

图 4-37 计算机组成原理框图

现以简单算题 5+4=9 为例，说明计算机自动计算的工作原理。如 1.2.2 节所述，要使计算机自动计算，必须先编制好程序，并将程序输入到存储器中。然后，以该程序的首地址启动机器执行第一条指令。此后，计算机便能自动地取指令、分析指令、执行指令完成所规定的操作，周而复始，直至该程序执行完毕。计算机硬件提供了"取指令、分析指令和执行指令"的物质基础，它们是在一定的机器周期内，由完成一系列微操作实现的。因此，为结合上述简单算题讲述图 4-38 所示计算机的工作原理，先要为该算题编制程序，并将该程序存放在确定了地址的存储单元中。

用表 4-1 给定的指令系统，可编制出求解 5+4=9 的程序，如表 1-7 所示。为讨论方便，将表 1-6 和表 1-7 集中在一个表中，并引入汇编语言程序表示法，如表 4-8 所示。

表 4-8　求解 5+4=9 的程序

指令地址	数据及指令	说　　明
0001	00000101	数据 5（D1 中）
0010	00000100	数据 4（D2 中）
0011		存放结果（D3 中）
0100		空
0101	LDA　R1, D1	R1←（D1）
0110	LDA　R2, D2	R2←（D2）
0111	ADD　R1, R2	R1←（R1）+（R2）
1000	STA　D3, R1	D3←（R1）
1001	OUT　PORT, R1	PORT←（R1）
1010	HLT	停机
⋮	⋮	⋮

表 4-8 表明，解题程序存放在主存的第 05H 号至第 0AH 号单元中，共 6 条指令。原始数据（05H 和 04H）存放在第 01H 号和 02H 号单元中，第 03H 号单元用来存放计算结果。至此，我们可以利用键盘将程序和原始数据送入主存中相应地址的存储单元中。在输入程序和数据之后，置程序计数器 PC 的内容为该程序的首地址（PC=05H），便可启动计算机自动计算。

如图 4-1 所示，计算机自动计算的过程就是从程序的首地址开始，周而复始地取指令、分析指令和执行指令，直到执行一条停机指令，计算机便停止工作。为用上述程序（表 4-8）说明这一过程，先列出相关指令的操作时间表，如表 4-9 所示。表中假定了指令周期由 2 个机器周期取指令机器周期 M_1（含分析指令）和执行指令机器周期 M_2 组成，每个机器周期都由 4 个时钟周期（T_1~T_4）组成。对于任何指令，在取指令机器周期 M_1 中所要执行的微操作及所需发出的微命令都是相同的，见表 4-9 中的①~④。例如，在 M_1 的 T_1 时钟周期内，MOCU 将发出微命令 C1，完成 PC→ABUS→MAR（即指令地址由程序计数器经地址总线送到存储器地址寄存器）的微操作，其他（T_2~T_4）时钟周期下所完成的微操作依此类推。显然，对于不同的指令，在执行指令机器周期 M_2 中，它所发出的微命令及其所执行的微操作是各不相同的，见表 4-9 中的⑤~⑧（取数），⑨~⑫（存数），⑬~⑯（传送），⑰~⑳（加法），㉑~㉔（输出）。

根据图 4-37 和表 4-9，可说明计算机自动计算的过程如下：

- 先置 PC=05H（所要执行的程序的首地址）。
- 第 1 条指令的执行过程：

　①→②→③→④ ⌣ ⑤→⑥→⑦→⑧
　　取指令、分析指令、执行指令

- 第 2 条指令的执行过程：

　①→②→③→④→⑤→⑥→⑦→⑧

- 第 3 条指令的执行过程：

　①→②→③→④→⑰→⑱→⑲→⑳

- 第 4 条指令的执行过程：

　①→②→③→④→⑨→⑩→⑪→⑫

- 第 5 条指令的执行过程：

　①→②→③→④→㉑→㉒→㉓→㉔

- 第 6 条指令的执行过程：

　①→②→③→④→㉕（停机）

表 4-9　模型机操作时间表

微操作时标 \ 指令		MOV Ri, d	MOV d, Ri	MOV Ri, Rj	ADD Ri, Rj	OUT PORT, Ri
取指令机器周期 M$_1$	T$_1$	①		PC → ABUS ⎫ ABUS → MAR ⎬ （C1）		
	T$_2$	②		OCU（$\overline{RD}$）→ CBUS ⎫ CBUS → R/WCL ⎬ （C2） MB → MDR → DBUS		
	T$_3$	③		DBUS → IR（C4） PC+1 → PC（C5）		
	T$_4$	④		IR(θ)→ ID （C6）		
		取数(MB→Ri)	存数(Ri→MB)	传送(R1→R2)	加法(R1+R2)	输出(R1→PORT)
执行指令机器周期 M$_2$	T$_1$	⑤ IR"d" → ABUS ABUS → MAR （C1）	⑨ IR"d" → ABUS ABUS → MAR （C1）	⑬ R1 → M1 → A （C12）	⑰ R1 → M1 → A （C12） R2 → M2 → B （C17）	㉑ R1 → M1 → A （C12） A → ALU （C20）
	T$_2$	⑥ OCU（$\overline{RD}$）→ CBUS CBUS → R/WCL MB → MDR → DBUS （C2）	⑩ R$_i$ → M1 → A （C12~C15） A → ALU （C20） ALU → M3 → DBUS （C23） DBUS → MDR（C24）	⑭ A → ALU （C20）	⑱ A → ALU B → ALU A + B（C20）	㉒ ALU → M3 → DBUS （C23）

续表

指令 微操作 时标		MOV R*i*, d	MOV d, R*i*	MOV R*i*, R*j*	ADD R*i*, R*j*	OUT PORT, R*i*
执行指令机器周期 M₂	T₃	⑦	⑪ OCU ($\overline{WR}$)→CBUS CBUS→R/WCL （C3）	⑮ ALU→M3→DBUSX （C23）	⑲ ALU→M3→DE （C23）	㉓ DBUS→PORT （C26）
	T₄	⑧ DBUS→R*i* （C7~C10）	⑫	⑯ DBUS→R2 （C8）	⑳ DBUS→R1 （C7）	㉔

最后对计算机的自动工作原理做如下概括：

（1）从程序员的角度看，计算机自动工作的过程是执行预先编制好的程序的过程，而执行程序的过程就是周而复始地完成取指令、分析指令和执行指令的过程。一台机器的所有指令都可由若干基本操作的适当组合来完成，而每一个基本操作又由一系列的微操作来实现。可见，计算机是按"积木式"结构组成的，硬件实现的是"微操作"。

（2）从硬件设计人员的角度看，计算机自动工作的过程就是用一个"控制流"（控制信号的集合）来驱动一个"数据流"，使其"流过"适当的路径以完成对数据的加工。

4.5.5　计算机的性能评价

当用户选购一台计算机时，无疑希望能以相对低的价格获得相对较高的性能。那么，如何评价一台计算机的性能呢？

一般来说，计算机的性能与下列技术指标有关。

（1）机器速度（Spccd）。计算机的时钟频率（常称主频）在一定程序上反映了机器速度。一般来讲，主频越高，速度越快。如前所述，计算机执行指令的速度与机器时标系统的设计有关，并与计算机的体系结构有关，因此，还需要用其他方法来测定计算机的速度。目前常用的方法是用一些"标准的"典型程序进行测试，这种测试方法不仅能比较全面地反映机器性能，而且便于在不同计算机之间进行比较。

（2）机器字长（Size）。计算机的字长是指它能够并行处理的二进制代码的位数。显然，字长越长，运算精度越高，数据处理也越灵活。通常，计算机的字长都为字节（8 位二进制代码）的整倍数，如 8 位、16 位、32 位、64 位等。

（3）存储器容量（Capacity）。包括主存容量和辅存容量。显然，存储器容量越大，计算机所能存储的程序和数据就越多，计算机解题能力就越强。如第 1 章所述，计算机系统软件越来越庞大，而图像信息的处理等，要求的存储器容量越来越大，甚至没有足够大的主存容量某些软件就无法运行。

（4）指令系统（Instruction Set）。如前所述，指令系统包括指令的格式、指令的种类和数量、指令的寻址方式等。显然，指令的种类和数量越多，指令的寻址方式越灵活，计算机的处理能力就越强。一般计算机的指令多达几十条至一百多条。

（5）机器可靠性（Reliability）。计算机的可靠性常用平均无故障时间（MTBF）来表示，它是指系统在两次故障间能正常工作的时间的平均值。显然，该时间越长，计算机系统的可靠性越高。实际上，引起计算机故障的因素很多，除所采用的元器件外，还与组装工艺、逻辑设计等有关。因此，不同厂商生产的兼容机，即使采用相同的元器件，其可靠性也可能相差很大，这就是人们愿意出高价购买名牌原装机的原因。

4.6　计算机的系统结构

围绕着如何提高指令的执行速度和计算机系统的性能价格比，出现了多种计算机的系统结构，如流水线处理机、并行处理机、多处理机及精简指令系统计算机等。尽管这些计算机系统结构做了较大的改进，但仍没有突破冯·诺依曼型计算机的下列体系结构特征：

- 计算机内部的数据流动是由指令驱动的，而指令的执行顺序由程序计数器决定。
- 计算机的应用仍主要面向数值计算和数据处理。

国际上研制的数据流计算机、数据库计算机及智能计算机等，对上述两点都有所突破，基本上属于非冯·诺依曼型计算机。

前述 4 种计算机系统结构都基于并行处理技术来提高计算机速度。为此，本节先介绍并行处理的概念及计算机系统的分类，然后分别简要介绍流水线处理机、并行处理机、多处理机及精简指令系统计算机，最后简要说明数据流计算机的基本概念。

4.6.1　并行处理的概念

不难理解，在采用相同速度元件的前提下，n 位并行运算的计算机的速度几乎要比 n 位串行运算的计算机快 n 倍，其原因是运用了"并行性"（Parallel）。所谓并行性是指在同一时刻或在同一时间间隔内完成两种或两种以上性质相同或不相同的工作，只要在时间上互相重叠的工作都存在并行性。严格地说，并行性可分为同时性和并发性两种，同时性是指两个或多个事件在同一时刻发生，而并发性则指两个或多个事件在同一时间间隔内发生。

提高计算机系统处理速度的一个重要措施是增加处理的并行性，其途径是采用"时间重叠"、"资源重复"和"资源共享"三种方法。时间重叠是在并行性概念中引入"时间因素"，即多个处理过程在时间上互相错开，轮流重叠地使用同一套硬件设备的各个部分，以加速硬件周转，赢得时间，提高速度，如流水线计算机。资源重复是在并行性概念中引入"空间因素"，即采用重复设置硬设备的方法来提高计算机的处理速度，如并行处理机。资源共享是指多个用户按一定时间顺序轮流使用同一套硬设备，如多道程序运行和分时系统等。上述三种并行性反映了计算机系统结构向高性能发展的自然趋势：一方面在单处理机内部广泛采用多种并行性措施，另一方面发展各种多计算机系统。

计算机的基本工作过程是执行一串指令，对一组数据进行处理，通常，把机器执行的指令序列称为"指令流"，指令流调用的数据序列称为"数据流"，把机器同时可处理的指令或数据的个数称为"多重性"。根据指令流和数据流的多重性可将计算机系统分为下列 4 类。

（1）单指令流单数据流（SISD：Single Instruction stream Single Data stream）。这类计算

机的指令部件一次只对一条指令进行译码，并且只对一个操作部件分配数据。目前大多数串行计算机都属于 SISD 计算机系统。

（2）单指令流多数据流（SIMD：Single Instruction stream Multiple Data stream）。这类计算机有多个处理单元，它们在同一个控制部件的管理下执行同一条指令，但向各个处理单元分配各自需要的不同数据。并行处理机属于这一类计算机系统。

（3）多指令流单数据流（MISD：Multiple Instruction stream Single Data stream）。这类计算机包含多个处理单元，按多条不同指令的要求对同一个数据及其中间结果进行不同的处理。这类计算机实际上很少见。

（4）多指令流多数据流（MIMD：Multiple Instruction Multiple Data stream）。这类计算机包含多个处理机、存储器和多个控制器，实际上是几个独立的 SISD 计算机的集合，它们同时运行多个程序并对各自的数据进行处理。多处理机属于这类计算机系统。

4.6.2　流水线处理机系统

1. 流水线结构的基本概念

将计算机中各个功能部件所要完成的操作分解成若干"操作步"来处理，其处理方式类似于现代工业生产装配线上的流水作业，具有这种结构的计算机称为流水线处理机（Pipeline Processor）。通常采用的流水线分为指令执行流水线（Instruction Pipelines）和运算操作流水线（Arithmetic Pipelines）。现以指令执行流水线为例，说明流水线结构的基本概念。

如前所述，指令是按顺序串行执行的，如图 4-38 所示。这种执行方式的优点是控制机构简单，缺点是速度较低，各部件的利用率低。

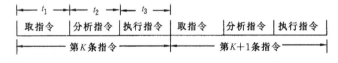

图 4-38　指令的顺序执行

若假定图中取指令、分析指令和执行指令的时间相同，都为 t，则完成 n 条指令所需要的时间

$$T_0 = \sum_{i=1}^{n} (t_{1i} + t_{2i} + t_{3i}) = 3nt$$

若将一条指令的各个操作步与其后指令（一条或若干条）的各个操作步适当重叠执行，即形成指令执行的流水线，如图 4-39 所示。

图中一条指令包含 5 个操作步，即取指令、译码、取操作数、数据处理及存入结果。设每一个操作步的时间为 t_1（假定各操作步所需时间相同），则执行 n 条指令所需时间

$$T_1 = 5t_1 + (n-1)t_1 = (4+n)t_1$$

与图 4-38 比较，显然，$t_1 < t$，且 $T_1 \leqslant T_0$。从图 4-39 可知，该流水线可同时对 5 条指令的不同操作步进行处理，从而在获得第 1 条指令的结果后，在每一个操作步时间内都可连续

不断地获得一条指令的执行结果。这意味着，一条指令的指令周期由 $5t_1$ 缩短为 t_1，获得相当于"并行"执行 5 条指令的效果。指令执行流水线的缺点是控制复杂（如要解决相邻指令所执行操作的"相关"问题）、硬件成本提高（如要设立指令缓冲寄存器组）。

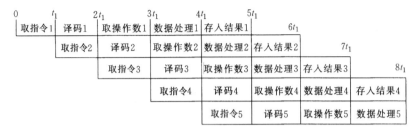

图 4-39　5 条指令的重叠执行举例

运算操作流水线是指，将一个运算操作分解成若干道"工序"，而每一道"工序"都可在其专用的逻辑部件上与其他"工序"同时执行。

2．流水线多处理机

若把上述指令看作是某种待处理的数据，把指令执行周期中的 5 个操作步（见图 4-39）看成是对该数据进行处理的不同"工序"，每道"工序"都由一个特定功能的处理机来完成，则对该数据的流水线处理方式，可用流水线结构的多处理机来实现，如图 4-40(a)所示。图中 $PU_1 \sim PU_5$ 是 5 台处理机，分别处理工序 1～5。图 4-40(b)是该流水线处理的时空图，图中横坐标表示各处理机对数据进行处理所耗费的时间，纵坐标表示流水线上各处理机在空间的顺序。

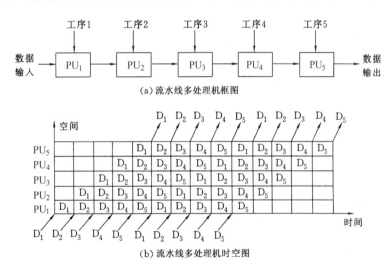

图 4-40　流水线多处理机的时空图

从理论上讲，一条 K 级线性（各级处理时间相同）流水线，其处理能力可以提高 K 倍。但实际上，由于各级处理时间不可能完全相同，以及其他"相关"问题（访问冲突、数据依赖、转移和中断等），都将引起处理时间的额外延长，处理能力不可能提高 K 倍。

流水线多处理机系统特别适合于对一大批数据重复进行同样操作的场合，如用做向量处理。所谓"向量"是指一串相互独立的数，或称数组。该数组由多个元素组成，每个元素称为一个标量。前面所讲的计算机指令都是"标量指令"（Scalar Instruction），一条标量指令只能处理一个或一对操作数。在向量计算机（Vector Computer）中，一条"向量指令"可处理 n 个或 n 对操作数，相当于 n 条"标量指令"的处理能力。例如，设向量 A，B，C 分别为

$$A = (a_1, a_2, \cdots, a_n)$$
$$B = (b_1, b_2, \cdots, b_n)$$
$$C = (c_1, c_2, \cdots, c_n)$$

若要实现下列向量加法　　　　　　　$C = A + B$

即　　　　　　　　　　　　$c_i = a_i + b_i \qquad (i = 1, 2, \cdots, n)$

则可采用流水线结构的加法器，如图 4-41 所示。图中多端口存储器系统（Multiport

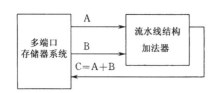

Memory System）在每个时钟周期分别读出 A 和 B 的一个元素，送到流水线加法器，而该加法器则在每个时钟周期内产生一个输出值送入多端口存储器系统。

图 4-41　实现两个向量相加的流水线结构的加法器

美国的 Cray-1 和 CDC STAR 巨型机就是采用流水线多处理机系统结构的向量计算机，这类机器规模大，造价昂贵，适用于解决大工程和大系统的问题。

4.6.3　并行处理机系统

流水线处理机系统是通过同一时间不同处理机执行不同"操作步"（或"工序"）来实现并行性的，即以"时间重叠"为其特征。并行处理机系统（Parallel Processor System）则以"资源重复"为特征，在该系统中重复设置了大量处理机，在同一控制器（一般为一台小型计算机）的指挥下，按照同一指令的要求，对一个整组数据同时进行操作，即实现了处理机一级的整个操作的并行。通常，并行处理机也称阵列式计算机（Array Computer），它适用于求解"并行算法"的问题，如向量处理（数组或矩阵运算）。

最先制成的并行处理机是美国的 ILLIAC-IV 系统，其处理机阵列如图 4-42 所示。该阵列由 64 台处理机组成，每台处理机包含算术处理单元、本地 RAM 存储器及存储器逻辑部件。一个阵列中的 64 台处理机由一个阵列控制器控制，ILLIAC-IV 系统的原设计规模是由 4 个相互联系的处理机阵列组成（即含 64×4 台处理机），但实际上只实现一个阵列。

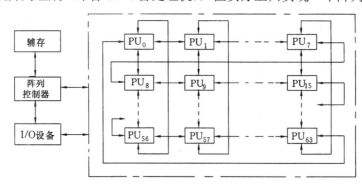

图 4-42　ILLIAC-IV 系统的一个处理机阵列

4.6.4　多处理机系统

该系统是以"资源重复",指令、任务和作业并行操作为特征的多个处理机构成的系统。与并行处理机系统相比较,它们都由多台处理机构成,但多处理机系统(Multiprocessor System)是同时对多条指令及其分别有关的数据进行处理,即系统中的不同处理机执行各自的指令及处理各自的数据,属于多指令流多数据流结构的计算机。并行处理机系统中的不同处理机只是对同一条指令下的有关的多个数据进行处理,属于单指令流多数据流结构的计算机。

德国西门子公司研制的多处理机系统 SMS 的结构框图如图 4-43 所示。由图可知,该系统由一台高档小型计算机作为主机,它通过接口连接 8 个总线驱动器,每个总线驱动器驱动一套总线,每套总线上连接 16 台微处理机,即系统共包括 128 台微处理机。

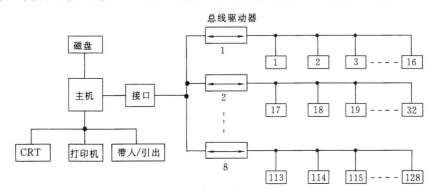

图 4-43　SMS 多处理机系统结构框图

4.6.5　数据流计算机

数据流计算机(Data Flow Computer)是指采用数据流方式驱动指令执行的计算机。为了说明数据流计算机的基本概念,让我们先回顾一下"传统计算机"(前述的单处理机或多处理机系统)是怎样工作的?例如,要计算机求解 $C = (A+4) \times (A-B)$,且 $A = 5, B = 3$,则用三地址指令格式可编出下列一段程序:

① LDA　A,5　　　　　　; 5→A
② ADD　A,4,d_1　　　　; A+4→d_1, d_1=9
③ LDA　B,3　　　　　　; 3→B
④ SUB　A,B,d_2　　　　; A-B→d_2, d_2=2
⑤ MUL　d_1,d_2,C　　　; $d_1 \times d_2$→C, C=18

其执行流程如图 4-44 所示。这种方式称为控制流方式,图中实线表示控制流,虚线表示数据流。可见,在这种方式下,指令的执行顺序隐含在控制流中,即由程序计数器的内容来确定操作序列。指令在执行过程中,按每条指令的"提示"来取操作数。

在数据流方式下,只有当一条或一组指令所要求的操作数全部准备就绪时,才启动相应指令的执行。执行的结果将送往等待这一数据的下一条或下一组指令。对于上例程序,其执行过程如图 4-45 所示。可见,在数据流方式下,指令的执行是由数据驱动的,因而不再需要程序计数器，而且特别有利于并行性的开发，因为只要所需的输入数据到齐，就可以启动多条指令同时执行。

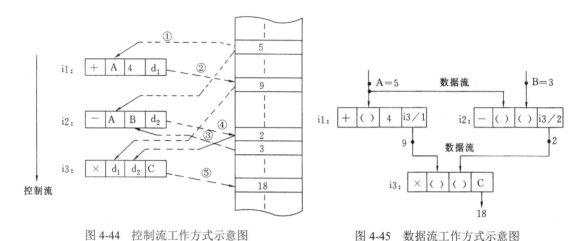

图 4-44　控制流工作方式示意图　　　　图 4-45　数据流工作方式示意图

4.6.6　精简指令系统计算机

从计算机的指令系统设计的角度看，计算机的系统结构可分为复杂指令系统计算机（CISC: Complex Instruction Set Computer）和精简指令系统计算机（RISC: Reduced Instruction Set Computer）。CISC 是当前计算机系统结构的主流，而 RISC 则是近十多年来迅速发展起来的一颗新星。RISC 是在什么背景下产生的，它具有什么特点？下面将做简要介绍。

VLSI（Very Large Scale Integration）技术的迅速发展，为计算机的系统结构设计提供了充分的物理实现基础。人们为了增强计算机的功能，在指令系统中引入了各种各样的复杂指令，使指令数目增加到 300 多条，其结果是，导致机器的结构日益复杂。此风愈演愈烈，出现了所谓复杂指令系统计算机，这种机器不仅制造困难，而且还可能降低系统的性能，CISC 技术面临严重挑战。

1975 年，IBM 公司开始组织力量，研究指令系统的合理性。1979 年，以帕特逊为首的一批科学家开始在美国加利福尼亚大学伯克利分校开展这方面的研究，研究结果表明，CISC 存在下列缺点：

① CISC 指令系统中，各种指令的使用频度相差悬殊。据统计，有 20% 的指令使用频度占运行时间的 80%。这就是说，有 80% 的指令只在 20% 的运行时间内才有用。

② CISC 指令系统的复杂性导致了计算机体系结构的复杂化，增加了设计的时间和成本，并容易造成设计错误。

③ CISC 指令系统的复杂性给 VLSI 设计带来困难，不利于单片机和高档微型机的发展。

④ CISC 指令系统中许多复杂指令的操作很复杂，因而速度很慢。

针对上述缺点，帕特逊等人提出了精简指令系统计算机的设想。根据这一设想，1982 年美国加利福尼亚大学伯克利分校宣布做成了 RISC 型微处理器（RISC I），它只有 31 条指令，执行速度比当时最先进的商品化微处理器（如 MC68000）快 3～4 倍。帕特逊等人后来又推出 32 位 RISC 微处理器(RISC Ⅱ),其时钟速度从 RISC Ⅰ 的 5 MHz 提高到 RISC Ⅱ 的 8 MHz。当今世界计算机市场上,RISC 结构机器纷纷涌现,形成一支很有竞争力的新军。

RISC 结构在本质上仍属于冯•诺依曼型,但已做了较大改进。与 CISC 相比,RISC 不只是简单地将指令系统中的指令减少,而是在体系结构的设计和实现技术上有其明显的特色,从而使计算机的结构更合理,有利于机器运算速度的提高。RISC 的设计原则如下:

- 选取使用频率最高的少数指令,并补充一些很有用但并不复杂的指令。
- 指令长度固定,指令格式和寻址方式种类少。
- 只有取数和存数指令访问存储器,其余指令的操作都在寄存器之间进行。
- CPU 中采用大量的通用寄存器。
- 以硬布线控制逻辑(即组合逻辑)为主,不用或少用微程序控制。
- CPU 内部多采用流水线结构,使每个时钟周期可执行完一条机器指令。

RISC 在技术实现方面采取了一系列措施,如在逻辑实现上采用以硬件为主、固件为辅的技术,延迟转移技术及重叠寄存器窗口技术等,这些技术将在后续相关课程中做进一步的探讨。

最后简要介绍两种 RISC 机的主要参数,使读者对 RISC 机有一个具体概念。

(1)RISC Ⅰ 和 RISC Ⅱ 是美国加利福尼亚大学伯克利分校第一个采用 RISC 命名的产品。RISC Ⅱ 是 1983 年推出的产品,指令数目为 39 条,分 4 种类型(算术逻辑指令、读/写数指令、转移指令和其他专用指令),指令长度为 32 位,其中操作码占 7 位,有 5 种寻址方式,采用流水线结构。

(2)MIPS 是由美国斯坦福大学开发的 RISC 处理器模型,后成为 MIPS 公司的产品,其产品系列有 MIPS R2000,R3000,R4000,R8000,R10000 等。采用 MIPS 系列处理器的计算机系统主要有 SGI,DEC 的工作站等。MIPS 的指令数目有 31 条,分 6 类(算术逻辑指令、数据传递指令、条件转移指令、无条件转移指令等),指令长度为 32 位,其中操作码占 6 位,有 3 种指令格式,采用流水线结构。

习题 4

1. CPU 指什么?它由哪几部分组成?

2. 试就图 4-1 给出的运算器,列出执行下列指令所需要的微操作序列及相应的微命令。

(1)MOV R2,R3

(2)ADD R3,R4

(3)SUB R2,R1

3. 控制器由哪些部件组成,简要说明各个部件的功能。

4. 设某台微型机的指令由 3 字节组成,其中第 1 字节为操作码,第 2,3 字节为地址码(见图 4-46),

试问该微型机最多可有多少种操作？最大编址范围是多少？

图 4-46   习题 4 指令组成

5. 试说明微操作控制部件的两种设计方法的特点。

6. 参照表 4-2，画出实现"SUB R2，R1"的指令操作时间表，并用组合逻辑线路产生所需的微命令。

7. 编制实现指令"SUB R2，R1"的微程序。

8. 以指令"OR   R2，R1"为例，说明图 4-6 所示微程序控制器的工作原理。

9. 已知主存的存储周期（T_{Mc}）为 200 ns（纳秒），主存的数据寄存器为 8 位，试求主存的数据传输带宽及主存的最大速率。

10. 什么是 RAM？什么是 ROM？说明 4 种 ROM 的特点。

11. 简述动态 RAM 的存储元件存取信息的原理。

12. 存储矩阵有哪两种结构？比较它们的优缺点。

13. 试用 Intel 2114 芯片组成一个 8K×16 位的存储器。

14. 什么是辅助存储器？目前常用的辅助存储器有哪几种？

15. 确定磁盘上信息的位置需要哪几个参数？在磁盘机上，这一寻址过程是怎样实现的？

16. 已知磁盘机的盘组由 9 块盘片组成，有 16 个盘面可记录数据（一般最上一块盘片的上面和最下一块盘片的下面不记录数据），每面分 256 个磁道，每道分成 16 个扇区，每个扇区存储 512 字节信息，问该磁盘机的存储容量为多大（以字节为单位）？

17. 设磁盘机的寻道时间为 15 ms（毫秒），硬盘转速为 2 400 转/分，试求该磁盘机的寻址时间。

18. 试述光盘存储器的特点。

19. 输入设备按功能可分为几类？常用输入设备有哪些？

20. 简述 CRT 显示器的主要参数。

21. 何谓外部设备接口？它的基本组成是什么？

22. 试比较程序查询方式、中断控制方式和 DMA 方式等三种输入/输出控制方式的优缺点。

23. 什么是计算机的指令系统？

24. 何谓堆栈？说明它的工作过程和特点。

25. 试述调用指令（CALL）和返回指令（RET）的功能。

26. 已知存储器的内容、程序计数器 PC 和变址寄存器 IX 的内容，如图 4-47 所示，试问按下列寻址方式执行指令后，寄存器 R2 中的内容分别是什么？（注：该指令执行的操作是按计算所得到的有效地址从存储器取出数据送入 R2 寄存器）

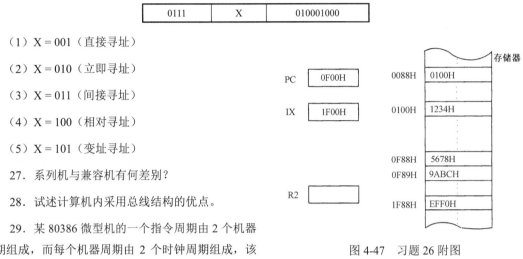

（1）X＝001（直接寻址）

（2）X＝010（立即寻址）

（3）X＝011（间接寻址）

（4）X＝100（相对寻址）

（5）X＝101（变址寻址）

27．系列机与兼容机有何差别？

28．试述计算机内采用总线结构的优点。

29．某 80386 微型机的一个指令周期由 2 个机器周期组成，而每个机器周期由 2 个时钟周期组成，该机的主频为 300 MHz，问该机在一秒钟内可执行多少条指令？

图 4-47　习题 26 附图

30．以一条指令的执行过程为例，说明计算机的自动工作过程。

31．解释下列术语：

● 指令地址和操作数地址

● 指令寄存器和程序计数器

● 累加器和全加器

● 位、字节和字

● 微操作、微指令、微程序

32．用户在购买微型机时，最关心的技术指标是什么？对这些指标做出简要说明。

33．什么是并行处理？实现并行处理的主要途径有哪些？

34．流水线多处理机、并行处理机及多处理机等计算机系统都由多台处理机组成，它们的主要差别是什么？

35．什么是 RISC？它与 CISC 有何本质差别？

36．什么是数据流计算机？它与传统计算机有何差别？

第 5 章

数据的组织与管理

本章将简要介绍现代计算机系统中如何组织和管理数据，首先介绍数据结构，包括线性表、栈和队列、图和树等。接着介绍数据库技术，包括数据库模型、数据库语言、数据库设计和数据库技术的发展。

5.1　数据结构基础

数据结构是计算机科学的基石，也是计算机科学与技术专业的核心课程。程序设计的关键问题之一是如何高效地组织和描述数据。不了解施加在数据上的算法就无法决定如何构造数据；反之，算法的设计和选择在很大程度上依赖于作为基础的数据结构，二者相辅相成。N·Wirth 的名言"算法+数据结构=程序"精辟地概括了三者之间的关系。

数据的结构分为逻辑结构和物理结构。逻辑结构反映数据成员之间的逻辑关系，而物理结构反映数据成员在计算机内部的存储安排。数据结构主要研究数据的各种逻辑结构和物理存储结构，以及对数据的各种操作（或算法）。通常，算法的设计取决于数据的逻辑结构，算法的实现取决于数据的物理存储结构。

5.1.1　基本概念

在系统学习数据结构知识之前，首先应对一些基本概念和术语赋予确切的含义。

数据（Data）。它是人们利用文字、数字及其他符号对现实世界的事物及其活动所做的描述，即能够被计算机识别、存储、加工处理的信息载体，它是计算机程序加工的原料。在计算机科学中，数据的含义非常广泛，我们把一切能够输入到计算机中并被计算机程序处理的信息，包括数值、字符、文字、图形、图像语音等，都称为数据。

数据类型（Data Type）。数据的定义域，是一个值的集合以及定义在这个值集上的一组操作。常见的数据类型有字符型、整数型、逻辑型、数组、集合、记录等。变量是用来存储值的所在处，它们有名字和数据类型。变量的数据类型决定了如何将代表这些值的位存储到计算机的内存中。在声明变量时也可指定它的数据类型。所有变量都具有数据类型，以决定能够存储哪种数据。

数据项（Data Item）。数据项是数据的不可分割的最小单位，是数据记录中最基本的、不可分的有名数据单位，是具有独立含义的最小标识单位。数据项可以是字母、数字或两者的组合。通过数据类型（逻辑的、数值的、字符的等）及数据长度来描述。数据项用来描述实体的某种属性。

数据元素（Data Element）。它是数据的基本单位，由数据项组成。在计算机程序中通常作为一个整体进行考虑和处理。有时，一个数据元素可由若干个数据项组成，例如，一本书的书目信息为一个数据元素，而书目信息的每一项（如书名、作者名等）为一个数据项。同类数据元素的集合称为数据对象。

数据结构（Data Structure）。它是相互之间存在着一种或多种关系的数据元素的集合和该集合中数据元素之间的关系组成，记为：Data_Structure=(D,R)，其中 D 是数据元素的集合，R 是该集合中所有元素之间的关系的有限集合。

例如，在学生成绩排序问题中有 5 条记录（表中的一行称为一条记录），即有 5 个数据元素。每个数据元素包括三个数据项：学号、姓名、成绩。其中学号、姓名为字符型数据，成绩为整数型数据。而所有学生记录放在一起构成的集合（表）即为数据对象。

数据结构研究的内容包括数据的逻辑结构、物理存储结构以及数据结构上的基本数据操作。

（1）数据的逻辑结构。指数据元素之间的逻辑关系，其中的逻辑关系是指数据元素之间的前后关系，它与数据在计算机中的存储位置无关。数据的逻辑结构分为三类：

① 线性结构。数据之间存在前后顺序关系，除第一个元素和最后一个元素外，其他结点都有唯一一个前驱和一个后继结点（一对一关系），包括数组、链表、栈和队列等，如图 5-1 所示。

② 树形结构。数据之间存在顺序关系，除了一个根结点外，其他结点都有唯一一个前驱结点，且可以有多个后继结点（一对多关系），如图 5-2 所示。

③ 网状结构。每个结点都可以有多个前驱和多个后继结点（多对多关系），如图 5-3 所示。

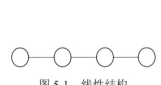　　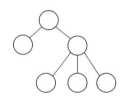　　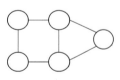

图 5-1　线性结构　　　　图 5-2　树形结构　　　　图 5-3　网状结构

例如，排好序的学生成绩之间构成线性结构，企事业单位各部门之间的隶属关系是树形结构，旅行商问题中城市之间的公路连接则为网状结构。

（2）数据的存储结构。指数据的逻辑结构到计算机存储器的映像。它有多种不同的方式，顺序存储结构和链式存储结构是两种最主要的存储方式。

顺序存储结构将逻辑上相邻的数据元素存储在物理上相邻的存储单元里。它主要存储线性结构的数据。其特点如下：

① 结点之间的关系由物理相邻关系决定，结点中只有信息域，所以存储密度大，空间利用率高。

② 数据结构中第 i 个结点的存储地址可由以下公式求得

$$L_i = L_0 + (i-1) \times k$$

式中，L_0 为第一个结点存储地址，k 为每个结点所占的存储单元数。

③ 插入、删除运算会引起相应结点的大量移动。由于各结点的物理相邻，每一次插入、删除运算会引起相应结点物理地址的重新排列。

链式存储结构打破了计算机存储单元的连续性，可以将逻辑上相邻的两个数据元素存放在物理上不相邻的存储单元中。它的每个结点都有一个额外的指针域，指示数据之间的逻辑联系。其特点如下：

① 结点中除数据外，还有表示链接信息的指针域，因此与顺序存储结构相比，占用更大的存储空间。

② 逻辑上相邻的结点物理上不一定相邻，可用于线性表、树、图等多种逻辑结构的存储。

③ 插入、删除等操作灵活方便，不需要大量移动结点，只需修改结点的指针值即可。

（3）基本数据操作。数据的每一种逻辑结构都有相对应的基本运算或操作，主要包括查找（检索）、排序、插入、更新及删除等。数据结构连同其上定义的基本操作可封装在一起构成抽象数据类型（Abstract Data Type，ADT）。很多程序设计语言都支持抽象数据类型，用 C++和 Java 面向对象语言来实现更方便，这些语言用"类"来支持抽象数据类型的表示。

下面简要介绍几种常用数据结构。

5.1.2　线性表

线性表（Linear List）是由 n 个数据元素构成的有限序列（$a_1, a_2, \cdots, a_i, \cdots, a_n$），即按照一定的线性顺序排列而成的数据元素的集合。线性表是最简单最常用的一种线性结构。该结构上的基本操作包括对元素的查找、插入和删除等。

学生成绩表

01	张明	85
02	王伟彬	95
03	王岳辉	68
04	孙莉莉	72
05	傅东海	79

图 5-4　二维数组示例

例如，学生成绩按高低排序问题中，可将学生成绩按线性表组织和存储。

数组、链表、栈和队列是最常用的线性表。

① 数组。它是 n 个类型相同的数据元素构成的序列，它们连续存储在计算机的存储器中，且数组中的每个元素占据相同的存储空间。

例如，使用数组处理学生成绩问题如图 5-4 所示，它是一个有 5 个元素的二维数组。

对数组的描述通常包含下列 5 种属性：

● 数组名称。声明数组第一个元素在内存中的起始位置。

● 维度。每一元素所含数据项的个数，如一维数组、二维数组等。

● 数组下标。元素在数组中的储存位置。

● 数组元素个数。是数组下标上限与数组下标下限的差+1。

● 数组类型。声明此数组的类型，它决定数组元素在内存所占有的空间大小。

大多数情况下，数组下标是介于 $0 \sim n-1$ 或 $1 \sim n$ 的整数。我们只要指定数组的下标就能够访问这些元素。

对数组的常见操作包括插入、删除、排序、查找等。

如果数组中存放的是串，它的典型操作与数字数组不同。串是字母表中的字符序列，并以一个特殊字符来标识串的结束。由 0 和 1 组成的字符串称为二进制串或比特串。串的常见操作包括计算串长度，按照字典序比较两个串的优先顺序，以及连接两个串（由两个给定的字符串构造一个新串，将第二个串附加在第一个串的尾部）。

② 链表。它是 0 个或多个称为结点的元素构成的序列，每个结点除了存储数据外还包含一个或多个称为指针的链接，指向链表中其他元素（我们用一种称为 null 的特殊指针表明某个结点没有后继结点）。在单链表中，除了最后一个结点外，每个结点都包含一个指向下一个元素的指针。单链表及其插入和删除操作如图 5-5 所示。

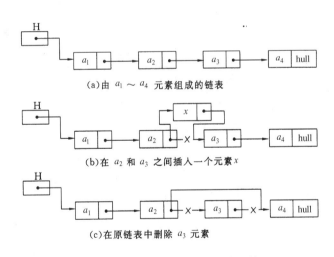

图 5-5 单链表及其插入、删除运算

为了访问链表中的某个特定元素，可从链表的第一个元素开始，沿着一系列指针前进，直到访问到该特定元素为止。所以，访问单链表中的元素需要的时间依赖于该元素在链表中所处的位置。其优点是，链表不需要事先分配任何存储空间，并且通过重新链接一些相关指针，使插入和删除操作效率非常高。我们可以把链表想象成火车，有多少人就挂多少节车厢，人多了就向系统多要一个车厢；人少了就把车厢还给系统。链接表也是一样，有多少数据就用多少内存空间，有新数据加入就向系统再要一块内存空间；而数据删除后，就把空间还给系统。

现在使用链表处理学生成绩问题。如图 5-6 所示，每一个结点除了有指向下一个结点的指针域外，还包括学生的姓名（Name），学号（No），成绩（Score），所有数据被串在一起而形成一个表结构。

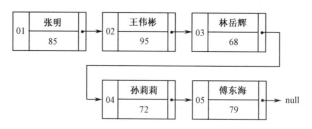

图 5-6　单链表应用示例

有许多不同的方式可以增强链表结构的灵活性。例如，链表常常从一个被称为表头的特殊结点开始。这个结点包含着类似当前长度的链表信息，它还能包含其他信息。例如，除了包含一个指向第一个元素的指针外，还可以包含一个指向链表最后一个元素的指针。另一种扩展结构被称为双链表，其中除了第一个和最末一个结点外，每一个结点都既包含指向前驱的指针又包含指向后继的指针，如图 5-7 所示。

图 5-7　双链表

③ 栈。它是一种插入和删除操作都只能在尾端进行的线性表。这一尾端称为栈顶，当我们在栈中添加一个元素（进栈）或者删除一个元素（出栈）时，该结构按照一种"后进先出"（LIFO，Last-In First-Out）的方式进行，非常类似于我们对于一叠盘子所做的操作，我们只能移走最顶上的盘子，或者在一叠盘子的顶部再加上一个盘子。栈对于实现递归算法是不可缺少的数据结构。

④ 队列。它也是一种线性表，只是删除元素在表的一端进行，称为队首（这种操作称为出队）；插入元素在表的另一端进行，称为队尾（这种操作称为入队）。因此，队列是按照一种"先进先出"（FIFO，First-In First-Out）的方式运行的（就像一个银行出纳员所服务的一个顾客队列）。

栈和队列的逻辑和存储结构举例如图 5-8 所示。

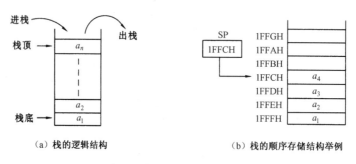

（a）栈的逻辑结构　　　　　　　（b）栈的顺序存储结构举例

图 5-8　栈和队列逻辑与存储结构

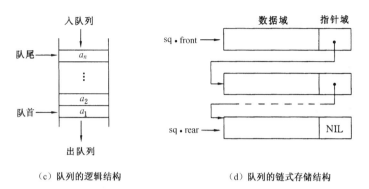

（c）队列的逻辑结构　　　　　　　　　（d）队列的链式存储结构

图 5-8　栈和队列逻辑与存储结构（续）

5.1.3　图

（1）图的概念。图可以看作是由平面上的顶点以及顶点之间的关联边构成的图形。

定义 1.2　一个图 $G=<V, E>$ 是一个数据结构，它由两部分组成：一个有限集合 V，它的元素称为顶点；另一个有限集合 E，它的元素由顶点对构成，称为边。如果每对顶点之间都没有顺序，也就是说，顶点对 (u, v) 和顶点对 (v, u) 是相同的，我们说图 G 是无向的，如图 5-9 所示。否则，称为有向的，边 $<u, v>$ 的方向是从顶点 u 到达顶点 v，如图 5-10 所示。

图 5-9 包含 5 个顶点 7 条边。$V=\{1, 2, 3, 4, 5\}$，$E=\{(1, 2)，(1, 5)，(2, 3)，(2, 4)，(3, 4)，(3, 5)，(5, 4)\}$。图 5-10 包含 4 个顶点 4 条有向边。$V=\{1, 2, 3, 4\}$，$E=\{<1, 2>，<2, 3>，<2, 4>，<4, 3>\}$。

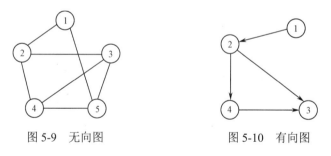

图 5-9　无向图　　　　　　　　　　图 5-10　有向图

（2）图的表示。计算机算法中，图主要用两种方法表示：邻接矩阵和邻接链表。

① 邻接矩阵。n 个顶点的邻接矩阵是一个 $n×n$ 阶的布尔矩阵，用来表示图的结点间的相邻关系。如果从第 i 个顶点到第 j 个顶点之间有边，则矩阵中第 i 行第 j 列元素值为 1，如果没有这样的边，则元素值为 0。

即
$$a_{ij}=\begin{cases}1 & 若(v_i, v_j)是图中的边 \\ 0 & 若(v_i, v_j)不是图中的边\end{cases}$$

② 邻接表。它是链表的一个集合，其中每一个顶点用一个邻接链表表示，该链表包含了和这个顶点邻接的所有顶点（即所有和该顶点有边相连的顶点）。通常，这样一个表由一个表头开始，表头指出该链表表示的是哪一个顶点。

图 5-9 所对应的邻接矩阵如图 5-11(a)，对应的邻接表如图 5-11(b)所示。注意，一个无向图的邻接矩阵总是对称的。

图 5-10 所对应的邻接矩阵如图 5-12(a)，对应的邻接表如图 5-12(b)所示。注意，一个有向图的邻接矩阵不总是对称的。

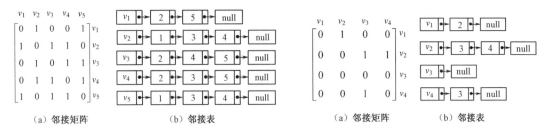

（a）邻接矩阵　　（b）邻接表　　　　　　　　　　（a）邻接矩阵　　（b）邻接表

图 5-11　图 5-9 无向图的邻接矩阵和邻接表　　　图 5-12　图 5-10 有向图的邻接矩阵和邻接表

（3）赋权图。在许多应用，如前面提到的旅行商问题中，图的每条边对应一个数值，在实际应用中这些数值往往是距离、运费、时间等。这些值称为边的权或成本。边带权的图称为赋权图。用图的两种表示方法都可以表示赋权图。

① 邻接矩阵。当存在一条从结点 i 到结点 j 的边时，矩阵元素 a_{ij} 的值就是这条边的权重；当不存在这样一条边时，则用一个特殊符号 ∞ 表示。图 5-13(b)给出了例子。

② 邻接表。邻接表的结点中不仅包含邻接结点的名字，还必须包含相应的边的权重，如图 5-13（c）。

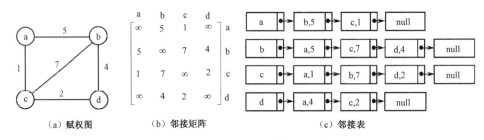

（a）赋权图　　　　（b）邻接矩阵　　　　　　（c）邻接表

图 5-13　赋权图的三种表示方式

5.1.4　树

（1）树和森林。连通无回路的图称为树，如图 5-14 所示。有的图虽然不是树，但它的每个子图（连通分支）是树，则称为森林，如图 5-15 所示。

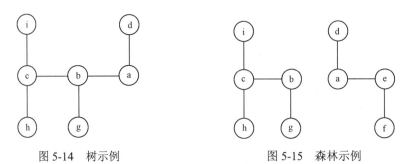

图 5-14　树示例　　　　　　　　图 5-15　森林示例

树有两个性质：

① 树的边数=树的顶点数减 1。

② 树的任意两个顶点之间有且仅有一条通路。

（2）根树。任选树的一个顶点，将它作为树的根。在对根树的描述中，根通常放在最顶上（树的第 0 层），与根邻接的顶点放在根的下面（第 1 层），再下面是和根距离两条边的顶点（第 2 层），然后依此类推。图 5-16 描述了从树到根树的一种转变。

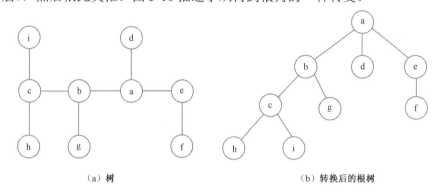

（a）树　　　　　　　　　　　　（b）转换后的根树

图 5-16　树转换为根树

根树在计算机科学中扮演了非常重要的角色，它远比树重要。实际上，为了叙述简单，也常称它为"树"。树的直接应用是描述层次关系，从文件目录到企业的组织架构。还有字典的实现，超大型数据集合的高效存储，以及数据编码等。包括我们在前面看到的，树对于分析递归算法也是有帮助的。在回溯和分支界限等搜索算法中都用到状态空间树的概念，状态空间树也是根树的应用。

对于树的任意顶点 v，从根到该顶点的路径上的所有顶点都称为 v 的祖先。其中与 v 有边相邻的顶点 u，称为 v 的父亲，v 称为 u 的子女；具有相同父母的顶点称为兄弟。没有子女的顶点称为叶结点；至少有一个子女的顶点称为父结点。所有以顶点 v 为祖先的顶点称为 v 的子孙。顶点 v 连同它所有的子孙称为以 v 为根的子树。

对于图 5-16(b)中的树来讲，该树的根是 a；顶点 d，g，h，i，f 是叶结点，而顶点 a，b，e，c 是父结点；b 的父亲是 a；b 的子女是 c 和 g；b 的兄弟是 d 和 e；以 b 为根的子树的顶点是{b，c，g，h，i}。

顶点 v 的**深度**是从根到 v 的路径的长度。树的**高度**是从根到叶结点的最长路径的长度。例如，在图 5-16(b)的树中，顶点 c 的深度是 2，树的高度是 3。因此，如果约定根的层数是 0，然后从上往下地计算树的层数，那么顶点的深度就是它在树中的层数，而且树的高度就是顶点的最大层数。

（3）有序树。有序树是一棵根树，树中每一顶点的所有子女都是有序的。图 5-17 的(a)、(b)应看作是两种不同的有序树。我们可以假设在这种树的示意图中，所有的子女都是从左到右有序排列的。

有序树中所有顶点的子女个数都不超过两个的称为二叉树，并且每个子女不是父母的左子女就是父母的右子女。如果一棵子树的根是某个顶点的左（右）子女，则该子树称为该顶点的左（右）子树。图 5-18 是一棵二叉树的例子。

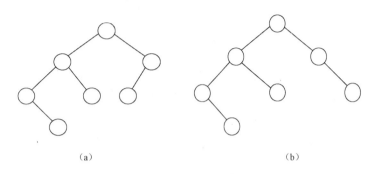

（a）　　　　　　　　　　　　　　（b）

图 5-17　两种不同的有序树

在图 5-19 中，二叉树的顶点有数字标识。其排列规律是，每个父结点的数字都比它左子树中的数字大，比右子树中的数字小，这种树称为二叉查找树。

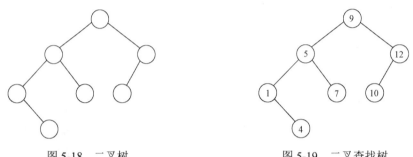

图 5-18　二叉树　　　　　　　　　　图 5-19　二叉查找树

二叉树和二叉查找树在计算机科学中有着各种广泛的应用。图 5-20 说明了图 5-19 中二叉查找树的一个实现。二叉树结点中除数据信息外，还包含两个分别指向其左、右子女的指针。

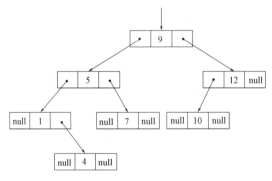

图 5-20　二叉查找树的实现

5.2　数据库系统

数据库技术是计算机科学的重要分支，主要研究数据的存储、使用和管理，是现代信息管理技术的核心。在信息技术高速发展的今天，数据库技术的应用已深入到了各个领域，几乎所有的应用系统都以数据库方式存储数据。本节将讨论数据库技术的有关问题，包括数据库系统的概念、数据模型、数据库语言及数据库设计方法和步骤等。

5.2.1 什么是数据库

1. 一个应用实例

【例 5-1】 我们要为学校建立一个简单的"教学管理系统",需要管理的基本信息包括所有学生的基本情况、所开设的课程以及学生的考试成绩等。该系统要能实现添加、删除、修改和查询数据的功能。那么采用数据库技术,该如何设计并实现这个系统呢?

首先,要把需要管理的数据按照应用的需要组织成若干数据文件,如表 5-1 所示。

然后选择一个合适的数据库管理系统,如 Access,SQL Server 等,用它提供的数据库定义语言定义每一个数据文件,即主要描述每个文件的结构,包括文件名称、数据项(属性)、每个属性的类型、长度等。如学生数据文件中,包含学号、学生姓名、专业、年级 4 个属性,这 4 个属性的数据类型可设为字符型。数据库结构定义好之后,将具体数据录入,数据库就建好了。

表 5-1 "教学管理系统"的数据文件

学生表

学号	学生姓名	专业	年级
08b0101	李春梅	计算机	2008
08b0102	刘力	计算机	2008
07b0201	陈文秀	通信	2007
08b0301	徐兵	电子	2008
⋮	⋮	⋮	⋮

课程表

课程编号	课程名	学分
07215	C 语言	4
07219	数据结构	4
07501	高等数学	5
07449	大学英语	8
⋮	⋮	⋮

成绩表

学号	课程编号	分数
08b0101	07215	80
08b0102	07219	90
08b0101	07501	78
08b0301	07449	65
⋮	⋮	⋮

对数据库的操作通过数据库查询语言来实现,主要有两类,一类是数据库的查询操作,如查找李春梅的 C 语言成绩;另一类是数据库的更新操作,如在成绩表中添加"徐兵的数据库成绩为 90 分"的新纪录。

在上述过程中,涉及数据库系统和数据库设计的知识。数据库系统知识包括数据库系统的组成和运行环境、数据的组织结构(数据模型)、数据库的定义和操作(数据定义语言和查询语言)、数据库的安全性与完整性等。数据库设计知识包括数据库的设计和开发方法,以及如何利用具体的数据库管理系统和工具开发应用程序。

2. 基本概念

通常所说的数据库是一个模糊概念,不同场合下,它分别代表了数据库、数据库管理系统、数据库系统三个不同概念。

（1）数据库（Data Base，DB）。它是以一定方式存储的相互关联的数据的集合。这些数据能够长期存储、统一管理和控制，且能被不同用户共享。如上例中的三个数据文件共同组成"教学管理系统"数据库。仔细观察可以发现，其数据之间存在着内在联系。

（2）数据库管理系统（Data Base Management System，DBMS）。它是介于用户和操作系统之间的数据库管理软件，它的主要功能有 4 个方面：数据定义功能、数据操纵功能、数据库运行控制、数据库的建立和维护等。如 Access，SQL Server，Oracle，Sybase 等都是目前常用的数据库管理系统。

（3）数据库系统（Data Base System，DBS）。数据库和数据库管理系统加在一起构成数据库系统。也有人把引入了数据库技术后形成的计算机系统称为数据库系统。它由四部分组成：数据库、数据库管理系统、数据库管理员、用户（应用程序），如图 5-21 所示。

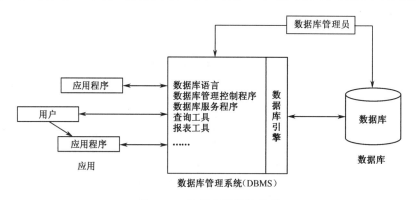

图 5-21　数据库系统的组成

5.2.2　数据模型

对数据的管理实质上是对现实世界事物管理的抽象与模拟，现实世界中的事物（个体）之间是有联系的。如学生与课程之间存在着学习关系，教师与课程之间存在着任课关系，教师与学生之间存在师生关系等。事物之间的联系反映到数据库中，就是数据之间的联系。在数据库中，采用数据模型来抽象和表达现实中的数据及其联系。数据模型决定了数据库系统的结构、数据语言、数据库的设计方法以及数据库管理系统的实现。目前已出现多种数据模型，按照数据模型的不同，数据库系统主要分为层次模型、网状模型及关系模型三类，它们之间的根本区别在于表达数据之间联系的方式不同。

1. 层次模型

层次模型是最早出现的数据库模型，典型代表是 1968 年 IBM 公司推出的 IMS，这是一个大型的商用数据库管理系统，曾得到广泛应用。

在层次型数据库中，数据模型采用树状结构来描述。所谓树状结构是指只有一个结点没有父结点（树根），其他结点有唯一的父结点。在层次结构中，数据存放于结点，联系用链接指针实现。

现实事物之间的联系有很多是层次关系，如行政机构、家族关系等。但也有很多非层次关系，需要按照一定规则转换为层次结构，才能进行处理。图 5-22 是一个系级教学管理的数据模型。

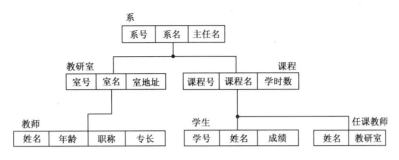

图 5-22 系级教学管理的层次模型

在层次模型中，对数据的操作是"过程化"的，需要给出查找的路径。层次结构的查找路径是从树根开始自上而下的。例如，要查找某个教师，不能在查询命令中只给出该教师的姓名，还必须指明该教师所属的系和教研室。

层次模型的优缺点：

- 层次模型结构简单清晰。

- 存取效率高。

- 非层次结构的数据模型需要转换为层次结构。

- 操作时必须通过父结点才能找到子结点。

- 插入和删除操作不便。

2. 网状模型

网状模型的典型代表是 20 世纪 70 年代数据系统语言研究会提出的 DBTG 系统，它对网状数据库系统的研制带来了重大影响。

在现实中，网状结构是比层次结构更具普遍性的结构。它去掉了层次模型的两个限制，即允许一个以上结点无父结点且一个结点可以有多个父结点。

网状结构与层次结构并无本质差别，同样将数据存放于结点，联系用链接指针实现。图 5-23 给出了"教师-课程-学生"三者之间的数据模型。

网状模型的优缺点：

- 更为直接地描述现实世界。

- 存取效率高。

- 结构复杂，不易使用；

- 操作时必须通过父结点才能找到子结点。

- 插入和删除操作不便。

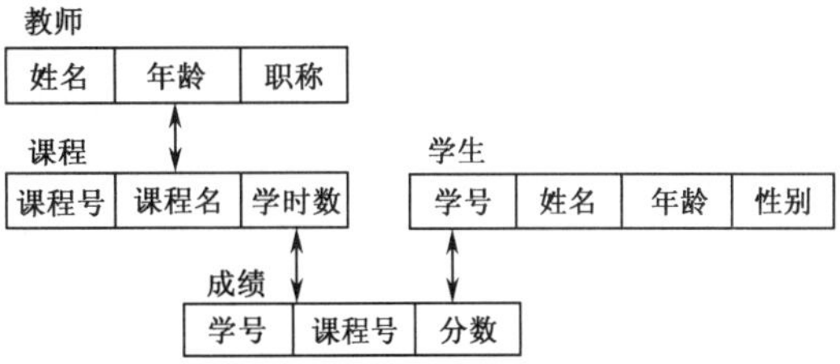

图 5-23 "教师-课程-学生"的网状模型

3. 关系模型

关系模型是最重要的一种数据模型。1970 年 IBM 公司的研究员 E.F.Codd 首次提出数据库系统的关系模型，开创了关系数据库研究的先河。目前应用的绝大多数数据库管理系统都是基于关系模型的。

关系模型及其操作是完全建立在数学的关系理论基础之上的。关系理论将在"离散数学"和"数据库系统"课程中详细介绍。

对关系模型的操作要比层次和网状模型简单，它的查询语句实质上是一个关系运算表达式。

关系模型的优缺点：

- 建立在数学的关系理论基础之上。
- 模型结构简单，易于掌握。
- 可直接表达各种复杂联系。
- 存取效率不如层次和网状模型。

5.2.3　数据库的基本结构形式——数据表

数据表(或称表)是数据库最重要的组成部分之一。数据库只是一个框架，数据表才是其实质内容。在关系数据库系统中，数据表由若干二维表格组成，数据及其之间的联系均存放于这些二维表格中。每个表格用于描述一个实体（同类个体的集合），实体由若干数据项（称为属性）组成。实体之间的联系通过将不同实体的属性放在一起实现。利用同名属性，可将相关表中的数据连接起来。

根据信息的分类情况，一个数据库中可能包含若干个数据表。如"教学管理系统"中，"教学管理"数据库包含分别围绕特定主题的3个数据表："学生"表、"课程"表和"成绩"表，用来管理教学过程中学生、课程、成绩等信息。这些各自独立的数据表通过建立关系被连接起来，成为可以交叉查阅、一目了然的数据库。那么如何定义数据表？

1. 列

列（Column）也称为字段（Field）、属性（Attribute）。表的每个字段都有一个字段名（属性名、列名），字段值（列值、属性值）则是各个字段的取值。另外字段类型包括定义字段的数据类型及其长度，同一字段取值属于同一数据类型。

例如，表5-2是5.2.1节"教学管理系统"实例的关系模型的数据表：其中，学生表包含4个属性；课程表和成绩表各包含3个属性。学生表和课程表描述了现实世界中的实体，而学生与课程之间的联系通过成绩表建立。

表 5-2　教学管理系统数据表

表名	字段名
学生表	学号，学生姓名，专业，年级
课程表	课程编号，课程名，学分
成绩表	学号，课程编号，分数

2. 行

行（Row）也称为元组（Tuple）或记录，是一组相关数据项的集合，用于描述一个对象的信息。表中每个字段描述该对象的某种性质或属性。表中每一行数据称为一个记录，它描述一个特定的个体或联系。

表格连同表中的数据一起构成表，也称关系。学生表如表5-3所示。表中第一行（表头）

确定了表的结构，下面 *n* 行是表的具体数据，一条记录描述一个学生的信息，如果有 1000 个学生，那么表中的记录就有 1000 条。

3. 关键字

在表的各种字段中有一个字段或字段组比较重要，这就是关键字（也称为码、键）。主键是指能够唯一确定表中的一条记录的一个或几个字段。例如：在表 5-2 表，学生表中的学号是主键，课程表中的课程编号是主键。

表 5-3　学生表

外键是指表中某个字段或字段组合并非主键，但却是另一个表的主键，称此字段或字段组合为本表的外部关键字。表之间的联系是通过外部关键字实现的。在表 5-1 表，成绩表中的学号、课程编号是外键，利用"学生表中的学号=成绩表中的学号"，可以将学生与其成绩对应起来；而通过"成绩表中的课程编号=课程表中的课程编号"，又可将学生与课程连接。这样学生表、课程表和成绩表的所有属性就都可以得到了。

在表 5-3 中，例如，查找学生"刘力"的专业和年级，可根据所给学生姓名直接在学生表中查找。又例如，查找"李春梅"所有课程的成绩，该查询涉及学生姓名、课程名和成绩 3 个属性，这 3 个属性分属 3 个表，需要进行多表的连接查询。其实现过程是，将 3 个表按照同名属性进行连接，连接条件是：学生.学号=成绩.学号，且成绩.课程编号=课程.课程编号，然后从连接后的表中找出"姓名=李春梅"的所有记录，将课程名和成绩输出。

关系数据库的查询语言是面向对象而非过程的。用户只需给出"在学生表、课程表和成绩表中查找李春梅的成绩"这样的信息，上述过程可自动实现。

5.2.4　数据库语言

每一个数据库管理系统都提供了数据库语言，用户可以由此定义和操纵数据库。数据库语言包括数据定义子语言和数据操纵子语言两部分。在很多数据库管理系统中，数据定义语言和数据操纵语言是统一的，如关系数据库标准语言 SQL。数据库语言和数据模型密切相关，不同数据模型的数据库系统其数据库语言也不同。

1. 数据定义语言

数据定义语言（DDL）用来定义数据库的数据模型。它包括数据库模型定义、数据库存储结构和存取方法定义两方面。数据定义语言的处理程序也分为两部分：一部分是数据模型定义处理程序，另一部分是存储结构和存取方法定义处理程序。数据库模型定义程序接受用 DDL 描述的数据库模型，把其转换为内部表现形式，称为数据字典。存储结构和存取方法定义处理程序接受用 DDL 描述的数据库存储结构和存取方法定义，在存储设备上创建相关的数据库文件，建立物理数据库。数据定义语言还包括数据库模型的删除与修改功能。

2. 数据操纵语言

数据操纵语言（DML）用来表达用户对数据库的操作请求。一般地，DML 能够表示如下的数据库操作：

（1）查询数据库中的信息。

（2）向数据库插入新的信息。

（3）从数据库中删除信息。

（4）修改数据库中的信息。

数据操纵语言分为两类：过程性语言和非过程性语言。过程性语言要求用户给出查找的目标和查找的路径；非过程性语言只要求用户说明查找的目标，不需要说明如何搜索这些数据。非过程化语言虽然易学易用，但查询效率没有过程化语言高，需要进行查询优化。

3. SQL 语言

SQL（Structured Query Language）1974 年由 Boyce 和 Chamberlin 提出，1986 年成为美国关系数据库的标准数据库语言，1987 年国际标准化组织 ISO 将其批准为国际标准。目前绝大多数流行的关系型数据库管理系统，如 Oracle， Sybase， Microsoft SQL Server， Access 等都采用了 SQL 语言标准。

SQL 语言是一个通用型的、功能强大的关系数据库语言。功能包括 4 部分：数据定义、数据查询、数据更新和视图定义。它既可作为交互式数据库语言使用，也可作为程序设计语言的子语言使用。

（1）数据定义语句。数据库的定义由 CREATE TABLE（定义关系模式）、ALTER TABLE（修改关系模式）和 DROP TABLE（删除关系模式）3 种语句构成。

【例 5-2】 由下面的语句创建学生表、课程表和成绩表。

学生表表名是 student：

```
CREATE  TABLE  student(
s_id  varchar (10)  NOT NULL,  /* NOT NULL 是完整性约束条件，说明
不能为空值*/
s_name  varchar (10)  NOT NULL,
specialty varchar (20)  NULL,    /* NULL 说明可以为空值 */
grade  varchar (4)  NULL,
)
```

课程表表名是 course：

```
CREATE  TABLE  course(
c_id  varchar (8)  NOT NULL,
c_name  varchar (20)  NOT NULL,
credit  varchar (2)  NULL,
)
```

成绩表表名是 score：

```
CREATE   TABLE   score(
s_id  varchar (10)  NOT NULL,
c_id  varchar (8)  NOT NULL,
score  int (3)  NULL,
)
```

（2）数据查询语句。数据库查询是数据库的核心操作。SQL 语言提供了 SELECT 语句进行数据库查询，其作用是从数据库表中取出符合条件的记录，并允许从一个或多个表中选择记录。

【例 5-3】 列出全部学生的所有信息。

```
SELECT  *  FROM  student
```

【例 5-4】 找出所有计算机专业的学生信息。

```
SELECT  *  FROM  student  WHERE  specialty = '计算机'
```

若只显示所有同学的学号和姓名，则可用下面的语句

```
SELECT  s_id, s_name FROM  student  WHERE  specialty = '计算机'
```

【例 5-5】 找出"李春梅"所学课程和她的成绩。

该查询条件为"学生姓名"，查询结果为"课程名"和"分数"，属性涉及三个表，需要进行三表的连接查询。其查询语句如下：

```
SELECT  c_name, score
FROM  student , course, score
WHERE  s_name = '李春梅'
```

（3）数据更新语句。数据更新语句的作用是在当前表中添加、删除和修改记录，包括 INSERT、DELETE 和 UPDATE 三条语句。

【例 5-6】 下面的语句将学生"张军"的信息添加到学生表中，在该语句中指定了要插入的学生的"学号、姓名、性别及年龄"。

```
INSERT INTO student (s_id,  s_name,  specialty,  s_ grade)
VALUES ('08b0332',  '张军',  '计算机',  2008)
```

【例 5-7】 将英语课程的学分改为 9 分。

```
UPDATE course  SET credit = 9  WHERE  c_name = '英语'
```

【例 5-8】 将学生表中所有年级为 2007 的学生从表中删除。

```
DELETE  FROM  student  WHERE  grade = '2007'
```

5.2.5 数据库设计

数据库设计阶段的任务是，在数据库管理系统支持下设计数据库应用系统，如"教学管理系统"。设计的关键是如何使所设计的数据库能合理地存储用户的数据，这其中，数据库结构设计是数据库应用系统设计的核心和基础。数据库设计包括设计目标、设计方法和设计步骤。

1. 设计步骤

数据库设计步骤如下：需求分析、数据库结构（包括概念结构，逻辑结构，物理结构）设计，应用程序设计，系统运行与维护等，如图 5-24 所示。

（1）需求分析。需求分析是整个数据库设计过程最重要的步骤之一，它是后续各阶段的基础。它的主要任务是调查、收集和分析用户对数据库的需求。这些需求包括：

● 信息需求

● 处理需求

● 安全与完整性要求

需求分析阶段的结果是给出用户需求说明书。内容包括：反映数据及处理过程的数据流图、描述数据及其联系的数据字典等。

（2）概念结构设计。将用户的数据需求抽象为概念模型，这种模型是对现实世界的抽象，它与计算机和具体的数据库系统无关，是数据库设计人员便于与用户交流而采用的一种描述工具。在关系数据库设计中，通常采用 E-R 图（实体-联系模型）来描述概念模型。其中，方框代表实体、菱形框代表联系、椭圆框代表属性。图 5-25 为"教学管理系统"的 E-R 图。

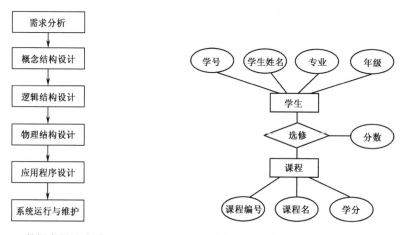

图 5-24　数据库设计步骤　　　　图 5-25　教学管理系统 E-R 图

（3）逻辑结构设计。逻辑结构设计阶段的任务是，把概念阶段设计好的概念模型 E-R 图，按照一定的方法转换为某个数据库管理系统能支持的数据库逻辑结构（数据模型），如关系或网状、层次模型，并对数据模型进行优化。

如将图 5-25 中 E-R 图转换为关系模型就是：

学生（学号，学生姓名，专业，年级）

课程（课程编号，课程名，学分）

成绩（学号，课程编号，分数）

对关系数据模型的优化主要根据关系的规范化理论进行，目标是消除冗余和操作异常，保持数据的完整性等。

（4）物理结构设计。物理结构设计是在逻辑数据库设计的基础上，为每个关系模式选择合适的存储结构和存取方法。每个数据库管理系统都提供很多存储结构和存取方法，供设计者选用。例如，为加快查找速度，我们可以为关系模式创建各种索引，或采用 Hash 方法进行存取。

（5）应用程序设计。对数据库的操作，除了通过查询语言以交互方式进行外，更多的是将其嵌入到应用程序中使用。一般由专业人员针对用户需求为其开发数据库应用的交互环境，以更加友好的界面和操作方式，实现对数据库的操作，而不是直接使用数据库语言操纵数据库。这就要求设计的各种操作画面既接近手工工作的各种表格、单据，同时又要尽量简单。该阶段的任务是，对系统功能及数据操作进行分析，按照模块化、结构化程序设计方法对系统的应用功能进行规划，并设计实现。通常分为 4 部分：系统总体设计、详细设计、用户界面设计以及编码实现。最终的程序代码通过测试后即可投入正式运行。

（6）系统运行与维护。从数据库系统移交给用户使用开始，就进入系统运行与维护阶段。在这个阶段，系统还有可能出现运行错误，或由于使用不当造成系统瘫痪。对所有可能出现的问题，开发人员和使用人员要共同分析原因，并及时加以改正。同时，由于时间的变迁，使用单位的需求也会发生变化，若变化的范围不大，且工作量和时间许可时，开发人员应考虑使用者的需求，并加以完善。

2. 常用数据库开发平台

（1）Access。Access 是 Windows Office 桌面关系数据库管理系统，它提供表、查询、窗体、报表、页、宏、模块 7 种数据库系统对象；并提供多种向导、生成器、模板，使数据存储、数据查询、界面设计、报表生成等操作规范化。它为建立功能完善的数据库系统提供了方便，也使普通用户不必编写代码，就可以完成大量的数据管理任务。它广泛用于日常办公领域。

（2）SQL Server。它是 Microsoft 公司推出的、获得广泛应用的关系数据库管理与分析软件。它是一个全面集成的、端到端的数据库解决方案，为企业用户提供安全、可靠和高效的数据库管理平台，多用于企业数据管理和商业智能应用。目前微软已经推出了 SQL Server 2008 数据库。

（3）Visual FoxPro。Visual FoxPro 是 Windows 下可视化关系数据库开发环境，界面友好，使用简便。其应用程序的开发具有快速、有效、灵活的特点。不过安全性较差，一般可用于小型数据库系统开发，现在已很少商用。

（4）Power Builder。Power Builder 是著名的数据库应用开发工具生产厂商 Power Soft 公司推出的产品（现已被数据库厂商 Sybase 收购），它提供对目前流行的大多数关系数据库管理系统的支持。Power Builder 提供良好的跨平台特性，如在 Windows 平台开发的各种对象可以方便地应用到 UNIX 平台中。这使得应用程序从一个平台迁移到另一个平台变得非常简单。

（5）Oracle。Oracle 是大型关系数据库管理系统，是目前最流行的客户/服务器（Client/Sever）体系结构的数据库之一。Oracle 公司作为全球最大的数据库厂商之一，其优秀的数据库系统在大型系统，如保险、金融等部门中获得了广泛应用。

（6）Sybase。它是美国 Sybase 公司研制的一种关系型数据库系统，是一种典型的 UNIX 或 Windows NT 平台上客户机/服务器环境下的大型数据库系统。它提供一套应用程序编程接口和库，可以与非 Sybase 数据源及服务器集成，允许在多个数据库之间复制数据，适于创建多层应用。系统具有完备的触发器、存储过程、规则以及完整性定义，支持优化查询，具有较好的数据安全性。Sybase 通常与 Sybase SQL Anywhere 用于客户机/服务器环境，前者作为服务器数据库，后者为客户机数据库。

5.2.6 数据库技术的发展

1. 数据库技术发展简史

数据库技术是随着计算机应用的发展而产生的。其发展过程大体分为三个阶段，即人工管理、文件系统、数据库（以关系数据库为代表）系统。

（1）人工管理阶段。计算机诞生后的前 10 年，它主要用于科学计算，无操作系统，数据处理都是批处理，数据由应用程序自己管理，运算得到的结果也不保存。所用存储设备也只有磁带、纸带和卡片。

（2）文件系统阶段。20 世纪 50 年代后期，计算机开始用于信息管理。此时，硬件方面出现了磁盘、磁鼓等高速的直接存取设备，软件方面出现了操作系统和高级语言。数据可以长期保存在磁盘上，由操作系统的文件系统负责数据和程序之间的接口。文件系统把数据组织成数据文件，可以按文件名访问。但文件仍然是面向应用的，一个文件基本上是对应一个应用程序，难以共享，独立性差。

（3）数据库系统阶段。20 世纪 60 年代后期，计算机大规模用于信息管理，文件系统的数据管理模式已不能满足数据共享的需求，数据库技术便应运而生。此时出现了统一管理数据的专门软件系统——数据库管理系统，其标志是 IBM 公司于 20 世纪 60 年代末研制成功的第一个层次模型的数据库管理系统 IMS。数据库系统与文件系统相比，在许多方面有了长足的进步：

① 文件系统中的数据从一个文件的角度来看可能是结构化的，但从系统的全局来看，各个文件之间的数据是非结构化的。也就是说，不同文件之间的数据没有任何联系。而数据库中的数据是结构化的，这种结构化不仅体现在一个表中的数据项之间是有关系的，而且体现在不同表的记录项之间也存在着关系。

② 文件系统是面向应用的，存在大量的冗余数据；而数据库系统是面向系统的，减少了数据冗余，实现了数据共享。

③ 文件系统的数据只能用文件读/写操作存取；而数据库系统中，用户可以用结构化查询语言（SQL）对数据库中的数据进行操作，方便且拓宽了数据库应用范围。

数据库技术发展到现在，已经走过近 40 年的历程，它可分为三个阶段：第一代的网状、层次数据库系统；第二代的关系数据库系统；第三代的以面向对象模型为主要特征的数据库系统。

第一代数据库系统的代表是 1969 年 IBM 公司研制的层次模型的数据库管理系统 IMS 和

20 世纪 70 年代美国数据库系统语言协会 CODASYL 下属的数据库任务组 DBTG 提议的网状模型。这两种数据库奠定了现代数据库发展的基础。

第二代数据库系统的主要特征是支持关系数据模型，它产生于 20 世纪 70 年代末。

第三代数据库系统产生于 20 世纪 80 年代，它主要有以下特征：

① 支持数据管理、对象管理和知识管理。

② 保持和继承了第二代数据库系统的技术。

③ 对其他系统开放，支持数据库语言标准，支持标准网络协议，有良好的可移植性、可连接性、可扩展性和互操作性等。

第三代数据库支持多种数据模型（如关系模型和面向对象模型），并和诸多新技术相结合（如分布处理技术、并行计算技术、人工智能技术、多媒体技术、模糊技术），广泛应用于多个领域（商业管理、GIS、计划统计等），由此衍生出多种新的数据库技术。

2．数据管理的变革

20 世纪 60 年代后期出现了一种新型数据库软件：决策支持系统（Decision Support System，DSS），该系统为决策者提供分析问题、建立模型、模拟决策过程和方案的环境，调用各种信息资源和分析工具，帮助决策者提高决策水平和质量。它是管理信息系统向更高一级发展而产生的先进信息管理系统。

1991 年开始应用的数据仓库是决策支持系统和联机分析应用数据源的结构化数据环境，是一个面向主题的（Subject Oriented）、集成的(Integrated)、相对稳定的(Non-Volatile)、反映历史变化（Time Variant）的数据集合，用于支持管理决策（Decision Making Support）。

数据仓库和数据挖掘是信息领域中近年来迅速发展起来的数据库方面的新技术和新应用。其目的是充分利用已有的数据资源，把数据转换为信息，从中挖掘出知识，提炼成智慧，最终创造出效益。数据仓库和数据分析、数据挖掘的研究和应用，需要把数据库技术、统计分析技术、人工智能、模式识别、高性能计算、神经网络和数据可视化等技术相结合。

数据挖掘是数据量快速增长的直接产物。之所以称之为"挖掘"，是比喻在海量数据中寻找知识，就像从沙里淘金一样困难。20 世纪 80 年代，它曾一度被专业人士称之为"基于数据库的知识发现"（Know ledge Discovery in Database，KDD）。

1989 年，著名的高德纳 IT 咨询公司（Gartner Group）为业界提出了商务智能的概念和定义。商务智能（Business Intelligent，BI）指的是一系列以数据为支持、辅助商业决策的技术和方法。商务智能指利用数据仓库、数据挖掘技术对客户数据进行系统地储存和管理，并通过各种数据统计分析工具对客户数据进行分析，提供各种分析报告，如客户价值评价、客户满意度评价、服务质量评价、营销效果评价、未来市场需求等，为企业的各种经营活动提供决策信息。

3．数据管理新技术

现代数据的 3 个典型特点使得传统关系数据库在应用上显得捉襟见肘、疲于应付。现代数据的第 1 个特点是海量。全球的数据量正以指数趋势迅猛增长，据保守估计，目前全球每年至少产生 15 亿 TB 的新数据。第 2 个特点是共享。互联网和通信设备的普及，使得人们能够享受他人提供数据所带来的好处，因此在数据库之间也建立起越来越密切的联系。第 3 个特点是多样化。现在数据已不再是关系模型下纯粹的结构化文本数据，图片、音频、视频乃至非结构化的文档都涌入到应用中。上面 3 个特点只是数据发展的表面现象。对于这些变化，是否需要寻求一种新的数据管理技术？这就提出了基于互联网的全球信息管理（Global Information Management）和面向个体的个人信息管理（Personal Information Management），以此来解决将面临的前所未有的变革和需求。

在过去的 30 多年里，数据库技术主要服务于企业计算。我们为企业的数据库管理开发了近乎完美的数据库管理系统。数据库作为当前最成熟的系统软件之一，已经成为了现代计算机信息系统和计算机应用系统的基础和核心。数据库也从最初的层次、网状数据库演变到了今天的关系数据库。大家熟悉的 Oracle，DB2 和 SQL Server 等产品已经广泛应用于各行各业。在众人眼里，一切似乎都是如此完美，所有的数据管理问题都能在这里得到答案，然而事实并非如此。

进入 21 世纪，我们发现，那些管理着世界上最大、最丰富的数据集合，而且主要为公众服务的 Google，MSN，Facebook 等应用，均没有使用传统数据库管理系统，而是另辟蹊径去寻找能更好地满足个人数据管理需要的方法。

在全球化推动力正在由企业转变到个人的当代，可以断定，新的数据管理技术将由服务于企业的管理过渡到满足个人的管理需求上，那么数据管理技术将在服务于人的管理中起到什么样的核心作用呢？如何解决计算性能和计算成本在不断改善，而人类可用的时间和精力却恒定不变这一矛盾？

过去，计算机研究领域的人一直把速度作为计算的核心，孜孜不倦地追求提高计算机的速度和效率，正如几十年前我们一直在抱怨天气预报、机器翻译的质量不好，那是因为计算机的性能不够好。然而事实却是，计算机的运行速度到现在已经提升了上百万倍甚至上亿倍，可是，机器翻译并没有像预料的那样取得具体的突破性进展，天气预报也一样，还是不够准确。这说明了计算的核心已不再是速度，而是数据。未来的世界将承载在数据之上！如果我们没有合适的数据管理技术来使用这些海量而嘈杂的数据，那么对我们来说，反而会是一场灾难。究竟什么样的数据管理技术可以帮助我们驾驭这些数据，这非常值得人们去研究。

不难看出，未来先进计算的核心是数据，而数据管理的主体不再是企业，而是围绕个人。就像 PC 时代 Intel 芯片是核心一样，数据是新一代计算的核心。2007 年 Google 研究表明，在很多情况下海量的数据比好的搜索算法还要重要。Google 的很多产品，比如翻译和语音输入，同样得益于海量语料库的支持。人们开始认识到，简单的模型加上海量的数据比精巧的模型加上少量的数据更有效，Facebook 便是众所周知的数据驱动无处不在的公司。

4. 万维网数据库技术

如何对互联网里面海量的万维网（Web）数据进行有效的管理，以满足用户不断增长的信息需求，是信息科学领域研究人员面临的新课题。从万维网数据的存在形态上来讲，万维网数据分为以下 3 种类型。

① 静态的 HTML 数据；

② 通过开放查询接口获取的动态 HTML 数据；

③ 已经成为互联网环境中信息的表示和交换标准的 XML 数据。

不同于传统的关系数据，静态的 HTML 数据没有严格的数据模式，大多是无结构或半结构化的数据。目前，最常用的处理工具是搜索引擎。搜索引擎无法表达用户的复杂查询需求，同时很难保证查询结果的准确性。提高静态 HTML 数据查询质量的一种有效途径是从 HTML 数据中抽取模式数据，并将不同数据源的数据集成到统一的数据平台。

XML（eXtensive Markup Language）数据目前已经成为互联网环境中的数据表示和交换的标准。相对于静态的 HTML 网页，XML 数据中结构信息更加丰富，能够允许用户表达更加准确的查询需求。由于目前大量的商业数据存于关系数据库中，因而为实现企业之间的数据交换，一般采用的方法是将关系数据库中的数据发布为 XML 数据。然而，XML 本质是树状数据模型，在查询语言、查询处理、语义约束等方面和关系模型有很大差异。如何有效管理 XML 数据，为发展传统的关系数据管理的理论和方法提出了新的研究方向。

自 21 世纪以来，人类产生的信息量高速增长。搜索引擎 Google 在 1998 年索引网页数量为 2600 万个，2000 年达到了 10 亿个，2008 年达到了 1 万亿个，并且网页数量呈指数式增长，真可谓信息浩如烟海。采用信息检索技术的搜索引擎（如 Google、百度、雅虎等）成为我们从网上获取信息不可或缺的信息检索工具。

众所周知，搜索引擎简单易用的关键字检索为我们使用 Web 带来了极大的方便。搜索引擎主要处理 HTML 网页，Word，PPT，PDF 文档等非结构化数据。随着半结构化数据 XML 作为网上数据表示和交换标准的流行，以及结构化数据(例如关系数据)所得到的广泛 的应用与普及，人们期盼着也能像使用搜索引擎那样用关键字来检索这些半结构化数据和结构化数据。

然而，半结构化数据和结构化数据都是以模型为基础的，对它们的访问必须使用模型所规定的严格的查询语言，这与关键字查询的信息检索技术相差甚远，两者之间存在着很大的鸿沟。如果我们能够填补这个鸿沟，这将会使普通用户通过关键字就能查询结构化、半结构化和非结构化数据。因此，数据库和信息检索技术的融合成为一个重要的研究方向，引起了国内外学术界和工业界的极大关注。

数据库和信息检索融合的研究目前主要探讨如何将传统的信息检索领域的关键字查询方法应用到半结构化数据 XML 以及结构化的关系数据库中。作为更高的目标，它则探讨能否用关键字检索作为统一的手段，使得搜索引擎能够支持用户实现对万维网上各种文本数据的搜索。

总的来说，对万维网数据库技术的研究仍然处于刚刚起步的阶段，离应用阶段还有很长的路要走，仍然有大量关键的问题需要做深入细致的研究。

5. 数据管理新概念

为了实现海量数据的有效管理，研究者提出了"数据空间"的概念。数据空间中包含一个组织或个人的一切数据。它的数据可能来自多个不同但又相互关联的数据源，具有各不相同的格式。数据空间技术通过建立有效的集成机制、完善的扩展机制以及合理的数据模型来实现对多种数据类型的统一管理。

数据空间是一个实体(组织或个人)所拥有的所有数据的集合。这些空间中的数据可能分布在多个结构各异、分布不同的数据源中，因此数据的形式和内容可能也各不相同，但它们具有一个共同特点：所反映的是同一个实体。换言之，对于任意一组数据，只要本质上反应的是同一个实体，它们就属于同一数据空间。从本质上讲，数据空间是建立在各个单独数据源之上的概念，其目的是对这些分散但在逻辑上又相互关联的数据源，进行统一管理并提供针对整个数据空间的数据服务。所以应该将数据空间和它所包含的多个数据源分成两个相对独立的逻辑层次看待。数据空间系统是以数据空间为逻辑模型建立的数据管理系统，其目的是要支持对数据空间中数据的各项操作。数据空间的主要特征如下。

（1）数据多样性。由于数据空间被定义为属于一个实体的所有数据的集合，因而就决定了数据的多样性。其实多样性也是数据空间出现的主要原因之一，正是因为现实世界中存在着多样的数据，而且无法对它们进行统一有效的管理，人们才提出了数据空间来解决该问题。

（2）数据源不确定性。数据的多样性带来了数据源的多样性，而且数据源的多样性又引出了数据源的不确定性。现代企业的数据往往存储在多个数据源中，这些数据源很可能分布在企业内部多台计算机上，或者某台计算机的多个位置上。并不是每个人都清楚每份数据存储的确切位置，这就使得数据源的发现也成为一个不可忽视的问题。数据空间既然被定义为属于一个实体的所有数据的集合，就必须包含属于该实体的所有数据。所以，当用户不清楚数据源是否存在时，数据空间有责任帮助用户发现和探测数据源的所在，以此作为提供其他服务的基础。

（3）数据共存。所谓"数据共存"是指对于存在于数据空间中多种形式的数据，并不是在进入数据空间时就被集成到某种模式，而是先处于一种共存的局面，直到用户对数据进行操作时才迫使系统发生改变，做出相应的集成，这样就推迟了用户成本的投入，间接地减少了使用成本。集成系统是将不同数据先做统一的模式集成，然后在此集成的基础上提供更多服务；而数据空间的思想不是这样，它主张数据共存，并"尽量晚"地集成。

（4）独立性。虽然一个数据空间管理着属于该空间的所有数据，但是大部分数据仍然存储在多个原始的数据源中，数据空间只通过一些接口与数据源沟通，该特点是由数据空间与数据源之间的相互独立性所决定的。

（5）持续演化性。持续演化应该算是数据空间最重要的也是最与众不同的特性。持续演化是指数据空间系统会随时间以及应用的变化而不断自我进化。演化的准则是满足用户不断增加的应用需求。正如上面提到的，数据空间与集成不同之处就是对待不同数据的方式不同。如果数据空间永远停留在低水平集成上，那就没有存在的意义了。只有不断演化才能不断满足新的用户需求。

总之，数据空间提出了一种新的数据管理模式和一种新的数据管理理念。不确定性、数据至上、持续演化是其区别于传统数据管理技术的本质特点。目前数据空间研究仍处于起步阶段，还有许多问题亟待解决。

习题 5

1. 解释与数据结构有关的下列术语：数据项，数据元素，数据对象，数据结构。

2．什么是数据的逻辑结构和物理结构？

3．与线性表的顺序存储结构相比，其链式存储结构有何优缺点？

4．为什么说栈和队列是两种特殊形式的线性表？

5．简述入栈和出栈的工作流程。

6．什么是数据的树形结构？举例说明。

7．什么是二叉树？说明它的两种物理结构。

8．什么是数据的图形结构？说明其表示方法。

9．什么是无向图、有向图及赋权图？举例说明。

10．举例说明图的两种存储表示法。

11．解释有关数据库的术语：DB，DBMS，DBS。

12．数据模型有哪三种？各有什么优缺点？

13．什么是关系数据库？举例说明在关系数据库中数据及其联系是如何表示的。

14．SQL 是一种什么语言，其两种主要成分是什么？

15．简要说明数据库设计步骤。

16．什么是 E-R 图？试给出图书和借书人之间的 E-R 图。

第 6 章

计算机系统的软件

如前所述，计算机系统的硬件只提供了执行机器指令的"物质基础"，要用计算机来解决一个具体任务，需要根据求解该任务的"算法"，用指令来编制实现该算法的程序，计算机通过运行该程序才能获得解决这一任务的结果。所谓软件，简单地讲，就是程序的集合。随着计算机硬件技术的不断发展及广泛应用，计算机软件技术也日趋完善与丰富。

本章将简要介绍现代计算机系统中软件的基本概念，如计算机程序设计语言及其编译程序、操作系统及软件工程等。

6.1　计算机软件概述

6.1.1　什么是软件

程序是一种信息，它的传播需要借助于某种介质。程序作为商品以有形介质（如磁盘、光盘）为载体进行交易，就称作软件（Software）。确切地说，软件是指为运行、维护、管理及应用计算机所编制的所有程序及其文档资料的总和。软件具有下列一些特性：

① 软件是功能、性能相对完备的程序系统。程序是软件，但软件不仅是程序，软件还包括说明其功能、性能的说明性信息，如使用维护说明、指南、培训教材等。

② 软件是具有使用性能的软设备。我们编制一个应用程序，可以解决自己的问题，但不能称之为应用软件。一旦使用良好并转让给他人则可称为应用软件。

③ 软件是信息商品。软件作为商品，不仅有功能、性能要求，还要有质量、成本、交货期、使用寿命等要求。软件开发者一般不是使用者，软件的开发、生产、销售形成了市场前景广阔的信息产业。软件是极具竞争性的商品，投入的资金主要是人工费，研制时间过长，必然导致成本陡增，使软件变得毫无竞争力。按软件工程的方法制作软件，利用软件工具开发软件、管理项目是当今软件开发的基本模式，可提高软件作为商品的竞争力。

④ 软件是一种只有过时而无"磨损"的商品。硬件和一般产品都有使用寿命，长时间使用会"磨损"，就会变得不可靠。软件与硬件不同，用得越多的软件其内部的错误将被清除得越干净。所以软件只有过时，而无用坏一说。所谓过时往往是指它所在的硬件环境升级，导致软件做相应升级。

6.1.2 软件的分类

传统上将计算机软件分为两大类：系统软件（System Software）与应用软件（Application Software）。系统软件指软件厂商为释放硬件潜能、方便使用而配备的软件，如操作系统 、各种语言编译/解释系统、网络软件、数据库管理软件、各种服务程序、界面工具箱等支持计算机正常运作的"通用"软件。应用软件是指解决某一应用领域问题的软件，如财会软件、通信软件、科学计算软件、计算机辅助设计与制造（CAD/CAM）软件等。在当今整个社会信息化的情况下，系统软件和应用软件的界限越来越模糊。例如，数据库系统早期只在数据处理领域中使用，科学计算、工程控制领域有的文件系统就不一定需要它，但现在它已是系统软件了。

一台机器上提供的系统软件的总和叫软件（开发）平台，在此平台上编制应用程序就是应用开发。应用程序通用化、商品化后就是应用软件。随着计算机应用领域越来越广泛，应用软件的类别不胜枚举。通常从技术特点的角度将软件分为业务（Business）软件、科学计算软件、嵌入式（Embedded）软件、实时（Real-time）软件、个人计算机软件、人工智能软件等。

6.1.3 常用软件简介

软件种类繁多，这里仅简单介绍常用的几种软件。

1．程序开发集成环境

程序开发语言有近百种之多，常见的语言也有十来种。现在所用到的编程语言一般是以一个集成环境的形式出现的，在这个集成环境中，包含了语言编辑器、调试工具、编译工具、运行工具、图标图像制作工具等。例如，在 Windows 环境下，常用的应用程序开发环境有 Microsoft 的 Visual Studio 开发套件，其中包括 Visual C++，Visual J++，Visual FoxPro，Visual Basic，Inter Dev 等开发工具。

2．操作系统

操作系统（Operating System，OS）是计算机系统中最重要的系统软件，它管理计算机系统的软硬件资源（如 CPU、内存、硬盘、打印机等外部设备及各种软件），合理地组织计算机的工作流程，并为用户使用计算机提供良好的工作环境。操作系统与硬件关系密切，它实现了对硬件的首次扩充，并为上层软件提供服务，其他所有软件都是在它的基础上运行的。目前比较常见的操作系统有运行于 Intel 平台的 Windows XP，Windows 7，OS/2，Netware，Linux，SCO UNIX 等；运行于苹果计算机上的 Mac OS；运行于多种硬件平台上的各种 UNIX 系统。

3．数据库管理系统

数据库管理系统（Data Base Management System，DBMS）是信息管理的核心，大多数应用系统都涉及信息管理，因而都具有数据库管理系统。数据库管理系统的种类很多，例如：在微型计算机的 Windows 平台下就有 Access，FoxPro，Paradox 等数据库管理系统。常见的大型关系数据库系统有 SQL Server，Informix，Oracale，DB2 等；国产的有 Openbase，DM2 等。现在的大型数据库大都支持多媒体数据类型，并以各种方式提供对 WWW 的支持。

4．群件系统

群件（Groupware）是近几年开发的一种基于电子邮件的应用系统软件，它拓宽了电子邮件的内涵，涵盖了很多通信协作功能，如制定召开会议的计划、共享项目进度表等。目前，主要的群件产品有 Lotus 公司的 Notes，Microsoft 公司的 Exchange Server，Novell 公司的 Group Wise 等。

5．办公软件套件

这是一类日常办公用的软件，包括字处理软件、电子表格处理软件、演示文稿制作软件、个人数据库和个人信息管理软件等。常用的办公软件套件有 Microsoft 公司的 Office，Lotus 公司的 SmarTsuits，金山公司的 WPS 等。

6．多媒体处理软件

多媒体技术已经成为计算机技术的一个重要方面，在 CPU（如 Intel 的 MMX，AMD K6，PIII，PIV 等）一级已提供多媒体指令，实现了对多媒体的直接支持，因而使多媒体处理软件成为应用软件中的一大类别。多媒体处理软件主要包括图形处理、图像处理、动画制作、音频和视频处理、桌面排版软件等。

7．Internet 工具软件

随着计算机网络和 Internet 的发展和普及，涌现了许多基于网络环境和 Internet 环境的应用软件。主要有 Web 服务器软件（如 Microsoft 公司的 IIS，Netscape 公司的 Fast Track 等），Web 浏览器（如 Netscape 公司的 Communicator，Microsoft 公司的 Internet Explorer 等），文件传送工具 FTP，远程访问工具 Telnet 等。

8．系统工具软件

系统工具软件是一类"小"软件，它可以帮助操作系统更有效地完成系统的管理和维护。这类软件包括反病毒软件（如 SCAN，CPAV，KV300，Kill 等）、文件压缩工具（如 Arj，Unzip，Winzip 等）、快速复制工具（如 DUP，Hclcopy 等）、实用工具软件（如 PCTOOLS 等）、加密/解密软件（如 LOCK，ULOCK，COPYWRITE 等）……

除上述几类软件外，还有教育软件、游戏软件、电子字典等。在本章的后续内容中，将简要介绍计算机系统中最基础的一些系统软件，如程序设计语言及编译原理、操作系统及软件工程等。

6.1.4　计算机系统的组成

计算机系统由硬件与软件组成，图 6-1 示出了该组成的主要部分，其中硬件与软件的层次关系，即计算机系统的体系结构如图 6-2 所示。

图 6-2 表明，硬件是计算机系统的基础，操作系统则是由硬件直接支持的系统软件，其他系统软件在操作系统控制下运行，应用软件是计算机系统的最外层软件，它在操作系统管理下，使用其他系统软件和硬件。在现代计算机系统中，用户用高级语言（或汇编语言）编制应用程序（见图中程序级接口），并用操作系统提供的命令来使用计算机（见图中命令级接

口）。这就是说，计算机的系统软件扩展了硬件的功能，使用户摆脱了实际机器（硬件）的束缚。通常，把计算机的硬件称为裸机，或实际机器，它所实现的是计算机的指令系统。当硬件配备了操作系统及其他系统软件后，便形成不同层次的虚拟机器，它不仅方便了用户的使用，而且扩充了计算机的功能，提高了计算机系统的工作效率。

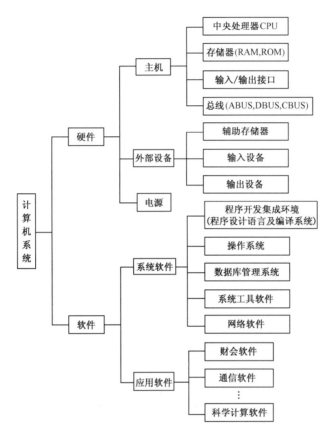

图 6-1　计算机系统的组成

　　最后需指出的是，计算机硬件和软件在逻辑功能上是等效的，即某些操作可以用软件实现，也可以用硬件实现。如乘法操作可以用硬件乘法指令实现，也可以用加法和移位等指令编制一个乘法子程序（软件）来实现。这就是说，计算机的硬、软件之间没有固定不变的分界面，而是受实际应用需要以及系统性能价格比所支配。在早期，由于硬件价格昂贵，所以计算机的硬件比较简单，尽量让软件完成更多的工作。但随着计算机硬件价格不断下降，性能不断提高，造成了软硬件之间的分界面的推移，即将某些由软件

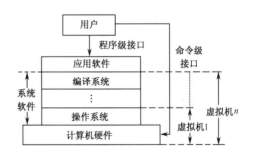

图 6-2　计算机系统的体系结构

完成的工作交给硬件去完成（如汉卡），这样就提高了计算机系统实际运行的速度。

6.2　程序设计语言

如前所述，用计算机求解任何问题，首先必须给出解决问题的方法和步骤，也就是算法，再按照某种语法规则编写计算机可执行的程序，交给计算机去执行。这个过程就是程序设计的过程。编写程序所使用的语法规则的集合就是程序设计语言。程序设计语言可以是机器语言、汇编语言，也可以是高级语言。本节首先简要介绍程序设计语言的演变过程，并以 C 语言为例，说明高级语言程序的基本概念及程序设计的基本方法，最后简要介绍面向对象程序设计语言的基本特征。

6.2.1　程序设计语言发展概述

程序设计语言的发展是一个不断演化的过程，主要经历了从"机器语言—汇编语言—高级语言"的发展过程，其根本推动力是对抽象机制更高的要求，以及对程序设计思想的更好支持，即追求问题结构与软件结构的一致性。

1. 第 1 代语言（1GL）

第 1 代语言也就是机器语言，是计算机唯一能直接接受的语言，**其他任何语言编写的程序最终都转换为机器语言才能在计算机上运行**。机器语言的基本组成成分是硬件直接支持的二进制指令代码，也称二进制语言。

机器语言的主要特点是：

① 计算机可以直接识别和执行用机器语言编写的程序（称为机器语言程序，或目标程序），因此效率较高。

② 指令的二进制代码难以记住，因而人工编写机器语言程序很繁琐，容易出错。

③ 不同的计算机有不同的机器语言，因而通用性很差。

2. 第 2 代语言（2GL）

为了解决机器语言难以记忆、理解和阅读等问题，人们设计出第 2 代语言——汇编语言。它由指令助记符（一般为指令的英文名称的缩写）及相应的语法规则组成。表 6-1 给出了用汇编语言编制的一个简单算题的程序，它称为汇编语言程序。汇编语言中规定了多种伪指令以方便用户编程。表中列出了两条汇编语言中的伪指令：ORG 称为起始地址定位伪指令，用来设定下列程序的首地址；END 称为汇编结束伪指令，用来"告诉"汇编程序要汇编的程序到此为止。从表 6-1 可知，汇编语言程序中的指令地址和操作数地址用符号 START，d1～d3 表示，它们在"汇编"过程中由汇编器（Assembler）赋予真正的主存地址。上述伪指令的功能及符号地址的代码都是由汇编语言的语法规则约定的。

表 6-1 计算 5+4=9 的汇编语言程序

地址标号	指令助记符	注 解
START:	ORG 05H	定义程序首地址为 05H
	MOV R1，d1	寄存器 R1←（d1）
	MOV R2，d2	寄存器 R2←（d2）
	ADD R1，R2	R1←（R1）+（R2）
	MOV d3，R1	d3←（R1）
d1	OUT PORT，d3	端口 PORT←（d3）
d2	HLT	停机
d3	05H	存储单元（d1）=05H
	04H	存储单元（d2）=04H
		存储单元 d3 用来存放结果
	END	汇编结束

汇编语言的主要特点是：

（1）汇编语言程序不能为计算机硬件直接识别与执行，必须通过称为汇编器（或称汇编程序）的系统软件的"汇编"，将汇编语言程序"翻译"为机器语言程序才能被硬件执行。通常，将汇编语言程序称为源程序，汇编后得到的机器语言程序称为目标程序，如图 6-3 所示。

图 6-3 汇编语言程序的"汇编"及"执行"

（2）汇编语言的指令与机器语言的指令一一对应，它们都是面向机器编程的语言，称为低级程序设计语言，简称低级语言。基于这一特点，也有人将机器语言与汇编语言统称为计算机的第一代语言。

（3）不同的计算机具有不同的汇编语言，尽管汇编语言的语法规则为用户编程带来一定方便，但彼此仍不能通用。

（4）与机器语言相比，记忆指令助记符较记忆指令二进制代码容易，但仍然很繁琐。

3．第 3 代语言（3GL）

汇编语言虽然相比机器语言有了很大进步，但汇编程序仍然无法"移植"，程序员仍然要根据繁琐的机器指令一步步编程。如何让编程语言不依赖于具体的机器？如何使机器语言能像自然语言一样进行表达？为此科学家研发出比汇编语言更适合编程的第 3 代语言——高级程序设计语言，简称高级语言（Highlevel Language）。高级语言的"高级"之处在于它比较接近自然语言，它的语句不再与机器指令一一对应。它由表达各种意义的"词"、"数学公式"及特定的语法规则组成，它面向问题的求解步骤（算法）而不是具体机器的指令系统，故也称为算法语言。表 6-2 给出了用 BASIC 高级语言编写的求解 5+4=9 的源程序。

表 6-2   用 BASIC 高级语言编写的求解 5+4=9 的源程序

语句标号	语 句	注 解
10	DATA 5, 4	数据语句，说明 5, 4 为原始数据
15	READ A, B	读语句，令 A=5，B=4
20	LET S=A+B	赋值语句，求 A+B 之和 S
25	PRINT S	输出语句，打印 S 的值
30	END	结束语句，本程序结束

第 3 代语言的主要特点：

（1）用高级语言编写的源程序必须通过"翻译"生成机器语言程序，才能被计算机执行。这种翻译程序类似于第 2 代程序设计语言的汇编程序，不同的是，一条高级语言指令的功能可能需要"翻译"成若干条机器代码来完成。翻译程序的工作方式可有两种选择：解释程序（Interpreter）或编译程序（Compile）。解释程序（如 BASIC 语言解释程序）是先将源程序"扫视"一遍，然后一句句翻译成目标程序，每译完一句，就执行一句，当源程序翻译完了，目标程序也就执行完了。编译程序（如 PASCAL 语言编译程序）是将源程序完全翻译为目标程序后，再由计算机执行，如图 6-4 所示。

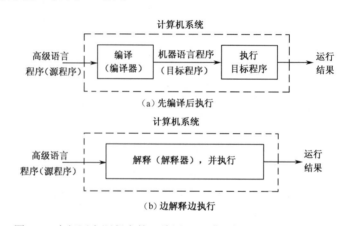

图 6-4   高级语言源程序的"编译"（或"解释"）及"执行"

（2）不同的计算机只要配备了某种高级语言的编译程序，便可运行该高级语言源程序，不受具体机器的限制，通用性强。

（3）高级语言与一般的自然语言（如英语、汉语、俄语、日语等）相比，具有下列不同点。严格，高级语言中的每一个符号和所在位置都不能错漏。小巧，小型高级语言的语法规则约 20 余条，一般不超过 150 条，最大型的高级语言 Ada 的语法规则有 277 条。没有二义性，高级语言中的每条语句在执行时都只能有一个解释。

在有些参考书中，将面向算法过程的高级语言分为两代：①将早期的高级程序设计语言称为一代，它具有数据类型、执行控制、过程和函数的概念，但为非结构化的；②将此后发展起来的结构化程序设计语言（1960 年）称为另一代语言，这种语言的程序结构只能有 3 种：顺序结构、分支结构和循环结构。我们将在下文中结合 C 语言介绍结构化程序设计语言的基本概念及特点。

4．第 4 代语言（4GL）

第 4 代语言实质上是一些可以快速开发应用软件的各种高生产率的软件工具的统称。这一类语言具有"面向问题""非过程化程度高"等特点。用户只需告知诉系统做什么，而无须说明怎么做，因此可大大提高软件生产率。4GL 以数据库管理系统所提供的功能为代表，进一步构造了开发高层软件系统的开发环境，如报表生成、多窗口表格设计、菜单生成系统、图形图像处理系统和决策支持系统等，为用户提供了一个良好的应用开发环境。

第 4 代语言的特点：

（1）非过程化。传统语言是面向问题求解过程的，即规定计算机必须如何做，而非过程性语言则只需用户告诉它做什么，不必告诉它如何去做。

（2）支持面向对象程序设计。可以像搭积木一样构建程序，大大降低开发难度。

（3）图形化、可视化。提供拖拉式生成代码段的功能，编程环境更加友好。

4GL 为了适应复杂的应用，保留了过程化的语言成分，但非过程化是 4GL 的主要特色。

4GL 由于其抽象级别较高的原因，不可避免地带来系统开销庞大，运行效率低（正如高级语言运行效率没有汇编语言高一样），这是 4GL 的不足之处。

常用的第 4 代语言有以下几类：

（1）查询语言和报表生成器，如 SQL（数据库查询语言），Power Builder，Delphi 等。

（2）面向对象的编程语言和网络语言，如 smalltalk，VC（Visual C++），C++，Java，Ada95，HTML 等。

（3）可视化编程语言。最流行的可视化语言是 Visual BASIC（Schneider 1999），目前它已经被 Visual BASIC.NET（Balena，2002）所取代。

（4）软件开发工具。如 CASE（计算机辅助软件工程），它已超出语言的范围，集语言、数据库于一体，形成了所谓信息系统应用生成工具。

5．第 5 代语言（5GL）

第 5 代语言将是智能化语言，它被称为知识库语言或人工智能语言，是最接近自然语言的程序语言。目前大多数人工智能应用程序都是用 LISP（mccarthy 等，1995 年）和 PROLOG（clocksin 和 mellish，1997 年）编写的。PROLOG 语言可能成为第 5 代语言最著名的雏形。其特点是使用符号运算而非数字计算，但还远远不能达到自然语言的要求。到目前为止，还没有公认的第 5 代语言出现。

6.2.2　程序设计基础

1．程序设计范型

程序设计所使用的语言种类繁多，目前已有 1000 多种，编程思想及表达方式各有不同。从程序设计范型上可分为四大类：命令式程序设计语言、面向对象程序设计语言、逻辑程序设计语言和函数式程序设计语言。

（1）命令式程序设计语言。也称面向过程的程序设计语言，代表了传统的程序设计方法。命令式程序设计过程是首先找到求解问题的算法，然后用一个命令序列详细描述该算法过程。也就是说不仅要告诉计算机"做什么"，而且要告诉它"如何做"。命令式高级语言程序设计的主流方法是结构化程序设计。

我们所熟悉的命令式语言包括机器语言，汇编语言，FORTRUN（1960），BASIC，PASCAL，C 语言（ANSI，1989）等。

（2）面向对象程序设计语言。在这种设计范型中，我们需将问题划分为若干对象（Object），每个对象由特定数据及其操作封装在一起，完成一定的任务。如同我们用大的构件组装房屋一样，程序就是由各种不同的对象构建而成的。用户无须知道对象内部的工作流程，只需知道对象接口和操作就可以了。面向对象方法具有封装性、继承性、多态性几大特点。

早期，完全面向对象的语言主要包括 Smalltalk 等，目前较为流行的语言中有 Java，C#，Eiffel 等。比较早的面向过程的语言在近些年的发展中也纷纷吸收了许多面向对象的概念，例如 C→C++，BASIC→Visual Basic→Visual Basic.NET 等。所以这些语言支持面向过程和面向对象两种编程范型。

（3）逻辑程序设计语言。是基于规则的语言，其程序由规则和事实组成。语言利用规则从事实库中推导出处理结果或查找答案。PROLOG 是最为通用的一种逻辑设计语言。

（4）函数式程序设计语言。函数式程序是由一些原始函数、定义函数和函数型组成的函数表达式。函数型范型的设计过程是把函数构造成较简单函数的嵌套复合体。传统程序设计语言中的赋值等概念，在函数式程序设计语言中消失。函数式程序的一个最本质的特性，就是函数值唯一地由其参数值所确定。只要使用相同的参数值，对程序的不同的调用总是得到相同的结果。典型的函数式语言是 LISP（john mccarthy，1958 年）。LISP 是 LISt Processing（表处理）的缩写。

下面结合 C 语言介绍命令式设计语言的基本概念及特点。

每种高级语言都有其自身的特点及其特殊的用途，但它们的基本成分具有一定的共性。到目前为止，几乎所有计算机的基本体系结构都是基于冯·诺依曼计算机体系结构而设计的，这种体系结构对程序语言的设计产生了深远的影响，在一台冯·诺依曼计算机中，数据和程序都储存在内存中，由中央处理器 CPU 执行指令，CPU 与内存分离。因此，指令和数据必须通过"管道"在内存和 CPU 之间进行传递。命令式程序设计语言的核心特性就是变量、赋值语句和重复迭代形式。变量是对内存单元的指定；赋值语句基于"管道"操作，其中，表达式中的操作数由内存通过"管道"传送到 CPU，计算结果再赋值给表达式对应的内存单元；重复迭代形式则是在此体系结构上实现重复操作的最高效的方法。

2．一个简单程序

最基本的源程序是由一条一条的语句组成的序列。它们的主要任务一是描述数据（数据结构），二是描述对数据进行的操作（算法）。下面通过一个 C 语言程序的简单例子来了解程序的基本构造。

【例6-1】　求 $s=1+2+3+\cdots+100$ 的和。C 程序如下：

```
#include  <stdio.h>
int main ( )
{
    int  s , i ;              /*说明语句*/
    s = 0 ;                   /*赋值语句*/
    i = 1 ;                   /*赋值语句*/
    while ( i <= 100 )        /*控制语句*/
    {
        s = s + i ;           /*赋值语句*/
        i = i + 1 ;           /*赋值语句*/
    }
    printf ( " s = %d" , s ); /*函数调用语句*/
    return 1;
}
```

该程序的第一行 main()说明这是一个主函数，它指出一个程序的开始地址。

程序中的"{"和"}"分别标识程序段落的开始和结束。程序中用/*……*/表示的内容是注释部分，目的是增加程序的可读性，对程序的编译和运行并不起作用。

程序中的基本语句有四类：①说明性语句，用来定义程序中要用到的数据。②赋值语句，是最基本的命令语句，用来描述对数据的操作。③控制语句，是改变程序执行顺序的命令型语句。④函数调用语句，如 printf 是 C 语言提供的标准输入/输出函数，可直接调用。

通常，命令型程序以一组说明语句开始，它们描述程序要操作的数据，在此之后是命令型语句，它们描述要执行的算法，注释语句按需要散布在程序各处。

3. 数据类型和结构

程序中用到的所有数据都存放在内存单元中,高级语言允许用变量名标识这个内存单元。通常情况下，程序设计语言中用到的变量在使用前都必须用说明语句进行描述，包括它的名称、数据类型、数据结构等。用说明语句对每一变量进行描述的目的是为其分配存储单元。上例中，程序定义了两个变量名 s，i，都是整型变量。变量 s 用来存放求和结果，变量 i 用来存放每次累加的增量。说明语句中除了定义变量名之外，还要描述变量的类型。这是因为不同类型的数据，在内存中所占的存储空间大小不同，其允许的操作也不一样。常用的基本数据类型有整数类型、实数类型、字符类型和布尔类型等。

（1）整数类型（Integer）。变量的取值是整数。在整数类型上可进行算术和比较运算等。如学生的年龄、成绩等可定义为整数类型"int　age，　score;"。

（2）实数类型（Real）。有时也称浮点类型（Float），指变量的取值可以是带小数点的实数。在实数类型上可进行的运算与整数类型相同。存储时实数变量占用的空间要远大于整数变量，而且两个实数运算和两个整数运算实现的动作是不同的。如商品的价格和总金额可定义为实数型"float price，total;"。

（3）字符类型（Character）。由字母、符号组成的数据。对字符型数据进行的运算主要有字符串的比较、测试一个字符串是否包含在另一个字符串里、把两个串连接成一个串等。如学生的姓名、班级就可用字符型变量表示"char name，class;"。

（4）布尔类型（Boolean）。变量的取值只有两个值 true（真）或 false（假）。在布尔类型上可进行逻辑运算和比较运算等。逻辑运算主要有 and（与）、or（或）、not（非）三种。如学生的考核是否达标，可定义为布尔类型"bool　pass;"

除了上述简单的基本数据类型外，高级语言通常都提供若干构造数据类型，包括数组、结构、枚举等，其中最基本的就是数组。

数组类型（Array）是同类型数据构成的集合。可以是一维列表、二维列表或更高维的表。在定义数组的名称和类型的同时，还需要给出数组每一维的长度。例如，程序要管理 30 名学生的考试成绩 scors，则这些成绩可以存放在一个一维表中，C 语言的数组定义为

```
int scors[30];
```

它告诉编译程序，变量 scors 是一个有 30 个元素的一维表，编译程序将在内存中为其分配相应的一片连续的存储区域。定义数组变量后，就可以在程序中通过数组名来使用它，而且借助数组下标可以访问它的单个数组元素。例如，s=scors[5]表示取出数组的第 5 个元素赋给变量 s。

C 语言的基本数据类型如图 6-5 所示。通过这些数据类型可以表达许多应用中的复杂数据结构，包括表格、树、图等。

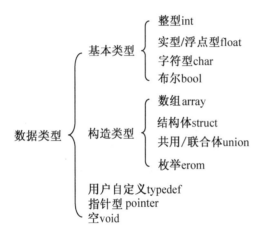

图 6-5　C 语言的基本数据类型

4．表达式和赋值语句

定义好程序中的数据类型和结构之后，就可以描述算法了，它是通过命令型语句来实现的。

最基本的命令语句是赋值语句。它的一般形式为

　　　　<变量> <赋值运算符> <表达式>

该语句的含义是：计算赋值运算符右边表达式的值，并把计算结果存放到赋值运算符左边变量名所对应的内存单元中。

例如，程序中的赋值语句"s=s+i"所代表的操作是：分别取出 s 和 i 中存放的数值，然后相加，计算结果放回 s 中。

高级语言中的表达式内容丰富，通常有以下三类。

（1）算术表达式。所谓"算术表达式"即一般数学计算式，表 6-3 给出了 C 语言中算术表达式的几个例子。

表 6-3　算术表达式的运算过程举例

算术表达式	C 语言中表达式	结　果	说　　明
20+5-8	20+5-8	17	优先级相同，从左到右
8-3×4	8-3*4	-4	先乘后减
17÷5	17/5	3	两个整数作除运算，结果为整，即整除；若其中有一个数为实数，结果为实数
求 17 模 5	17%5	2	求模或求余
(3+5)/(3-1)	(3+5)/(3-1)	4	先计算括号内表达式

（2）关系表达式。其功能是比较两个数据的大小，其结果为逻辑值，即"真"或"假"。C 语言中提供的关系运算符与关系表达式的用法如表 6-4 所示。

表 6-4　关系运算符

关系运算符	含　义	数学表达式	C 语言中关系表达式
==	相等	$a=b$	a==b
!=	不相等	$a\neq b$	a!=b
>	大于	$a>b$	a>b
<	小于	$a<b$	a<b
>=	大于或等于	$A\geq b$	a>=b
<=	小于或等于	$A\leq b$	a<=b

例如，8 > 5　　　　　结果值为 1　（真）

　　'a' > 'b'　　　　　结果值为 0　（假）

（3）逻辑表达式。逻辑表达式的结果是一个逻辑值，即"真"或"假"。一般地，多个关系表达式可以通过逻辑运算符连接成一个逻辑表达式。C 语言中提供的逻辑运算符以及表达式的用法如表 6-5 所示。

表 6-5　逻辑运算符

优先级	逻辑运算符	含义	逻辑表达	使用说明
高	!	非	!a	若 a 为非 0（真），则结果为 0（假）；若 a 为 0（假），则结果为 1（真）
	&&	与	a&&b	当 a，b 均为非 0（真）时，结果为 1（真）；否则结果为 0（假）
低	||	或	a||b	当 a，b 中有一个为非 0（真）时，结果为 1（真）；当 a，b 均为 0（假）时，结果为 0（假）

例如，（5 > 3）&&（'a' == 'b'）　　　　　结果为　0

　　（5 > 3 ）||（'a' == 'b'）　　　　　结果为　1

　　!（5 > 3）　　　　　　　　　　结果为　0

例如，年龄 20≤age<60 的 C 语言条件表达式为

　　(age >= 20)&&(age < 60)

由于关系表达式和逻辑表达式两者的运算结果或为真，或为假，所以可以用来选择程序执行的流向，因此它是构成程序分支结构的基本因素。

5．控制语句

控制语句是改变程序执行顺序的命令型语句。正常情况下，程序是按照语句的书写顺序从上到下逐条执行命令语句的，即顺序结构。如果算法需要重复执行某些步骤或者跳过某些步骤，就需要用控制语句加以改变。

在结构化程序设计中，程序的控制结构与算法的流程结构相对应，即任何程序都可以由顺序结构、选择结构、循环结构这三块"积木"通过组合和嵌套表达出来。

以C语言为例，控制语句有4种，控制语句及对应的流程图如表6-6所示。

表6-6　控制语句举例

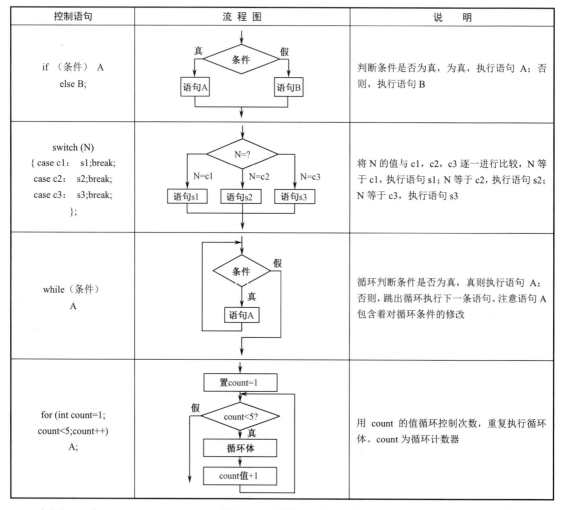

控制语句	流程图	说明
if （条件） A else B;		判断条件是否为真，为真，执行语句A；否则，执行语句B
switch (N) { case c1： s1;break; case c2： s2;break; case c3： s3;break; };		将N的值与c1，c2，c3逐一进行比较，N等于c1，执行语句s1；N等于c2，执行语句s2；N等于c3，执行语句s3
while （条件） A		循环判断条件是否为真，真则执行语句A；否则，跳出循环执行下一条语句。注意语句A包含着对循环条件的修改
for (int count=1; count<5;count++) A;		用count的值循环控制次数，重复执行循环体。count为循环计数器

在例6-1中，while（i<=100）是while型循环语句，表示当表达式i<=100为真时，将反复执行其后的复合语句：

```
{
    s = s + i ;
    i = i + 1 ;
}
```

6．过程和函数

在结构化程序设计方法中，可将整个程序从上而下、由大到小逐步分解成较小的模块，这些具有独立功能的模块，称为子程序。子程序之间要定义相应接口，各子程序可分别开发，最后再组合到一起，从而降低了开发难度，提高了代码的重用性，又便于维护。子程序包括过程和函数两种。

（1）过程是完成一个具体任务的一组语句。它可以作为一条抽象语句（过程调用语句）供其他程序调用。当程序执行到过程调用语句时，将控制传递给过程，该过程执行完成后，控制又返回到原来程序的调用语句继续执行。将控制传递给过程的方法称为该过程的调用。

（2）函数与过程有类似的功能和作用，二者的差别在于，过程只是完成操作任务，不必返回数值，而函数必须返回数值。顾名思义，就像数学中的函数一样，指定了自变量就一定能得到函数值。

各种高级语言都提供很多标准库函数供编程者使用，但更多的应用还需编程者自己编写子程序。例如，可以编写一个对 n 个数据排序的过程，程序中如果用到排序功能，只需直接调用该过程即可，而不必重复写代码。

C 语言没有将过程与函数进行严格区分，过程被看作没有返回结果值的函数。C 语言程序通常由若干函数组成，且仅能有一个 main() 函数。例 6-1 中，C 语言程序以 main() 开头，并且在程序中调用了系统提供的用于输入和输出的库函数 printf。

（3）参数传递。过程和函数是在被调用后执行的，它的输入数据和一些参数一般需要由调用程序传递给它，以满足不同的调用要求。

例如，对 n 个数排序的过程，待排数据和数据个数 n 的具体值要由调用程序作为输入参数提供。由于过程和函数执行时需要的输入数据及参数（Parameter）往往是被调用时才指定，在定义和编写过程及函数代码时无法预知这些数据和参数的名称和数值，因此这些参数只能用抽象符号代表，并没有具体值，只是形式上的参数，称为形参。与形参相对应的是在执行过程中实际赋予的参数值，称为实参。调用时通过形实参数的结合完成数据的交换。

下面是一个简单的 C 函数调用过程：

```c
#include  <stdio.h>
int main ( )
{
    int i=2, i=3;              /* 定义变量 i，j，初始值为 2 和 3*/
    int f (int a, b)          /* 函数声明*/
    int p=0;                   /* 定义变量 p，初始值为 0*/
    p=f (int i, j);            /* 函数调用，i，j 为实参*/
    printf ("p=%d", p);        /* 输出结果*/
    return 1;
}
int f (int a, b)              /* 函数定义，a，b 为形参*/
{
    return(a+b);              /* 返回 a+b 的结果值*/
}
```

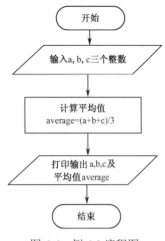

图 6-6　例 6-2 流程图

7. 高级语言程序设计举例

【例 6-2】　输入 3 个整数，求其平均值。

问题分析如下：

（1）题目要求输入 3 个数，在程序中需要 3 个变量来保存输入的 3 个数，变量的类型为整数类型，调用输入函数实现 3 个整数的输入。

（2）设一个存放平均值的变量，其类型为实数类型，计算平均值。

（3）调用输出函数，将 3 个数及结果输出。

流程图如图 6-6 所示。可以看出，该程序为顺序结构，其 C 程序如下：

```c
#include <stdio.h>
int main ( )                          /*求三个整数的平均值*/
{   int a ,b ,c ;
    float  average ;                  /*定义变量*/
    scanf ("%d,%d,%d",&a,&b,&c);   /*输入三个整数，分别存放在 a，b，
                                        c 变量中*/
    average = ( a + b + c )/3.0    /*计算平均值*/
    printf ("a=%d,b=%d,c=%d,average=%7.2f\n",a,b,c, average) ;
                                        /*输出结果*/
    return 1;
}
```

程序运行结果如下：

　　输入：2,5,8↙
　　结果：a=2,b=5,c=8,average=5.00
　　输入：30,18,25↙
　　结果：a=30,b=18,c=25,average=24.33

【例 6-3】　判断输入的某一年份是否是闰年。

判断闰年的条件是：

（1）若年份能被 4 整除且不能被 100 整除，则此年肯定是闰年。

（2）若年份能被 100 整除且又能被 400 整除，则此年肯定是闰年。

（3）其他的不是闰年。

程序中定义变量 year 为输入的年份，定义一个标志变量 leap 来标识判断结果，是闰年置 leap=1，不是闰年置 leap=0，最后根据 leap 的值打印结果。

流程图如图 6-7 所示，可以看出，该程序为多层分支结构，其 C 程序如下：

```c
#include <stdio.h>
int main ( )
```

```
{ int  year , leap ;                  /*定义变量为整数类型*/
  scanf ("%d" , &year);               /*读入年份*/
  if (year % 4 == 0)                  /*年份能被 4 整除吗*/
  {
        if (year % 100 == 0)          /*能被 100 整除吗*/
        {
              if (year % 400 == 0) leap = 1;/*能被 400 整除，是
                                              闰年置标志为 1*/
              else  leap = 0 ;        /*不能被 400 整除，不是闰年置
                                        标志为 0*/
        }
        else  leap = 1; /*能被 4 整除且不能被 100 整除,是闰年置标志为1*/
  }
  else  leap = 0 ;      /*不能被 4 整除，不是闰年置标志为 0*/
  if (leap = = 1) printf ("%d is a leap year.\n", year);
  else printf ("%d is not a leap year.\n", year);
  return 1;
}
```

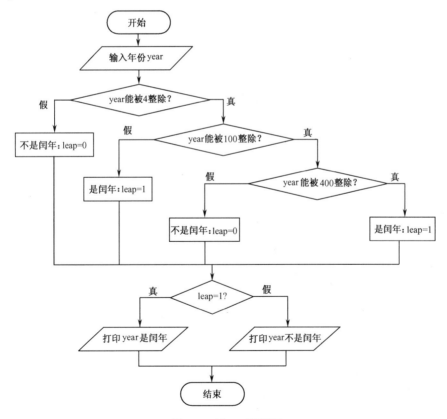

图 6-7　例 6-3 流程图

程序运行结果如下：

输入：2000↙
输出：2000 is a leap year.

输入：1998↙

输出：1998 is not a leap year.

在程序中注意 if 语句嵌套时 else 与 if 的正确配对。原则是 else 子句总是和其前面最近的 if 相匹配。

上例中采用多个条件嵌套来判断闰年，实际上可以将上面的条件合并成一个逻辑表达式 (year % 4 == 0 && year % 100 != 0) || (year % 400 == 0)。

上述程序可写成：

```
#include <stdio.h>
int main ( )
{ int year , leap;
  scanf ("%d" , &year);
  if ((year % 4 == 0 && year % 100 != 0 ) || ( year % 400 = = 0))
      leap = 1 ;
  else
      leap = 0 ;
  if (leap = = 1)
      printf ("%d is a leap year.\n" , year);
  else
      printf ("%d is not a leap year.\n", year);
  return 1;
}
```

可进一步简化成：

```
#include <stdio.h>
int main ( )
{ int year ;
  scanf (" %d ", &year);
  if ((year % 4 = = 0 && year % 100 != 0)||(year % 400 = = 0))
      printf ("%d is a leap year.\n ", year);
  else
printf ("%d is not a leap year.\n",year);
  return 1;
}
```

6.2.3　面向对象程序设计

1. 面向对象概述

在面向过程的程序设计中，程序通常被划分成一个主模块和若干子模块（子程序），每个子程序完成一定任务，由主程序调用各个子程序完成整个系统功能。在这种设计范型中，包含了对过程的抽象。因为从调用程序角度来看，只需知道子程序能完成哪些操作，无须了解子程序是如何实现的。

例如，当一个程序需要对某种类型的数据排序时，就可以用一个子程序 sortint 来实现这个排序过程。程序的其他地方需要排序时，就可以放置调用语句：

```
sortint(list,listlen)
```

此调用是实际排序过程的一个抽象。对于调用语句 sortint，重要的属性仅为待排序数组的名字、元素的类型及数组的长度，并未指定其实现算法。

但仅有过程抽象并不能满足编程的更高需求。在这类程序中，数据是公用的，所有模块都可以使用同一组数据，数据和处理这些数据的代码相互分离，给程序设计者带来很大不便。特别是当数据量较大、操作较复杂时，程序某一模块的修改，将会导致整个程序中所有相关部分的调整。因此在 20 世纪 70 年代末，人们开始把关注的焦点从面向过程的程序设计方法转向面向数据的方法，提出了抽象数据类型的概念。抽象数据类型（Abstract Data Type，ADT）由特定类型的数据和其上的一组基本操作构成，称为一个封装（Encapsulation）。ADT 的一个实例称为对象（Object）。通过访问控制，ADT 的一些不必要的细节可以对外界隐藏，即在该类型的封装之外，其他程序单元不会看到这些细节。

例如，整数类型及对整数的+、−、*、/运算就可以构成一个抽象数据类型。

又如，可在整数数组上封装以下基本操作：添加一个元素到数组的末尾、删除数组中的指定位置上的元素、如果数组中存在指定的值则返回真，否则返回假。

ADT 可以通过特定的数据结构在程序的某个部分得以实现，而在用到这个 ADT 的每个地方，我们只关心这个数据类型上的操作，而不关心数据结构如何实现。

面向数据开发方法的演化进程中，最后一步即是面向对象程序设计方法的出现，这始于 20 世纪 80 年代初。面向对象方法论在数据抽象的基础上，将抽象数据类型集合中的共同性抽取出来，并定义成一个新类型，此集合中的成员可以继承这个新类型的共有部分，这就是继承。继承是面向对象程序设计的核心所在，它极大促进了软件代码尽可能重用，使软件开发效率显著提升。

支持面向对象程序设计的语言目前已经成为主流。主要的面向对象语言有 Smalltalk，C++，Java，C# 和 Ada95 等。其中 Smalltalk 是第一个为支持面向对象程序设计范型而开发的语言。C++是在 C 语言的基础上扩展了面向对象能力而来的，Java 从 C++发展而来，真正做到了面向对象，是适合网络应用的面向对象程序设计语言。

2．面向对象程序设计的基本概念

一个面向对象的程序由多个不同类型的对象组成，每个对象都拥有自己的数据属性和相关操作，完成一定的任务。整个程序就是由这些各自独立而功能不同的对象构建而成的，而对象间的联系是通过消息来实现的，如图 6-8 所示。

（1）对象（Object）。每个对象由对象名、属性和操作三要素构成。其中对象名是对象的唯一标识（回顾一下变量名的涵义）。一个对象可以有一组属性，称为数

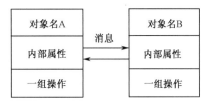

图 6-8　对象的结构

据成员，它可以是简单数据类型或复杂数据类型。对象中可以有一组操作，称为方法（Method），这些操作构成对象对外提供的服务。对象通过外部接口（或协议）声明自己能提供的服务。一个对象通过发消息的形式访问别的对象所提供的服务。

（2）类（Class）。一个对象具有哪些属性和哪些方法取决于它所属的类型。对象的类型由类来定义，就如同数据说明语句"int x，y"中，int 描述了数据对象 x，y 的类型一样。类是面向对象程序设计语言提供的、由用户用来定义程序中对象所属类型的。类的描述如下：

```
Class name
{
    ...
}
```

其中，name 是该类的名字，通过它可以在程序的其他地方访问这个类。

【例 6-4】 所有书籍构成一个类，在 C++中这样声明一个类。

```
Class books                                    //以 Class 开头
{
  private:
      int   num ;
      char  bookname[30];
      char  author[10];
      char  publishers[30];                    //以上为数据成员
  public:
      void display()                           //成员函数
      {cout<<"num: "<<num<<endl;
       cout<<"bookname: "<<bookname<<endl;
       cout<<"author: "<<author<<endl;
       cout<<"publishers: "<<publishers<<endl; //操作代码
      }
}
```

这就声明了一个名为 books 的类，其描述方法是通过在传统的数据结构中加入一些函数或过程来实现的。如 display 成员函数，它被封装在类中，C++称方法为**成员函数**。

一旦我们定义好 books 这个类，就可以用形如

```
books  book1, book2;
```

这样的语句来建立类型为 books 的对象变量 book1 和 book2 了，这里 book1，book2 是 books 的两个实例。

注意到 C++类中包含可见和隐藏两类成分。要隐藏的部分可写在 private 子句中，而可见的部分写在 public 子句中。display 成员函数的标志是可见部分，称为公有的，它可以被其他程序单元存取；数据成员是不可见部分，表明该子句不能由外部访问，称为私有的。这就是"封装"的涵义。

（3）对象、方法和消息之间的关系。一个对象通过发消息访问别的对象所提供的服务。上例中的 display 方法（已被声明为 public）可以通过外界发"消息"来激活。所谓"消息"就是用程序语句实现的一个命令。例如，要输出对象 book1 的相关信息，可以用下列语句：

```
book1.display();
```

即向对象 book1 发出一个"消息"，通过它执行 display()方法。

（4）继承（Inheritance）。继承指一个类（子类）可以从现有的类（父类）中派生出来，或者说通过继承获得其他类（父类）的特性。子类直接继承了父类的数据和方法，子类的对象可以调用该类及其父类的成员变量和成员函数。例如，计算机类图书可看作是图书的一个子类。

例如，我们可以通过语句

```
Class computerbooks:books
{
    ...
}
```

来说明另一个称为 computerbooks 的类。这个类不仅继承了 books 的属性，还包含了花括号中出现的新特性。

定义好之后，我们可以利用语句

```
Books book1,book2;
```

来说明 book1，book2 是原类型的对象，而用语句

```
computerbooks book3;
```

来说明 book3 是具有附加特性的变量。

（5）多态性（Polymorphism）。多态性是指同样的消息被不同的对象接收时导致完全不同的行为这样一种现象。多态在计算机中应用广泛，如双击鼠标事件可以打开一个 Word 文件，也可以打开一个文件夹，还可以打开一个窗口。又如符号"+"既可作为算术运算符，也可以作为两个字符串的连接符，特定的用途由其特定的环境所决定。继承的使用导致很多相似又有差别的对象存在，**多态方法**是具有相同名称的、处在同一类层次的两个或多个类的方法。例如，职工是父类，经理和工人是它的两个子类。两个子类都有"计算薪金"这一方法，但经理是年薪，工人是计件工资，计算方法是不一样的，但我们可以用同样的消息处理它们。

封装、继承和多态是所有的面向对象程序设计语言都具有的三类特征。

面向对象程序设计与面向过程的程序设计相比具有以下优点：

① 程序的可维护性好。用户可以通过操作类或对象的属性或方法，方便地进行程序的修改。

② 提高了代码的可重用性。用户可以根据需要，将已经定义好的类或对象添加到自己的应用程序中。目前流行的面向对象程序设计语言都提供了丰富的类库，开发者可以利用类库像搭积木一样构建自己的程序。

③ 程序易读性好。使用对象时只需了解类和对象的外部特征，而不必知道它们的内部实现算法。

本节我们只通过简单实例介绍了面向对象技术的一些基本知识，面向对象技术内容丰富，有许多深入的概念，相关语言的语法规定也比较复杂，读者会在后续课程中深入学习。

6.3　操作系统

对大多数使用过计算机的人来说，操作系统既熟悉又陌生。熟悉的是一打开机器，首先运行的就是操作系统，我们所有的工作都是在操作系统上进行的。但大多数人又说不清什么是操作系统。本节将先对操作系统做一概述，然后分别介绍操作系统的各项管理功能。

6.3.1　操作系统概述

1. 什么是操作系统

关于操作系统的定义至今尚无权威性的说明，通常都从功能、用户及软件等多个角度对操作系统做出解释：操作系统是由程序和数据结构组成的大型系统软件，它负责计算机的全部软硬件资源的分配、调度与管理，控制各类程序的正常执行，并为用户使用计算机提供良好的环境。

如前所述，在硬件上加载操作系统之后计算机系统就变成一台与"裸机"大相径庭的"虚拟"计算机。其他所有的软件，如编译系统、数据库系统、软件开发工具等系统软件以及浏览器、字处理软件、办公软件等应用软件都是以操作系统为基础，运行于"虚拟"机上的。该虚拟机为用户提供了两种不同级别的接口：最终用户接口与程序员接口。

（1）最终用户接口：包括命令行用户接口（如 DOS，UNIX-Shell 命令）和图形用户接口（如 Windows 7，Windows NT， UNIX-X Windows）。

（2）程序员接口：用户在程序中像调用子程序一样调用操作系统所提供的子功能，也称系统调用，如 DOS 中的 INT 21H，Windows API（Windows 应用编程接口）等。

2. 操作系统的分类

操作系统种类繁多，从系统的功能角度可将操作系统分为批处理操作系统、分时操作系统、实时操作系统、网络操作系统和分布式操作系统等几大类。下面简要介绍这几类操作系统的特性。

（1）批处理操作系统。批处理操作系统（Batch Processing Operating System）是操作系统发展历史上最早问世的操作系统，其产生的背景是为了解决用户操作速度太慢与计算机处理速度极快之间的"人机矛盾"。顾名思义，"批处理"操作系统的特点是：批量地将众多用户作业输入计算机，进行成批处理，作业之间的调度、切换由系统自动完成，无须人工干预。显然，批处理系统提高了计算机系统的吞吐量及资源的利用率。

批处理系统分为单道批处理系统与多道批处理系统。

在单道批处理系统中，用户一次可以提交多个作业，但系统都是逐个处理作业，一个作业处理完毕再处理另一个作业，其工作流程如图 6-9 所示。因此单道批处理系统不能充分利用计算机系统的资源。例如，当运行中的作业进行输入/输出操作时，处理器将处于空闲等待状态，而输入/输出操作的速度很慢，这将浪费宝贵的处理器资源。为改进这一状况，出现了多道批处理系统。

在多道批处理系统中，输入的成批作业先装入辅存，然后按一定的作业调度算法将属于同一批次的若干作业由辅存调入内存，存放在内存的不同区域。当一个作业由于等待输入/输出操作而让处理器出现空闲时，系统自动进行切换，处理另一个作业。这样，使计算机系统的资源可交替地为多个作业服务，实现计算机系统各部分的并行操作，大大提高了系统资源的利用率。

（2）分时操作系统。分时操作系统（Time-Sharing Operating System）是一种多用户共享系统，多个用户通过各自的终端使用同一台计算机。所谓"终端"就是一个具有显示设备和键盘的控制台，它既是输入设备，又是输出设备。用户从各自的终端输入程序、数据及本作业的管理命令，操作系统按分时原则为每个用户分配使用 CPU

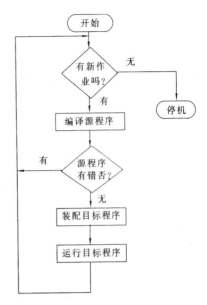

图 6-9　单道批处理系统工作流程

的时间片，边处理边回答，以合理的响应时间满足用户要求，使每个用户感到计算机好像为他一个人服务似的。图 6-10 示出了分时处理系统的工作流程，图 6-11 示出了分时处理系统的组成。

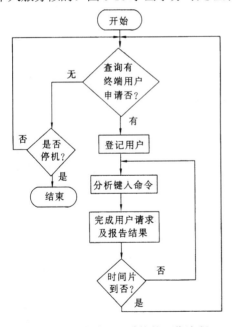

图 6-10　分时处理系统的工作流程

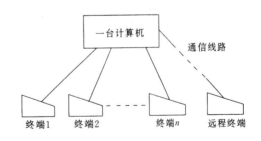

图 6-11　分时处理系统的组成

分时系统与批处理系统的区别是，在批处理系统中，一个作业可以长时间地占用 CPU 直至该作业执行完成；而在分时系统中，一个作业只能在一个时间片（Time Slice）的时间（一般为 100 ms）内使用 CPU，时间一到，系统将剥夺作业的 CPU 使用权，把 CPU 分配给其他的作业使用。此外，分时系统具有交互性和及时性的特点，而批处理系统在一批作业处理过程中人工不能干预。

（3）实时操作系统。实时操作系统（Real-Time Operating System）能及时响应外部事件请求，在规定时间内迅速做出处理，并不失时机地将处理结果输出。实时操作系统简称实时系统，它可分为实时控制系统和实时信息处理系统两大类。如计算机用于导弹发射、飞机飞行、炼钢及化工生产等自动控制中，都要及时处理采集到的数据，并进行计算分析，适时地控制相应的执行机构，以实现控制目的，这就是实时控制系统，图 6-12 示出了该系统的组成框图。又如计算机用于铁路运营、飞机订票及银行管理等领域，计算机将接收从远程终端发来的服务请求，并在很短的时间内对用户做出正确回答，这些系统就是实时信息处理系统。

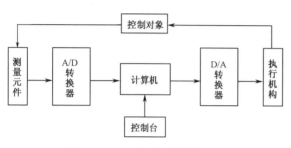

图 6-12　实时控制系统的组成

实时操作系统与分时操作系统很类似，都采用时间片分时技术，也具有交互性和及时性。但实时操作系统与分时系统仍有较大的区别：实时系统一般是专用的，其交互能力较差，它只允许用户访问数量有限的专用程序；而分时系统具有很强的通用性，有很强的交互功能，它允许用户运行或修改自己的应用程序。此外，它们之间的最大区别还在于系统的响应时间，在分时系统中，响应时间可以长一些，以不超过用户的忍受范围为限，一般在 2～3 秒之间；而实时系统的响应时间要短得多，一般为毫秒级，甚至是微秒级。

（4）网络操作系统及分布式操作系统。随着计算机网络技术的发展与广泛应用，20 世纪 80 年代出现了新的网络操作系统。与单机上的操作系统相比，网络操作系统能够管理网络上的共享资源及网络通信，协调各个主机上任务的运行，并向用户提供统一、高效、方便易用的网络接口。网络操作系统是在单机操作系统基础上发展起来的，因而与单机操作系统并没有本质的区别。

随着计算机网络的兴起，还出现了一种新的与网络操作系统相类似的操作系统——分布式操作系统，它应用于分布式计算机系统。该系统的结构建立在计算机网络基础上，但网络上的每台计算机都是自主的，它们各自有自己的操作系统，都有自己的本地用户。分布式系统则更像是一种"单机化"的多计算机（或多处理机）系统。虽然它由多台计算机组成，但对用户而言，它只是一个"单机"处理系统，用户不必关心它的应用程序实际上在哪台计算机上执行，也不必关心它的文件保存在什么地方，这一切对用户是"透明"的，完全由分布式操作系统自行高效地完成。

除上述几大类操作系统外，若根据操作系统能同时支持的用户数及任务数，还可把操作系统分为单用户操作系统（如 MS-DOS）和多用户操作系统（如 UNIX）；单任务操作系统（如 MS-DOS）和多任务操作系统（如 Windows 7，Windows Server 2008）。若根据操作系统所运行的计算机硬件来进行分类，则可把操作系统分为嵌入式操作系统、掌上电脑操作系统、微机操作系统和主机（Mainframe）操作系统等。

3. 操作系统的功能

从资源管理的角度看，操作系统对计算机硬软件资源的管理功能包括下列 5 个部分。

（1）处理器（CPU）管理。处理器是计算机系统中最主要的资源，其管理功能是实现多道程序运行下对处理器的分配和调度，使一个处理器为多个程序交替服务，最大限度地提高CPU 的利用率。或者说，从"宏观"上看，将一个 CPU 虚拟化为多个 CPU，供多个程序分别使用；从"微观"上看，仍是多个程序交替使用一个 CPU。

（2）存储管理。指对计算机的主存储器进行管理，包括：

① 主存的分配与回收。按一定的策略为申请主存空间的作业分配存储空间；当作业运行完毕，回收该作业所占据的主存空间，使它变为空闲区。

② 主存的保护。为多个用户程序共享主存空间提供保护措施，使各用户程序与数据不被破坏。

③ 主存的扩充。为用户提供比实际主存容量大得多的虚拟存储空间。

（3）设备管理。指对计算机的各类外部设备（输入设备、输出设备及外存储器）的管理，具体包括设备的分配与回收、启动外设工作、进行故障处理等。为提高设备的利用率，采用了"虚拟设备"技术，将一个实际的物理设备虚拟化为可供多个用户使用的多个虚拟设备。为使用户能高效方便地利用设备，还采用了"屏蔽"技术，使用户应用设备时不必关心实际设备的物理特性。

（4）文件管理。计算机系统中的所有信息（程序、数据及文档等），都是以文件形式保存在外存中的。文件管理的主要任务是面向用户实现按名（即文件名）存取，支持对文件的存取、检索、插入、修改和删除；解决文件的共享、保护和保密等问题。

（5）作业管理。作业（Job）是指用户提交的任务，它包括用户程序、数据及作业控制说明。作业控制说明表达了用户对作业的运行要求，可通过作业控制语言或操作控制命令实现。作业管理一般包括：

① 向用户提供实现作业控制的手段（即前述的两类接口）。

② 按一定策略实现作业调度。从外存中选择若干作业装入主存，准备运行；作业完成后，进行资源回收，使各作业有效地共享系统资源，并尽可能地满足用户要求。

现代操作系统除了应具备上述五大管理功能外，还应具有网络功能，即能够提供网络通信、网络服务、网络接口和网络资源管理等功能。计算机技术的不断发展向操作系统提出了许多更新、更高的要求。但不管怎么变化，其目标是一致的：操作系统必须实现对计算机系统软硬件资源的高效管理，并为用户提供一个越来越易于使用的高效、安全的操作环境。

4．操作系统的特性

为了实现操作系统的上述目标，在操作系统中采用了三项技术：程序的并发执行、资源共享及虚拟技术。这三项技术使操作系统具有区别于其他软件的最基本特征。

（1）程序的并发执行。在多道程序装入计算机系统之后，其一种运行方式是各个程序按先后次序一个一个地顺序执行，如图 6-13（a）所示。图中假定有 A，B，C 三个程序，而每个程序又可分为三个程序段 A_I，A_C，A_O；B_I，B_C，B_O；C_I，C_C，C_O；它们分别表示这三个程序的输入、计算和输出程序段。显然，这种程序的顺序执行方式将不能充分发挥计算机系统各组成部分的使用效率。例如，当 B 程序在输入时，只使用系统的输入设备，而 CPU 及输出设备是空闲的。为了提高计算机系统的处理能力和使用效率，可采用另一种多个程序并发执行的方式，如图 6-13（b）所示。由图可见，每个程序的各个程序段仍是顺序执行的，但不同程序的不同程序段却可并行执行，因为它们占用了系统的不同资源。例如，在 t_3 时刻，程序 A 占用输出设备，进行输出；程序 B 占用 CPU，进行计算；而程序 C 占用输入设备，进行输入。可见，整个系统的各部分都处于忙碌之中。

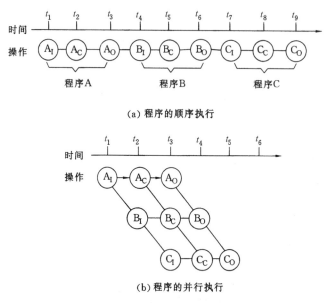

图 6-13　多道程序的顺序执行和并发执行示意图

所谓"并发"是指两个或两个以上的事件在同一时间间隔中发生。在图 6-13 中，在 $t_3 \sim t_4$ 时间段内，三个程序处于"并发"工作状态。由于计算机系统只有一个 CPU，故这三个程序从"微观"上看是交替使用同一个 CPU，但交替时间很短，用户觉察不到，形成了"宏观"意义上的并发操作。程序的并发执行可以大大提高计算机系统的处理能力，但也会使操作系统变得更加复杂。因此，一些要求不高、比较简单的操作系统（如 MS-DOS）没有并发执行的能力。

（2）资源共享。资源共享是指计算机系统中的硬件资源和软件资源不仅为某一程序或某一用户所独享，而是可供多个拥有授权的程序或用户共同使用。资源共享是程序并发执行的基础，而并发执行则是资源共享的前提。没有并发执行，自然谈不上资源共享；反之，若不能对共享资源进行有效的管理，势必影响到并发执行，甚至无法实现并发执行。

并发和共享是现代操作系统的两个最基本的特征，只有采用了并发和共享，才能大大提高计算机系统的资源利用率和系统的吞吐量。

（3）虚拟（Virtual）技术。虚拟技术是计算机系统中使用最多的一种技术。所谓"虚拟"就是把物理实体映射为一个或多个逻辑实体。物理实体是实际存在的（如 CPU、主存、打印机等），而逻辑实体则是"虚拟"的，只是用户的一种看法和感觉。例如，在多任务操作系统中，CPU 显然只有一个，但多个任务在极短时间间隔中可以交替使用 CPU，使用户感觉有多个 CPU 为各个任务服务，这多个 CPU 就是虚拟的 CPU。

虚拟存储器也是一种由物理实体（辅存和主存）映射而成的逻辑实体，其基本原理是：通过操作系统对辅存与主存之间的信息自动地动态调度，为用户提供了容量，为辅存（或其一部分）和主存之和，可供用户使用的但实际又不存在的虚拟主存。

总之，使用虚拟技术可把硬件设备映射为虚拟的逻辑设备，为用户提供一个简单、方便、统一的用户界面，并提高用户使用计算机的效率。

6.3.2　处理器管理

处理器管理（Processor Management）的主要功能是，解决多道程序运行下如何把 CPU 的工作时间合理、自动地分配给所要执行的各个程序，以提高 CPU 的利用率，并使用户满意。为此，先引入处理器管理中的两个基本概念：作业与进程。

1. 作业的状态转换

如前所述，用户程序以作业的方式提交给计算机系统，作业自进入系统到运行结束大致经历 4 个阶段，称为作业的 4 个状态，如图 6-14 所示。

图 6-14　作业状态及其转换

（1）进入状态。该状态下，作业处于由输入设备输入到外存的过程中。此时由于作业信息尚未全部输入系统，故不具备运行的条件。

（2）后备状态。该状态下，作业的全部信息已输入外存，并由作业注册程序为它建立了作业控制块（其含义见后），标志该作业的存在。此时，作业等待作业调度程序把它调入内存。

（3）运行状态。当作业已获得除 CPU 外的全部所需资源时，便由作业调度程序将它调入内存，并为它建立"进程"（其含义见后）。此时，作业以"进程"方式，在获得 CPU 后投入运行。

（4）完成状态。当作业已完成全部所需的运算或因发生错误而退出系统时，作业进入完成状态。此时，系统将收回分配给该作业的全部资源，并将该作业连同其作业控制块一起撤销。

2. 进程及其状态转换

作业的运行是以"进程"（Process）方式实现的。那么，什么是"进程"？为什么要引入进程？如何通过进程状态的转换使多个进程共享一个 CPU 呢？这些正是下面要回答的问题。

前已指出，现代操作系统管理下的多道程序都是并发执行的，而程序的并发执行是建立在共享计算机系统资源的基础上的，这使各程序之间产生相互制约的关系。例如，图 6-13(b) 中程序段 A_O，B_C，C_I 是并发执行的，但若 A_C 未完成，则不仅 A_O 不能执行，而且 B_C 也不能执行，它又导致 C_I 也不能执行。可见，程序的并发执行使得本来毫无逻辑关系的各用户程序之间相互制约，各个程序在使用 CPU 时出现了"走走停停"的现象。面对这一新情况，程序这个概念已不足以描述并发处理的特点。为了能准确地描述并发处理的执行过程，引入了"进程"这一新概念。

所谓进程，是指一个程序（或程序段）在给定的工作空间和数据集合上的一次执行过程，它是操作系统进行资源分配和调度的一个独立单位。与程序相比较，进程具有 3 个基本特征。

（1）动态性。进程是程序的一次执行过程，它由系统"创建"并独立地"执行"。在执行过程中可能因某种原因而被暂时"阻塞"，而当条件满足时又被"唤醒"并继续执行，直至任务完成而"消亡"。因此，进程是一个动态的概念，它有"创建"到"消亡"的生命期，并有"就绪—执行—阻塞"等状态转换。而程序只是指令的有序集合，本身并没有运行的含义，因此它是一个静态的概念。

（2）并发性。进程是一个能和其他进程并发执行的独立单位，即一个进程已开始工作但还没有结束之前，另一个进程可以开始工作。而没有建立进程的程序一般是不宜并发执行的。

（3）异步性。进程是按照各自独立的、不可预知的速度向前推进。为此，系统必须为进程提供同步机构，以确保各个进程之间能协调操作，共享资源。

进程和程序有所区别，但也有密切的联系，主要表现在：进程总是和程序相对应，没有程序就不能形成进程。一个程序往往可以形成若干进程，即同一个程序段可以在不同的数据集合上执行，从而构成若干进程。反之，一个进程至少要对应一个程序或对应多个程序。例如，同一个编译程序 P 可交替地为多个用户程序编译形成多个进程。如图 6-15 所示，一个编译程序 P 在对源程序 A 进行编译时形成了进程 P_A。若该进程在运行过程中要从磁盘调入数据，暂时停止运行。此时，编译程序 P 可对源程序 B 进行编译，形成了进程 P_B，此时，P_A 和 P_B 是两个并发进程。又如，一个进程在运行过程中需要进行打印，该进程就要调用相应程序并创建一个打印进程，该进程可能涉及多个程序。

如前所述，处于后备状态的作业一旦获得除 CPU 之外的全部所需资源，便由作业调度程序将它调入内存，并为它建立相应进程，该作业就进入运行状态。作业的运行状态是通过进程的"就绪—执行—阻塞"等状态转换实现的，如图 6-16 所示。图中示出了进程的 3 个基本状态及其转换的条件。

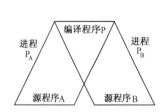

图 6-15　一个编译程序 P 可形成两个进程 P_A 和 P_B

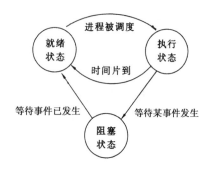

图 6-16　进程状态的转换

（1）就绪状态（Ready State）。所创建的进程在未分配到 CPU 之前处于就绪状态，等待其他进程释放 CPU。若有多个进程都在等待 CPU，则将这些进程按一定的策略排成就绪队列，一旦 CPU 空闲，便由进程调度程序从该队列中选取一进程，使其获得 CPU，并进入执行状态。

（2）执行状态（Running State）。获得 CPU 的进程执行其程序段，直到出现下列情况之一时，才停止执行：

① 分配给该进程使用的 CPU 时间到，则该进程由执行状态转换到就绪状态，等待下一次调度。

② 正在执行的进程由于某种原因（如等待输入/输出完成）而暂时无法执行下去时，该进程由执行状态转换到阻塞状态。

③ 该进程已全部执行完毕，撤销该进程，进入作业的完成状态。

（3）阻塞状态（Blocked State）。此时，进程处于暂停状态，等待被阻塞的原因排除（如输入/输出已完成），唤醒该进程，并转换到就绪状态。

一般来说，进程在进入就绪状态后，都要在上述 3 种状态之间几经周折才能完成。

3. 处理器管理程序的组成

为实现处理机管理，操作系统提供了作业调度程序、进程调度程序及交通控制程序等。处理机的整个管理功能可分为两级来实现：第一级是作业调度（Job Scheduling），它管理的对象是作业，完成作业的选择和进程的建立，当作业的最后一个进程完成时做善后处理工作；第二级是进程调度（Process Scheduling）和交通控制（Traffic Control），它们管理的对象是进程，其中进程调度程序实现进程由就绪状态到执行状态的转换，而交通控制程序则实现进程由执行状态到阻塞状态以及由阻塞状态到就绪状态的转换。图 6-17 示出了

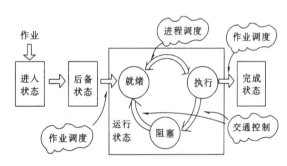

图 6-17　处理器管理程序的功能

作业调度程序、进程调度程序和交通控制程序的功能，也表示了作业状态与进程状态之间的关系。

下面对作业调度、进程调度、交通控制、进程通信和进程死锁的主要任务说明如下。

（1）作业调度。作业调度的主要任务是，根据用户的要求和计算机的资源状况，按照一定的策略从处于后备状态的作业中选择一批作业装入内存，并为选中的作业建立进程，使它们进入就绪状态。当作业的最后一个进程执行结束时，做善后处理工作。为此，作业调度程序要完成下列 4 项工作。

① 为进入系统的作业建立作业控制块（Job Control Block，JCB）。它是作业建立的标志，记录了该作业的全部信息，如作业名、对资源的要求、资源使用情况、作业的类型与优先数、当前状态等，见表 6-7 所示。表中大部分项目的含义和作用都是明显的，这里仅对作业类型做些说明。作业类型是操作系统根据作业的运行特性规定的类别，通常可分三种类型：占用 CPU 时间多的作业；输入/输出量大的作业；占用 CPU 时间与输入/输出量比较均衡的作业。

表 6-7　作业控制块

作业名	x x x
资源要求	要求的运行时间
	最迟完成时间
	要求的内存容量
	要求的外设类型和台数
	要求的输出量
资源使用情况	进入系统的时间
	开始运行的时间
	占用内存起始地址
	占用外设台号
类型与优先数	作业类型
	作业优先数
当前状态	

作业调度程序在对一批作业进行调度时，可将不同类型的作业进行适当搭配，以提高整个计算机系统的使用效率。

作业控制块的信息，或是根据用户提供的"作业说明"填入的，或是在该作业的运行过程中逐步填入的，并不断修改。根据操作系统所采用的作业控制方式不同，作业说明提交方式也不同。在联机作业控制方式下，用户从终端直接键入作业控制命令，对作业的特性和处理要求做出说明；在脱机或批处理作业控制方式下，用户将使用操作系统提供的作业控制语言（Job Control Language，JCL），对作业的特性和处理要求进行详细描述，生成一份作业说明书。

作业控制块为作业调度提供了重要信息，它伴随作业存在于系统的整个过程中，随作业进入系统而建立，随作业的完成而被撤销。

② 按作业调度策略从后备作业中选取一批作业投入运行。通常，在外存中处于后备状态的作业较多，如何从中选取若干（如 2 个、4 个或 8 个）作业，并将其调入内存，进入作业运行状态，是由作业调度程序按一定的调度算法完成的。常用的作业调度算法有"先来先服务"调度算法、"最短作业优先"调度算法、"优先数高优先"调度算法和"均衡调度"算法等。下面简要说明这 4 种算法：

"先来先服务"调度算法。按此算法，作业调度程序总是选取最先进入系统的作业投入运行。

"最短作业优先"调度算法。按此算法，作业调度程序从众多的作业中先选取占用 CPU 时间最少的作业投入运行。

"优先数高优先"调度算法。在许多操作系统中，一般都由系统按照一定的规则和公式计算出作业的优先数，并记入作业控制块中。作业调度程序在一批作业中，选取优先数最高的作业先投入运行。

"均衡"调度算法。采用该算法时，先由操作系统把处于后备状态的作业按其不同类型分成几个不同队列，如占用 CPU 时间少的短作业队列、占用 CPU 时间多的长作业队列、使用 I/O 设备多的作业队列等。作业调度程序按顺序从每一个队列中选取一个作业投入运行，从而使计算机系统的资源得到均衡利用。

由于影响作业调度效率的因素很多，而且彼此之间又往往相互矛盾，所以实际采用的调度策略都是一个折中方案，以协调用户要求与系统效率之间的矛盾。

③ 为被选中的作业建立进程。作业调度程序为调入内存的作业建立相应的进程，并使它与其他并发作业进程组成一个进程队列，将它们置于进程的就绪状态。

④ 作业结束时做善后处理工作。当作业的最后一个进程执行结束时，需要为作业的完成

阶段做善后处理工作。例如，输出本作业的运行时间和执行情况等信息，收回分配给该作业的全部资源，最后将该作业连同其作业控制块一起撤销。

（2）进程调度。进程调度的管理对象是进程，它是跨作业进行的，所以进程调度比作业调度复杂得多。进程调度的主要任务是，动态地把 CPU 分配给进程，以实现进程状态在"就绪"与"执行"之间转换。为此，进程调度程序应做好下列三项工作。

① 记录系统中各进程的情况。为了描述进程的变化过程，系统在创建每一个进程时均为其建立一个进程控制块（Process Control Block，PCB），它所包含的主要信息如表 6-8 所示，现就表中各项做简要说明如下：

表 6-8　进程控制块

进程名
当前状态
优先数
现场信息
占用资源
通信信息
链指针

进程名。每个进程都用唯一的名字来标识，它由系统创建进程时给出。

当前状态。指出该进程当前处在哪种状态（就绪、执行或阻塞），它是进程调度的依据之一。

优先数。表明该进程要求使用 CPU 的缓急程度，进程调度程序总是把 CPU 优先分配给优先数最高的进程。

现场信息。保存该进程释放 CPU 时刻的 CPU 中各主要通用寄存器内容，以便在该进程再次获得 CPU 时恢复现场。

占用资源。记录该进程在执行时所占用的内存容量、缓冲区长度等信息。

通信信息。记录该进程在执行时与其他进程通信时所用的有关信息。

链指针。系统把处于就绪或阻塞状态的多个进程分别以队列方式组织起来，链指针指出了该进程所在队列的下一进程的进程控制块的首地址，使进程调度程序（或交通控制程序）能据此查到同一队列中的任何一个进程。

进程控制块是进程建立的标志，它随进程的创立而建立，并随进程的消亡而撤销。进程控制块是进程的重要组成部分之一。也就是说，进程是由程序、有关数据和记录进程有关信息的进程控制块组成。进程控制块中的信息大部分都要在进程调度过程中动态填写或修改，这些信息确保了操作系统对全部进程进行有效的管理。

② 按照进程调度策略分配处理机。当 CPU 空闲时，进程调度程序按照一定的策略确定把 CPU 分配给哪个进程，以及分配给它多长时间。常用的进程调度算法有"先来先服务"调度算法、"优先数高优先"调度算法及"循环轮转"调度算法等，下面仅简要说明后两种算法。

"优先数高优先"调度算法。按此算法，系统将 CPU 分配给就绪进程队列中优先数最高的进程，各进程的优先数通常由进程调度程序根据进程的实际情况按一定的规则和公式动态地计算出来。

"循环轮转"调度算法。按此算法，系统将 CPU 分配给就绪进程队列中位于队首的进程，并规定其执行的一段时间（称时间片）。当该进程用完时间片后，进程调度程序便把它送至就绪队列的队尾，并把 CPU 分配给就绪队列中的下一个位于队首的进程，再执行同样大小的时间片，依次类推，使就绪队列中的所有进程都可以轮流获得一个时间片的 CPU 执行时间。

③ 把处理机分配给被选中的进程。该项工作将被选中获得 CPU 的进程从就绪队列中移出，并将其当前状态由"就绪"改为"执行"。与此同时，把退出 CPU 的进程的当前状态由"执行"改为"就绪"，并将其插入就绪队列中。

（3）交通控制。交通控制程序主要实现进程由"执行"到"阻塞"，或由"阻塞"到"就绪"状态之间的转换。它与进程调度程序配合实现对进程的有效管理。

（4）进程通信。进程通信（Interprocess Communication）是指进程之间交换信息的现象。进程通信按通信方式分为两种：一种是直接通信，即一个进程直接将消息发送给另一个进程，通常称前一个进程为发送进程，将后一个进程为接收进程；另一种是间接通信，即由发送进程先把消息送至"信箱"，再由接收进程从该"信箱"中取走消息。

进程通信按进程间的依赖、制约关系又分为同步与互斥两种，即进程通信主要表现为进程的同步和进程的互斥两种形式。

进程互斥（Interprocess Mutual Exclusion）是指两个并发执行的进程在同一时刻要求共享同一资源而相互排斥。例如，设有两个进程（A 和 B），在某一时刻同时要求使用一台打印机，而打印机是一种一次只能让一个进程使用的资源。显然，A 和 B 进程对于使用该台打印机是互斥的，操作系统通过专门的机构只让其中一个进程（如 A）先使用打印机，5 并让另一个进程 B 处于"阻塞"状态。一旦 A 进程使用完打印机，并释放该打印机资源，就立即"唤醒"B 进程，并使 B 进程使用该打印机。在操作系统中，把一次只能允许一个进程使用的资源定义为临界资源，而把每个进程中访问临界资源的那段程序称为临界区。

进程同步（Interprocess Synchronization）是指两个并发执行的进程为共同完成一个任务而相互配合、协同动作，进行进程间的通信。例如，设有一个计算进程 A 和一个输出打印进程 B，为使计算结果打印输出，需设置一个输出缓冲区。当 A 进程计算完成，将结果送入输出缓冲区；B 进程便可从该缓冲区取出结果，并进行打印。A 和 B 进程的上述协同动作，保证了"计算—打印"工作的正常进行，称 A 和 B 进程是同步的。若这两个进程不保持同步，就会造成严重的混乱。如 A 进程不顾 B 进程是否来得及取走缓冲区中的信息，只是一味地向缓冲区中送信息就会冲掉尚未取走的信息，导致打印结果不是全部计算结果。反之，若 B 进程不顾 A 进程是否已把信息送入缓冲区，就急不可待地从缓冲区取走信息进行打印，这将导致打印输出的信息可能不是计算结果。

进程同步也是由操作系统的专门机构实现的，以上述进程 A，B 同步为例，说明其基本原理如下：

① 当 A 进程向输出缓冲区送入计算结果之前，先判别该缓冲区是否为"空"。若"空"，则将计算结果送入缓冲区；若不"空"，则将 A 进程阻塞，并唤醒 B 进程投入运行。

② 当 B 进程从输出缓冲区取走计算结果之前，先判别该缓区内是否有"信息"。若有"信息"，则 B 进程从该缓冲区取走信息；若无"信息"，则将 B 进程阻塞，并唤醒 A 进程投入运行。

为实现上述操作，可设置两个信号量，一个表示缓冲区的"空间资源"，另一个表示缓冲区内的"信息资源"。操作系统的专门机构通过对这两个信号量的特殊操作，根据信号量的值即可判别缓冲区是否"空"和是否有"信息"。这样,按上述操作原理便可实现 A,B 进程的同步。

最后需指出,操作系统中的进程调度、交通控制和进程通信都是通过调用"原语"实现的,如进程创建原语、阻塞原语、唤醒原语、进程撤销原语等。所谓原语是一段具有特殊功能的子程序,在该程序执行过程中是不允许中断的。

（5）进程的死锁。操作系统的基本特征是,实现多道程序的并发执行和计算机系统资源的共享。这一特征是建立在操作系统对资源的动态调度基础上的,即进程对资源的请求、获得和释放是随机的,而且系统根据进程的请求通常只分配给进程部分资源。这一资源的动态调度性导致并发执行的进程之间有可能出现下列情况:两个或两个以上的进程因请求资源得不到满足而无休止地相互等待,使这些进程都不能继续推进,这一现象称为进程的死锁（Deadlock）。例如,算机系统有一台输入机（称 R_1 资源）和一台打印机（称 R_2 资源）,今有两个进程 A 和 B,其并发执行的顺序如下:

- A 请求 R_1,资源 R_1 分配给 A 进程。
- B 请求 R_2,资源 R_2 分配给 B 进程。
- A 又请求 R_2,因 B 进程已占用 R_2,且尚未释放,故 A 进程因等待获得 R_2 而被阻塞。
- B 又请求 R_1,因 A 进程已占用 R_1,且尚未释放,故 B 进程因等待获得 R_1 而被阻塞。

上述执行顺序导致 A 和 B 两个进程在没有外力的帮助下将无休止地相互等待,若系统中只有这两个进程,则该系统发生了死锁。任何操作系统都必须设法预防死锁的发生,而当死锁一旦发生时,必须能够检测到死锁并设法解除死锁。

为寻找解决死锁的途径,首先要分析产生死锁的原因:

① 系统资源不足。若系统有足够多的资源,哪个进程请求资源都能得到满足,显然不会发生死锁。如对于上例,若系统中有两台输入机（2 个 R_1）和两台打印机（2 个 R_2）,A 和 B 进程都不会被阻塞,系统就不会发生死锁。

② 进程推进顺序不合理。如对于上例,若将进程 A 和 B 的并发执行顺序改为每个进程在请求、获得资源并使用后,及时释放资源,就不会发生死锁。

针对上述死锁产生的原因,在设计操作系统时往往对资源的使用方法施加一定的限制,以排除进程对资源的循环等待和进程的不合理推进顺序,这将有效地预防死锁的发生,但会降低系统资源的使用效率。解决死锁的另一途径是由操作系统不断地监督进程的执行情况,检测死锁是否发生,一旦出现死锁,可采取两种措施来解除死锁:

① 资源剥夺。即从其他进程剥夺足够的资源分配给死锁的进程,以解除死锁状态。

② 撤销进程。即把死锁的进程撤销,或按某种顺序逐个撤销进程,直到有足够的资源可用,且死锁状态解除为止。

6.3.3　存储管理

前已指出,存储管理是指对计算机的主存进行管理,包括主存的分配与回收、主存的保护及主存的扩充。实现存储管理的常用方法有分区式、页式、段式和段页式存储管理等，其中分区式存储管理又分为单一连续分区法、固定分区法、可变分区法及可重定位分区法等。下面将通过对单一连续分区和页式存储管理方法的介绍，使读者了解存储管理的基本原理。

1. 单一连续分区存储管理

该存储管理方式将整个内存空间分成两个连续区，如图 6-18 所示。其中一个区固定分配给操作系统，称为系统常驻区，它一般占用内存的上部或下部（即最低或最高地址区）；另一个区分配给被调度的用户作业使用，称为用户区。实际上，用户作业往往只占用用户区部分空间，剩下未被利用的空间称为空白区。

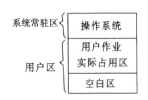

图 6-18　单一连续分区示意图

单一连续分区是一种最简单的存储管理方式。每当系统要调度一个作业进入内存时，先检查用户区是否能容纳得下欲调入的作业。若能容纳，则装入该作业；若不能容纳，则输出"该作业无法装入内存"的信息，然后调度另一个作业并做同样的处理。

这种管理方式的优点是，管理算法简单，易于实现，且对硬件没有特殊要求，因而广泛应用于配备有简单批处理功能的单用户微型计算机操作系统中。其缺点是，不支持多道程序的并发执行，因为一次只能调度一个作业进入内存。即使如此，仍有可能造成内存空间的浪费，因为一个作业所要求的存储容量不可能恰好等于用户区的大小。当作业所要求的存储容量较小时，将剩下较大的空白区未被利用；但当作业的大小大于用户区时，该作业又无法装入用户区。

为使大于用户区的作业能够运行，可采用覆盖技术。所谓覆盖技术，就是使若干数据块或程序段重叠地占用内存空间的某一部分。例如，设某一作业由 4 个程序段 A，B，C，D 组成，其中 A 为总控程序，它可调用相对独立的 B，C，D 三个程序段，如图 6-19(a)所示。在运行该作业时，先将 A 程序段调入内存用户区，然后根据作业运行的需要把 B，C，D 轮流地从外存调入内存，并装入起始地址相同的用户区，如图 6-19(b)所示。由图可见，B，C，D 三个程序段在不同运行时间内重叠地占用内存空间的某一部分。这样，使原来存储容量要求大于用户区的作业能够正常运行，从用户角度看，相当于内存的容量"扩充"了。

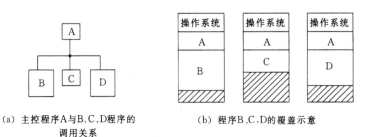

(a) 主控程序 A 与 B，C，D 程序的　　　　(b) 程序 B，C，D 的覆盖示意
　　　调用关系

图 6-19　采用覆盖技术"扩充"内存举例

覆盖技术特别适用于系统作业，因为组成该作业的各程序段的逻辑关系是完全确定的，即覆盖结构是预知的。对于一般的用户作业，则需要用户事先提供各程序段的覆盖结构，并由操作系统来进行覆盖管理。

如前所述，单一连续分区法不支持多道程序的运行。为实现多道程序的运行，可采用其他分区式存储管理，下面仅简单解释几种存储管理方式。

（1）固定式分区。在系统生成或系统启动时，将内存划分为若干大小固定的分区。其中，操作系统自身占用一个分区，其余每个分区分配给一道作业使用。

（2）可变式分区。在作业调度过程中建立分区，并使分区的大小和个数适应各作业的需要，故它是一种动态存储分配方式。

（3）可重定位式分区。该分区方法与可变式分区类似，只是尽量使已分配区连成一片，并使空白区也连成一片，以便装入新的作业。这种将分区"连成一片"的技术，称为分区的"拼接"或"紧凑"。为此，程序在执行过程中需要"搬家"，即从一个内存区域移动到另一个内存区域，从而使程序中的某些地址部分必须调整，这种地址调整称为"重定位"。

2. 页式存储管理

页式存储管理（Paging Memory Management）的基本思想是，把存放在外存的作业按其地址空间（或称逻辑空间）分成若干大小相等的页，把内存的存储空间（或称物理空间）分成与页大小相等的存储块（或称"块"）。当将外存作业调入内存时，可把作业的某一"页"

装入某一"块"，而且可以见缝插针地将若干连续的页装入分散的不连续的块中，如图 6-20 所示。图中，设作业 A 在地址空间占据 3 页，每页为 1 KB，其编号为 0页至 2 页；内存空间可分为 64 块，每块也为 1 KB，其编号为 0 块至 63 块。这样，图中表示了地址空间的 0 页至 2 页作业分别装入内存空间的第 3，6，5 块中。为实现页到块的地址变换（或称地址映射），系统需建立一张页表，以表示页号和块号的对应关系。

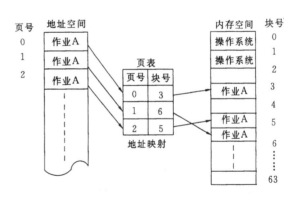

图 6-20　页式存储管理的基本原理

在页式存储管理中，当用户作业的页数大于内存块数时，操作系统采用虚拟存储技术为用户提供一个比实际内存大得多的"虚拟存储器"。其基本原理是，在作业运行之前，不必将作业的所有页全部装入内存，只需先装入当前要运行的若干页。在运行过程中，一旦发现所需的信息不在内存时，便请求系统分配一个存储块，然后将所需信息所在页从外存调入内存，并在页表中登录新调入的页号与其对应的块号。这一调度是在操作系统控制下自动实现的，用户无须干预，因而从用户角度看，其作业大小不受内存容量的限制，都可以装入内存运行。这相当于系统为用户提供了最大容量等于外存容量的"内存空间"，但这种内存空间是"虚"的，不是真正的实际内存，称为虚拟存储器（Virtual Memory），简称虚存。不难理解，在计算机系统中实现虚拟存储技术需要有硬件和软件支持。其中硬件支持包括：该系统应有足够大的外存容量及虚存空间所需的地址寄存器，并有实现外存到内存的地址重定位机构（包括重定位寄存器及简单运算部件等）；软件支持包括：操作系统中的存储管理程序及实现该管理所需建立的各种表格（称数据基），没有配备上述软硬件的计算机系统，尽管它有外存和内存，也不能实现虚拟存储。

虚拟存储技术为多道程序的并发执行提供了足够大的虚拟内存空间，确保了多道程序的正常运行。例如，设有 A，B，C 三道作业，其在外存的地址空间中分别占 5 页、3 页和 6 页。它们通过各自的页表，将各页映射到内存空间的相应块中，如图 6-21 所示。根据作业当前运行的需要，每个作业只装入某些页到内存，如图中页表中"状态"为 N 的页则仍驻留在外存中。这样，在整个运行过程中，由存储管理程序进行外存（页）和内存（块）之间的动态调度，使每个作业都有足够的内存空间来运行。可见，虚拟存储技术是计算机系统"扩充"内存的有力措施。

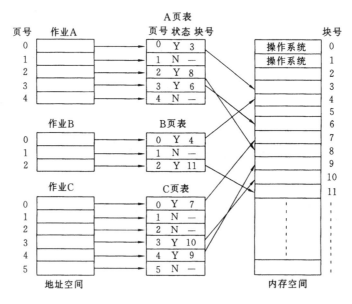

图 6-21　多道作业的页式存储管理

在外存与内存的动态调度中需要解决两个重要问题：缺页中断和页面淘汰策略。所谓缺页中断是指作业在运行过程中，一旦发现所需的信息不在内存中，存储管理程序便发出缺页中断，执行该中断后才从外存调入所需的页，装入内存被分配的块中。所谓页面淘汰策略是指当要从外存调入一页时，内存中已无空闲的块，此时需把内存中的某一块信息淘汰，以便腾出空白块接纳新调入的页，究竟淘汰哪一块信息是由页面淘汰策略决定的。常用的页面淘汰策略有"循环法"、"先进先出法"和"最近最少使用法"等，现简要说明这些页面淘汰策略的基本思想。

（1）循环法。调入内存的各页，不管其具体使用情况如何，都按一定的顺序轮流被淘汰。

（2）先进先出法。按先调入内存的页先被淘汰的原则，优先淘汰在内存中驻留时间最长的一页。

（3）最近最少使用法。优先淘汰最近一段时间内在内存中最少被访问的页面。

段式存储管理与上述页式存储管理很相似。在段式存储管理中，作业在地址空间中是按段存放，并通过段表，将它们映射到内存空间，作业的各段是按其逻辑功能完整性划分的，如按主程序、子程序、数据区等逻辑上独立的单位分段，这样便于编译或汇编，需要时再动态地对它们进行连接和装配。段式存储管理的主要优点是，便于对模块化程序进行处理，实现多道程序对某些段的共享，并可采用虚拟存储技术。

段页式存储管理综合了段式和页式存储管理的特点，在这种管理方式下，作业在地址空间中先分段，然后将每一段再分页；作业在内存空间中则按块存放；其地址变换是通过段表和页表实现的。

最后需指出，不论哪种存储管理方式，这些存储管理程序都具有如下主要功能：

（1）随时记住内存的状态，如哪些存储区（块）已被分配，哪些尚未分配（即空白区或块）。

（2）当作业提出请求分配内存时，确定分配策略，如分配给谁，分配多少，何时分配，分配在何处。

（3）实施分配，并修改分配记录（即相关的表格）。

（4）回收作业所释放的存储区，并修改分配记录。

6.3.4 设备管理

设备管理（Device Management）是操作系统的主要功能之一，特别是，当前计算机系统中外部设备的种类越来越多，如何对设备进行有效管理，以提高设备的利用率并方便用户使用，是设备管理的重要任务。下面简要介绍设备管理中的"设备"指什么，实现设备管理的主要技术是什么，设备管理程序是如何实现设备管理的。

1. 设备的分类

设备管理中的设备是指计算机系统的输入设备、输出设备及外存储器。在操作系统中，上述三类设备常按不同特性有下列 4 种分类方式：

（1）按设备功能分

● 输入/输出设备。用于信息输入/输出的设备。

● 存储设备。用于存储信息的外存储器。

（2）按设备所属关系分

● 系统设备。在操作系统生成时已配置于系统中的各种标准设备。

● 用户设备。由用户自己提供的并由系统实施管理的非标准设备。

（3）按信息传输特性分

● 块设备。信息按块来组织和处理的设备。

● 字符设备。信息按字符为单位来组织和处理的设备。

（4）按资源分配方式分

● 独享设备。一次只能分配给一个用户使用、直到被释放时为止的设备，如打印机。

- 共享设备。多个用户可以交替使用的设备，如磁盘。

- 虚拟设备。通过 SPOOLING（假脱机）技术将原来独享的设备改造成能为若干用户共享的设备。即把一台物理设备改造成若干同类的虚拟设备。

例如，在磁盘中开辟一个缓冲区（称输出井），用来存放各作业的输出信息，然后由输出 SPOOLING 程序依次将这些信息从打印机打印出来，如图 6-22 所示。这样，磁盘中的输出井为各个作业提供了多台虚拟打印机，而实际打印机（物理设备）仍只有一台。磁盘输出井中的各作业输出信息是在不影响主机运行前提下逐个由同一台打印机打印出来的，因而这种打印好像是在"脱机"下进行的，但并没有真正脱机，称为"假脱机"。SPOOLING 是英文 Simultaneous Peripheral Operation On Line 的缩写，其译意是"外围设备同时联机操作"，一般称假脱机操作。实现虚拟设备技术的硬件和软件系统被称为 SPOOLING 系统，或称为假脱机系统，通常由输入 SPOOLING 和输出 SPOOLING 两部分组成。

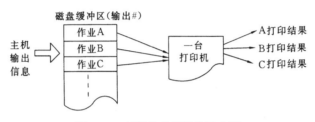

图 6-22　打印机虚拟设备示意图

2. 设备管理技术

外部设备虽然种类繁多，但它们都是在主机控制下工作。如前所述，主机对外部设备的控制方式有 4 种：程序查询方式、中断控制方式、直接存储器存取（DMA）方式和通道方式（即外部处理机方式）。下面简要介绍这 4 种控制方式下，实现设备管理所采用的技术，主要有中断技术、通道技术、缓冲技术和假脱机技术。

（1）中断技术。所谓中断就是程序运行中出现了某种紧急事件需要处理而暂停现行程序的运行，并转入执行处理此事件的程序，在处理完成后再恢复原来程序的运行。这一过程大致分为下列 4 个阶段：

① 保护中断现场。把被中断进程的 CPU 环境（如通用寄存器的内容及其他有关信息）保存在存储器的保护现场区，以便中断处理后恢复现场，继续运行。

② 识别中断源。查明中断原因，然后转入相应处理程序。

③ 执行中断处理程序。由相应的处理程序处理该中断请求。

④ 恢复现场。中断处理完毕，恢复现场，返回被中断的程序继续执行。

根据中断产生的原因，中断可分为外中断（简称中断）和内中断（又称陷阱），前者由外部条件（如输入/输出设备）向 CPU 请求中断，后者则由内部条件（如加法溢出或人为设定）向 CPU 请求中断。中断技术的应用减少了 CPU 询问外部设备的次数和时间，使外部设备具有和 CPU 并行工作的能力。

（2）通道技术。通道（Channel）是一个控制外部设备工作的硬件，相当于一个功能简单的处理机，它具有处理机所必需的主要部件：

- 内存储器。用于存放传输数据和通道程序。

- 通道指令。用于编制控制外部设备工作的通道程序。

- 运算和控制部件。用于解释和执行通道指令。

通道在 CPU 控制下实现对一个或多个外部设备的管理，其基本原理如下：CPU 通过执行专门的指令来启动通道，并向通道指出需要执行的输入/输出操作和要访问的设备；通道接收到该指令后调用相应的通道程序，并执行该程序以完成输入/输出操作；当通道完成输入/输出任务或在信息传输中发生错误时，通过中断向 CPU 发出请求，听候下一步工作的指示。由于外部设备是由通道自身执行的通道程序来管理的，因而 CPU 与通道是并行工作的。CPU可以依次启动几个通道，使这些通道各自控制自己的输入/输出设备工作，从而实现输入/输出设备之间的并行操作。

CPU 与通道、外部设备的连接如图 6-23 所示。图中示出了 3 种类型的通道及其连接的典型外部设备，这三种通道是：

- 字节多路通道。它与外部设备之间是按字节传输数据，主要用于管理慢速外部设备。

- 数组选择通道。它以数组方式成批地传输数据，主要用于连接高速外部设备。

- 数组多路通道。它既具有很高的数据传送速率，又可获得令人满意的通道利用率，故广泛用于连接中、高速外部设备。

（3）缓冲技术。中断和通道的引入，使 CPU 与通道、外部设备之间可以并行操作，但由于外部设备的速度远低于 CPU，以及外部设备频繁地中断 CPU 的运行，将会降低 CPU的使用效率。为此，引入了缓冲（Buffer）技术，即在信息的发送装置（如 CPU）和接收装置（如输出设备）之间设置一个缓冲区，如图 6-24(a)所示。图中，设缓冲区由 n 个存储单元组成。这样，发送和接收装置都可以按各自的速度交替地向缓冲区存入或取出信息，从而改善了 CPU 与外部设备之间的速度不匹配情况，并减少了外部设备（或通道）对 CPU的中断次数。

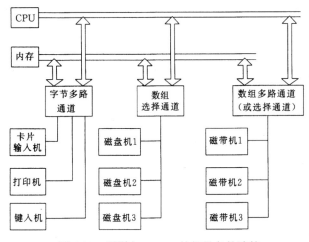

图 6-23　通道与 CPU、外部设备的连接

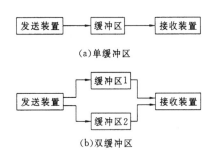

图 6-24　缓冲技术示意图

在仅有一个缓冲区的情况下，虽然发送和接收装置的工作效率有所提高，但仍然需要相互等待。为此，可采用如图 6-24(b)所示的双缓冲区，使发送和接收装置可以交替错开地向两个缓冲区存入或取出信息。例如，当缓冲区 1 被发送装置装满信息后，接收装置便可从该缓冲区取出信息；与此同时，发送装置可向缓冲区 2 装入信息，依次类推。显然，采用双缓冲区可减少发送和接收装置的等待时间，提高了设备的并行操作程度。

当发送装置和接收装置之间的工作速度相差较大时，为进一步减少两者的暂停等待时间，可采用更多个缓冲区，在实际操作系统中，通常把所有设备的缓冲区合并在一起构成缓冲池，每台设备在需要时可以使用其中的任何一个空闲的缓冲区。缓冲池由操作系统的缓冲池管理程序来管理，它负责对缓冲池内的空白缓冲区、工作缓冲区和各种队列（申请缓冲区队列或释放缓冲区队列等）进行管理，并协调输入/输出控制程序与用户程序的运行。

由上可知，在设备管理中采用缓冲技术可改善系统内信息流动的状况，通过对缓冲区的并行存取操作，显著提高了信息传输效率。

（4）假脱机技术。假脱机技术即为前述的 SPOOLING 技术，它是在通道技术、缓冲技术及多道程序设计方法的基础上产生的。如前所述，假脱机技术的基本原理是利用快速外存作为后援存储器，在其上开辟输入井和输出井，由输入 SPOOLING 程序实现将信息从输入设备送到输入井，而输出 SPOOLING 程序实现将信息从输出井送到输出设备上，从而把独享的输入/输出设备改造为共享的同类虚拟设备。CPU 仅和快速外存上的输入井和输出井交换信息，提高了系统的工作效率。

3．设备管理程序

设备管理程序的主要任务是：

（1）按照用户的要求和设备的类型，控制设备工作，完成用户的输入/输出操作。

（2）当多个进程同时请求某一独享设备时，按照一定的策略对设备进行分配和管理，以保证系统有条不紊地工作。

（3）充分利用系统的通道和中断功能，提高设备的使用效率。

设备管理程序由设备分配程序和设备处理程序组成。设备分配程序的主要功能是，当一个或多个进程请求使用设备时，按一定的策略进行设备分配，以确保各进程有效地使用系统的设备。在多进程运行的系统中，允许进程数一般都大于设备数，这就要求系统必须有一个合理的设备分配策略，以解决进程对设备的争夺。制定设备分配策略时，应考虑下列 4 个因素：

（1）设备的固有属性。在分配设备时，应区分该设备是共享设备还是独享设备。若是共享设备（或虚拟设备），则可分配给多个进程；若是独享设备，则只能分配给一个进程，其他申请同一设备的进程则需插入等待该设备的队列中。

（2）设备的分配算法。常用的设备分配算法有“先申请先分配”和“优先数高先分配”两种，这与作业调度和进程调度算法相似。

（3）设备的分配方式。常用的设备分配方式有静态分配和动态分配两种。静态分配是在作业运行前，由作业调度程序将所需设备分配给各作业，并一直由各作业单独使用，直到作业释放该设备后由系统收回。动态分配则是在进程真正使用某设备时才把该设备分配给它，一旦进程停止使用该设备便立即收回，而不管整个作业是否运行结束。显然，动态分配方式下设备利用率要比静态分配方式高，但实现较复杂。现代计算机系统大多采用动态分配。

（4）避免发生死锁。死锁产生的原因之一是进程推进不合理，其实质就是设备分配不当。因此，在分配设备时必须考虑是否会发生死锁。

综合考虑上述因素，便可确定设备的分配策略，并据此策略编制出设备分配程序，由它来具体完成设备的分配管理。

设备处理程序用来实现外部设备真正的输入/输出操作，它由设备驱动程序和中断处理程序组成。设备驱动程序根据设备分配程序所提供的信息及设备控制表中的信息，结合具体设备的特性，驱动设备进行输入/输出操作。中断处理程序的功能是，为设备或通道发出中断，并进行善后处理。善后处理的主要任务是，判断中断的性质，若是请求数据输入的中断，则进一步判断数据是否全部输入完毕，若未输入完，则输入设备驱动程序继续启动设备；否则，结束对该设备的控制。若是故障中断，如设备故障、通道故障或启动命令错误等，则进一步查明原因，并采取相应的处理措施。

6.3.5　文件管理

操作系统的功能之一是实现计算机系统硬件与软件资源的管理，前面介绍过的处理机管理、存储管理和设备管理都属于硬件资源的管理。计算机系统中的信息，如系统程序、标准子程序、应用程序和各种类型的数据等，称为计算机系统的软件资源。它们通常以文件的形式保存在外存中，并由操作系统中的文件系统组织和管理，简称文件管理（File Management）。下面简要介绍文件管理所涉及的基本概念，包括文件及其分类，文件的结构，文件目录，文件的共享、保密和保护以及文件系统的组成等。

1. 文件及其分类

文件是一个在逻辑上具有完整意义的一组相关信息的有序集合，它由文件体和文件控制块（FCB，File Control Block）两部分组成。其中，文件体是文件信息的本体，文件控制块则是文件的说明。在文件控制块中记录了说明本文件特性的有关信息，如文件名、用户名、文件的类型、文件所在的物理地址、文件的长度、使用者的存取权限和文件建立的日期等，这些信息为文件系统管理文件提供依据。

按照不同的观点，文件的分类方法很多。

（1）按文件的用途分

① 系统文件。它是由操作系统本身以及编辑程序、汇编程序、编译程序、装配连接程序、诊断程序等系统程序和有关信息组成的文件。

② 库文件。它是由系统提供给用户调用的各种标准子程序和应用程序包等组成的文件。

③ 用户文件。它是由用户建立的源程序、目标程序和数据等组成的文件。用户文件又可分为源文件、可执行的目标文件及数据文件等。

（2）按文件的保护级别分

① 只读文件。只允许核准用户进行读操作而不允许写操作的文件。

② 读写文件。允许核准用户对其进行读、写操作的文件。

③ 自由文件。允许所有用户使用的文件，也称不保护文件。

（3）按文件保存期限分

① 临时文件。随作业的终止而被系统自动撤销的文件。

② 永久文件。在用户发出撤销文件命令之前一直保存在系统中的文件。

③ 档案文件。保存在后援存储器（如磁带机）上供查证和恢复用的文件。

（4）按文件信息的流向分

① 输入文件。只能被读入的文件，如将终端键盘定义为输入文件。

② 输出文件。只能写出的文件，如将打印机定义为输出文件。

③ 输入/输出文件。既可读入又可写出的文件，如将磁盘和磁带机定义为输入文件或输出文件。

2．文件的结构

文件的结构可分为逻辑结构和物理结构两种。

文件的逻辑结构是从用户的角度来考察文件的组织形式，它可分为两种形式：记录式和流式（或称非记录式）。记录式文件由若干相关记录组成，每个记录都编有序号，分别称为记录1、记录2、……，记录 n，这种记录称为逻辑记录，其序号称为逻辑记录号。文件系统以记录为单位对文件进行管理，用户可按文件名和记录号，以记录为单位使用文件中的信息。记录式文件常用来存放数据。例如，可把某单位全体职工的人事档案作为一个文件，每个职工的人事资料作为一条记录，每条记录包括姓名、出生年月、性别、职称、工资、所属部门等许多数据项。流式文件则是把文件信息作为一个整体来管理和使用的文件，例如，由系统程序、标准子程序或源程序等信息组成的文件都是流式文件。

文件的物理结构是文件存放在外存储器中的组织形式，它可分为3种形式：顺序结构、链式结构和索引结构。通常，外存上的信息是按"块"存放的，这样的块称为物理块，一个物理块上的信息称为一个物理记录。这样，文件的逻辑记录可保存在外存的物理块中。但由于各文件的逻辑记录长度各不相同，而物理块和物理记录的大小也随设备不同而不同，因此逻辑记录大小与物理记录大小之间没有固定的对应关系，这与页式存储管理中地址空间的页与内存空间的块有大小相等的关系是不同的。通常，文件系统允许一个物理块内存放多个逻辑记录（即一个物理记录包含多个逻辑记录），也允许一个逻辑记录占用几个物理块（即一个逻辑记录分存于多个物理记录中）。在操作系统中，把逻辑记录组成的文件称为逻辑文件，也称虚文件；把物理记录组成的文件称为物理文件，也称实文件。面向用户的逻辑文件，在文件系统的管理下以物理文件形式存放在外存中。下面讨论物理文件的三种形式。为简化讨论，我们假定逻辑记录与物理记录长度相等。

（1）顺序结构。在这种结构中，逻辑文件的记录存放在外存的依次连续的物理块中，如图 6-25 所示。图中，逻辑文件 A 由记录 0～2 三个逻辑记录组成，存放在物理块 4～6 中；逻辑文件 B 由记录 0～3 四个逻辑记录组成，存放在物理块 7～10 中。具有顺序结构的物理文件称为连续文件。

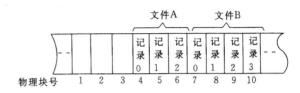

图 6-25　物理文件的顺序结构

（2）链式结构。在这种结构中，逻辑文件的记录依次存放在外存中用指针链接的物理块内，如图 6-26 所示。图中，逻辑文件 A 由记录 0～2 组成，分别存放在块号为 4，12，8 的三个物理块中，它们之间的链接用指针实现，称为链式结构。具有链式结构的物理文件称为链接文件或串联文件。

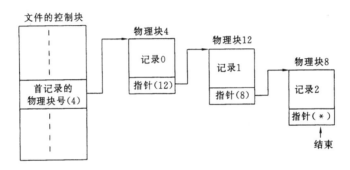

图 6-26　物理文件的链式结构

（3）索引结构。在这种结构中，逻辑文件的记录存放在外存中由索引表指示的物理块内，如图 6-27 所示。图中，逻辑文件 A 由记录 0～3 组成，从索引表可查得它们分别存放在块号为 3，6，7，10 四个物理块中。具有索引结构的物理文件称为索引文件。

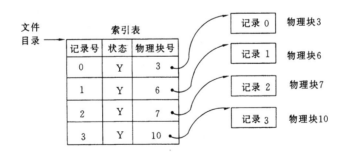

图 6-27　物理文件的索引结构

3. 文件目录

一个计算机系统有成千上万个文件，为便于对文件存取和管理，每个计算机系统都有一个目录，用以标识和查找用户或系统可以存取的全部文件。文件目录的作用类似于一本书的章节目录，但其功能更强。

文件目录（File Directory）为每个文件设立一个表目。最简单的文件目录表目至少要包含文件名、物理地址、文件结构信息和存取控制信息等，以建立起文件名与物理地址的对应关系，实现"按名存取"文件。较复杂的文件目录表目是由每个文件的文件控制块组成，其所包含的信息就更多了。下面简要介绍常用的文件目录结构。

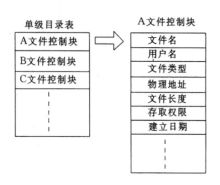

图 6-28　单级目录结构

（1）单级目录结构。所谓单级目录结构，是把系统中的所有文件都建立在一张目录表中，如图 6-28 所示。该目录结构简单，只是一张线性表。当用户要求存取某个文件时，系统通过查找该目录就可找到该文件所在的物理块地址，进而完成存取操作。当要建立一个新文件时，就在目录表中增加一个新表目；当要撤销一个文件时，就在该目录中将此文件表目中的全部信息清除掉。

（2）二级目录结构。该目录结构是由一个主目录及其管辖下的若干子目录组成，如图 6-29 所示。图中，主目录登录了各用户名及其所属文件目录的指针，子目录则是各用户的文件目录，它由各用户文件的文件控制块组成。当用户要访问某一文件时，先按用户名在主目录中查到该用户的文件目录所在位置（即指针），再按该指针找到该用户文件目录，然后在该目录中按文件名找出文件的物理地址，即可对该文件进行存取。

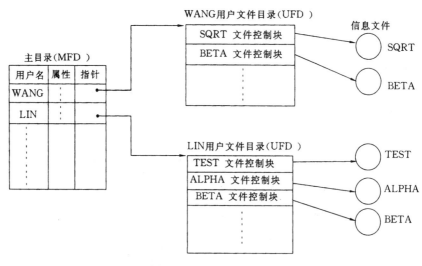

图 6-29　二级目录结构

从数据结构看，二级目录结构是一个树形结构，它由根（主目录）、结点（用户文件目录）和叶（用户文件）组成。它是一种普遍使用的目录组织形式。

（3）多级目录结构。该目录结构是由主目录、用户目录及其不同领域的文件分目录组成，如图 6-30 所示。图中，主目录中登记了用户名（如用户 A，B，C）及其对应用户目录的指针；用户目录中登录了该用户所属文件名及其对应的文件指针或文件分目录指针；文件分目录中登录了下一级文件名及其对应的文件指针。例如，要访问内部标识号为 10 的文件，则可按该文件的"路径名"$A/A_1/A_{12}$ 去查找，其中 A 是用户名，A_1 是该用户所属的一个文件名，

A_{12} 是 A_1 文件下的一个文件名，符号"/"称为分隔符。由此可知，所谓文件的路径名是指从主目录（根）出发，经各分支（结点），一直查到所要访问的文件（叶）所途径的各分支名的连接。

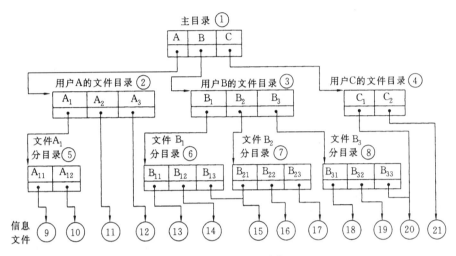

图 6-30 多级目录结构

采用多级文件目录结构，可为大作业用户带来方便，因为它可使每个用户按其任务的不同层次、不同领域，建立多层次的分目录。如同现实生活中的许多事物的组织形式一样，学校由校、系、年级、班次等 4 个层次组成，一个行政机关由部、局、处、科等各层机构组成。

4. 文件的共享、保密与保护

在计算机系统中，文件作为软件资源，有的可供事先规定的多个用户公用，称为文件的共享（File Share）；有的只允许核准的用户使用，而不准其他用户窃用，称为文件的保密（File Encry- ption）。此外，不论什么文件，系统必须确保其安全，以防止硬件的偶然故障或人为破坏所引起的文件信息的丢失，这称为文件的保护（File Protection）。操作系统只有解决好上述三个问题，才能得到用户的信赖，使用户得以放心地使用文件。

文件的共享和保密是矛盾的，必须采取相应的措施才能解决这一矛盾。实现文件共享的基本原理是实现对信息文件指针的链接。如在图 6-30 中，信息文件 20 通过其指针的链接可为用户 B 和 C 共享，它们的路径名分别为 $B/B_3/B_{33}$ 和 C/C_1。实现文件保密的方法有多种，常用的有存取控制矩阵、口令法和密码法。

（1）存取控制矩阵。该矩阵是一个二维矩阵，其中一维列出文件系统中全部用户的名字，另一维列出文件系统中所有文件的名字，矩阵元素则是某用户对指定文件的存取权限。表 6-9 给出了存取控制矩阵的一个例子，其中 R 表示允许读，W 表示允许写，E 表示允许执行，N 表示不允许使用。例如，用户 WANG 对文件 A 只允许读，对文件 B 允许读和写，但不允许使用文件 C。这样，每当用户向文件系统提出使用文件的申请时，系统只要查找这个矩阵，便能确定该用户对文件的存取权限，决定是否允许其使用。

表 6-9 存取控制矩阵举例

存取权限＼用户名　文件名	LIN	WANG	....
A	E	R	
B	N	RW	
C	RWE	N	
⋮			

（2）口令。用户在建立一个文件时，便为其规定一个口令字。文件系统在为这个文件建立目录时，把该文件的口令字记入目录中。这样，当用户申请使用文件时，必须先报告口令，由文件系统将它与设定的口令进行核对。若符合，则允许该用户使用文件；否则，拒绝使用。

（3）密码。用密码实现文件保密的基本思想是，当用户存入文件时，先利用密码字把文件信息加以变换，使其面目全非，这一过程称为加密。然后，把加密后的文件存入系统。当使用该文件时再设法把它恢复成原来的形式，这一过程称为解密。

文件的保密措施无疑可以防止文件的人为破坏，达到保护文件的目的，但无法防止计算机系统的硬件偶然故障对文件造成的破坏，为此在计算机系统的后援外存储器中建立后援文件，以实现对文件进行故障保护。建立后援文件的常用方法有文件多重化和转储两种。所谓文件多重化，是在多个介质上保存同一文件的多个副本，并当主文件更新内容时，对应各副本均进行更新，以维持信息的一致性。当发生故障时，只要切换到备用的后援文件就行了。所谓转储，是定期地把文件复制到其他介质上。例如，把磁盘上的文件复制到磁带上，当发生故障时，利用转储的后援文件将被破坏的文件恢复。

5．文件系统

所谓文件系统（File System），是指操作系统中专门负责存取和管理外存储器上文件信息的那部分软件的集合。它的主要功能如下：

（1）为用户提供建立、存取、修改、删除及转储文件的手段。

（2）实现对文件存储空间的组织和分配。

（3）实现按名存取文件，并解决文件的共享、保密和保护等问题。

为实现上述功能，文件系统通常由下列 7 个模块组成：

（1）文件命令解释模块。它是文件系统与用户的接口，实现对用户输入的文件命令进行语法检查和解释加工，并在判明命令的性质后，调用相应的处理模块，以完成文件命令指定的操作。

（2）文件目录管理模块。负责建立文件目录结构，确定其存放位置和存放方式。

（3）存取控制模块。实现文件的共享和保密。

（4）磁盘空间管理模块。动态地进行磁盘空间分配。

（5）结构映像模块。负责把文件的相对地址转换为物理地址。

（6）文件传输模块。负责分配和管理缓冲区，并向设备驱动模块发出输入/输出请求。

（7）设备驱动模块。负责启动设备和处理设备中断。

用户通过文件系统提供的命令实施对文件的操作，如建立文件、打开文件、读文件、写文件、修改文件、关闭文件、复制文件和删除文件命令等。文件系统在接收到这些命令后，借助于上述模块，完成相应操作，从而实现对文件的管理。

6.4　编译系统

6.4.1　编译原理概述

如本章 6.2 节所述，用高级语言编写的源程序必须经过翻译，变成机器语言程序，才能在计算机上执行。这一翻译过程可由编译程序（或称编译器）或解释程序（或称解释器）来完成，如图 6-31 所示。

图 6-31　源程序的编译与执行

用编译方法执行源程序的过程如图 6-31 所示。由图可知，高级语言源程序先由编译器将它编译为目标程序，但它还不能立即装入机器执行。因为目标程序中常包含有常用函数（如 sin()，abs() 等）的标准子程序，而这些程序的目标代码已事先存放在机器的标准程序库中。为此，需将编译后得到的目标程序中的标准函数从标准程序库中调出它的目标代码，并连接到原目标程序中，形成可执行的机器语言程序，该程序加载到内存的绝对地址中，方可由机器直接执行。

编译程序是实现将源程序"翻译"为目标程序的系统软件，它由若干程序组成，故又称编译系统。编译系统由哪些程序组成？它是如何将源程序编译为目标程序的呢？

编译源程序的过程与人们翻译外文资料的过程非常相似。为此，先回顾一下人们翻译外文资料的大致过程：

（1）识别单词。对外文资料按行从左至右逐个字符进行扫描，识别出一个个外文单词。

（2）语法分析。在识别单词的基础上，检查单词之间关系是否符合语法规则，同时分析句子的语法结构。

（3）初译。在前两步的基础上，对外文资料进行初译。

（4）加工。对已经译出的初稿，反复推敲修改，使译文切合原意、语句精练。

计算机编译源程序的过程可以分为 6 个阶段：词法分析、语法分析、语义分析、中间代码生成、代码优化及目标代码生成等，如图 6-32 所示。在上述 6 个阶段中，始终贯穿着表格管理和出错处理。

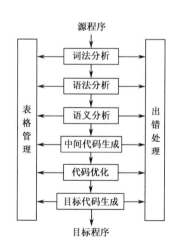

图 6-32　编译程序的组成框图

下面以赋值语句 y = x1 + k * x2 为例，简要说明编译过程的 6 个阶段的主要任务。

（1）词法分析（Lexical Analysis）。词法分析的主要任务是，对源程序逐个字符进行扫描，以识别符号串，如关键字、标识符、运算符、特殊符号等，并分别归类，等待处理。实现词法分析的程序称为词法分析器，或称扫描器。例如，从上述赋值语句中可识别出下列标识符及运算符：

$$y, x1, x2, =, +, * \ 等及常数 k$$

（2）语法分析（Syntax Analysis）。语法分析的主要任务是，根据程序设计语言的语法规则，将词法分析器所提供的单词符号串构成一个语法分析树。例如，上述赋值语句的语法分析树如图 6-33 所示。若句子合法，就以内部格式把该语法树保存起来。

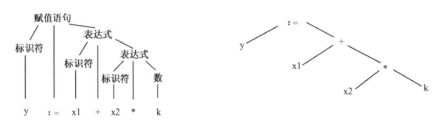

图 6-33　赋值语句的语法分析树

（3）语义分析（Semantic Analysis）。语义分析的主要任务是，检查各句子的语法树，如运算符两边类型是否相兼容；控制转移是否到不该去的地方；是否有重名或使语义含糊的记号等。若有错误，则转出错处理。

（4）中间代码生成。中间代码是向目标代码过渡的一种编码，其形式尽可能和机器的汇编语言相似，以便于下一步的代码生成。但中间代码不涉及具体机器的操作码和地址码。采用中间代码的优点是可以在中间代码上进行优化。例如，根据上述赋值语句的语法分析树，可生成下列中间代码：

$$T1 = k$$
$$T2 = T1 * x2$$
$$T3 = x1 + T2$$
$$y = T3$$

（5）代码优化。对中间代码程序做局部或全局（整个程序）优化，可使最后生成的目标代码程序运行更快，占用存储空间更小。局部优化完成冗余操作的合并，简化计算。全局优化包括改进循环、减少调用次数和快速地址算法等。例如，对于上述中间代码可做如下优化：

$$T1 = x2 * k$$
$$y = x1 + T1$$

（6）目标代码生成。由代码生成器生成目标机器的目标代码（或汇编）程序，并完成数据分段、选定寄存器等工作，然后生成机器可执行的代码。例如，对于上述优化后的中间代码，可生成下列用汇编语言程序表示的目标代码：

```
MOV   R2，   k ；  R2 ← k
MUL   R2，   x2 ；  R2 ← k * x2
MOV   R1，   x1 ；  R1 ← x1
ADD   R1，   R2 ；  R1 ← x1 + k * x2
MOV    y，   R1 ；   y ← x1 + k * x2
```

上述过程如图 6-34 所示。

下面分别对词法分析、语法分析、中间代码生成、代码优化及目标代码生成的基本原理做简单介绍，供有兴趣的读者进一步阅读。

6.4.2　词法分析

在不同的编译系统中，词法分析器的任务不完全相同，这是因为高级程序设计语言不同，其构词规则也不尽相同。但就一般情况而言，高级语言的单词属性不外乎下列几种类型：

（1）基本字。如 FORTRAN 语言中的专用名词 IF，DO，DIMENSION 等，也称保留字。

（2）标识符。用来表示各种名字的符号，如变量名、数组名、过程名等。

（3）常数。各种类型的常数，如整型数、实型数、逻辑常数、字符型常数等。

（4）运算符。如加（+）、减（−）、乘（*）、除（/）、大于（>）、小于（<=、等于(=)、与运算（AND）、或运算（OR）等。

（5）界符。在语法上起分隔作用的符号，如逗号（,）、分号（;）和括号等。

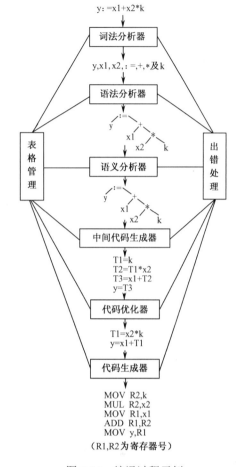

图 6-34　编译过程示例

在一种高级语言中，基本字、运算符、界符都是确定的，一般只有几十种，多则一百多种。标识符和常数在使用上是不加限制的。为了便于编译，词法分析器在识别一个单词符号以后，按其单词属性分别将它们保存在不同的单词符号表中。如对于下列一段 FORTRAN 语言程序，词法分析器在进行顺序扫描后，将建立如图 6-35 所示的单词符号表，为满足后续阶段的分析需要，单词符号表中可保留更多的信息，如数据类型、数据长度、精度、语义生成中相应四元式的入口地址值等。

```
      SUBROUTINE    CAOTAN(I, J)
   10  K=(I + J)*K
      I=J+2
      J=K
      RETURN
      END
```

入口名表ET		标号表LT		标识符表ST			常数表CT
名字	信息	标号	信息		名称	信息	值
CAOTAN	入口地址	10	所标志语句的四元式入口	1	I	整型、变量	1	1
				2	J	整型、变量	2	2
				3	K	整型、变量	

图6-35 词法分析器建立的单词符号表

词法分析器在识别出一个单词符号后，便以一种二元式的形式输出，其格式如下：

（单词种别，单词自身的值）

"单词种别"标识单词的属性或区分，常以整型编码表示。"单词自身的值"则是单词的一种内部编码形式，对算术常数和标号可能是它们的二进制数值，对标识符、界符等则可能是它们在符号表中的指针值或编码值。例如，用整型编码2，5，7，9分别表示单词"入口名"、"标号"、"标识符"、"常数"的属性编码，则上例中 CAOTAN 输出的二元式为（2，1），标号10的输出为（5，1），I的输出为（7，1），J的输出为（7，2），常数2的输出为（9，2）。由于二元式的长度固定，使源程序中长短不一的单词符号串经过识别后转变为整齐划一的固定格式串。

词法分析器如何识别各类单词呢？常用的识别方法有：状态转换图分析法、状态矩阵分析法和确定有限状态自动机分析法等。下面简要介绍用状态转换图分析法识别单词的基本原理。众所周知，在程序设计语言中，每一种单词的组成都有一定的规律和规定，故可用一张状态转换图的状态转换关系来识别每种单词符号串的构成。例如，用图6-36所示的状态转换图可识别"标识符"，图中"0"为初态，"2"为终态（用双圆圈表示），"1"为过渡态。其识别过程如下：

图6-36 识别"标识符"的状态转换图

（1）从0状态开始，在0状态下，若输入字符是一个字母，则读进这个字母，并转入1状态；否则，继续停留在0状态。

（2）在1状态下，若输入字符是字母或数字，则读进这个字母或数字，并重新进入1状态；重复这一过程，直到1状态下输入的字符不是字母或数字，并进入状态2，宣告识别结束。

（3）在进入状态2后，因最后读入了一个非字母或数字字符，故在进行下一次字符串识别之前必须退回该字符。为此，在终态2上做了一个专门记号*。

可见，上述状态转换过程正好与"标识符"的定义"以字母开头的字母、数字串"相吻合，故用图6-36所示状态图可以识别输入的字符串是否为标识符。为了识别其他的单词符号，可按类似的方法构造不同的状态转换图。例如，设有一个简单的程序设计语言，其单词符号集如表 6-10 所示，并做如下约定：

（1）将基本字作为特殊的标识符处理，即在状态转换图中，基本字和标识符两者归为一体，当状态转换图识别出一个标识符后，先去查保留字表，查到了就是基本字，查不到就是程序所定义的一个标识符。

（2）语言中所有关键字都是保留字，不可作它用。

（3）基本字、标识符和常数之间没有运算符或界符作间隔，至少要用一个空格隔开。

做上述限定后，表 6-10 所示的单词符号集中各种单词可用图 6-38 所示的状态转换图来识别。

按图 6-38 识别源程序的单词时，若某一次的调用结果在终态 4，则表明从输入字符串中识别出一个整型常数；若调用结果在终态 5，则表明识别出一个"="号；若调用结果在终态 2，则需进一步查保留字表，以确定其种别是标识符还是基本字。用程序实现上述状态转换图，便是该简单程序设计语言的词法分析器。

表 6-10　一个简单的程序设计语言的单词符号集

单词符号	种别编码
DIM	1
IF	2
STOP	3
END	4
DO	5
标识符	6
整型常数	7
=	8
+	9
*	10
**	11
,	12
(	13
)	14

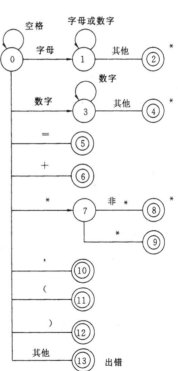

图 6-38　一个简单程序设计语言的状态转换图

6.4.3　语法分析

语法分析的方法很多，如在经典分析法中广泛应用的算符优先分析法。依据一定算法实现的语法分析程序，称为语法分析器。

下面以一个简单表达式的分析过程为例，说明"算符优先分析法"的基本原理。我们知道，对于表达式 17+12–（4×5+6）的计算过程可分解如下：

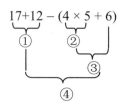

该过程说明：

① "+"、"−" 运算符为同级，按"先左后右"的顺序计算，故得 29−(4×5+6)。

② "−" 运算符碰到"( )"括号，按"先括号内后括号外"且"先乘除后加减"的优先次序计算，故得 29−(20+6)。

③ 括号内做乘法后，再做加法"+"，故得 29−(26)。

④ 去掉括号，进行减法，求得最后结果 3。

考察上述计算过程不难发现，每一步计算都要比较当前两个相邻的运算符号（含左、右括号及正、负数符号等）的优先级别，由此决定运算顺序。

"算符优先分析法"的基本原理是，基于对程序设计语言中所有运算符号之间的优先级比较，完成对表达式的语法分析。为此，要在计算机中构造一张算符优先分析表，并建立两个工作栈和一个符号寄存器。

表 6-11 示出了一张包含加、减、乘、除、乘幂、左括号、右括号及句末符（#）等运算符号之间优先关系的算符优先分析表，表中：

$a<b$　　表示 a 的优先级别低于 b。

$a=b$　　表示 a 的优先级别等于 b。

$a>b$　　表示 a 的优先级别高于 b。

表 6-11　算符优先分析表

算　符	+	-	*	/	↑	(	)	#
+	>	>	<	<	<	<	>	>
-	>	>	<	<	<	<	>	>
*	>	>	>	>	<	<	>	>
/	>	>	>	>	<	<	>	>
↑	>	>	>	>	<	<	>	>
(	<	<	<	<	<	<	=	
)	>	>	>	>	>		>	>
#	<	<	<	<	<	<		Ω

表中空白处表示两种运算符之间不存在可比较的优先关系，分析中若出现这种情况，表明输入字符串有错。

图 6-39 示出了语法分析所需要的两个工作栈：操作数栈和运算符栈，以及一个符号寄存器。通过执行一个"工作程序"，从输入的单词串中一

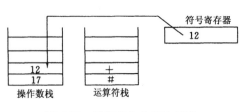

图 6-39　算符优先分析法示意

个一个地读入单词，先把它放在符号寄存器中进行判别，并根据判别结果做如下操作：

（1）若该单词是操作数（包括带值变量和常数），则将它压入操作数栈中。

（2）若该单词是运算符，则将它与运算符栈的栈顶算符的优先级进行比较：

① 若当前输入运算符的优先级高于栈顶运算符，则将当前输入运算符压入运算符栈。

② 若当前输入运算符的优先级低于栈顶运算符，则弹出栈顶运算符和操作数栈中的相应操作数，完成其运算，并把计算结果重新压入操作数栈中。

③ 若当前输入运算符的优先级等于栈顶运算符，则弹出运算符栈的栈顶符号，并读入下一单词，什么计算也不进行。

（3）反复执行上述过程，直至读入句末符"＃"，操作数栈中只剩下一个结果值，表明分析正确。否则分析出错，转出错处理。

由上可知，算符优先分析程序实际上是一个查表程序，分析的每一步都是根据分析栈的栈顶运算符和当前的输入符号，通过查表决定是继续读入下一个字符，还是对栈顶运算符执行相应的运算，或者进行出错处理。

算符优先分析法虽不是一种严密的分析方法，但因为这种分析方法简单、直观，故仍被广泛应用，尤其适用于表达式的计算分析。

6.4.4　中间代码生成

语法分析只是确定了语句在语法上的正确性，中间代码生成实际上是根据语法分析所指示的语法范畴进一步确定语句的语义，并生成相应的中间代码序列。

中间代码是一种结构简单、含义明确的记号系统，它的表现形式应该既有利于后续阶段的代码优化，又要在逻辑上便于理解和最终机器（目标）指令代码的生成。常用的中间代码形式有三元式、四元式和逆波兰表示式等。下面以算术赋值语句 K =（I+J）* K 为例，简要说明这三种中间代码表示形式。

三元式表示的一般形式为

　　　　（OP　　　　ARG1　　　　　　ARG2）

即　　　（运算符　　　第一运算项　　　第二运算项）

程序中的表达式或语句可以翻译成一组三元式序列，K =（I+J）* K 可翻译成：

① 　　　+ 　　　I 　　　J

② 　　　* 　　　（1）　　K

③ 　　　= 　　　K 　　　（2）

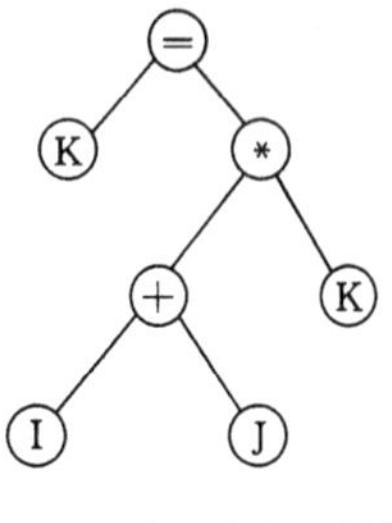

式①表示 I+J，式②表示式①的运算结果与 K 相乘（*），式③表示式②的运算结果赋予变量 K。三元式表示实质上是一种树形结构的矩阵描述，它等价于如图 6-40 所示的语法树。

四元式表示的一般形式为

图 6-40　K =（I+J）* K 的语法树

（OP	ARG1	ARG2	RESULT）
即　（运算符	第一运算项	第二运算项	运算结果）

赋值语句 K＝（I+J）＊K 可翻译成：

①	+	I	J	T_1
②	*	T_1	K	T_2
③	=	T_2	–	K

其中，T_1 和 T_2 是编译过程中引进的临时中间变量。式①代表 T_1＝I+J，式②代表 T_2=T_1*K，式③表示将 T_2 的值赋予变量 K。

由上可知，四元式与三元式的排列顺序都和实际计算顺序相同，只是四元式之间的联系是通过临时变量实现的，因而较三元式易于改变，有利于后一阶段的代码优化操作。

逆波兰表示法是一种把运算符写在运算项之后的表示方法，如

a+b　　可表示为 ab+。

a＊b　　可表示为 ab＊。

对于上述赋值语句 K=（I+J）＊K，可翻译成

$$I J+K * K =$$

其中，+和*是二元运算符（或称二目运算符）。逆波兰表示法也称后缀表示法，在计算机中很容易用堆栈操作实现。例如，计算 I J+K＊K =时，只需从左到右扫描该式，并执行下列操作：

（1）把 I 压入堆栈。

（2）把 J 压入堆栈。

（3）弹出栈顶两项，并执行加法（因"+"是二目运算符，故取出栈顶的两个运算项），然后将"和 T_1"压入栈顶。

（4）把 K 压入堆栈。

（5）弹出栈顶两项（T_1 和 K），并执行乘法（因"＊"也是二目运算），然后将"乘积 T_2"压入栈顶。

（6）把 K 压入堆栈。

（7）弹出栈顶两项（K 和 T_2），并将 T_2 赋值给 K。

上述操作过程可概括为：从左到右扫描逆波兰表示式，当碰到运算项时，就把它压入堆栈；当碰到 N 目（N 元）运算符时，就把它作用于栈顶及其以下的 N 个运算项，并计算出它的值，将该值取代原栈顶 N 个运算项；如此重复，直到逆波兰表示式中的所有运算项和运算符都扫描完毕。

6.4.5　代码优化

前已指出，代码优化的目的在于对前一阶段生成的中间结果进行等价的代码变换，使变

换后的程序能生成更有效的目标代码序列，以减少运行时所消耗的机器时间及所占的空间。代码优化可在编译的任何阶段进行，但主要的优化有两类：一类是在目标代码生成之前，对语法分析后的中间代码进行优化，这是不依赖于具体机器的纯代码变换；另一类是在生成目标代码过程中，根据机器所提供的设备条件，为充分利用机器指令系统和通用寄存器等而进行的优化，这类优化与具体的机器有关。

不依赖于具体机器的纯代码优化也称逻辑优化，主要完成程序结构上的等价变换，如删除多余的运算、合并已知量、代码外提（即把不变操作数运算从循环体内提到循环体外）等，通过这些变换提高程序执行效率。例如，有代码序列：

（1）A = B+C+D

（2）E = B+C+F

　　⋮

（n）W = B+C+Y

若在（1）到（n）之间 B 和 C 都不再被重新定值，则上述序列可优化为

（0）T = B+C

（1）A = T+D

（2）E = T+F

　　⋮

（n）W = T+Y

又如，下列语句序列：

IF　A>B　GOTO　L$_2$

GOTO　L$_3$

L$_2$: P = P + Q

　　⋮

可等价变换为

IF　A<= B　GOTO　L$_3$

L$_2$: P = P + Q

　　⋮

目前，代码的逻辑优化已经有了比较成熟的理论和方法，而依赖于机器的代码优化要比代码的逻辑优化困难得多。总之，代码优化是一个非常复杂的过程，工作量很大，一个编译程序是否需要优化，优化到什么程度，都要从实际需要和可能出发进行选择。

6.4.6　目标代码生成

目标代码一般有以下三种形式：

（1）可立即执行的机器语言代码，代码中的所有地址已是真正的机器指令地址。

（2）待装配的机器语言模块，当需要执行时，由连接装配程序把它们和某些运行程序连接起来，转换成能执行的机器语言代码。

（3）汇编语言代码，运行时尚需经过汇编程序汇编，转换成可执行的机器语言代码。

为提高目标代码的执行速度，在目标代码生成时应着重解决两个问题：一是如何使生成的目标代码尽量短，二是如何充分利用计算机的寄存器，以减少目标代码中访问内存的次数。

如前所述，目标代码的生成直接与计算机的指令系统及机器结构有关。下面以图 2-38 所示的模型机为背景，举例说明如何将四元式表示的中间代码变换为该机器的目标代码（用汇编语言代码表示），如表 6-12 所示。表中列出了赋值语句 K =（I + J）-K 的四元式中间代码表示形式及其转换后的汇编语言指令。

表 6-12　目标代码生成举例

四元式中间代码	汇编语言指令	操作内容
+, I, J, T_1	LDA　R_1, I	I 单元内容→R_1 寄存器
	LDA　R_2, J	J 单元内容→R_2 寄存器
	ADD　R_1, R_2	R_1+R_2→R_1，即 T_1→R_1
-T_1, K, T_2	LDA　R_2, K	K 单元内容→R_2 寄存器
	SUB　R_1, R_2	R_1-R_2→R_1，即 T_2→R_1
= T_2, -, K	STA　K, R_1	R_1→K 单元，即 T_2→K 单元

6.4.7　表格管理和出错处理

由图 6-32 所示的编译程序组成框图可知，在整个编译过程中都涉及两个共同的部分，这就是表格管理和出错处理。表格管理的主要任务是，对各类编译信息进行登录、查询和更新；出错处理的主要任务是，对程序中所含有的各种错误（如语法、语义错误等）进行诊断和处理。

当编译程序接到一份源程序清单时，首先从程序段的说明部分得到一些信息。随着编译的向下推进，又会源源不断地得到各种信息，这些信息可能是常数、变量名、标号、专用名词、函数名、过程名以及它们的类型、值、内部表示、在程序中的位置、赋值引用情况等。所有这些信息作为编译过程中的资料是不可缺少的，随时都有可能对它们进行查阅、修改、撤销等操作，这些操作是由表格管理程序完成的。图 6-35 所示的词法分析中所建立的常数表 CT、标号表 LT、入口名表 ET 及标识符表 ST 均属于表格管理的范围。

一个编译过程究竟要集中多少信息？这些信息又如何归纳成各种表格？通常没有固定的标准，一般按信息的属性建立表格。各类表格的结构既取决于表格本身的属性，也与它的用途有关，同一属性的表格在不同的编译阶段其结构也可能是不一样的。由于各种信息均被保存在各类表格中，编译过程的绝大部分时间都花在建表、查表和更新表格内容上。因此，选择好表格结构对提高编译效率至关重要。

出错处理是编译程序的另一个重要组成部分，它由出错处理程序来完成。不论在编译的哪一阶段，存在什么样的错误，编译程序均应能诊断出这些错误、报告出错地点和错误性质。与此同时，还要采取某些措施，把出错的影响限制在尽可能小的范围内，使得其余部分能够继续编译下去。一些较复杂的编译程序，能根据发现的错误，揣摸程序员的设计意图，试行校正。当然，要真正做到这一点是很不容易的，实际上还没有一个编译程序能真正做到这一点。

对于程序中的错误，编译程序并非都能有效地诊断和处理，通常能处理的错误有如下 3 种：

① 不正确地使用语言的各种成分。

② 输入和书写时可能出现的错误。

③ 超出编译程序或计算机的某些限制，如数组维数太大、下标越界、数组占用空间太大等。

这 3 种性质的错误又可分为语法和语义错误两大类。语法错误是指程序结构不符合语言词法或语法规则，这类错误可在编译过程的词法分析和语法分析阶段诊断出来。语义错误是指程序结构不符合语义规则或超越具体计算机系统的限制，这类错误有些可在编译过程中诊断出来，但有些只在程序运行时才能发现。

处理源程序错误的方法有两种，一是试图对错误进行校正；二是尽可能地把错误限制在一个局部范围内，避免这种错误影响程序其他部分的分析和检查。从用户的观点出发，一般希望程序在运行中发现错误时，能指出错误的确切位置，但这很困难，因为经过编译（尤其是优化）后的目标程序，很难与源程序一一对应起来，故编译中指出的出错位置都是大概位置。

最后需指出的是，以上讨论都是假定各编译阶段的功能是严格区分的，实际上整个编译系统是一个有机的整体。一般以语法分析为主线，词法分析器多作为语法分析的一个子程序，在语法分析器需要一个单词时，调用词法分析程序工作，完成一个单词的识别输出；当语法分析器把输入字符串的某一部分分析成某一确定的语法范畴时，则调用相应的语义子程序进入工作，生成相应的中间代码序列。

6.5　软件工程

本节将介绍软件工程出现的背景，用"工程方法"开发软件的软件开发模型及开发方法的基本概念，使读者对软件工程有一个初步的了解。

6.5.1　软件工程概述

1. 软件的发展及软件"危机"

计算机软件是随着计算机硬件的发展及计算机的广泛应用而不断发展的。早在计算机发展的初期，硬件采用的是分立元件的电子管及晶体管，硬件价格昂贵、运算速度低、存储容量小。当时所使用的程序规模小，程序的设计、使用和维护往往是由同一个人完成的，程序设计只是追求提高运算速度和节省存储容量。因此，除了程序清单之外，没有其他任何文档资料。在这段时期内，只有程序的概念，而没有计算机软件的概念。

20 世纪 60 年代中期，计算机硬件已采用中小规模集成电路，运算速度和内存容量都有较大的提高。程序的规模越来越大，个人编程已适应不了需要，出现了多人分工合作开发程序的"软件作坊"，形成了计算机软件的概念。软件不仅仅是可运行的程序系统，它必须有全套完整的文档，即"软件=程序+文档"。

20 世纪 70 年代中期以后，计算机硬件已开始采用大规模集成电路。特别是近十多年来，硬件技术高速发展（集成度每 18 个月翻一番，成本却以十年两位数的速度递减），计算机应用迅速普及，导致对软件产品的需求激增。软件的规模越来越大（如美国导弹预警系统，包括汇编语言和高级语言程序共有 385 万条语句），开发周期越来越长，使原先的手工作坊方式开发软件的成本急剧上升。"软件作坊"开发的软件不仅效率低，而且质量差（不可靠、难以维护和修改、难于移植），无法适应硬件的不断升级。出现了旧的软件没有修改好，新技术又要求软件做新的修改，开发的软件半途而废的例子屡见不鲜，出现了所谓的"软件危机"。

结构化程序设计技术虽然使软件开发从纯手工、个人自由发挥的编程方式变为比较可读、可查、可控的模块结构，可以进行集体协作式开发，但仍然应付不了对软件的需求压力和激烈的竞争。为了解决"软件危机"，软件业界提出了软件工程（Software Engineering）的思想。

2. 软件工程学的主要内容

什么是软件工程？软件工程是指导计算机软件开发和维护的工程学科，它采用工程的概念、原理、技术和方法来开发与维护软件，其目标是实现软件的优质高产。美国电气和电子工程师学会（IEEE）对软件工程下的定义是：软件工程是以系统的、规范的、定量的方法应用于软件的开发、运营和维护，以及对这些方法的研究。

软件工程学的主要内容是软件开发技术和软件工程管理。其中，软件开发技术包含了软件开发方法、软件工具和软件工程环境；软件工程管理学包含了软件工程经济学和软件管理学。下面简要说明这些概念。

（1）软件开发方法。研究软件开发方法（Software Development Methods）的目的是使开发过程规范化，使开发有计划、按步骤地进行。软件开发方法的基本内容是，把要解决的问题划分成若干工作步骤；有具体的文档格式，即把每个工作步骤都记录下来，保证人员之间的相互交流；确定软件评价标准等。已经推出的软件开发方法有多种，要根据软件的实际情况选择合适的方法。常用的软件开发方法有面向数据流设计方法 SD、面向数据结构设计方法 JDM 和面向对象设计方法 OOD。

（2）软件工具。软件工具（Software Tools）是指帮助开发和维护软件的软件，也称软件自动工具（Software Automated Tools）。利用软件工具可提高软件设计的质量和生产效率。例如，在编程阶段使用的编辑程序、编译程序、连接程序，在测试阶段使用的测试数据产生器、排错程序、跟踪程序、静态分析工具等，以及支持它们运行的操作系统都属于软件工具。众多的软件工具组成了"工具箱"（Tool Box）或"集成工具"（Integrated Tool），供软件开发人员在软件生存期的各个阶段根据不同的需要选用。目前，软件工具发展迅速，许多用于软件分析和设计的软件工具正在建立，其目标是实现软件生存期各个环节的自动化。

（3）软件工程环境。前述的软件方法和工具是软件开发的两大支柱，它们之间密切相关。软件方法提出了明确的工作步骤和标准的文档格式，这是设计软件工具的基础，而软件工具的实现又将促进软件方法的推广和发展。

软件工程环境正是软件方法和工具的结合，其定义是，软件开发环境是相关的一组软件工具集合，它支持一定的软件开发方法或按照一定的软件开发模型组织而成。软件开发环境的设计目标是提高软件生产率和改善软件的质量。

（4）软件工程管理学。软件工程管理就是对软件工程生存期内的各阶段的活动进行管理，实现按预定的时间和费用成功地完成软件的开发和维护。软件工程管理学的内容包括软件费用管理、人员组织、工程计划管理和软件配置管理等。

① 费用管理。开发一个软件是一种投资，人们总是期望将来获得较大的经济效益。费用管理是从软件的开发成本、运行费用、经济效益等方面来估算整个系统的投资和回报。

② 人员组织。设计开发不是个体劳动，而需要各类人员协同配合，共同完成工程任务，因而必须有良好的组织和周密的管理。

③ 工程计划管理。软件开发计划是在软件生存周期的早期确定的。在计划实施过程中，必要时需对工程进度做出适当调整。在软件开发结束后应提交软件开发总结，以便在今后的软件开发工程中做出更切合实际的计划。

④ 软件配置管理。软件工程各阶段所产生的全部文档和软件本身构成了软件配置。软件配置管理就是要不断检查、控制软件配置的全部变动。

6.5.2　软件开发模型

软件开发模型是指软件生存周期模型（Software Life Cycle Model）。根据软件生产工程化的需要，软件生存周期的划分有所不同，从而形成了不同的软件开发模型。本小节先介绍什么是软件生存周期，然后简要说明常用的几种软件开发模型的基本概念。

1. 软件生存周期

生存周期是软件工程的一个重要概念。把整个生存周期划分为若干阶段是实现软件生产工程化的重要步骤。赋予每个阶段相对独立的任务，逐步完成每个阶段的任务，能够简化每个阶段的工作，容易确立系统开发计划，还可明确系统各类开发人员的分工与职责范围，以便分工协作，保证质量。

每个阶段都进行检查，主要检查内容是看是否有高质量的文档资料，前一个阶段结束了，后一个阶段才开始。划分软件生存周期的方法有许多种，可按软件规模、种类、开发方式、开发环境等来划分生存周期。不管用哪种方法划分，都要遵守以下两条原则：一是各阶段工作任务彼此间尽可能相对独立；二是同一阶段的工作任务性质尽可能相同，有利于软件工程的开发和组织管理。

软件生存周期一般由软件计划、软件开发和软件运行维护三个时期组成。软件计划时期分为问题定义、可行性研究两个阶段。软件开发时期可分为需求分析、软件设计、测试等阶段。软件交付使用后在运行过程中需要不断地维护，使软件能持久地满足用户的需要。

（1）问题定义。该阶段是软件生存期中最短的阶段。这个阶段要确定系统"解决什么问题"。对系统的目标、规模要有书面报告。这就需要对系统用户和使用单位的负责人进行调查，问题定义报告要征得用户同意。

（2）可行性研究。该阶段对问题定义阶段确定的系统目标进行全面的分析，探索问题是否有可能解决，更具体地确定工程的规模、目标，并估计系统的成本和效益，得出系统是否需要开发的结论。可行性研究包括经济可行性和技术可行性研究两个方面，其任务是对今后的行动提出建议，确定问题是否值得解决，而不是立即去解决问题。

（3）需求分析。主要确定软件系统应具备的具体功能，通常用数据流图、数据字典和简明算法描述表示系统的逻辑模型。这个阶段应当准确、完整地描述用户的要求，因而必须经用户确认才能进入下一阶段，这样可以防止系统设计与用户的实际需求不相符的后果。

（4）软件设计。第 1 步进行总体设计，先考虑几种可能的设计方案，分析各种方案的成本/效益，与用户共同确定系统所采纳的方案，再进行系统结构设计，确定软件的模块结构。第 2 步是详细设计，描述如何具体地实现系统。第 3 步是程序设计（也称编码）阶段。第四步是测试阶段，先测试软件的每个模块，再将模块装配在一起进行测试（集成测试），最后在用户的参与下进行验收测试，用户验收后软件才可交付使用。

（5）软件维护。软件运行期间，通过各种必要的维护使系统适应环境变化，延长使用寿命和提高软件的效益。软件运行期间会由于潜在的问题而发生错误；用户在使用后会提出一些改进或扩充软件的要求；软件运行的硬件、软件环境有时也会发生变化等，这些情况使软件需要不断地进行维护才能继续使用而不至于被废弃。每次维护的要求、方案、计划及如何修改程序、重新测试、验收等一系列步骤都应详细准确地记录下来，作为文档加以保存。

2. 软件开发模型

软件开发模型总体来说有传统的瀑布模型和后来兴起的快速原型模型。具体可分为瀑布模型、快速原型、喷泉模型、软件重用开发模型和螺旋模型，以下对其中几个模型做一简介。

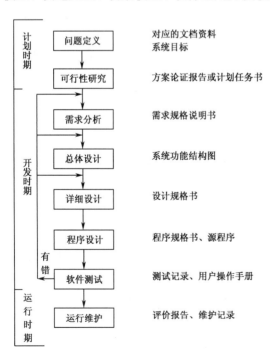

图 6-41 软件开发的瀑布模型

（1）瀑布模型（Waterfall Model）。瀑布模型遵循软件生存期的划分，明确规定每个阶段的任务，各个阶段的工作按顺序展开，恰如奔流不息拾级而下的瀑布，如图 6-41 所示。

由图可知，瀑布模型把软件生存周期分为计划、开发、运行三个时期。这三个时期又可细分为若干阶段：计划时期可分为问题定义、可行性研究两个阶段；开发时期分为需求分析、总体设计、详细设计、程序设计、软件测试等阶段；运行时期则边运行，边维护。

用瀑布模型开发软件具有下列特点：

① 软件生存周期的顺序性。只有前一阶段工作完成以后，后一阶段的工作才能开始，前一阶段的输出文档，就是后一阶

段的输入文档。只有前一阶段有正确的输出，后一阶段才可能有正确的结果。如果在生存周期的某一阶段出现了错误，往往要追溯到在它之前的一些阶段。

瀑布模型开发适合于在软件需求比较明确、开发技术比较成熟、工程管理比较严格的场合下使用。

② 尽可能推迟软件的编码。程序设计也称编码。实践表明，大、中型软件编码开始得越早，完成所需的时间反而越长。瀑布模型在编码之前安排了需求分析、总体设计、详细设计等阶段，从而把逻辑设计和编码清楚地划分开来，尽可能推迟程序编码阶段。

③ 保证质量。瀑布模型软件开发在每个阶段都要完成规定的文档，每个阶段都要对已完成的文档进行复审，以便及早发现隐患，排除故障。

（2）快速原型（Rapid Prototype Model）。正确的需求定义是系统成功的关键，但是许多用户在开始时往往不能准确地叙述他们的需要，软件开发人员需要反复多次地和用户交流信息，才能全面、准确地了解用户的要求。当用户实际使用了目标系统以后，也常常会改变原来的某些想法，对系统提出新的需求，以便使系统更加符合他们的需要。

理想做法是，先根据需求分析的结果开发一个原型系统，请用户试用一段时间，以便能准确地认识到他们的实际需要是什么，这相当于工程上先制作"样品"试用后，做适当改进，然后再批量生产，这就是快速原型法。虽然这要额外花费一些成本，但是可以尽早获得更准确完整的需求，减少测试和调试的工作量，提高软件质量。因此快速原型法使用得当，能减少软件的总成本，缩短开发周期，是目前比较流行的实用开发模式。

根据建立原型的目的不同，实现原型的途径也有所不同，通常有下述三种类型。

① 渐增型。先选择一个或几个关键功能，建立一个不完全的系统，此时只包含目标系统的一部分功能或对目标系统的功能从某些方面做简化，通过运行这个系统取得经验，加深对软件需求的理解，逐步使系统扩充和完善。如此反复进行，直到软件人员和用户对所设计的软件系统满意为止。

渐增型开发的软件系统是逐渐增长和完善的，所以从整体结构上不如瀑布型方法开发的软件那样清晰。但是，由于渐增型开发过程自始至终都有用户参与，因而可以及时发现问题加以修改，可以更好地满足用户需求。

② 用于验证软件需求的原型。系统分析员在确定了软件需求之后，从中选出某些应验证的功能，用适当的工具快速构造出可运行的原型系统，由用户试用和评价。这类原型往往用后就丢弃，因此构造它们的生产环境不必与目标系统的生产环境一致，通常使用简洁而易于修改的超高级语言对原型进行编码。

③ 用于验证设计方案的原型。为了保证软件产品的质量，在总体设计和详细设计过程中，用原型来验证总体结构或某些关键算法。如果设计方案验证完成后就将原型丢弃，则构造原型的工具不必与目标系统的生产环境一致。如果想把原型作为最终产品的一部分，原型和目标系统应使用同样的程序设计语言。

软件快速原型开发方法的开发过程如图 6-42 所示。

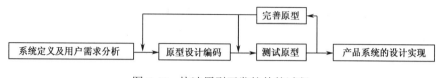

图 6-42　快速原型开发软件的过程

（3）软件重用模型（Software Reuse Model）。这种开发模型旨在开发具有各种一般性功能的软件模块，将它们组成软件重用库，这些模块在设计时应考虑其适应各种界面的接口规格，可供软件开发时利用。软件重用的主要优点是，减少软件生产中的重复开发，避免软件开发人员的大量重复劳动，提高开发效率，缩短开发周期，降低开发成本。软件重用库的模块不仅要便于选择使用，而且还应具有允许扩充、积累其成分的性能。

通常软件重用分两种：

● 重用程序以各种源程序形式存库。

● 重用程序是经过编译的目标程序。

软件重用模式的开发过程如下：

① 设计重用库模块。重用库中的模块要经历模块定义、功能规格描述、模块设计、编码、模块功能测试、模块登记、模块目录编制，此后可放入重用库中。

② 软件系统设计。在重用库建立后，软件系统的设计步骤是需求分析、功能定义和设计、在重用库中选择模块、编码、测试、验收、运行与维护。

在选择重用库模块时，有时用户会不十分满意或找不到可重用的模块，这就需要修改原有模块或建立新的模块，以扩充可重用库。

（4）螺旋模型（Spiral Model，SM）。瀑布模型要求在软件开发的初期就完全确定软件的需求，这在很多情况下往往是做不到的。螺旋模型试图克服瀑布模型的这一不足。

螺旋模型是 1988 年由 B.W.Boehm 提出的。螺旋模型把软件开发过程安排为逐步细化的螺旋周期序列，每经历一个周期，系统就细化和完善一些。螺旋模型把软件过程描绘为"计划→风险分析→原型→用户评审"周而复始的 4 种活动，将其称为一个螺旋周期。每一个周期又可细化为若干任务。这种模型对大型新产品特别有效。例如，市售 Word，Excel1，Lotus Notes 等软件，按里程碑（就是基线）发布（如 Word 5.0，6.0，7.0…），它们遵循"概念开发→最初产品开发→产品增强开发→产品维护改进"这个延绵不断的过程。除非退役，否则没有定型，而要不断改进，这种模型已成为当前软件开发过程的主流模型。螺旋模型如图 6-43 所示。

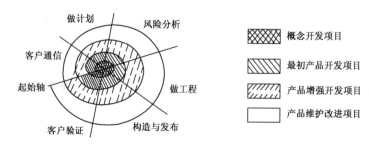

图 6-43　螺旋模型示意图

从起始轴最内一个黑点开始，与客户通信（Customer Communication）弄清客户的需要，建立有效的通信途径，为项目计划收集更多的信息。做计划（Planning）活动是定义资源、时限、估算工作量、采用技术方案，结合风险分析写出项目计划。风险分析（Risk Analysis）的任务是估计技术和管理的风险以及减少风险的对策。做工程（Engineering）的任务是做出本产品的原型，交出一个可运行的原型以便评审和审计。构造与发布（Construction & Release）是构造、测试、安装完整的产品，并提供用户支持（如文档、手册、培训）。客户验证（Customer Validation）的任务是得到用户的反馈。这不同于开发期间客户参与的评审会，是高规格的验证，例如β测试报告。特别是预期比较大的更改，可以作为下一个版本开发的目标。创建良好的应用系统应从最内圈开始，第一轮在于验证本项目在概念上是成功的，接着是第二轮最初的产品开发，其过程步骤和第一轮完全一样。这样，第一轮的经验和必要信息在第二轮直接可用，对于第二轮的成功至关重要。一般第二轮的产品以 1.0 版发布。接着收到反馈后做第三轮，除了弥补使用上的小缺陷之外，还要弥补明显的不足，并以 2.0 版发布。同样做第四轮的维护改进项目，以 3.0 版发布。根据市售一般软件版本的经验，3.0 版一般是最好用的，再高的版本往往会画蛇添足。

习题 6

1．什么是软件？简述软件的分类。

2．试述计算机系统的组成，说明软件与硬件之间的关系。

3．什么是程序设计语言？简述五代程序设计语言的主要特点。

4．试述高级程序设计语言的基本组成。

5．以 C 语言为例，说明高级语言程序的三种基本结构。

6．与面向过程的程序设计语言相比，面向对象的程序设计语言有何特点？

7．什么是操作系统？它为用户提供哪两种级别的接口。

8．简述操作系统的五大管理功能。

9．简述操作系统的三个基本特征。

10．试述作业、进程和程序三者之间的区别与联系。

11．最基本的进程状态有哪些？说明进程状态之间的转换关系。

12．试述处理机管理程序的组成和功能。

13．什么是进程通信？什么是死锁？

14．存储管理的基本任务是什么？

15．什么是虚拟存储技术？实现该技术需有什么硬件和软件支持？

16．试述 SPOOLING 技术实现虚拟设备的基本原理。

17．简述中断处理的过程。

18．什么是文件和文件系统？

19．什么是文件的逻辑结构和物理结构？分别说明它们的分类。

20．什么是文件目录？简述常用的三种文件目录结构的特点。

21．简述编译程序的组成及各部分的主要功能。

22．编译过程中，为什么要生成中间代码？

23．对赋值语句 y = (A+2*B)-4*C，首先生成四元式中间代码，然后翻译为目标代码（汇编语言形式）。

24．什么是软件工程？

25．什么是软件生存周期？简述该周期的组成及所要解决的问题。

26．常用的软件开发模型有哪几种？

27．简述瀑布模型开发软件的过程。

第 7 章

计算机系统及应用

计算机俗称电脑，它作为人脑功能的延伸已深入应用到人类社会的各个领域，真可谓无孔不入。本章将简要介绍计算机系统的若干重要应用领减，如计算机网络、多媒体技术、虚拟现实和人工智能。

7.1 计算机网络

计算机与通信技术结合，促进了人类社会的资源共享与信息交流，使计算机网络获得飞速发展。现在，计算机网络已经成为社会生活中不可缺少的信息处理和通信工具，成为社会生活的重要组成部分。本节将介绍计算机网络的若干基本概念、Internet 网的基本知识、网络发展的新技术（互联网新技术、无线网和物联网）以及云计算的基本概念。

7.1.1 计算机网络的组成

1. 什么是计算机网络

关于计算机网络，至今尚无严格的定义，而且随着计算机与通信技术的发展，计算机网络的内涵也在不断发生变化，一个简洁的定义是：计算机网络是利用通信线路连接起来的相互独立的计算机的集合。图 7-1 示出了一个简单的计算机网络。其中：

① 通信线路是指传输信号的介质，如电话线、同轴电缆、光导纤维等有线传输介质，或微波、卫星等无线传输介质。

② 相互独立的计算机集合是指网上的计算机（工作站或服务器）都是相对独立工作，可相互交换信息，但没有主次之分。

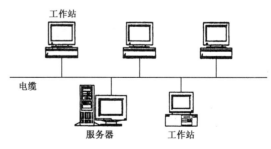

图 7-1　一个简单的计算机网络示例

由计算机网络的定义可知，计算机网络至少由网络设备、通信线路及网络软件等三部分组成，下面分别简单介绍。

2. 网络设备

网络设备是指组成计算机网络的硬设备，如若干计算机（客户机、服务器）、网卡、网络互连设备等。图 7-2 示出了这些设备，图中 AB，CD，EF 表示三段通信线路，C 是客户机，S 是服务器，R₁ 和 R₂ 是网络互连设备，NC 是网卡，T 是连接器。

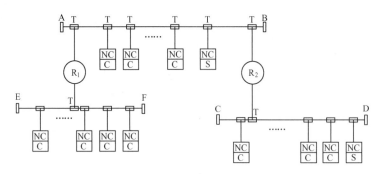

图 7-2　计算机网络硬设备示例

（1）客户机（Client）。它是为网上用户服务的计算机，可以单独使用或联网使用，也称网络工作站，或网络节点。

（2）服务器（Server）。它是为客户提供服务的计算机，具有较高的运算速度和较大的存储容量，存放了大量的软件资源供客户机共享。

（3）网络互连设备。实现各个网段之间的连接，常用的有中继器（Repeater）、集线器（Hub）、路由器（Router）、交换机（Switch）、网桥（Net-Bridge）和网关（Net-Gateway）等。

（4）网卡（Net Card）和连接器 T。网卡也称网络适配器，是计算机之间实现通信的必不可少的接口，它一端插入计算机主板的扩展槽中，另一端通过连接器 T 与电缆相连，如图 7-3 所示。网卡可完成网络通信所需的各种功能。例如，它能把数据从计算机内保存的格式转换成在电缆上传输的格式，并提供与网络的物理连接。网卡的具体实现取决于所使用的网络类型。例如，在以太网络中，网卡会在数据发送之前监听信道是否空闲，若空闲，则以一定的策略发送数据；以太网卡还能过滤不是发给它的数据，并对冲突进行处理。微波网卡能将计算机数据转换成一系列无线电波。

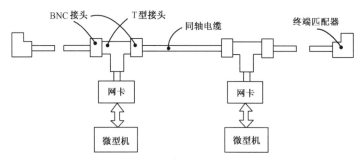

图 7-3　网卡通过接连器 T 与电缆连接

3．通信线路

通信线路是指计算机网络的信息传输介质，常用的传输介质分为有线介质和无线介质。

（1）有线介质。有同轴电缆、双绞线及光缆等，如图 7-4 所示。

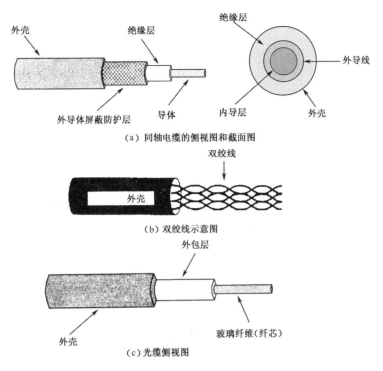

图 7-4　同轴电缆、双绞线及光缆示意图

① 同轴电缆。由内导体铜质芯线、绝缘层、网状编织的外导体屏蔽保护层以及保护性塑料外壳组成，见图 7-4(a)。由于外导体的屏蔽层作用，同轴电缆具有很好的抗干扰性。根据直径大小可将它分为粗同轴电缆和细同轴电缆，粗同轴电缆的传输距离较细同轴电缆远，但其接口较复杂。

② 双绞线。由两条相互绝缘的铜线按一定方向扭绞而成，见图 7-4(b)。成对线的扭绞可使电磁辐射和外部电磁干扰减到最小。

③ 光纤。由纤芯、外包层及塑料保护涂层外壳组成，见图 7-4(c)。纤芯是一种透明的细石英玻璃丝，称为光纤，用来传导光波，其工作原理如图 7-5 所示。数据发送方先把表示数据的电信号转换为光脉冲，光源发出光脉冲并沿光纤通道传播，接收方接收光脉冲信号，并把它转换为电信号，完成数据的传输。

图 7-5　光纤工作原理

由于光纤非常细，连外包层一起其直径不到 0.2 mm。因此，必须将光纤做成很结实的光缆，一根光缆中可以包括数百根光纤，再加上加强芯和填充物，可以大大提高其机械强度。

（2）无线介质。有红外线、无线电波等，它们可在自由空间中传播，实现无线传输，图 7-6 示出了利用无线电波实现无线传输的计算机网络。

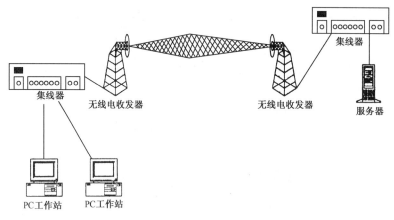

图 7-6　无线传输的计算机网络举例

无线传输具有费用低廉、机动灵活等优点，特别适用于战场等不适合铺设线缆的应用领域。但无线传输安全性不高，容易受天气变化的影响和电磁干扰，因而可靠性及稳定性较差。

4．网络软件

构建一个计算机网络，除上述的网络设备及通信线路外，还需要网络软件，它包括网络传输协议、网络操作系统及网络应用软件等。下面简要介绍这 3 种网络软件。

（1）网络通信协议。计算机网络连接了许多不同的计算机，它们之间要进行数据通信，必须遵循一定的规则。例如，网上计算机需要准确地知道信息在网络中的传输格式、传输方法、传输速度、接收方和发送方的地址等。只有这样，网络才能将数据顺利地传递到目的地。通常，把计算机通信双方在通信时必须遵循的一组规范称为网络通信协议（Protocol），它是计算机网络的核心，常见的网络通信协议有 TCP/IP 协议、IPX/SPX 协议、FTP 协议、HTTP 协议等。

（2）网络操作系统。网络操作系统除了具有普通操作系统的基本功能外，还应具有网络资源管理功能，如支持多种不同厂商的网络适配卡；提供网络互连功能；支持有效可靠的数据传输等。当今的网络操作系统一般将网络通信协议作为内置的功能来实现，其范围包括整个网络体系结构。网络操作系统主要分为两类：一类是端-端对等方式网络操作系统，另一类是客户-服务器模式网络操作系统。目前流行的客户-服务器模式网络操作系统产品有 UNIX，Novell，Netware，Windows NT，IBM OS/2 等。对等式网络操作系统有 Windows 95/98/2000、Windows for Workgroups 等。

（3）网络应用软件。为了更好地满足网络用户的需要，业界开发了各种各样的网络应用软件，如网络财务系统、网络办公系统、网上信息发布系统、网络故障诊断及安全保密管理系统等。

7.1.2　计算机网络的分类

计算机网络可从不同角度进行分类，如按网络的作用范围、网络的拓扑结构、网络的交换功能及网络的通信性能等分类，这里仅介绍前两种分类方法。

1. 按网络的作用范围分类

可将网络分为局域网、城域网和广域网等三类。

（1）局域网。局域网（LAN）是指将小区域内的计算机及各种通信设备互连在一起的计算机网络。小区域可以是一个校园内，一个建筑物内或一个实验室内。局域网的主要特点是数据传输速率高（10 Mbps～1 Gbps），传输距离比较短（0.1～25 km）。传统的局域网有三种：以太网（IEEE802.3 标准）、令牌环网（IEEE802.5 标准）、令牌总线局域网（IEEE802.4 标准）。

（2）广域网。广域网（WAN）是指很长距离（几百千米至几千千米，甚至全球）范围内的计算机网络。广域网的建立可以通过租用公共通信线路来实现，如电话线路、卫星通信线路、分组无线网等。与局域网相比，广域网的主要特点是传输距离很远，但传输速率较低。因特网（Internet）是世界上连接范围最广、用户数量最多的广域网。从某种意义上讲，Internet 已成为全球信息高速公路的中枢神经，人们可以用各种方式使用 Internet：收发电子邮件、传输文件、多媒体信息浏览、各种讨论组、运行异地计算机上的程序等。

（3）城域网。城域网（MAN）是指一个城市范围内的计算机网络，其覆盖范围在广域网与局域网之间。严格地说，城域网和广域网就是把地理位置分散的若干局域网互连起来形成的规模更大的计算机网络系统。

2. 按网络的拓扑结构分类

网络的拓扑结构是指网络中计算机和其他硬件的物理布局，即把网络中的硬设备抽象为"节点"，通信线路抽象为"线"而形成的几何图形。常见的有 4 种网络拓扑结构：总线形、星形、环形和网状。

（1）总线形结构。在总线形网络中，所有计算机由一根主干电缆连成一行，是一种"无源"拓扑结构，如图 7-7 所示。

图 7-7 总线形结构网络及其拓扑图

在总线形网络中，每一台计算机都可沿电缆以广播方式发送信息，但每次只允许一台发送。网络中所有计算机都有可能从电缆接收此信息，但只有与发送信息的目的地址相符的计算机才能真正接收到此信息。由于在任一时刻只能有一台计算机发送信息，故总线形网络的性能受到总线上连接计算机数目的影响。计算机在发送信息之前必须检测总线是否处于空闲状态，若测得总线处于空闲状态，则可向总线发送信息；否则，需等待总线进入空闲状态。当有两台以上计算机同时要向总线发送信息时，则只允许一台计算机发送，而使其他计算机处于等待状态。上述"检测总线是否空闲"及"解决总线争用"问题是由网卡按一定策略（如 CSMA/CD 介质访问控制算法）实现的。

总线形网络中的另一个重要问题是信号终结。由于总线是一种无源拓扑结构，从计算机发出的电信号会在电缆长度范围内自由传递。如果不提供终结手段，信号到达电缆末端时会立即反射回来，再向电缆另一端传递。为了避免这种情况的发生，需要在一个封闭的电缆两端分别安上一个终结端子，它能吸收电信号，防止信号反射，消除信号反射对网络通信的干扰。

（2）星形结构。在星形结构网络中，每台计算机由电缆连接到一个集中的站点上，该站点可以是集线器（Hub）或交换机（Switch），如图 7-8 所示。

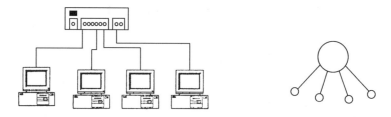

图 7-8   星形结构网络及其拓扑图

集线器能将所有计算机的报文转发给其他所有计算机（在广播式星形网络中）或只发给目标计算机（在交换式星形网络中）。为了扩展星形网络的规模，可以在适当的地方设置一个或几个集线器进行互连，如图 7-9 所示。星形结构的计算机网络是目前最流行的一种网络结构。

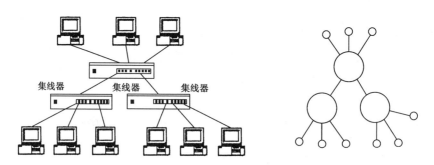

图 7-9   星形结构网络扩展及其拓扑图

（3）环形结构。在环形结构网络中，用一根封闭的环形电缆连接网络中的每台计算机，构成一个逻辑环，如图 7-10 所示。

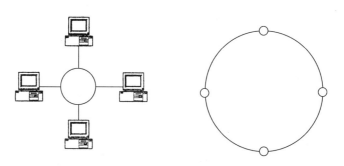

图 7-10   环形结构网络及其拓扑图

在环形结构网络中，一般采用令牌传递方案实现数据通信。令牌（Token）是一个特殊的指令字，在环上单向传输，经过每台计算机。当一台计算机要发送数据时，需先得到空闲的令牌，并添入相应参数，再发送数据。接收方收到数据后，通知发送方进行确认。这样，发送方重新释放一个新的空闲令牌，并在环形网上传递。

（4）网状结构。在网状结构的网络中，每个网络设备至少拥有一条链路，如图 7-11 所示。由于各设备之间存在冗余的通信线路，因而它具有很高的容错性能，并可使数据通过不同的路径传送，增大了通信信道的容量。

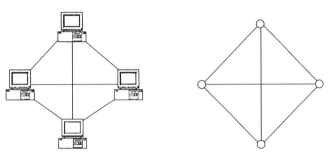

图 7-11　网状结构网络及其拓扑图

7.1.3　网络中数据传输的基本原理

在计算机网络中，数据的定义是广义的，所有可数字化的信息（如文字、数字、声音、图像等）都统称为数据，它们以电信号的方式在网络介质中传输。本节将介绍有关信号传输的基本知识。

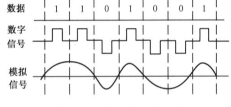

图 7-12　信号的两种形式

1．信号的形式

表示数据的信号形式分为数字信号和模拟信号两种，如图 7-12 所示。图中数字信号是以电脉冲的有无（或电平的高低）来表示数据 1 和 0，模拟信号则以连续变化的正电压或负电压来表示数据 1 和 0。实际上，数字信号可有多种编码方案，而模拟信号也有多种表示方法，如可用电磁波的振幅、频率和相位表示。

数字信号的主要特点是抗干扰能力较强、设备费用较低，但传输距离较短。模拟信号的主要特点是传输距离较远，并可通过多路复用技术提高带宽（见后述），但容易受到噪声和电磁波的干扰。

2．信号的传输方式

（1）基带传输与宽带传输。基带传输是指直接将电脉冲表示的数字信号在传输介质上传送，如图 7-13 所示。

宽带传输是指将基带信号对载波进行调制后，再在传输介质上传送，其调制方法有调幅、调频和调相，如图 7-14 所示。

不同传输介质能有效传输信号的频率范围是不同的。例如，普通电话线可传输的信号频率范围为 300 Hz～3 400 Hz，电缆可传输的信号频率范围比双绞线宽。我们把传输介质可传送信号的频率范围称为该传输介质的通频带，简称带宽。

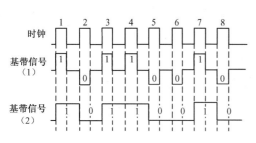

图 7-13 基带传输信号的两种形式

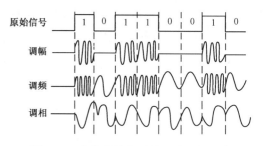

图 7-14 宽带传输信号的 3 种调制方法

以电缆传输介质为例，若信号采用基带传输，则每一条电缆只能传送一路信号，即每一条电缆只能用作一个信道。若信号采用宽带传输，则可将一条电缆的带宽分割成多个信道，即一条电缆可形成多个信道，可同时传送多路信号，如图 7-15 所示。

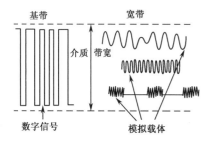

图 7-15 一条电缆的基带与宽带传输

（2）单工、半双工和全双工方式。

① 单工方式。信号只能沿着信道的一个固定方向传输。如图 7-16（a）所示，图中 A，B 为数据通信的两端，信号只能沿信道从 A 端（T）传输到 B 端（R）。

② 半双工方式。信号可以在不同时刻沿一个信道的两个方向传输，如图 7-16（b）所示。

③ 全双工方式。信号可以同时沿两个信道在相反方向上传输，如图 7-16（c）所示。

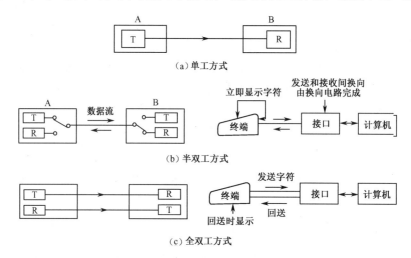

（a）单工方式

（b）半双工方式

（c）全双工方式

图 7-16 单工、半双工和全双工传输

（3）异步和同步传输。在计算机网络中，信号以串行方式从发送端（T）发出，经信道传输到接收端（R），如何保证 R 所接收的信号与 T 发出的信号完全一致呢？在网络中采取了两种传输方式：串行异步传输和串行同步传输。

① 串行异步传输。在该方式下，要传送的数据被包装成一帧信息，如图 7-17 所示。1 帧信息由起始位（1 位）、数据位（5～8 位）、校验位（1 位）及停止位（1～2 位）组成。

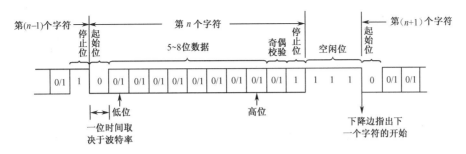

图 7-17 串行异步传输的信息格式

当信道空闲时，其上的信号为高电平，发送端 T 以帧为单位将数据（5～8 位）发送出去，接收端 R 测得信道上的电平由高变低时，表示一帧信息的起始位已来到，接收端用与发送时钟频率相同的时钟信号采集一帧中的各位信号电平，直到停止位，并检查传输过程中是否出现奇偶错。若无错，则从一帧信息中取出数据位；若有错，则要求发送端重复发送一次。

② 串行同步传输。在该方式下，被传送的数据以字符或数据块为单位，在同步信号的驱动下，由发送端发向接收端，其一帧信息格式如图 7-18 所示。

图 7-18 串行同步传输的信息格式

在进行同步传输前，信道上是空闲的。发送端在正式发送数据前，先发送"同步字符"（SYN1，SYN2），接收端在搜索到同步字符后，才能开始数据传送。一帧信息的最后是循环冗余校验码（CRC1，CRC2），可校验数据传送中是否有错，并作为数据块传送结束的标志。

3．数据传输速率

信号在传输介质上的传送速度有快有慢，通常用数据传输速率来衡量。数据传输速率是指传输介质上每秒传输的二进制位数，记为 bps（位每秒）或 Mbps（兆位每秒）。不同的传输介质，数据传输速率不同，如双绞线的数据传输速率为 10 Mbps，同轴电缆为 50 Mbps，光缆为 2 Gbps 等。

7.1.4 网络通信协议

前已指出，网络通信协议是计算机网络软件的重要组成部分，是计算机网络的核心。它是怎么组成的？实现了哪些功能？

任何"通信"（实际上是一种"交流"）都需要有"协议"，才能保证通信的正常进行，而且这些"协议"往往分为多个层次。例如，对于人与人之间的"通信"（"交谈"），必须满足下列条件（或称"协议"）：

① 信号层。甲通过声带振动发出声音，经空气传入乙的耳朵，使耳膜振动，听到来自甲

的声音，该层提供了"通信"的物理基础。

② 语言层。甲与乙要进行交流，还必须有共同的语言，这些语言由一定的词、语法、语义等规则组成。否则，甲与乙能听到对方的声音，但不能理解对方表达的含义。显然，该层提供了交流的基本条件。

③ 知识层。若要实现专业领域内知识的交流，则甲与乙还必须具备相同的知识背景，否则将出现"隔行如隔山"的现象，无法实现专业知识的交流。

在计算机网络中，各计算机之间的"交流"（通信）也必须遵守一定的"游戏规则"，这就是网络通信协议。早期的网络协议是由生产网络产品的厂商制定的，尽管这些协议都具有相似功能，但不同网络协议的分层方法、每层功能、层间连接各不相同，这就为网络之间的通信造成了障碍。为此，国际标准化组织（ISO）将网络结构和协议层次标准化，提出了一个网络分层模型，称为开放系统互连（OSI，Open System Interconnection）参考模型。该模型将网络协议分为7层，如图7-19所示。

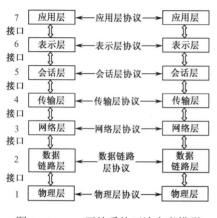

图7-19　OSI开放系统互连参考模型

1. 物理层

OSI模型的物理层提供建立网络的物理及电气连接特性，它是一个硬件层。物理层的主要功能是为它的上一层（数据链路层）提供一个物理连接，以便透明地传输比特流。在物理层上所传的数据的单位是b（bit，位）。物理层的设计要保证每一位的正确收发，如用多大的电压代表1和0，在接收端如何识别1和0。

物理层主要涉及以下内容：

① 网络连接类型，包括多点和点到点的连接。

② 网络的拓扑结构。

③ 模拟传输和数字传输，包括模拟信号和数字信号中数据的编码。

④ 控制收/发方的同步。

⑤ 基带和宽带传输，使用介质带宽的不同方法。

⑥ 多路复用，如何将几个数据信道合并成一个信道。

2. 数据链路层

数据链路层负责在两个相邻节点之间的线路上无差错地传送以帧为单位的数据。它负责建立、维持和释放数据链路的连接，在传输数据时进行流量控制和差错控制。

3. 网络层

在计算机网络中进行通信的两台计算机之间可能要经过多个节点和链路，也可能要经过几个通信子网。与数据链路层不同，网络层所传输的数据单位是报文分组（就是一段数据），它的主要任务就是完成分组从源端到目的端的路由选择。另外，如果在网络中发送了过多的分组，有可能造成网络通路的阻塞，导致网络系统性能下降甚至无法进行数据的传输。因此网络层还要提供拥塞控制（如同交通警察的工作）。一句话，网络层的主要工作就是找到一条最佳的从源节点到目标节点的传输通路。

4．传输层

传输层是网络体系结构中极为重要的一层，它是通信子网（其功能就是实现通信）和资源子网的分界线，它是真正的端到端协议层。在传输层下面的子层中，协议是每台机器与其直接相邻的机器之间的协议，即点到点协议，而不是最终的源端计算机和目的计算机之间的协议。此外，传输层还提供建立、维护和拆除传送连接的功能。

5．会话层

会话层在两个相互通信的应用进程之间建立、组织和协调其相互之间的通信。例如，确定双工通信方式还是半双工通信方式；当发生意外时，如何进行会话恢复，解决会话同步问题。

6．表示层

表示层主要实现用户信息的语法表示。它将数据从适合某一用户的抽象语法转换为适合OSI 系统内部使用的传送语法，完成数据格式的协商、转换和文本压缩/解压缩等。信息在传送时，有时出于保密方面的要求，需要对数据进行加密和解密。这些类似的工作就是由表示层完成的。

7．应用层

应用层是 OSI 参考模型的最高层，直接向用户提供服务。这些服务包括网络管理、电子邮件、文件传输服务、远程登录、目录服务等。

图 7-20 给出了实际通信时，OSI 模型在两个开放系统之间的通信过程。数据发送方首先把数据交给应用层，应用层在数据前面加上应用层报头（应用层协议的控制信息），即 AH（也可以为空），然后把生成的数据交给表示层；表示层接收到数据后不需要知道数据的具体内容，只需直接在数据前面加上表示层协议控制信息，即报头，再把生成的数据交给下一层；这一过程重复进行，直到数据到达物理层，被直接传输到接收方所在的计算机。接收方计算机收到数据后，把数据按相反的顺序向上传递，报头被一层层地剥去，最后只剩下原始数据。把原始数据交给接收方，就实现了一次通信。

7.1.5　计算机网络示例

为使读者对计算机网络有一个整体的初步了解，本节将介绍一个小型校园网。它由多个星形局域网组成，通过网络互连设备（交换器、集线器和路由器等）连接成一个园区网，并与国际互联网（Internet）相连，如图 7-21 所示。

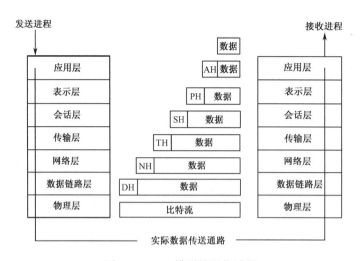

图 7-20 OSI 模型的通信过程

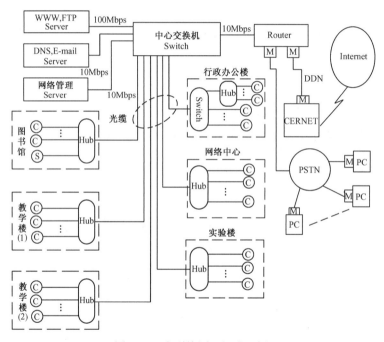

图 7-21 小型校园网组成示例

图 7-21 表明，校园网有三台主服务器：浏览器（WWW）和文件传输（FTP）服务器、域名（DNS）和电子邮件（E-mail）服务器、网络管理服务器等，它为网络用户提供共享资源及网络服务。此外，在图书馆局域网中有独立的专用服务器（S）。服务器与多个局域网的连接是通过中心交换机（Switch）实现的，并通过路由器（Router）连接校外的中国教育科研网（CERNET）和校内的电话网（PSTN）。连接所采用的传输介质有电缆（10 Mbps 和 100 Mbps 两类）、光缆、电话线及专用线（DDN）等，所采用的互连设备有集线器（Hub）、路由器（Router）和交换机（Switch）等。通过 CERNET 接入国际互联网 Internet，通过校内电话网连接学生宿舍及教职工宿舍的个人计算机。下面简单介绍图中的网络互连设备。

1．交换机

交换机（Switch）是实现数据包（数据分组）转发的网络互连设备，转发的速度很快。但它不检查数据包的内容，故无法进行流量控制和网络安全控制等，新型交换机（称第 4 层交换机）除具有网络的第 1，2，3 层的功能外，还可以对数据包进行一些第 4 层的操作，如过滤、流量分类等。

2．路由器

路由器（Router）是实现路径选择、数据转换和数据过滤的网络互连设备，它工作在 OSI 协议的网络层，主要用于局域网和广域网的互连。全球最大的互联网 Internet 就是由众多的路由器连接起来的计算机网络。

3．集线器

集线器（Hub）是实现数据存储和转发的设备，它工作于 OSI 协议的数据链路层，能识别数据链路层的不同的数据格式，并能进行互相转换。不同的集线器端口连接不同的网段，段内通信在网段内部进行，段与段间的通信在不同的端口间进行。

4．调制解调器

调制解调器（Modem）是计算机之间通过电话系统通信必备的一个专用设备。在发送方，它将计算机传输的数字信号转换成电话线上能够传输的模拟信号（称为调制）；在接收方，它将电话线上传输的模拟信号转换成计算机内部的数字信号（称为解调）。此外，调制解调器还提供硬件纠错、硬件压缩，并执行通信协议等。调制解调器俗称"猫"，其功能可全部由硬件实现，称硬"猫"；也可以由软件实现，称软"猫"。

7.1.6 互联网 Internet 简介

Internet 是由遍布全世界的、大大小小的、各种各样的计算机网络组成的一个松散的全球网，它连接世界的每一个地区乃至个人，超越种种自然或人为的地理位置的限制，达到了一种"全球统一"。Internet 的开放性，给人类社会带来无限的生机。本节将简要介绍有关 Internet 的基本知识，包括 Internet 的起源，如何接入 Internet，Internet 上的计算机是如何识别和通信的。

1．什么是 Internet

Internet 是国际计算机分组交换网络的缩写，简称国际互联网，它起源于美国国防部高级研究工程局于 1969 年研制的 ARPANET 网（Advanced Research Project Agency NET work），它采用著名的 TCP/IP（传输控制协议/网间协议）网络协议。1984 年，美国国家科学基金会 NSF（National Science Foundition）将其建立的教育科研计算机网与 ARPANET 等 5 个超级计算机网络合并，统一运行 TCP/IP 协议，建成一个 NSFNET 专用网络，这就是美国 Internet 的基础。NSFNET 向国外扩展，将世界范围的区域性网络都互连起来，便形成了当今的Internet。

我国政府非常重视 Internet 的应用，早在 1994 年就启动了"三金"（金桥、金关、金卡）工程，并先后建成了多个与 Internet 互连的计算机网络中心，它们具有独立的国际出/入口信道，面向大众经营业务，主要有：

① 中国公用计算机网（CHINANET）。该网络由原邮电部负责建设，于 1995 年 11 月投入运行。

② 中国教育科研计算机网（CERNET）。由原国家教育委员会负责建设，于 1995 年 12 月投入运行。

③ 中国科学技术网（CSTNET）。由中国科学院负责建设，于 1994 年 3 月投入运行。

④ 中国金桥信息网（CHINAGBN）。由原电子工业部负责建设，于 1995 年投入运行。

⑤ 联通公用计算机网（UNINET）。由中国联通公司负责建设，1999 年 8 月投入运行。

通过上述互连的网络中心，即可接入 Internet。如图 7-21 所示，表示了一个校园网通过 CERNET 网络中心接入 Internet。

2. 如何识别网上计算机

网上计算机要进行通信，必须先识别通信双方，才能知道信息发送到何处？接收信息来自何方？为此，在 Internet 上，每台计算机都有一个唯一的标识符，它具有两种形式：

① 数字地址（即 IP 地址）。它是每台计算机的数字编号，便于网络内部的识别和处理。

② 文字地址（即域名）。它是每台计算机的字符型名称，便于用户记忆。

网上计算机这两种形式的标识符如同学校里每位学生都有"学号"和"姓名"两种标识符一样，"学号"便于校方对学生的管理，而"姓名"则便于相互称呼。

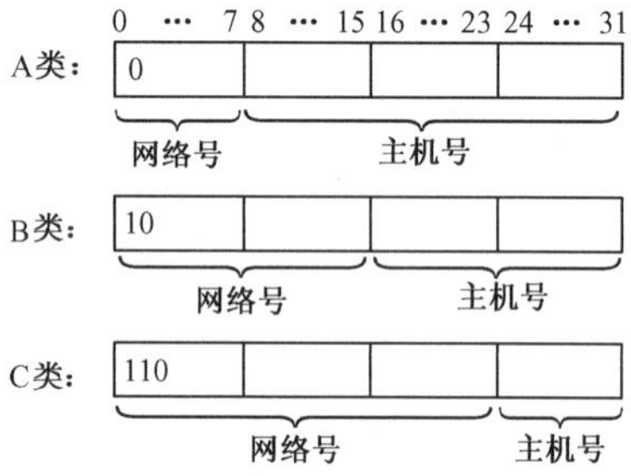

图 7-22　IP 地址的分类

（1）IP 地址。IP 地址由 32 位二进制数组成，分为 4 段，每段 8 位，中间用圆点隔开。IP 地址主要分为 A，B，C 三类，如图 7-22 所示。

每类 IP 地址都由网络号和主机号两部分组成，但各类 IP 地址这两部分所占的位数不同。A 类地址由 1 字节的网络号和 3 字节的主机号组成，其中网络号的最高位为"0"。A 类地址可标识 2^7 个 A 类网络，每个网络最多可容纳 2^{24} 台主机。B 类地址由 2 字节的网络号和 2 字节的主机号组成，其中网络号的最高两位为"10"。B 类地址可标识 2^{14} 个 B 类网络，每个网络最多可容纳 2^{16} 台主机。C 类网络由 3 字节的网络号和 1 字节的主机号组成，其中网络号的最高三位为"110"。C 类地址可标识 2^{21} 个网络，每个网络最多可容纳 2^8 台主机。

例如，清华大学的 IP 地址为 B 类（如 166.111.8.250），北方工业大学的 IP 地址为 C 类（202.204.24.0～202.204.27.255）。

为了确保 IP 地址在整个 Internet 上的唯一性，所有 IP 地址由一个中心授权组织分配，其最高管理机构叫网络信息中心（NIC，Network Information Center），负责向提出地址请求的组织（对应于网络）分配网络地址，然后各组织再在本地网络内部对地址的主机号部分进行本地分配。

IP 地址的管理模式是层次型、分散式的，而非集中式的。由于 IP 地址本身具有层次结构，与此相对应，层次型的管理模式既解决了地址的全局唯一性问题，又分散了管理的负担，使各级管理机构都能轻松地应付管理工作。

（2）域名。在 Internet 中，域名的分配首先由中央管理机构（如 Internet 的 NIC）将最高一级名字空间划分成若干部分，每一部分授权给相应管理机构。各管理机构可以再将其所管理的名字空间进一步划分，如此下去，形成一种树形层次结构，如图 7-23 所示。树根是 Internet 的最高管理机构，它负责分配第 1 级和第 2 级域名。树的每个节点代表一个域，域可以进一步划分成子域，如树的分枝节点。每个域都有一个域名，定义了它在网络中的位置。一台主机的域名就是从一个叶节点自底向上，到根节点的所有域名组成的串，其组成如下：

主机名. 单位名. 类型名. 国家代码

例如，域名 cs.ncut.edu.cn 表示北方工业大学计算机系。最高级域为 cn，表示中国的国家代码；edu 表示教育机构，是国际通用标识符；ncut 是北方工业大学的英文缩写；cs 表示计算机系。域名中每一个"."后面的各个标识叫做域，在这个例子中，最低级域为"cs.ncut.edu.cn"，第 3 级域为"ncut.edu.cn"，第 2 级域为"edu.cn"，第 1 级域为"cn"。又如，域名 ftp.ibm.com 表示美国 IBM 公司的 FTP 服务器。

为了保证域名系统的通用性，Internet 规定了一组正式的通用标准，作为类型名和国家或地区代码，如表 7-1 所示。

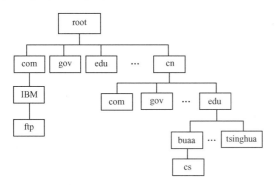

图 7-23　域名的层次结构

表 7-1　第 1 级 Internet 域

域　名	含　义
com	商业组织
edu	教育部门
gov	政府机构
mil	军事部门
net	主要网络技术中心
org	非营利组织
country code	国家或地区代码

表 7-1 中的域名分为两种模式，前 6 个域对应于组织模式，是类型名；最后一个域对应于地理模式，是国家或地区代码。组织模式是按管理组织的层次结构划分域的方式，由此产生的域名就是组织型域名；地理模式是按国别或地区地理区域划分域的方式，由此产生的域名就是地理型域名。除了美国的国家代码可省略外，其他国家或地区的主机要按地理模式登记进入域名系统，则首先向 NIC 申请本国或本地区的第 1 级域名（一般采用该国或本地区国际标准的二字符标识符，如中国为 cn，加拿大为 ca，日本为 jp 等）。

域名的引入虽然方便了用户，但不能直接用于 TCP/IP 协议（见后述）的路由寻址，当用户使用域名进行通信时，必须先将其翻译成 IP 地址，即域名解析。

3. Internet 上信息是怎样传输的

前已指出，网上计算机之间的通信是由网络通信协议实现的，即 OSI 网络分层模型（见图 7-20）。Internet 上的标准协议是 TCP/IP（Transmission Control Protocol/Internet Protocol，传输控制协议/网间协议），也就是 ARPANET 工程所开发的协议。该协议与 OSI 分层模型的对照表如表 7-2 所示。

表 7-2　TCP/IP 协议与 OSI 分层模型对照表

OSI 分层模型	TCP/IP 分层模型	TCP/IP 常用协议
应用层	应用层	DNS，HTTP，SMTP，POP，TELNET，FTP，NFS
表示层		
会话层		
传输层	传输层	TCP，UDP
网络层	网络层	IP，ARP，RARP，ICMP
数据链路层	物理层	Ethernet，FDDI，令牌环
物理层		

由表 7-2 可知，TCP/IP 协议分为 4 层：应用层、传输层、网络层和物理层，每层包含多个协议，简述如下。

（1）物理层。包含 OSI 的物理层和数据链路层，该层提供了 TCP/IP 与各种物理网络（以太网，FDDI、令牌环网等）之间的接口。

（2）网络层。该层运行的主要是 IP 协议，它在数据包上标明发送方及接收方的地址信息，包装成数据报，并为其选择合适的路由，将它发送出去。该层除运行 IP 协议外，还运行下列协议：

① 地址转换协议 ARP（Address Resolution Protocol）。完成 IP 地址到物理地址的转换。

② 反向地址转换协议 RARP（Reverse Address Resolution Protocol）。实现物理地址到 IP 地址的转换。

③ Internet 控制报文协议 ICMP（Internet Control Message Protocol）。发送消息，并报告数据包的传送错误。

（3）传输层。该层运行 TCP 和 UDP 两个协议。

① 传输控制协议 TCP。该协议将要发送的文本分成若干小数据包，加上特定信息（类似"装箱单"），发送出去。在接收端，该协议根据"装箱单"将各个小数据包拼装起来还原为一个文本。TCP 是一个可靠的面向连接的协议，完成连接的建立、数据传输和连接释放 3 个阶段。

② 用户数据包控制协议 UDP（User Datagram Control Protocol）。提供数据包的传递服务。

（4）应用层。应用程序通过此层访问网络，为用户和主机之间提供一个接口。常用的应用层协议有：

① 域名系统 DNS（Domain Name System）。实现域名和 IP 地址之间转换的协议。

② 文件传输协议 FTP（File Transmission Protocol）。实现网上主机之间文件交换的协议。

③ 远程登录协议 TELNET。远程使用网上其他计算机所用的协议，以获取其他机器上运行或储存的信息。

④ 超文本传输协议 HTTP（Hyper Text Transmission Protocol）。使用浏览器查询 Web 服务器上超文本信息所使用的协议。

⑤ 简单邮件传输协议 SMTP（Simple Mail Transfer Protocol）。定义了邮件如何在邮件服务器之间传输的协议。

⑥ 邮件协议 POP（Post Office Protocol）。定义了将用户信件从邮件服务器下载到本地客户机的协议。

TCP/IP 协议成功的关键在于它以很小的包发送信息，而这些小信息包并不需要顺序到达对方，甚至不需要按同一路径传送。而这些信息，无论它们被怎样分割，无论选取哪条路径，在到达接收方时都能完整无缺地组合起来，如图 7-24 所示。

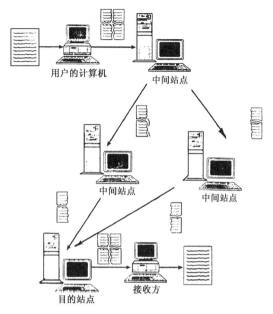

图 7-24　Internet 上传输一个文本的示意图

4．如何接入 Internet

一个用户要进入 Internet，需要具备 3 个基本条件：一台一定档次的计算机（客户机），寻找一个合适的 Internet 服务提供商 ISP（Internet Service Provider），计算机需要安装网络适配器（网卡或调制解调器）。

ISP 将为入网用户分配一个全球公认的 IP 地址，并提供上网软件（如 Microsoft 公司的 Internet Explorer（IE）系列）及各类服务（如 WWW 浏览，E-mail，FTP，BBS 等）。

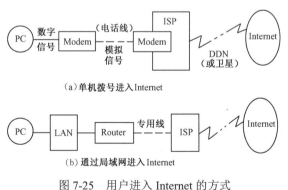

图 7-25　用户进入 Internet 的方式

入网方式有多种，如通过局域网上网或单机拨号上网等，如图 7-25 所示。

5．Internet 应用举例

Internet 的应能很多，主要有电子邮件（E-mail）、网络浏览（WWW）、文件传输（FTP）、远程登录（Telnet）、网络新闻（News）、电子公告牌（BBS）、文件搜索（Archie）、信息浏览服务（Gopher）、广域信息服务（WAIS）及网上电话（IP）、网上会议等。下面仅简要介绍电子邮件和网络浏览方面的应用。

（1）电子邮件。电子邮件是一种通过计算机网络实现通信的高效而价廉的现代通信手段，与人们传统的通信工具，如电话、邮件和传真相比，它提供了更多的便利：

● 可以方便地将信息发送给多个接收者。

● 可以在邮件中包含文字、声音、图像等多媒体信息。

● 电子邮件要比传统的邮政快得多、方便得多。

● 价格低廉，自动维护电子邮件的副本。

Internet 电子邮件系统基于客户-服务器方式。客户端也称用户代理（User Agent），提供用户界面，负责邮件发送的准备工作。服务器端也称传输代理（Message Transfer Agent）负责邮件的传输，它采用端-端传输方式。电子邮件系统的工作原理如图 7-26 所示。

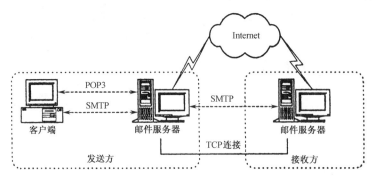

图 7-26　Internet 电子邮件的工作原理

E-mail 地址由用户名和邮件服务器域名组成，其格式如下：

用户名 @ 邮件服务器域名

例如：job @ 263.com.cn，wyl @ ncut.edu.cn。

（2）网络浏览。网络浏览（WWW）是指使用一种称为"浏览器"的软件方便地访问环球信息网（World Wide Web），简称 WWW 或万维网。WWW 为用户提供了世界范围内的多媒体信息服务，用户仅通过操纵鼠标就可以浏览来自世界各地的各种文本、图形、声音等信息。WWW 服务的特点在于其高度的集成性，它能把各种信息和服务（如电子邮件、文件传输、远程登录、网络新闻等）完美地连接起来，提供生动一致的图形用户界面。

WWW 是基于客户-服务器模式的应用系统，其工作方式如图 7-27 所示。WWW 服务器负责对各种信息进行组织，并以文件形式存储在某一指定目录中。WWW 服务器利用超链接来链接各个信息片段，这些信息片段既可集中地存储在同一主机上，也可分布地放在不同地理位置的不同主机上。WWW 客户浏览器负责显示信息和向服务器发送请求。当客户提出访问请求时，服务器负责响应客户的请求，并按用户的要求发送文件。客户机收到文件后，解释该文件，并在屏幕上显示出来。

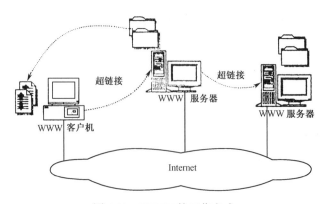

图 7-27　WWW 的工作方式

客户机和服务器之间的传输协议采用超文本传输协议 HTTP，服务器端软件通常称为 HTTP 服务器，客户机端软件称为浏览器。从用户的角度看，WWW 由大量分布存储的页面组成，这些页面可以分布在 Internet 的不同服务器上。用户用鼠标单击页面上的"热点"，就可以访问远程服务器上的文件，这样便实现了整个 Internet 上的信息漫游。这种页面的组织方式称为超文本（Hypertext）和超媒体（Hypermedia）。超文本将"热点"集成在文本信息中，用户在浏览超文本时可以随时选中"热点"，跳转到其他文本信息。超文本文件用超文本标记语言 HTML（Hypertext Markup Language）编写，文件的后缀一般为.htm 或.html。

超链接使用统一资源定位器 URL（Uniform Resource Locator）来定位信息所在位置，URL 的格式如下：

协议类型：// WWW 服务器名：端口号/目录/文件

协议类型可以为 HTTP，FTP，GOPHER 等；WWW 服务器名表示提供服务的主机名；端口号为 WWW 的 TCP 端口（默认值为 80）；若省略目录和文件名，表示访问默认主页。例如，

- http://www.sun.com　表示 Sun 公司的 WWW 服务器的 URL 地址。
- ftp://ftp.ncut.edu.cn　表示北方工业大学的 FTP 服务器 URL 地址。

常见的浏览器软件有 Netscape 公司的 Navigator/Communicator 和 Microsoft 公司的 Internet Explorer。常见的服务器软件有 Netscape 公司的 Fast track，Enterprise Server 和 Microsoft 公司的 IIS。

7.1.7　互联网新技术

下一代互联网要解决的重要技术问题是网络的扩展性、安全性、高性能、实时性、移动性和可管理性等。关于下一代互联网的发展道路存在两种观点：一种是积极探索以光传输为代表的新一代物理网络传输和数据链路控制技术，研制出用户控制光路（User Controlled Light Path，UCLP）、混合光与分组交换基础设施（Hybrid Optical and Packet Infrastructure，HOPI）等新技术，而在网络层面则还是基于 IPv4 和 IPv6（Internet Protocol Version 6）技术的逐步演进。另一种观点则主张摒弃现有互联网条条框框的限制，基于 Clean Slate(全新设计)的原则进行下一代互联网的研究，对互联网体系结构重新设计，并先后启动了未来互联网设计（Future Internet Network Design，FIND）和全球网络创新环境（Global Environment for Networking Innovations，GENI）等重大研究项目。

可管理性既是当前互联网存在的一个主要技术问题，也是下一代互联网研究中应该重点解决的问题。目前互联网的网络管理体系结构可扩展性差，难以胜任规模急剧增大的网络；网络管理系统之间相对封闭，使得不同管理域之间的网管系统难以做到信息共享和协同管理；描述信息的能力差，缺乏语义描述的能力，使得异构系统之间即使能够通信也难以做到互相理解。随着以 IPv6 为核心的下一代互联网的广泛部署，网络规模将进一步增大，对网络管理能力提出了更高要求。需要研究全新的和网络本身有同等可扩展能力的网络管理体系结构。

2011 年 2 月 3 日，互联网域名管理机构（ICANN）于美国迈阿密宣布：　IPv4 地址已经告罄，意味着新一代互联网进入了加快建造的时代，由此更需要从全球互联网的顶端高度理

解新的 IPv6 地址模式所带来的变革意义。同时，为了增进对于 IPv4 地址枯竭的认识，国际网络学会（Internet Society, ISOC）宣布将 2011 年 6 月 8 日订为全球 IPv6 日(IPv6 World Day)。IPv6 是 IETF（Internet Engineering Task Force）设计的用于替代现行 IPv4 的下一代 IP 协议。目前的全球 Internet 所采用的协议族是 TCP/IP 协议族。IP 是 TCP/IP 协议族中网络层的协议，是 TCP/IP 协议族的核心协议。IPv6 正处在不断发展和完善的过程中，它在不久的将来将取代目前被广泛使用的 IPv4。每个人将拥有更多的 IP 地址。IPv6 所拥有的地址容量是 IPv4 的约 8×10^{28} 倍。这不但解决了网络地址资源数量的问题，同时也为除计算机外的设备连入互联网在数量限制上扫清了障碍。它将是无时不在、无处不在的深入社会每个角落的真正的宽带网，而且它所带来的经济效益将非常巨大。

人们普遍认为，未来的网络将越来越复杂，也越来越智能化。但这种智能化并非天然具备，需要网络管理系统的密切配合。自动配置技术是未来网络管理系统中极其重要的关键单元技术，这既包括网络设备本身的智能和自治管理功能，也包括网管系统对配置管理任务的抽象描述、对被管设备的统一描述及智能感知以及基于二者的智能匹配等。

目前，就其主要特征已经在业界取得一些共识，主要包括：①更大。因 IPv6 的地址空间增大，网络规模也更大，接入网络的终端种类和数量更多，网络应用更广泛。②更快。支持千兆位以上的端到端高性能通信。③更安全可信。采用对象识别、身份认证和访问授权、数据加密和完整性、可信任的网络等技术。④更及时。包括组播服务、服务质量（QoS）、大规模实时交互应用等。⑤更方便。通过基于移动和无线通信的丰富应用随时随地获得接入服务。⑥更可管理。实现有序管理、有效运营、及时维护。⑦更有效。有盈利模型，可产生重大社会效益和经济效益。

目前，我国在下一代互联网关键技术及理论研究方面已有所突破，并在国际上拥有了一定的话语权。CERNET2 是中国下一代互联网示范工程核心网的重要组成部分，它将是世界上规模最大的纯 IPv6 国家主干网。CERNET2 主干网连接分布在我国 20 个主要城市的 CERNET2 核心节点，传输速率 2.5～10Gbps，将实现全国 200 余所著名高校的高速接入，同时为全国其他科研院所和研发机构就近接入提供条件，并通过下一代互联网交换中心与国内其他下一代互联网、国际下一代互联网实现高速互连。目前开通的 CERNET2 试验网已连接北京、上海和广州等 CERNET2 的核心节点，并开始为清华大学、北京大学、上海交通大学等一批高校提供下一代互联网的高速 IPv6 接入服务。

CERNET2 还将部分采用具有我国自主知识产权的核心网络技术及产品，成为我国研究下一代互联网技术、开发基于下一代互联网的重大应用、推动下一代互联网产业发展的关键性基础设施。CERNET2 将支持全新的更丰富的下一代互联网的重大应用，包括高清晰度电视、视频语音综合通信、智能交通、环境地震监测、远程医疗和远程教育等。

互联网系统的计算模式正在从客户机/服务器（Client/Server）模式向对等计算（Peer-to-Peer, P2P）模式转变。对等计算的核心思想是所有参与系统的节点（指互联网上的某个计算机）处于完全对等的地位，没有客户机和服务器之分，也可以说，每个节点既是客户机，也是服务器，既向他人提供服务，也享受来自他人的服务。

对等网络服务在各种互联网应用中已经占据了主流。据统计，P2P 流量在 2001 年已经占到互联网总流量的 80%以上。事实上，对等网络服务已经取代早期互联网的文件传输（FTP）及之后的超文本传输（HTTP）服务。对等网络服务能带来比传统文件传输和超文本传输服务更多的便利，受到最终用户的青睐 。

从理论上说，要实现对等计算的计算模式，必须完成三项工作：资源放置、资源定位和资源获取。

（1）资源放置。在对等计算系统中，并非每个人的资源(比如数据)都放置在各自的机器上，很可能是所有机器共同管理资源。

（2）资源定位。当某用户需要获得数据时，他首先需要找到该数据。在多数文件共享系统中，用户的文件都是放在各自的机器上，那么特定用户如何知道哪些机器存有他需要的数据就成为一个关键问题，常常需要较大规模的搜索才可以完成。资源定位就是研究如何更有效率地找到所需资源所处的位置，尤其是一些在网络中稀有的数据。

（3）资源获取。当找到资源的位置后就需要获取资源，对于有些资源来说，这并不是很直接的事，比如计算资源、大文件和流媒体资源。这里的问题主要在于如何才能更高效地获取资源，或者说如何使一些热点资源能够为更多的需要该资源的用户服务。

7.1.8　无线网

无线网是计算机网络与无线通信技术相结合的产物。1990 年，Alcatel- Lucent（朗讯）科技在美国最先推出早期的计算机无线网络系统——WLAN，用以解决工厂、矿山的布线和随时移动的问题。1997 年 6 月，颁布了 IEEE 802.11 无线网络标准。它规定射频工作频段为 2.4GHz，促进了不同厂家无线网络产品的互联互通，对无线网络技术的发展和应用起到了重要的推动作用。随后，无线网络国际标准进一步更新完善。无线网络不仅可以通过接入点 (Access Point，AP) 为其他节点提供网络接入服务，而且各个节点之间也可以很好地互相通信，无线网技术具有传统灵活性。它的通信范围不受环境条件的限制，网络的传输范围很广，最大传输范围可达几十千米。

无线网按传输距离分为四种类型：无线广域网、无线城域网、无线局域网和无线个人网。

（1）无线广域网（Wireless Wide Area Networks，WWAN）：WWAN 技术可使用户通过远程公用网络或专用网络建立无线网络连接。通过使用由无线服务提供商负责维护的若干天线基站或卫星系统，这些连接可以覆盖广大的地理区域，例如若干城市或者国家（地区）。

（2）无线城域网（Wireless Metropolitan Area Networks，WMAN），无线城域网是连接数个无线局域网的无线网络型式。WMAN 技术使用户可以在城区的多个场所之间创建无线连接（例如，在一个城市或大学校园的多个办公楼之间），而不必花费高昂的费用铺设光缆、铜质电缆和租用线路。

（3）无线局域网（Wireless Local Area Network， WLAN)，可以使用户在本地创建无线连接（例如，在公司或校园的大楼里，或在某个公共场所，如机场）。WLAN 可用于临时办公室或其他无法大范围布线的场所，或者用于增强现有的 LAN，使用户可以在不同时间、在办公楼的不同地方工作。目前中国电信、中国移动和中国网通等运营商均在机场酒店、会议中心和展览馆等商旅人士经常出入的场所，铺设了无线局域网，用户只需要使用内置了 WLAN 网卡的笔记本电脑、PDA 和智能手机等，在 WLAN 覆盖的地方，就可以上网。

（4）无线个人网（Wireless Personal Area Network，WPAN），是在小范围内相互连接数个装置所形成的无线网络，通常是个人可及的范围内。WPAN 技术使用户能够为个人操作空间（POS）设备（如 PDA、智能手机和笔记本电脑等）创建临时无线通信。POS 是指以个人为中心，最大距离为 10 米的一个空间范围。目前，两种主要的 WPAN 技术是"蓝牙"和红外线。

蓝牙是一种使用 2.45GHz 的无线频带的通用无线接口技术，主要为不同设备间提供双向短程通信。由于其目的是在移动设备间进行小范围的连接，因而它是一种代替线缆的传输技术。蓝牙的最高数据传输速率是 1Mbps(有效传输速率为 721kbps)，传输距离为 10 厘米至 10 米(增加发射功率可达 100 米)。蓝牙技术不同于红外线技术，不仅可以在多方向上进行无线连接，并可穿透墙壁等障碍物，而且还可以组成网络。蓝牙技术在各种数字设备之间实现灵活、安全、低成本、小功耗的话音和数据通信。近年来，蓝牙技术越来越成熟，在手机、笔记本电脑和游戏机等设备中广泛应用红外线和无线电波一样，也是一种电磁波。目前广泛使用的家电遥控器几乎都采用红外线传输技术。在笔记本电脑、投影仪和一些手持设备中，红外线也都是基本的无线通信手段。红外局域无线通信系统采用波长小于 1 微米的红外线作为传输媒体，在电磁光谱里这种频谱频率低于可见光，且不受无线电管理部门的限制。虽然红外信号的方向性强，对邻近区域的类似系统不会产生干扰，并且不容易被窃听，但是红外线具有很高的背景噪声，要求视距传输，受日光、环境照明等影响较大，所需要的发射功率较高，因此主要将其用于设备间的点对点短距离通信。

在无线网络设备里，常见的设备有以下几种。

（1）无线上网卡。它是用在笔记本电脑上的设备，用来给运营商（移动、联通）提供 GPRS 上网业务用的，里面还内置一张数据 SIM 卡。无线上网卡的功能相当于有线的调制解调器，也就是我们俗称的"猫"。它可以在拥有无线电话信号覆盖的任何地方，利用手机的 SIM 卡连接到互联网上。无线上网卡常见的接口类型有 PCMCIA、USB、CF/SD 等。

（2）无线网卡。它是无线网络终端设备，其在无线局域网中的作用相当于有线网卡在有线局域网中的作用。无线网卡根据接口类型的不同，主要分为 3 种类型，即 PCMCIA、PCI 和 USB 无线网卡。无线网卡只是一个信号收发设备，只有在找到互联网出口时才能实现与互联网的连接，所有无线网卡只能局限在已布有无线局域网的范围内。无线网卡是不通过有线连接、采用无线信号连接的网卡。无线网卡根据接口不同，主要有 PCMCIA、PCI、MiniPCI、USB、CF/SD 无线网卡等几类。

（3）无线接入点与无线路由器。无线接入点也叫无线 AP（Access Point），它是一个无线网络的接入点。主要有路由交换接入一体设备和纯接入点设备。一体设备执行接入和路由工作，一般是无线网络的核心；纯接入设备只负责无线客户端的接入，通常作为无线网络扩展使用，与其他 AP 或者主 AP 连接，以扩大无线覆盖范围。无线路由器是无线 AP 与宽带路由器的结合，它集成了无线 AP 的接入功能和路由器的第三层路径选择功能。借助于无线路由器，可以实现无线网络中的 Internet 连接共享及 ADSL、Cable Modem 和小区宽带的无线共享接入。

无线 AP 与无线路由器的区别如下：

① 功能不同：无线 AP 其功能是把有线网络转换为无线网络。形象点说，无线 AP 是无线网和有线网之间沟通的桥梁。其信号范围为球形，搭建的时候最好放到比较高的地方，可以增加覆盖范围，无线 AP 也就是一个无线交换机，接入在有线交换机或是路由器上，接入的无线终端和原来的网络是属于同一个子网。无线路由器就是一个带路由功能的无线 AP，接入在 ADSL 宽带线路上，通过路由器功能实现自动拨号接入网络，并通过无线功能，建立一个独立的无线家庭组网。

② 应用不同：无线 AP 应用于大型公司比较多，大公司需要大量的无线访问节点实现大面积的网络覆盖，同时所有接入终端都属于同一个网络，也方便公司网络管理员简单地实现网络控制和管理。无线路由器一般应用于家庭和 SOHO 环境网络，这种情况一般覆盖面积和使用用户都不大，只需要一个无线 AP 就够用了。无线路由器可以实现 ADSL 网络的接入，同时转换为无线信号，比起买一个路由器加一个无线 AP，无线路由器是一个更为实惠和方便的选择。

③ 连接方式不同：无线 AP 不能与 ADSL Modem 相连，要用一个交换机或集线器或者路由器做为中介。而无线路由器带有宽带拨号功能，可以直接和 ADSL Modem 相连拨号上网，实现无线覆盖。

（4）无线天线。当计算机与无线 AP 或其他计算机相距较远时，随着信号的减弱，或者传输速率明显下降，或者根本无法实现与 AP 或其他计算机之间通信，此时，就必须借助于无线天线对所接收或发送的信号进行增益（放大）。无线天线有多种类型，常见的有两种：①室内天线，优点是方便灵活，缺点是增益小，传输距离短；②室外天线，有锅状的定向天线和棒状的全向天线，其优点是传输距离远。

常见的无线上网包括下面几类：

方式 1：智能手机单独上网。

方式 2：带 WiFi 功能的智能手机，在检测到 Chinanet 的 WLAN 信号，通过账号认证方式上网。

方式 3：在笔记本电脑上安装网卡，3G 网络有中国电信的 EVDO、联通的 WCDMA、移动的 TD-SCDMA；2G 网络目前处于淘汰边缘，仍有部分用户使用，但速度较慢，可拨号上网。

方式 4：笔记本电脑在检测到 Chinanet 的 WLAN 信号后，通过账号认证方式上网。

方式 5：笔记本电脑连接手机（用连接线/蓝牙），把手机当作 Modem 拨号，笔记本电脑上网。

方式 6：在有线宽带上安装无线路由器（或称无线 AP），笔记本电脑或智能手机通过无线 AP 的 WiFi 信号上网。

方式 7：智能手机通过蓝牙（无线方式）连接到有线上网的笔记本电脑，共享笔记本电脑的网线上网。

7.1.9　物联网

物联网（IOT，Internet of Things）是新一代信息技术的重要组成部分。顾名思义，物联网就是物物相连的互联网。物联网最初在 1999 年提出，即通过射频识别（RFID）、红外感应器、全球定位系统、激光扫描器、气体感应器等信息传感设备，按约定的协议，把任何物品与互联网连接起来，进行信息交换和通信，以实现智能化识别、定位、跟踪、监控和管理的一种网络。

中国物联网校企联盟将物联网定义为当下几乎所有技术与计算机、互联网技术的结合，广义上说，当下涉及信息技术的应用，都可以纳入物联网的范畴。

1．物联网的三项关键技术

①　传感器技术：这也是计算机应用中的关键技术。大家都知道，到目前为止绝大部分计算机处理的都是数字信号。自从有计算机以来，就需要传感器把模拟信号转换成数字信号，计算机才能处理。

②　RFID 标签：是一种传感器技术，RFID 技术是融合了无线射频技术和嵌入式技术为一体的综合技术，RFID 在自动识别、物品物流管理有着广阔的应用前景。

③　嵌入式系统技术：综合了计算机软硬件、传感器技术、集成电路技术、电子应用技术为一体的复杂技术。经过几十年的演变，以嵌入式系统为特征的智能终端产品随处可见；小到人们身边的 MP3，大到航天航空的卫星系统。嵌入式系统正在改变着人们的生活，推动着工业生产以及国防工业的发展。如果把物联网用人体做一个简单比喻，传感器相当于人的眼睛、鼻子、皮肤等感官，网络就是神经系统用来传递信息，嵌入式系统则是人的大脑，在接收到信息后要进行分类处理。这个例子很形象的描述了传感器、嵌入式系统在物联网中的位置与作用。

2．物联网的体系结构

国际电信联盟给出了物联网的三层体系结构，包括感知层、网络层和应用层。

感知层主要用于物品标识和信息的智能采集，它由基本的感应器件（由 RFID 标签和读写器、各类传感器、摄像头、GPS、二维码标签等基本标识和传感器件组成）及感应器件组成的网络（如 RFID 网络、传感器网络等）两大部分组成。该层的核心技术包括电子射频技术、传感器技术、无线网络组网技术等，涉及的核心产品包括传感器、电子标签、传感器节点、无线路由器、无线网关等。

网络层主要用于实现感知层各类信息进行广域范围内的应用和服务所需的基础承载网络，包括移动通信网、互联网、卫星网、广电网、行业专网及形成的融合网络等。

应用层主要是将物联网技术与行业专业系统结合，实现广泛的物物互联的应用解决方案，主要包括业务中间件和行业应用领域。

3．物联网的应用

随着人们对物联网逐步认知和逐渐接受，越来越多的物联网应用会走进我们的生活中。

① 畜牧溯源：给放养的牲畜中的每一只都贴上一个二维码，这个二维码会一直保持到超市出售的肉品上，消费者可通过手机阅读二维码，知道牲畜的成长历史，确保食品安全。我国已有 10 亿头存栏动物贴上了这种二维码。

② 无线葡萄园：2002 年，英特尔公司率先在美国俄勒冈州建立了世界上第一个无线葡萄园。传感器节点被分布在葡萄园的每个角落，每隔一分钟检测一次土壤温度、湿度或该区域有害物的数量，以确保葡萄可以健康生长。研究人员发现，葡萄园气候的细微变化可极大地影响葡萄酒的质量。通过长年的数据记录以及相关分析，便能精确地掌握葡萄酒的质地与葡萄生长过程中的日照、温度、湿度的确切关系。这是一个典型的精准农业、智能耕种的实例。

③ 平安城市建设：利用部署在大街小巷的全球眼监控探头，实现图像敏感性智能分析并与 110、119、112 等交互，实现探头与探头之间、探头与人、探头与报警系统之间的联动，从而构建和谐安全的城市生活环境。

④ 未来数字家庭：数字家庭是以计算机技术和网络技术为基础，包括各类消费电子产品、通信产品、信息家电及智能家居等，通过不同的互连方式进行通信及数据交换，实现家庭网络中各类电子产品之间的"互联互通"的一种服务。

7.1.10 云计算

云计算（Cloud Computing）是一种通过 Internet 以服务的方式提供动态可伸缩的虚拟化的资源的计算模式。由于资源是在互联网上，而在计算机流程图中，网际网路常以一个云状图案来表示，因此可以形象地类比为云运算，"云端"同时也是对底层基础设施的一种抽象概念。

美国国家标准与技术研究院（NIST）定义：云计算是一种按使用量付费的模式，这种模式提供可用的、便捷的、按需的网络访问， 进入可配置的计算资源共享池（资源包括网络，服务器，存储，应用软件等），这些资源能够被快速提供，只需投入很少的管理工作，或与服务供应商进行很少的交互。"云计算"概念被大量运用到生产环境中，国内的"阿里云"与云谷公司的 XenSystem，以及在国外已经非常成熟的 Intel 和 IBM，各种"云计算"的应用服务范围正日渐扩大，影响力也无可估量。

1．云计算常与网格计算、效用计算、自主计算的差别

（1）网格计算：即分布式计算，是一门计算机科学。它研究如何把一个需要非常巨大的计算能力才能解决的问题分成许多小的部分，然后把这些部分分配给许多计算机进行处理，最后把这些计算结果综合起来得到最终结果。中国科学技术信息研究所对分布式计算的定义为：分布式计算是一种在两个或多个软件互相共享信息下，既可在同一台计算机上运行，也可在通过网络连接起来的多台计算机上运行。

（2）效用计算：是一种提供服务的模型，在这个模型里服务提供商产生客户需要的计算资源和基础设施管理，并根据某个应用，而不是仅仅按照速率进行收费。

（3）自主计算：自主计算是美国 IBM 公司于 2001 年 10 月提出的一种新概念。IBM 将自主计算定义为"能够保证电子商务基础结构服务水平的自我管理技术"。其最终目的在于使信息系统能够自动地对自身进行管理，并维持其可靠性。

云计算是通过大量的分布式计算机上完成计算的，而非本地计算机或远程服务器。企业数据中心的运行与互联网更相似，这使得企业能够将资源切换到需要的应用上，根据需求访问计算机和存储系统。类似从古老的单台发电机模式转向了电厂集中供电的模式。它意味着计算能力也可以作为一种商品进行流通，就像煤气、水电一样，取用方便，费用低廉。最大的不同在于，它是通过互联网进行传输的。

2. 云计算的特点

（1）超大规模。"云"具有相当的规模，Google 云计算已经拥有 100 多万台服务器，Amazon、IBM、微软、Yahoo 等的"云"均拥有几十万台服务器。企业私有云一般拥有数百上千台服务器。"云"能赋予用户前所未有的计算能力。

（2）虚拟化。云计算支持用户在任意位置、使用各种终端获取应用服务。所请求的资源来自"云"，而不是固定的有形的实体。应用在"云"中某处运行，但实际上用户无需了解、也不用担心应用运行的具体位置。只需要一台笔记本或者一个手机，就可以通过网络服务来实现我们需要的一切，甚至包括超级计算这样的任务。

（3）高可靠性。"云"使用了数据多副本容错、计算节点同构可互换等措施来保障服务的高可靠性，使用云计算比使用本地计算机可靠。

（4）通用性。云计算不针对特定的应用，在"云"的支撑下可以构造出千变万化的应用，同一个"云"可以同时支撑不同的应用运行。

（5）高可扩展性。"云"的规模可以动态伸缩，满足应用和用户规模增长的需要。

（6）按需服务。"云"是一个庞大的资源池，你按需购买；云可以像自来水，电，煤气那样计费。

（7）极其廉价。由于"云"的特殊容错措施可以采用极其廉价的节点来构成云，"云"的自动化集中式管理使大量企业无需负担日益高昂的数据中心管理成本，"云"的通用性使资源的利用率较之传统系统大幅提升，因此用户可以充分享受"云"的低成本优势，经常只要花费几百美元、几天时间就能完成以前需要数万美元、数月时间才能完成的任务。

（8）潜在的危险性。云计算服务除了提供计算服务外，还必然提供了存储服务。但是云计算服务当前垄断在私人机构（企业）手中，而他们仅仅能够提供商业信用。政府机构、商业机构（特别象银行这样持有敏感数据的商业机构）对于选择云计算服务应保持足够的警惕。一旦商业用户大规模使用私人机构提供的云计算服务，无论其技术优势有多强，都不可避免地让这些私人机构以"数据（信息）"的重要性挟制整个社会。对于信息社会而言，"信息"是至关重要的。另一方面，云计算中的数据对于数据所有者以外的其他云计算用户是保密的，但是对于提供云计算的商业机构而言确实毫无秘密可言。所有这些潜在的危险，是商业机构和政府机构选择云计算服务、特别是国外机构提供的云计算服务时，不得不考虑的一个重要的因素。

3．云计算的 4 个发展阶段

（1）电厂模式阶段：电厂模式类似利用电厂的规模效应，来降低电力的价格，并让用户使用起来更方便，且无需维护和购买任何发电设备。

（2）效用计算阶段：在 1960 年左右，当时计算设备的价格是非常高昂的，远非普通企业、学校和机构所能承受，所以很多人产生了共享计算资源的想法。1961 年，人工智能之父麦肯锡在一次会议上提出了"效用计算"这个概念，其核心借鉴了电厂模式，具体目标是整合分散在各地的服务器、存储系统以及应用程序来共享给多个用户，让用户能够像把灯泡插入灯座一样来使用计算机资源，并且根据其所使用的量来付费。但由于当时整个 IT 产业还处于发展初期，很多先进的技术还未诞生，比如互联网等，所以虽然这个想法一直为人称道，但是总体而言"叫好不叫座"。

（3）网格计算阶段：网格计算研究如何把一个需要非常巨大的计算能力才能解决的问题分成许多小的部分，然后把这些部分分配给许多低性能的计算机来处理，最后把这些计算结果综合起来攻克大问题。可惜的是，由于网格计算在商业模式、技术和安全性方面的不足，使得其并没有在工程界和商业界取得预期的成功。

（4）云计算阶段：云计算的核心与效用计算和网格计算非常类似，也是希望 IT 技术能像使用电力那样方便，并且成本低廉。但与效用计算和网格计算不同的是，现在在需求方面已经有了一定的规模，同时在技术方面也已经基本成熟了。

在云计算环境下，由于软件开发工作的变化，也必然对软件测试带来影响和变化。软件技术、架构发生变化，要求软件测试的关注点也应做出相对应的调整。软件测试在关注传统的软件质量的同时，还应该关注云计算环境所提出的新的质量要求，如软件动态适应能力、大量用户支持能力、安全性、多平台兼容性等。云计算环境下，软件开发工具、环境、工作模式发生了转变，也就要求软件测试的工具、环境、工作模式也应发生相应的转变。软件测试工具也应工作于云平台之上，测试工具的使用也应可通过云平台来进行，而不再是传统的本地方式；软件测试的环境也可移植到云平台上，通过云构建测试环境；软件测试也应该可以通过云实现协同、知识共享、测试复用。软件产品表现形式的变化，要求软件测试可以对不同形式的产品进行测试，如 Web Services 的测试，互联网应用的测试，移动智能终端内软件的测试等。

云计算的普及和应用，还有很长的道路，社会认可、使用习惯、技术能力，甚至是社会管理制度等都应做出相应的改变，才能使云计算真正普及。但无论怎样，基于互联网的应用将会逐渐渗透到每个人的生活中，对我们的生活和享受的服务都会带来深远的影响。

7.2 多媒体技术

多媒体技术是当前最受人们关注的热点技术之一。传统的计算机系统已成为多媒体计算机系统，各种多媒体应用已进入人类生活的各个领域，我们的生活也由此变得更加丰富多彩。多媒体技术已发展成为独立的、与多领域交叉的信息技术，本节简单介绍多媒体技术的基本概念、研究内容及应用等。

7.2.1 基本概念

1. 什么是多媒体

所谓多媒体（Multimedia），是指文本、声音、图形、图像和动画等多种媒体元素的综合。

国际电信联盟下属的国际电话电报咨询委员会 CCITT 将媒体的类型分为 5 种：感觉媒体、表示媒体、显示媒体、传输媒体和存储媒体。

（1）感觉媒体。它是能直接作用于人们的感觉器官，能使人们产生直接感觉的媒体。如语言、音乐、各种图像、动画、文本等。

（2）表示媒体。为表达、加工和传输感觉媒体而创造出来的媒体。如语言编码（GB2312、ASCII 码等）、图像编码等。表示媒体是对感觉媒体的数字化表达，借助于它，能够更加有效地存储或传送感觉媒体。

（3）显示媒体。将媒体信息的内容呈现出来的工具。显示媒体包括输入媒体和输出媒体两类。输入显示媒体，如鼠标、键盘、摄录像机、手写笔、话筒等。输出显示媒体，如显示器、打印机、耳机等。

（4）传输媒体。将表示媒体从一处输送到另一处的物理载体。如电话线、光缆等。

（5）存储媒体。存放数字化感觉媒体的物理载体，如纸张、磁带、磁盘、光盘等。

人们日常生活中常见的几种媒体介质如图 7-28 所示。

书　　　　　　计算机　　　　　　光盘　　　　　　电视机　　　　　摄像机　　　　　电话

图 7-28　常见媒体介质

2. 主要媒体元素

常见的媒体元素主要有文本、图形、图像、音频、动画和视频等。

（1）文本（Text）。指各种文字，包括各种字体、尺寸、格式及色彩的文本。文本是最基本使用最频繁的表示媒体。主要的文本文件格式有 rtf、doc、txt 等。

① txt 文件是非格式化文本文件，它只有文本信息而没有其他任何有关格式信息，又称纯文本文件。

② doc 是格式化文本文件，带有文本排版信息等格式信息。其文本数据可以用 WPS 或 Word 等文本编辑软件制作，用扫描仪也可获得文本文件，但一般多媒体中的文本大多直接在多媒体编辑软件中制作。

③ rtf 是 rich text format（多文本格式）的首字母缩写，这是一种类似 doc 格式（Word 文档）的文件，有很好的兼容性，是由微软公司开发的跨平台文档格式。大多数的文字处理软件都能读取和保存 rtf 格式文件。使用 Windows "附件" 中的 "写字板" 就能打开并进行编辑。

（2）图形（Graphic）。图形是由计算机绘制的直线、圆、矩形、曲线、图表等，它是由外部轮廓线条构成的矢量图。对图形的描述是一组描述点、线、面等几何图形的大小、形状及其位置、维数的指令集合。在图形文件中只记录生成图的算法和图上的某些特征点。通常用绘图程序编辑和产生矢量图形，可对矢量图形及图元独立进行移动、缩放、旋转和扭曲等变换。由于图形只保存算法和特征点，所以它占用的存储空间也较小。但由于每次屏幕显示时都需要重新计算，故显示速度相对较慢。矢量图常见格式有 svg，wmf，pdf，swf 等。

① svg 是基于 XML 的矢量图格式，是由 World Wide Web Consortium 为浏览器定义的标准。

② wmf 是 Windows 图元文件格式，是系统存储矢量图和光栅图的格式。

③ pdf 是便携文件格式，允许包含多页和链接文件，与 Adobe Acrobat Reader 或 Adobe eBook Reader 配合使用。

④ swf 是用 Flash 播放的矢量动画文件。有几种应用程序可以创建 swf 文件，包括由 Macromedia 发布的 Flash。

（3）图像（Image）。图像是由像素点阵构成的位图，它是由输入设备捕捉的实际场景画面，或以数字化形式存储的任意画面。静止的图像是一个矩阵，阵列中的各项数字用来描述构成图像的各个点（称为像素点，pixel）的强度与颜色等信息。常用图像处理软件（Paint，Brush，Photoshop 等）对输入的图像进行编辑处理，主要是对位图文件及相应的调色板文件进行常规性的加工和编辑，但不能对某一部分控制变换。由于位图占用存储空间较大，一般要进行数据压缩。图像文件在计算机中的存储格式常见的有 bmp，tif，gif，jpg 等。

① bmp 是标准的 Windows 和 OS/2 图形和图像的基本位图格式，有压缩和非压缩之分。bmp 支持黑白图像、16 色和 256 色的伪彩色图像以及 RGB 真彩色图像。

② gif 是压缩图像存储格式，它使用 LZW 压缩方法，压缩比较高，文件容量较小。它支持黑白图像、16 色和 256 色彩色图像。

③ tif 格式是工业标准格式，支持所有图像类型。文件分成压缩和非压缩两大类。

④ jpg 使用 JPEG 方法进行图像数据压缩。其最大特点是文件非常小。它是一种有损压缩的静态图像存储格式。支持灰度图像、RGB 真彩色图像和 CMYK 真彩色图像。

（4）音频（Audio）。音频包括波形声音、语音和音乐。

波形声音实际上已经包含了所有的声音形式，它可以对任何声音采样量化，相应的文件格式是 wav 或 voc 文件。语音也是一种波形，所以和波形声音的文件格式相同。音乐是符号化了的声音，乐谱可转变为符号媒体形式。对声音的处理主要是编辑声音和在不同格式之间的转换。声音文件的存储格式目前最常用的有 wav，MIDI，CD-DA，mp3 等。

① wav 是波形音频文件。它是真实声音数字化后的数据文件，是 PC 上广为流行的声音文件格式。几乎所有的音频编辑软件都能识别 wav 格式，其文件所占存储空间很大。

② MIDI 是乐器数字接口，是数字音乐的国际标准。MIDI 文件记录的不是声音本身，而是将每个音符记录为一个数字，因此 MIDI 文件是一系列指令而不是声音波形，所以占用磁盘空间小，一般用于处理较长的音乐。MIDI 文件的扩展名为.mid。

③ CD-DA 是光盘数字音频文件，是当今音质最好的音频格式，而且无须硬盘存储声音文件，声音直接通过光盘由 CD-ROM 驱动器中特定芯片处理后发出。CD 光盘可以在 CD 唱机中播放，也能用计算机中的各种播放软件重放。

④ mp3（MPEG Audio Layer3）是 MPEG 中的第三层音频编码格式，对信号进行 12：1 的压缩方法。每分钟音乐的 mp3 格式约有 1MB 大小。相同长度的音乐文件，用 mp3 格式来存储，一般只有 wav 文件的 1/10。它的音质要次于 CD 格式或 wav 格式。mp3 已成为网络音频文件格式的主流。

⑤ wma 的全称是 Windows Media Audio，是微软力推的一种音频格式。它是以减少数据流量但保持音质的方法来得到更高的压缩率，其压缩率一般可以达到 1：18，它生成的文件大小只有相应 mp3 文件的一半，网络上已经很流行。

（5）视频（Video）。若干有联系的图像连续播放便形成了视频。视频由一幅幅单独的画面序列(帧 Frame)组成，这些画面以一定的速率(帧数每秒，fps)连续地投射在屏幕上，使观察者具有图像连续运动的感觉。视频的技术参数有帧速、数据量和图像质量。计算机视频可来自录像带、摄像机等视频信号源的影像，但由于这些视频信号的输出大多是标准的彩色全电视信号，要将其输入计算机不仅要有视频捕捉，实现由模拟向数字信号的转换，还要有压缩、快速解压缩及播放的相应的硬软件处理设备。视频文件的存储格式主要有 avi，mov，mpg，dat，dir 等。

① avi 文件将视频和音频信号混合交错地存储在一起。采用 Intel 公司的 Indeo 视频有损压缩技术，较好地解决了音频信息与视频信息同步的问题。

② mov 是 Macintosh 计算机使用的影视文件格式。它也采用 Intel 公司的 Indeo 视频有损压缩技术，以及视频与音频信息混排技术。

③ mpg 是 PC 上全屏幕活动视频的标准文件格式，它是使用 MPEG 方法进行压缩的全运动视频图像。

④ dat 是 Video CD 或 Karaoke CD 数据文件的扩展名，也是基于 MPEG 压缩方法的一种文件格式。

⑤ dir 是 Marco Media 公司使用的 Director 多媒体制作工具产生的电影文件格式。

（6）动画。动画是活动的画面，实质是一幅幅静态图像的连续播放。动画的连续播放既是时间上的连续，也指图像内容上的连续。计算机设计动画有两种：一种是帧动画，一种是造型动画。帧动画是由一幅幅位图组成的连续画面，就如电影胶片或视频画面一样要分别设计每屏幕显示的画面。造型动画是对每一个运动的物体分别进行设计，赋予每个动作单元一些特征，然后用这些动作单元构成完整的帧画面。动作单元的表演和行为由制作表组成的脚本来控制。动画创作辅助工具有 FLASH，3DS Max 等，存储动画的文件格式有 flc，mmm 等。

① flic 动画格式是一种典型的格式。早期版本的 flic 文件只支持 320×200×256 色模式，文件扩展名为.fiy。新版本支持的分辨率和颜色数都有所提高，文件扩展名也改为.flc。它使用无损压缩方法，画面清晰，但本身不能存储同步声音。

② mmm 格式是 Microsoft 多媒体动画的文件格式。

3．多媒体技术特征

在计算机领域，多媒体技术就是利用计算机技术把文本、图像、音/视频、动画等多种媒体信息进行有机结合，形成一个完整系统的技术。它是音频/视频处理技术、图像压缩技术、文字处理和通信技术的综合运用。

相对单一媒体技术，多媒体技术具有三个主要特征：信息载体的多样性、信息载体的交互性和集成性。

（1）信息载体的多样性。媒体是承载信息的载体，多媒体所涉及的是多样化的信息，因此信息载体也随之多样化。信息载体的多样性使计算机所能处理的信息范围从传统的数值、文字、静止图像扩展到声音和视频信息（运动图像）。视频信息的处理是多媒体技术的核心。

（2）信息载体的交互性。多媒体的交互性是指用户可以与计算机的多种信息媒体进行交互操作。用户不仅能使用信息，还能控制信息。影视作品虽然也集成了多种类型的媒体，但它们只是单向呈现，不能与人交互；而多媒体作品却能人为地控制播放的进度、顺序、快慢等。交互性具有不同的层次，简单层次的交互对象是数据流，其数据具有单一性，交互过程较简单。较复杂的高层次信息交互对象是多样化的信息，包括文字、图像、音视频等。可以在同一属性的信息之间交互，也可在不同属性的信息之间交互。交互式应用的高级阶段就是虚拟现实（Virtual Reality）。

（3）集成性。集成性体现在以计算机为中心综合处理多种信息媒体，它包括信息媒体的集成和处理这些媒体的设备的集成。信息媒体的集成不仅指文字、图像、音视频等多个媒体的综合运用，而且包括对这些多媒体信息的处理技术。如 FLASH 动画软件就集成了对文本、声音、图形、图像、动画及视频的处理。多媒体设备集成包括硬件和软件两个方面。其中，硬件是指高速并行 CPU、大容量存储设备、输入/输出能力以及电视、音响、视频播放器等外设。软件包括多媒体操作系统、管理系统、创作工具、应用软件等。总之，集成性能使多种不同形式的信息综合地表现某个内容，从而取得更好的效果。

7.2.2　多媒体关键技术

多媒体技术研究的内容可划分为 6 个领域：媒体处理与编码技术、多媒体系统技术、多媒体信息组织与管理技术、多媒体通信网络技术、多媒体人机接口与虚拟现实技术，以及多媒体应用技术。其中关键技术主要集中在以下几个方面：

- 多媒体数据压缩技术
- 大容量信息存储技术
- 多媒体专用芯片技术
- 多媒体输入与输出技术
- 多媒体操作系统
- 多媒体数据库技术

- 超文本/超媒体技术
- 多媒体通信技术
- 虚拟现实技术

1. 多媒体数据压缩技术

多媒体系统处理的信息包括数值、文字、图形、图像、动画、音频和视频等，其中数字化后的视频和音频信号数据量惊人。

例如，用 300dpi 分辨率扫描一张 B5 纸（180mm×255mm），数据量为 6.61 MB/页。一个 650MB 的 CD-ROM，仅能保存 98 页。

又如，一幅中等分辨率（640×480）的真彩色图像，每个像素用 24 位表示，数据量为 640×480×24=7.03 Mb/帧=0.88 MB/帧。要知道在通信网络上，以太网设计速率为 10 Mbps，实际仅能达到其一半以下的水平，大多数远程通信网络的速率都在几十 k 位每秒以下，而电话线数据传输速率只有 33.6～56 kbps。

多媒体信息庞大的数据量给存储器的存储容量、通信干线的信道传输率以及计算机的速度都增加了极大的压力。为了使多媒体技术达到实用水平，除了采用新技术手段增加存储空间和通信带宽外，对数据进行有效压缩是必须要解决的关键难题之一。

压缩技术经过 40 多年的研究和发展，已经产生了各种针对不同用途的压缩算法、压缩手段和实现这些算法的大规模集成电路或计算机软件。选用合适的数据压缩技术，有可能将字符数据量压缩到原来的 1/2 左右，将语音数据量压缩到原来的 1/2～1/10，将图像数据量压缩到原来的 1/2～1/60。由此形成了压缩编码/解压缩编码的国际标准 JPEG 和 MPEG。

（1）JPEG。JPEG（Joint Photographic Experts Group，联合图像专家组）是最常用的图像文件格式，适合静态图像的压缩，文件后辍名为 . jpg 或 . jpeg。它是一种有损压缩格式，图像中重复或不重要的数据会被忽略，压缩比率通常在 10：1 到 40：1 之间，压缩比越大，品质就越低；相反地，压缩比越小，品质就越好。比如，可以把一幅 1.37MB 的 bmp 位图文件压缩至 20.3 KB。JPEG 格式压缩的主要是高频信息，对色彩的信息保留较好，适合于互联网，可减少图像的传输时间，支持 24 位真彩色，也普遍应用于需要连续色调的图像。

（2）MPEG。MPEG（Moving Picture Experts Group，运动图像专家组），它是专门制定多媒体领域内国际标准的一个组织。该标准包括 MPEG 视频、MPEG 音频和 MPEG 系统（视音频同步）三个部分。 MPEG 标准的视频压缩编码技术主要利用具有运动补偿的帧间压缩编码技术以减小时间冗余度，利用 DCT 技术以减小图像的空间冗余度，利用熵编码在信息表示方面减小统计冗余度。这几种技术的综合运用，增强了压缩性能。其平均压缩比可达 50：1，压缩率比较高，且又有统一的格式，兼容性好。

2. 大容量信息存储技术

媒体的音频、视频、图像等信息虽经过压缩处理，但仍需相当大的存储空间。当大容量的 CD-ROM/DVD-ROM/MP3 普及后，多媒体信息存储空间问题已基本解决。

例如，在一张 CD-ROM 光盘上能够存取 70 分钟全运动的视频图像。TOEFL 语音磁带

24 盘 20 小时的声音信息等于 mp3 文件约 500MB，刻录 1 张 CD-ROM 或用 1 个 512MB 的 MP3 就可以全部保存。而 DVD-ROM 最普通的容量也有 4.7GB，双面双层可达 17GB。

CD 存储器有以下几类：

● 只读型光盘 CD-ROM

● 一次写入型光盘 CD-WORM

● 可擦除重写光盘（Rewrite、Erasable 或 E-R/W）

DVD 是近几年大量使用的存储器，原名 Digital Video Disc，与 VCD 不同的是，它不仅可存放电视节目，也可以存储其他类型数据。DVD 的主要特点是存储容量大，目前最高可达 17GB，相当于 25 片 CD-ROM，而且尺寸与 CD 相同。

此外，由于存储在 PC 服务器上的数据量越来越大，使得 PC 服务器的硬盘容量需求提高很快。为了避免磁盘损坏而造成的数据丢失，采用了相应的磁盘管理技术，磁盘阵列（Disk Array）就是在此时诞生的一种数据存储技术。它是由很多便宜的、容量较小、稳定性较高、速度较慢的磁盘组合成的一个大型磁盘组。利用这项技术储存数据时，将数据切割成许多区段，分别存放在各个硬盘上。这些大容量存储设备为多媒体应用提供了便利条件。

3．多媒体专用芯片技术

专用芯片是多媒体计算机硬件体系结构的关键。为了实现音频、视频信号的快速压缩/解压缩和播放处理，需要大量的快速计算，只有采用专用芯片才能取得满意的效果。多媒体计算机专用芯片可归纳为两种类型：一种是固定功能的芯片，另一种是可编程的数字信号处理器（DSP）芯片。

4．多媒体输入与输出技术

多媒体输入与输出技术包括媒体变换技术、媒体识别技术、媒体理解技术和综合技术。

媒体变换技术是指改变媒体的表现形式。例如，当前广泛使用的视频卡、音频卡（声卡）都属媒体变换设备。

媒体识别技术是对信息进行一对一的映像过程。例如，光学字符识别技术（OCR）、语音识别技术和触摸屏技术等。

媒体理解技术是对信息进行更进一步的分析处理，以理解信息内容。例如，自然语言理解、图像理解、模式识别等技术。

媒体综合技术是把低维信息表示映射成高维的模式空间的过程。例如，语音合成器就可以把语音的内部表示综合为声音输出。

5．多媒体操作系统

多媒体操作系统是多媒体软件的核心和基本软件平台，它负责多媒体环境下多任务的调度，保证音频、视频同步控制以及信息处理的实时性，提供多媒体信息的各种基本操作和管理，它具有对设备的相对独立性与可扩展性。通常是在传统操作系统上增加处理声音、视频和图像等多媒体功能，并能控制与这些媒体有关的输入/输出设备。Windows XP，OS/2，Macintosh 和 Linux 操作系统都提供了对多媒体的支持。

6. 多媒体数据库技术

传统的数据库管理系统在处理除文字以外的多媒体数据和非结构化数据方面力不从心，对多媒体数据库的研究成为当今的一个热点。其中，主流的研究方向是从数据模型入手，建立全新的通用多媒体数据库管理系统，要解决的关键技术包括多媒体数据模型、数据的压缩和解压缩、多媒体数据的存储管理、存取和查找方法、用户界面、分布式数据库技术等。目前新推出的数据库管理系统都支持多媒体信息，现在流行的数据库管理系统也相继推出了多媒体升级版。多媒体数据库的基本要求是管理图形、图像、声音等多媒体信息，具有分布式特性并提供多媒体数据的管理工具。

7. 超文本/超媒体技术

传统文本是以线性方式组织的，而超文本是以非线性方式组织的。这里的"非线性"是指文本中的相关内容通过链接组织在一起形成网状链接结构。对超文本进行管理的系统称为超文本系统，也即浏览器，或导航图。若超文本中的节点数据除文本外，还包括图像、动画、音频、视频，则称为超媒体（Hypermedia）。

超媒体与超文本之间的不同之处是，超文本主要是以文字形式表示信息，建立的链接关系主要是文本之间的链接关系。超媒体除了使用文本外，还使用图形、图像、声音、动画或影视片断等多种媒体来表示信息，建立的链接关系是文本、图形、图像、声音、动画和影视片断等媒体之间的链接关系，因此称为超链接（Hyperlink）。

当我们使用 Web 浏览器浏览因特网时，在显示屏幕上看到的页面称为网页（WebPage），它是 Web 站点上的的文档。而进入该站点时，在屏幕上显示的第一个综合界面称为起始页（Homepage），或主页，它有点像一本书的封面或目录表。在网页上，为了区分有链接关系和没有链接关系的文档元素，对有链接关系的文档元素通常用不同颜色或者下划线来表示。在网页上担当链接使命的主要是超文本标记语言（HTML）。

8. 多媒体通信技术

多媒体通信（Multimedia Communcations）是在位于不同地理位置的用户之间交流时，通过局域网（LAN）、广域网（WAN）、内联网（Intranet）、因特网（Internet）或电话网来传输压缩的声音、图像、图形、数据、文本信息的新型通信方式。像电视那样的多目标广播、录像机那样的流式播放，以及电话会议、电视会议、IP 电话、可视电话和 IP 传真等都是多媒体通信技术的一些具体的应用。多媒体通信系统的结构如图 7-29 所示。

利用多媒体通信，相隔万里的用户不仅能声像图文并茂地交流信息，分布在不同地点的多媒体信息，还能步调一致地作为一个完整的信息形式呈现在用户面前，而且用户对通信全过程具有完备的交互控制能力。这就是多媒体通信的分布性、同步性和交互性特点。

多媒体通信技术包含语音压缩、图像压缩及多媒体的混合传输技术。宽带综合业务数字网（B-ISDN）是解决多媒体数据的传输问题的一个比较完整的方案，其中，ATM（异步传送模式）是近年来在研究和开发上的一个重要成果。

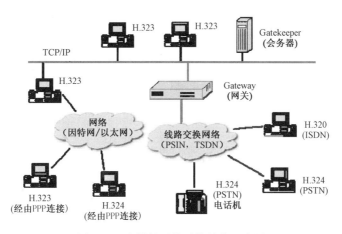

图 7-29　多媒体通信系统结构示意图

9. 虚拟现实技术

虚拟现实的定义可归纳为利用计算机技术生成的一个逼真的视觉、听觉、触觉及嗅觉等的感觉世界，用户可以用人的自然技能对这个生成的虚拟实体进行交互考察。虚拟现实技术是在众多相关技术上发展起来的一个高度集成的技术，是计算机软/硬件技术、传感技术、机器人技术、人工智能及心理学等技术的结晶。

7.2.3　多媒体计算机系统

1. 多媒体计算机系统组成

多媒体计算机系统是指能综合处理多种媒体信息，使信息之间能建立联系，并具有交互性的计算机系统。多媒体计算机系统一般由硬件系统和软件系统组成。硬件系统主要包括计算机外围设备、多媒体计算机硬件和多媒体输入/输出控制卡及接口（其中包括多媒体实时压缩和解压缩电路）。软件系统包括多媒体驱动软件、多媒体操作系统、多媒体数据处理软件、多媒体创作工具软件和多媒体应用软件。图 7-30 给出了多媒体计算机系统的层次结构。

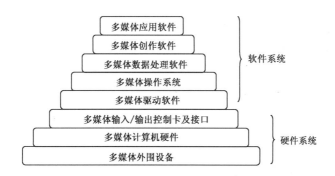

图 7-30　多媒体计算机系统的组成结构

2. 多媒体硬件系统

多媒体硬件系统是由计算机传统硬件设备、光盘存储器、音频输入/输出和处理设备、视频输入/输出和处理设备等选择组合而成，其基本组成如图 7-31 所示。

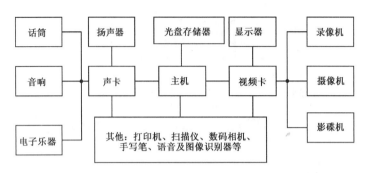

图 7-31　多媒体计算机硬件系统组成

（1）主机。多媒体计算机主机可以是大、中型机，或工作站，然而使用更普遍的是多媒体个人计算机，即 MPC（Multimedia Personal Computer）。目前人们所使用的计算机基本上都是多媒体计算机。

（2）多媒体接口卡。多媒体接口卡根据多媒体系统获取、编辑音/视频的需要而插接在计算机主板扩展槽中，以解决各种媒体数据的输入/输出问题。常用的接口卡有声卡、显示卡、视频压缩卡、视频捕捉卡、视频播放卡、光盘接口卡等。

声卡是处理和播放多媒体声音的关键部件，卡上的输入/输出接口可以和麦克风、收录机、电子乐器、扬声器和音响设备等相连。声卡由输入设备获取声音，并进行模拟/数字转换或压缩，而后存入计算机中进行处理。声卡还可以把经过计算机处理的数字化声音经解压缩、数字/模拟转换后，送到输出设备进行播放或录制。

视频卡是处理和播放多媒体视频的关键部件，卡上的输入/输出接口可以与摄像机、影碟机、录像机和电视机等设备相连。视频卡采集来自输入设备的视频信号，并完成由模拟量到数字量的转换、压缩，以数字化形式存入计算机中，数字视频可在计算机中播放。

光盘存储器由光盘驱动器和光盘组成。光盘是一种大容量存储设备，可存储任何多媒体信息。光盘驱动器用来读取光盘上的信息。

（3）多媒体外部设备。多媒体外部设备十分丰富，按功能分为视频/音频输入设备、视频/音频输出设备、人机交互设备、数据存储设备 4 类。

①　视频/音频输入设备包括摄像机、录像机、影碟机、扫描仪、话筒、录音机、激光唱盘和 MIDI 合成器等。

②　视频/音频输出设备包括显示器、电视机、投影电视、扬声器、立体声耳机等。

③　人机交互设备包括键盘、鼠标、触摸屏和光笔等。

④　数据存储设备包括 CD-ROM、磁盘、打印机、可擦写光盘等。

3．多媒体驱动软件

多媒体驱动程序是多媒体计算机软件中直接和硬件打交道的软件，由它完成设备的初始化、各种设备操作以及设备的关闭等。当操作系统需要使用某个硬件时，比如让声卡播放音乐，它会先发送相应指令到声卡驱动程序，声卡驱动程序接收到后，马上将其翻译成声卡才能听懂的电子信号命令，从而让声卡播放音乐。每种多媒体硬件需要一个相应的驱动软件。

像 CPU、内存、主板、软驱、键盘、显示器等必要的设备硬件安装后就可以被 BIOS 和操作系统直接支持，不再需要安装驱动程序，而显卡、声卡、网卡、扫描仪、摄像头、Modem 等都需要安装驱动程序。安装计算机操作系统时，计算机自动搜索硬件并找到相应的驱动软件进行安装，或者用驱动软盘或光盘安装相应驱动程序。现今流行的很多操作系统自带了大量常用的硬件驱动程序，使用自带的驱动即可完成硬件安装，如 Windows 2000/XP/2003 等，Mac OS 9.x/Mac OS x 和 Linux 2.4.x。

4．多媒体软件系统

（1）操作系统。多媒体操作系统简言之就是具有多媒体功能的操作系统。它必须具备有效管理和控制多媒体数据和设备的功能，具有综合使用各种媒体的能力，能灵活地调度多种媒体数据并能进行相应的处理和传输，并且使各种媒体硬件协调工作。

多媒体操作系统大致可分为三类：

① 通用的多媒体操作系统，如目前流行的 Windows NT/XP/7/10，它主要适用于多媒体个人计算机，Linux 和 UNIX 则适用于对稳定性、可靠性、处理性要求较高的企业用户和特殊用户，Macintosh 是广泛用于苹果机的多媒体操作系统。

② 为特定的交互式多媒体系统使用的多媒体操作系统。如 Philips 和 Sony 公司为他们联合推出的 CD-I 系统设计的多媒体操作系统 D-RTOS（Real Time Operation System）等。

③ 智能手机多媒体操作系统。手机操作系统作为连接硬件、承载应用的关键平台，扮演着举足轻重的角色。目前，智能手机的操作系统主要有 Android，Windows Mobile，IOS。

（2）多媒体数据处理软件。多媒体数据处理软件是专业人员在多媒体操作系统之上开发的可制作多媒体素材的工具，如声音录制、编辑软件，图形图像处理软件，动画生成编辑软件等。常见的音频处理软件有 GoldWave，SoundEdit 等，图形图像处理软件有 Photoshop，CorelDraw 等，动画编辑软件有 Flash，3DS MAX 等。

（3）多媒体创作软件。多媒体创作工具是帮助用户集成和管理多媒体信息的编辑工具，它们能够对文本、声音、图像、视频等多种媒体进行控制和管理，并按要求联编成多媒体应用软件。如 Authorware，FrontPage，PowerPoint，Windows Movie Maker，Adobe Premiere 等。

视频编辑软件 Windows Movie Maker 定位于普通家庭用户，Adobe Premiere 6.5 和 Pinnacle Edition 4.5 则定位于中高端商业用户。

Authorware 是由美国 Macromedia 公司推出的一个优秀的多媒体创作软件，在该软件提供的可视化平台上可以直观地引入和编辑文本、图形、声音、动画、视频等素材，程序流程的结构清晰、简洁，采用鼠标拖曳就可以轻松组织和管理各个模块，并对模块之间的调用关系和逻辑结构进行设计，创作美妙的作品。

（4）多媒体应用软件。多媒体应用软件是由各种应用领域的专家或开发人员利用多媒体素材、创作软件或计算机语言等开发工具，组织编排而成的多媒体产品，是直接面向用户的。多媒体应用系统所涉及的应用领域主要有文化教育教学软件、信息系统、电子出版、音像影视特技、动画等。图 7-32 为一个多媒体教学软件的界面。

图 7-32　多媒体教学软件示例

7.2.4　Windows 多媒体环境

1. Windows 7 的多媒体功能

Windows 7 是 MPC 机使用最普遍的多媒体操作环境，它提供如下多媒体功能如下。

（1）支持即插即用技术。即插即用（Plug and Play，PnP）技术方便用户对多媒体硬件设备的安装和设置。在安装支持即插即用的多媒体设备时，Windows 系统会自动探测到设备的存在，并一步一步地指导安装过程。此外，它还对计算机硬件资源进行分析，选择最合适的配置并自动为其分配地址、中断和设备号等系统资源，避免设备之间的设置冲突。

（2）32 位设备驱动。Windows 7 采用 32 位保护模式驱动程序，这样做有许多好处：

- 32 位保护模式的设备驱动程序可以动态地装载或去除，不占用常规内存。
- 可以通过减小系统运行的模式开关数来提高系统的运行性能。
- 因为支持即插即用而使系统配置变得容易。

（3）娱乐性更强。Windows 7 增加了许多新功能，使光盘驱动器及其他配置更高的驱动器成为更实用的 MPC 设备。例如，它支持以下功能：

- 光盘自动播放。在光盘驱动器中装上光盘，Windows 7 会自动识别出光盘的内容。
- 支持后台播放。
- 改进了视频功能。其内置的各种软件视频压缩/解压缩编码程序支持几种主要的视频文件格式。

2. Windows 7 的多媒体应用程序

Windows 7 不仅为运行多媒体应用程序提供支持，而且本身还附带了画图、媒体播放器、家庭电影制作及录音机等多媒体工具。这些工具既可播放本地计算机上的各种信息，而且注重与网络技术结合，使用户可以随时欣赏到 Internet 上丰富的多媒体信息。

（1）画图。Windows 7 自带的画图程序放在附件中，其界面如图 7-33 所示。当光标移动到画图区的控制点时光标变成双箭头，此时可以拖曳鼠标改变画图区的大小。工具箱中有 16 个画图工具，用户可利用它们完成画图、填充、喷涂、清除、输入文字和重新排列画图区内容等工作。

（2）媒体播放器（Windows Media P1ayer）。Windows 7 集成了 Media Player。它是一款多媒体播放工具，用户可用它完成 CD 和 DVD 播放、唱片管理和录制、创建 CD 音频、Internet 电台播放以及向便携设备的媒体传输等工作。

（3）录音机。用户利用 Windows 7 提供的录音机可以录制、播放、编辑数字波形声音文件。录音机操作界面如图 7-34 所示。根据需要把声卡的 MIC IN 插孔与话筒相连，或者把 LINE IN 与其他声音输入设备（如录放机、CD/DVD 唱机等）的线性输出端相连即可使用。

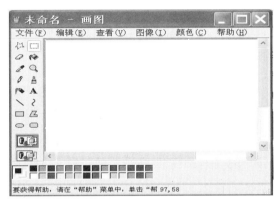

图 7-33　Windows 7 中的"画图"

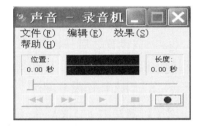

图 7-34　Windows 7 中的"录音机"

录制一个声音文件的操作步骤如下：

① 选择"文件"/"新建"命令。

② 单击"录音"按钮。

③ 打开麦克风开关并对着麦克风说话，或者打开其他信号输入开关。

④ 结束录音时，单击"停止"按钮。

⑤ 执行"文件"/"保存"命令。

（4）电影制作（Windows Movie Maker）。Windows 7 集成了 Windows Movie Maker，如图 7-35 所示。它是一款简易的非线性编辑软件，可以制作、编辑及分享家庭影片，并新增特殊效果、音乐及旁白。用户可以通过网络、电子邮件或 CD 分享自己制作的电影。

它可以将音频和视频从数码摄像机提取到计算机，然后将它们应用在电影中。此外，它也可以将已有的音频、视频或图片汇集到 Windows Movie Maker，用于所建立的影片中。

（5）直接刻录 CD-R 和 CD-RW。Windows 7 提供对 CD-R 和 CD-RW 的直接刻录功能，可以直接在资源管理器窗口中实现光盘刻录操作。使用这项功能之前（当然用户的机器上已经连接了一个刻录机），需要先对相关的属性进行设置。具体步骤如下：

① 在资源管理器中右击刻录机图标，在快捷菜单中选择"属性"命令，打开属性对话

框并单击"记录"标签，从可选的硬盘中选择一个硬盘空间比较大的磁盘作为交换空间，最后在"写盘速度"对话框中确定光盘写入速度。

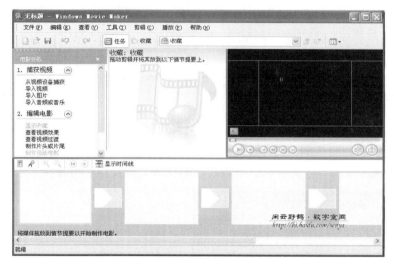

图 7-35　Windows 7 中的"Windows Movie Maker"

② 完成设置之后开始刻录。在将空白刻录盘放入光驱之后直接用鼠标拖曳需要刻录的文件到刻录机图标上，然后打开刻录机盘符，这时每个文件图标上都有一个黑色向下的标记，这表示当前的文件还没有刻录；然后单击左边窗口的"刻录 CD"命令就可以刻录文件了。

对于可擦写的 CD-RW 来说，还可以通过另外的一个"擦除 CD-RW 文件"选项来擦除盘片中的所有内容。

7.2.5　多媒体技术的应用与发展

1. 多媒体技术的应用

多媒体技术已在教育培训、电视会议、声像演示等方面得到广泛应用。

（1）在教育与培训方面的应用。多媒体技术使教材不仅有文字、静态图像，还具有动态图像和语音等，使教育内容的表现形式多样化，计算机辅助教学软件还可以实现交互式远程教学。

（2）在通信方面的应用。多媒体技术在通信方面的应用主要有可视电话、视频会议、信息点播（Information Demand）、计算机协同工作（CSCW，Computer Supported Cooperative Work）等。信息点播有桌面多媒体通信系统和交互电视（ITV）。计算机协同工作是指在计算机支持下，一个群体协同工作以完成一项共同的任务。计算机的交互性、通信的分布性和多媒体的现实性相结合，将构成继电报、电话、传真之后的第四代通信手段。

（3）在家庭娱乐方面的应用。家用多媒体系统将电视、电话、录像、音响等家用电器与计算机相结合，成为集文化、娱乐、学习、工作为一体的综合性多媒体系统，并且与社会信息系统连网，最终实现全球信息化和社会信息化。

（4）在其他方面的应用。多媒体技术给出版业带来了巨大的变革，光盘出版物具有存储量大、使用收藏极为方便、数据不易丢失的优点，它部分地代替了传统的出版物。利用多媒体技术可为各类咨询提供服务，如旅游、邮电、交通、商业、金融、宾馆等。多媒体成像技术在医疗、印刷、遥感和缩微等领域已经获得很大成功，医院病人的病历不只有文字记录，还包括脑电图、心电图、X 光照片等电子信息记录，甚至能听到病人的心脏跳动声。军用多媒体系统集指挥、控制、通信及情报于一体，为军事指挥自动化和现代化提供了十分有效的手段。多媒体技术与 LED 大屏幕、电视墙等显示设备结合可完成广告制作、广告宣传、商品展示等多种功能。

2．多媒体技术的发展方向

目前，多媒体主要从以下几个方向发展：

① 多媒体通信网络环境的研究和建立将使多媒体从单机单点向分布、协同多媒体环境发展，在世界范围内建立一个可全球自由交互的通信网。对该网络及其设备的研究和网上分布应用与信息服务的研究将是热点。

② 利用图像理解、语音识别、全文检索等技术，研究多媒体基于内容的处理，开发能够进行基于内容的处理系统等。这将是多媒体信息管理的重要发展方向。

③ 多媒体标准仍是研究的重点。各类标准的研究将有利于产品规范化，应用更方便。它是实现多媒体信息交换和大规模产业化的关键所在。

④ 多媒体技术与相邻技术相结合，提供完善的人机交互环境。多媒体仿真、智能多媒体等新技术层出不穷，扩大了原有技术领域的内涵，并创造新的概念。

⑤ 多媒体技术与外围技术构造的虚拟现实研究仍在继续进行。多媒体虚拟现实与可视化技术需要相互补充，并与语音、图像识别、智能接口等技术相结合，建立高层次虚拟现实系统。

7.3　虚拟现实

7.3.1　什么是虚拟现实

1．概述

虚拟现实（VR，Virtual Reality）是人类想象力的发展。VR 一词中的"虚拟"是指用计算机生成的意思，"现实"是泛指在物理上或功能意义上存在的世界上的任何事物或者环境。它要求能够通过人的视觉、听觉、触觉、嗅觉，以及形体、手势或口令，参与到信息处理的环境中去，从而获得身临其境的体验。这种信息处理系统已不再是建立在一个单维的数字化空间上，而是建立在一个多维化信息空间（Cyberspace）的关键技术，是探讨理想的人机通信方式的技术。VR 是指用计算机生成的一种特殊环境，人们可以通过使用各种特殊装置将自己"映射"或者"投射"到这个环境中去操作、控制环境。VR 是人们通过计算机对复杂数据进行可视化操作和交互的一种全新方式。传统的人机界面将用户和计算机视为两个独立的部分，将界面视为信息交换的媒介，用户将要求（或者指令）输入到计算机内，计算机将信息（或者动作）反馈出来。而 VR 则将用户和计算机视为一个整体，通过各种直观工具将信息可视化，用户直接置身于这种三维信息空间中自由地操作各种信息，由此控制计算机。

VR 是在计算机图形学、计算机仿真技术、人机接口技术、多媒体技术以及传感技术的基础上发展起来的一门交叉技术。虽然与该技术相关的研究早在 20 世纪 60 年代初就已经开始，但是直到 20 世纪 80 年代末至 90 年代初，它才开始作为一门比较完整的体系受到人们的关注。

2．VR 技术的基本特征

（1）沉浸感（Immersion）。指用户感到作为主角存在于模拟环境中的真实程度。理想的虚拟环境应达到用户难以分辨真假的程度。

（2）交互性（Interaction）。指用户对虚拟环境内物体的可操作程度和从环境得到反馈的自然程度（包括实时性）。例如，用户可以用手直接抓取模拟环境中的物体，这时手有握着东西的感觉，并能够感觉出物体的重量（其实，此刻现实中用户两手空空），虚拟环境中被抓的物体也立刻随着手的移动而移动。

（3）自主性（Autonomy）。指虚拟环境中物体依据物理定律动作的程度。例如，当受到力的推动时，物体会向力的方向移动或翻倒或从桌面落到地面等。

（4）多感知性（Multi-Sensory）。所谓多感知性就是说，除了一般计算机技术所具有的视觉感知之外，还有听觉感知、力觉感知、触觉感知、运动感知，甚至包括味觉感知、嗅觉感知等。理想的 VR 技术应该有人所具有的一切感知功能。由于相关技术，特别是传感技术的限制，目前 VR 技术所具有的感知功能仅限于视觉、听觉、力觉、触觉、运动等几种，无论从感知的范围还是从感知的精度都还无法与人相比拟。

3．VR 与相关技术的区别

（1）与仿真技术的区别。仿真技术是一门利用计算机软件模拟实际环境进行科学实验的技术。从模拟实际环境这一特点上看，仿真技术与 VR 有一定相似性。但在多感知方面，仿真技术原则上是以视觉和听觉为主要感知，很少用到其他感知（如触觉、力觉等）；在沉浸感方面，仿真基本上将用户视为"旁观者"，可视场景不随用户的视点变化，用户也没有身临其境之感；在交互性方面，仿真一般不强调交互的实时性。

（2）与多媒体技术的区别。多媒体技术是利用计算机综合组织、处理和操作多媒体（如视频、音频、图像、文字等）信息的技术。虽然具有多种媒体，但在感知范围上远不如 VR 广泛，例如，多媒体并不包括触觉、力觉等感知。另外，多媒体处理的对象主要是二维的，因此它在存在感知交互性方面与 VR 有着本质的区别。

4．VR 的基本用途

（1）造型。即将各种复杂的数据进行三维化、可视化处理，使人们更易于理解、操作和修改等。

（2）通信。一方面帮助人们克服因语言、文化障碍而产生的交流困难；另一方面可实现远距离通信，通过网络形成虚拟环境，真正实现天涯若比邻。

（3）操作。一是利用造型结果，使人们易于控制和理解复杂数据；二是实现遥控；三是帮助残疾人实现生活的控制系统。

（4）娱乐。即交互式游戏，以用户为中心的游戏系统等。

VR 是一门实用性技术，它的系统工作环境包括头盔式显示装置、数据手套、数据衣及其他传感装置。

5．VR 关键技术和研究内容

（1）动态环境建模技术。虚拟环境的建立是 VR 技术的核心内容，动态环境建模技术的目的是获取实际环境的三维数据，并根据应用需要，利用获取的三维数据建立相应的虚拟环境模型。三维数据的获取可以采用 CAD 技术（有规则的环境），而更多的情况则需要采用非接触式的视觉建模技术，两者有机结合可有效提高数据获取的效率。

（2）立体显示和传感器技术。VR 的交互能力依赖于立体显示和传感器技术的发展。现有的 VR 设备远远不能满足系统的需要，如头盔式三维立体显示器，其重量太大、分辨率低、延迟大、行动不便（有线）、跟踪精度低、视场不够宽、眼睛容易疲劳等。因此有必要开发新的三维显示技术。同样，数据手套、数据衣等都有延迟大、分辨率低、作用范围小、使用不便等缺点。VR 设备的跟踪精度和范围也有待提高。

（3）应用系统开发工具。VR 应用的关键是寻找合适的场合和对象，即如何发挥想象力和创造性。选择适当的应用对象可以大幅度提高生产效率、减轻劳动强度、提高产品质量。为此，必须研究 VR 的开发工具。

（4）系统集成技术。由于 VR 系统中包括大量的感知信息和模型，因此系统的集成技术起着至关重要的作用。集成技术包括信息的同步技术、模型的标定、数据转换技术、数据管理模型、识别与合成技术等。

作为一门交叉学科，VR 在军事、教育、航空、航天以及娱乐等领域有着极其广阔的应用前景，因此在发达国家受到高度重视，并已研究出一些实用的系统。这是一种全新的人机通信方式，它的发展一定会影响人们的思维和生活方式，并带来一场技术革命。

7.3.2　VR 的发展历程

1．初期发展阶段

20 世纪 40 年代，为了减少培训飞行员的时间和经费，美国开始了飞行模拟舱的设计。早期的飞行模拟器的视觉感受很不直观，随着计算机功能的增加和图形技术的发展，飞行模拟器的显示系统得到了改善，教练员能够坐在电视屏幕前，观察一系列仪表指示，不久又发展为大屏幕显示器和全景式场景产生器，但这些设备所产生的场景与视点无关。

1965 年，美国 ARPA 发表的一篇论文中，提出了使计算机屏幕成为人们观察客观世界的窗口的设想。1968 年，出现了世界上第一个头盔显示器。这个系统能显示具有简单几何形状的线框图，用户看到的线框图叠加在真实环境之上。1971 年，开始把能模拟力量和触觉的力反馈装置加入该系统，当用户与一个计算机所创建的物体发生碰撞时，用户会感到某种"震感"，并能做出相应的反应。

2．实用化发展阶段

1982 年，出现了带有 6 个自由度的跟踪定位的头盔显示器（HMD），从而使用户完全脱离了周围环境。1984 年创建的三维立体 HMD，叫做 VIVED（虚拟可视化环境显示）。1985 年研制出了数据手套，能够用来测量每个手指关节的弯曲程度。1986 年末 NASA 集成了一个虚拟环境，用户可以用手势和说话与系统进行初步交流。1988 年研制成功一种商业化的实用头盔显示器。

从 20 世纪 80 年代初开始，美国军方开始为坦克的编队、作战、训练开发一个实用的虚拟战场，形成一个由 200 辆坦克训练器互连而成的网络，称为 SIMNET。该系统中每个模拟器都能单独模拟坦克的全部特性。与此同时，美国 NASA 和 ESA（欧洲宇航局）都在积极开展 VR 技术的研究并取得了显著效果。1993 年 11 月，第一次执行哈勃空间维修任务时，宇航员要从航天飞机的运输仓取出新的望远镜的面板，替换已损坏的面板，能成功完成任务完全归功于 VR 仿真和训练系统。与此同时，大学、研究机构和公司也致力于 VR 技术的发展。1989 年，Autodesk 公司展示了第一个基于 PC 的 VR 系统。1989 年，Mark Bolsa 公司建立了 Fake 空间实验室并研制和商业化了一种新的 VR 设备——the Boom。Boom 是带有两个 CRT 的小盒，它从一个用来检测盒子位置和方向的机械臂上悬挂下来。用户通过抓住附接在盒子上的手柄并移动它来探测虚拟世界。1992 年，美国芝加哥伊利诺伊大学的电子可视化实验室开发了基于投影的全景 VR 系统。

进入 20 世纪 90 年代后，VR 技术开始应用于各个领域。例如，

① 美国北卡罗莱纳大学的 Walk-through（漫游）工程，在大楼未被建造之前对该建筑的漫游先期完成。

② NASA Ames 的虚拟风洞工程，科学家们可以虚拟地站在风洞中可视化一个模拟的气流场。

③ 宇宙探险工程。

④ 虚拟设计工程，内部设计者可以可视化他们的设计，观察周围的环境如何影响它们，并交互式地修改物体的颜色和纹理。

⑤ IBM 公司的海底图形数据探险工程，科学家们探险海底并观察大量水的流动，该系统可以接收声音和手势识别。

⑥ 用 VR 技术设计波音 777 的成功，是一件令科技界瞩目的事情。波音 777 飞机由 300 万个零件组成，这些零件的设计以及飞机的整体设计是在一个由数百台工作站组成的虚拟环境上完成的。

近年来，国内在虚拟现实方面的研究也非常活跃。北京航空航天大学是国内最早进行 VR 研究的单位之一，它们首先进行了一些基础知识方面的研究，并着重研究了虚拟环境中物体物理特性的表示与处理，实现了分布式虚拟环境网络设计，提供虚拟现实演示环境和用于飞行员训练的虚拟现实系统。浙江大学 CAD&CG 国家重点实验室开发出了一套桌面型虚拟建筑环境实时漫游系统，实现了立体视觉，他们还研制出一种新的在虚拟环境中快速漫游的算法和一种递进网络的快速生成算法。哈尔滨工业大学已经成功地解决了虚拟人高级行为中的

特定人、人脸图像的合成，表情的合成和唇动的合成等技术问题。清华大学对虚拟现实和临场感等方面进行了研究，对球面屏幕显示和图像随动、克服立体图闪烁的措施和深度感实验等方面都具有不少独特的方法。

7.3.3　VR 系统结构

构建一个 VR 系统的基本手段和目的，是利用并集成高性能的计算机软硬件及各类先进的交互装置，去创建一个使参与者具有身临其境的沉浸感、具有完善的交互作用能力、能帮助和启发构思的信息环境。

该环境的硬件组成包括：

- 跟踪系统。用来确定参与者的头、手和身驱的位置。
- 触觉系统。提供力与压力的反馈。
- 音频系统。提供立体声源和判定空间位置。
- 图像生成和显示系统。产生视觉图像和立体显示。
- 高性能计算机处理系统。具有极高的处理速度、大存储容量、高速连网特性。

该环境的软件组成除了提供一般所需的软件支撑环境外，主要是提供一个产生虚拟环境的工具集或产生虚拟环境的"外壳"。它应具有以下功能：

- 能够接收各种高性能传感器的信息。
- 能生成立体显示的图形。
- 能把各种数据库（如地形地貌数据库、物体形象数据库等）及各种仿真软件进行调用和互连的集成环境。

7.3.4　构造 VR 系统的主要软/硬件设备

1. 视觉显示设备

VR 中常用的显示设备有头盔式显示器、头盔单目镜显示器、可移动式显示器等。而根据其应用不同，又分为投入式与半投入式显示器。使用半投入式显示器时，用户可以同时看到现实世界和计算机所产生的图像；而使用投入式显示器时，用户只能看到计算机生成的图像。比较著名的显示器有 NASA 头盔式显示器、VPL 的 Eyephone 系统、Private Eye 单目镜显示器、带有光导纤维的 HMD 以及 Boom 可移动式显示器等。

2. 触觉的力觉反馈装置

在 VR 系统中，能否让用户产生"沉浸"效果的关键是，用户能否用手或身体的其他部分去操作虚拟物体，并在操作时感觉到虚拟物体的反作用力。为此，必须提供触觉反馈，使用户感觉仿佛真的摸到了物体。现实已有一些关于力学反馈手套、力学反馈操纵杆、力学反馈笔、力学反馈表面等装置的研究。但由于人的触觉如此敏感，以至于一般性精度装置根本无法满足要求。加上考虑模拟力的真实性、安全性、便于携带等因素，目前这还是一个研发课题。

3．VR 系统输入设备与数据获取设备

VR 系统需要输入参与者发出的数据，使用户可以控制一个虚拟环境。在现实生活中，当我们转动或移动头部时，眼睛所看到的视野也随之变动；当伸手去抓一个陌生物体时，眼睛通常要一直看着手的动作，以便大脑能对手的位置和角度准确了解从而给出正确的动作指示。因此，虚拟环境系统应该能实时地检测出人头的位置和指向，能准确地获得人手的位置和指向以及每个手指的位置与角度等数据，以便将这些数据反馈给显示和控制系统。

VR 系统中的交互设备主要有：

① 跟踪球。这是一个力和转矩的控制球。转动或推动它，能在虚拟环境中移动或控制物体的活动。

② 数据手套。手是我们的大脑和周围环境之间的重要媒介。当手活动时，手套检测这些活动，并向计算机发送信号。这些信号可以转换为虚拟手的动作，用户可看到虚拟手随着真实手在虚拟环境中活动。这种虚拟手有助于在虚拟环境里完成三维定位，手和眼的配合使用户知道手与对象物体之间的位置关系。

③ 数据衣。为了识别整个身体，需要设计一种全身计算机输入装置——数据衣。它采用和数据手套相同的光纤弯曲传感技术，对人体大约 50 个不同的关节进行测量，包括手臂、躯干和脚。

4．常见的 VR 引擎

对于虚拟环境来说，它必须是面向对象的、实时的和可移植的。一个成功的虚拟环境是极其复杂的，必须具有内在的灵活性和可移植性。因此，完全有必要提供某种框架或平台，便于应用程序的开发。VR 引擎（Engine）首先接受依赖于任务的用户输入，接着访问数据库并进行计算得到相应的帧。

（1）基于 PC 的 VR 引擎。这里，图形加速卡占主要地位。VR 工具包（VRT）是典型的桌面虚拟环境系统，VRT 包括 3 个功能模块：①形状编辑器，生成虚拟环境中的对象；②世界编辑器，将这些对象与其在虚拟环境中的运动或行为联系起来；③可视化器，形成一个应用运行系统。

（2）基于图形工作站的 VR 引擎。在具有强大计算能力、大容量的磁盘空间、快速通信功能的图形工作站上增加一些专门处理 VR 技术的能力，形成虚拟现实开发平台。

（3）基于高度并行结构的 VR 引擎。Division 公司的产品正朝着完全集成化的虚拟环境系统发展。最新一代并行处理机被称为 ProVision，它有一批处理器来完成一定范围的工作，独立的开发处理系统可用于语声合成、图像显示生成、手势识别等。

（4）分布式虚拟环境（DVE）。当前的 DVE 系统有 200 多个 Server 分布在世界各地。其中，Server 是中央处理机或工作站，负责大部分的仿真工作；Client 负责处理本地仿真的管理、I/O 工具的交互以及图形的生成。

（5）VR 开发工具包。VR 编程包括实时处理、网络计算、物理模型处理、多任务处理，以及面向对象语言等许多方面。比较著名的开发工具，如 WTK（World Took Kit），MR

（Minimal Reality）、Multi Gen、GVS（Generic Visual System）等，它们成为创建虚拟环境并与之交互的最好的工具软件。

7.3.5　VR 的应用系统

虚拟现实技术应用范围极其广泛。下面列举几个最具代表性的领域。

1．用于遥控机器人的遥现技术

虚拟现实涉及到体验由计算机产生的三维虚拟环境，而遥现则涉及到体验一个遥远的真实环境。人们常常需要在人类不能或者不宜到达的特殊环境中去完成某些任务，例如，在核反应堆中放置核燃料、铺设海底管道等。这些任务都需要具有灵活性和判断力的专家来完成。为此，需要开发一种系统，能让操作人员去控制处于远方环境的机器人，即遥控机器人系统，它将人的智能与机器人的灵活性及动力有机地结合在一起。

由英国尖端机器人研究中心（ARRC）提出的 VERDEX 计划，是研究如何将虚拟现实作为一种工具来设计用于海底、核反应堆事故以及太空等复杂环境下机器人遥控的先进人机界面。1992 年，他们对 VERDEX 试验平台进行了升级以扩展该中心在虚拟现实方面的能力，研发了新的软件以及各种用于虚拟现实交互控制和显示的产品。系统利用头盔和投影立体显示，以及像数据手套、三维鼠标、语音识别与合成等直观输入设备，改进了复杂环境下机器人控制的性能和可靠性。对于近距离操作，研发了主从立体摄像机系统。在虚拟世界建模方面，ARRC 已建立并演示了非常复杂的虚拟模型，包括一个机器人中心的模型。ARRC 从 CAD 系统以及其他建模或仿真软件包中调用模型，且增加动态的灵活性来支持虚拟可视化，以产生较好的临场感和直观的交互环境。

2．虚拟外科学

在对病人实施复杂手术之前，外科医生可以先用虚拟现实系统进行练习，如果将病人的真实图像送入仿真系统，外科医生就可以对实际的外科手术做出相应的规划，从而预见难以预料的复杂性。而且虚拟外科学还可以为以前从未做过的手术做演练。医生戴上一个提供计算机生成立体图像的头盔式显示器，始终跟踪医生的视线方向，显示该虚拟病人的血压、心率和其他信息。位置跟踪设备放在医生使用的手术器械上，使系统可以精确地跟踪人体的运动和位置，以及在医生和虚拟病人之间的手术动作，甚至提供力反馈，以模拟手术仪器通过虚拟肌肉时的真实阻力。这些成果对研发一种能进行细微手术操作的机器人提供了可能。这时，无论多么细微的手术，都可以一边靠医生通过机器人的"眼睛"看着手术的三维图像，一边通过机器人的手进行手术，而避免人手的抖动。

3．遥控宇宙空间站

由美国、加拿大、欧洲以及日本联合设计的宇宙空间站的开发计划已正式启动。这个被命名为"自由号"的宇宙空间站是一个永久性载人设施，预计可以在上面进行试验、观测等各种科学实验。

宇宙空间站"自由号"一旦开始运行，宇宙的利用开发将出现崭新的格局。以往的宇宙空间站都是以一次性使用为前提而设计的，而未来的宇宙空间站将以在轨道上接受补给为前提而设计。通过接受零件更换、燃料补充等，宇宙空间站将极大地延长使用寿命，提高价格性能比，扩大利用范围并使其商业化。在这种情况下，从安全性以及费用的角度考虑，完全由宇航员进行上述补给操作是不合算的，因此有必要使用空间机器人。这种空间机器人的特点是，由地面上的操作员进行遥控操作，或进行部分自主操作。对于像零件更换这样的固定操作可以完全自主进行，而对于故障检修等难以预测的操作则有必要依赖于遥控操作。这时，虚拟现实技术和遥控技术将发挥重要的作用。

4. 虚拟设计与虚拟制造

随着虚拟现实技术的快速发展与不断成熟，近几年来出现的虚拟设计与虚拟制造技术，反映了虚拟现实在设计与制造中的应用。

虚拟设计是在一个由数据手套、语音设备、头盔显示器、三维鼠标等虚拟现实设备组成的虚拟环境下开展设计工作。在虚拟环境下进行设计工作会提高设计效率 10～30 倍。作为并行的设计工具，不同地点的不同工程师可以共享、修改、讨论设计内容。由于使用了更高级的输入设备（语音、手套），使设计意图的捕捉与设计约束的确定更为容易，可以比现有的设计系统更为智能与友好。

虚拟制造有两个研究的主攻方向，一是应用虚拟现实环境支持制造过程，包括产品的装配。制造过程中人机工学的研究、设备培训、生产线的布局规划与物流等；另一个是对产品的可制造性进行评估，提供关于制造时间、产品周期、制造费用和产品质量的精确估计。它通过应用拟实模型而不是真实的加工过程，在计算机上预估产品的功能及可加工性等可能存在的问题。

在虚拟设计与虚拟制造的研究中，最为重要的是虚拟现实的人机交互技术与设计、制造过程的有机结合，一方面表现为虚拟现实技术要能很好地支持设计与制造，另一方面表现为在新的人机交互技术下对设计与制造过程的重新设定，充分发挥虚拟现实的优越性。

汽车工业是采用虚拟现实技术的先驱，从纸上设计一辆汽车到完成一个产品模型的过程可能需要花几年的时间，而虚拟现实技术可大大缩短这一过程。因为它不需要建造实体模型，它可以根据 CAD 和 CAE 程序所搜集的数据库进行仿真。在汽车工业所用的虚拟现实应用程序中，主管人员、技术人员可以在仿真过程中对汽车的外形做出决策，并尝试装配汽车零件。因而在花费时间和金钱去制造实际的零件之前，他就可以肯定各个零部件能够非常合适地装配在一起。虚拟现实还用来设计和仿真一条装配线，这类仿真可以使装配零部件的机械有条不紊地工作，而且不会干扰其他的设备。

波音公司在波音 777 飞机的设计中全部采用了虚拟制造技术，用并行工程方法把系统开发和飞机测试集成起来。所有部件的测试都是实时地、远距离地、全集成进行的。应用飞行仿真器及虚拟现实技术，在模拟的各种条件下对飞机进行试验，工程师在工作站上实时地获取各种数据，并同时修改设计中的问题。波音 777 最终没有进行一次真正的试飞，一次上天就获得了成功。

5. 虚拟风洞

在科学研究中，人们会面对大量的随机数据，为了从中得到有价值的规律和结论，需要对这些数据认真分析。例如，为了设计出阻力更小的机翼，人们必须详细分析机翼的空气动力学特性，这通常需要巨大的计算量。为了使这种分析更为直观，人们发明了风洞试验方法，通过使用烟雾气体使人们可以用肉眼直接观察到气体与机翼的作用情况，因而大大提高了人们对机翼空气动力学特性的了解。但是，进行风洞试验需要制作机翼原型（模型），这是既费时又费钱的工作；由于模型与实物大小不一样，所以试验结果与试验情况会有一定误差；人们无法在近距离观察试验情况，因此这将影响试验结果。

虚拟风洞可以让用户看到模拟的空气流场，使用户感到好像真的站在风洞里一样。虚拟风洞的目的是让工程师分析多漩涡的复杂三维性质和效果、空气循环区域、漩涡被破坏时的乱流等，而这些分析利用通常的数据仿真是很难实现可视化的。例如，可以往空气中注入轨迹追踪物，该追踪物将随气流漂移，并将其运动的轨迹显示给用户。追踪物体可以通过数据手套任意投向指定的位置，用户可以从任意视角观察其运动轨迹。

6．艺术与娱乐

虚拟演播室和虚拟游戏是虚拟现实在该领域应用的成功范例。

在虚设演播室中，设计虚拟的演员并用虚拟的摄像机进行摄影，用这种方式制作电视节目的技术称为虚拟演播室技术。

在虚拟演播室技术中，演员在没有任何道具的演播室中演戏，用摄像机将其摄下，然后和另外制作的道具画面合成，可以制作出好像演员在有道具的演播室演戏一样的画面。所谓虚拟演员并不是要排除演员的作用，而是将事先拍好的演员及其镜头在需要的时候在特殊设计的虚拟演播室中再现；或者利用计算机图形学技术制作出演员。所谓虚拟摄像机就在合成虚拟演播室和虚拟演员图像时，利用摄像机进行加工制作出最终图像的技术。

在虚拟的游戏场景中，玩家可以与计算机制作的各种虚拟游戏角色尽情游玩。游戏是虚拟现实技术应用比较成功的领域，也是发展最快的行业之一。

7．军事训练与模拟

现在，研制用于军事训练的仿真系统已经成为虚拟现实研究的关键部分。在虚拟战场中，参与者可以看到在地面行进的坦克，在空中飞行的各式飞机和导弹，在水中的舰艇；可以看到坦克行进时后面扬起的尘土，还有烈火和浓烟，可以听到各式武器发出的真实声音，而参与者可以进行瞄准、射击或驾驶坦克、飞机等武器平台仿真器。为了减少演习的费用、提高训练质量，美国的 DARPA 计划和军方经过多年努力开发了用于军事训练的系统 SIMNET。

SIMNET 被称为第一个廉价而又实用的模拟网络系统。它可以用来训练坦克、直升机以及战斗演习，并训练部队之间的协同作战能力。利用该系统可以让美国和德国的作战部队在虚拟空间中进行实战规模演习。综合武器战术训练中心可以提供进行战斗训练、复杂环境下的战斗演习以及战斗指挥演习的实战规模的模拟环境。该中心包括 41 个 M1A1 坦克模拟系统、16 个飞机模拟系统、2 个战术演习中心、1 个纵队战术演习中心以及 4～5 个小规模的指挥模块。该中心的目的不只是替代实战演习，而是提供更多的训练机会。

现在，SIMNET 系统有 1000 个对象的数据。DARPA 计划在几年内将其扩展到 1 万个，10 年之内扩展到 10 万个。该系统的性能正在扩展，例如增加更多的地形条件、气候条件、地雷区域、障碍地段以及其他恶劣环境。通过将二维地图扩展到三维，可以得到更真实的地形条件，让指挥官从任意角度观察战场上的任何一支部队。

虚拟现实的使用将导致国防装备政策的改变。DARPA 计划制定了一个装备生产的初始方案，即先在虚拟空间中对虚拟模型进行试验，然后再进行制造。

部队也可以使用计算机模拟重现和分析实际的战斗。例如，在美国的坦克和伊拉克的总统卫队之间的战斗尚未结束时，美军已重现了该战斗。利用这种思维虚拟环境来教育未来的指挥官将具有极大的意义。美军利用计算机图形学对现有的常规军事地图进行了补充，因此可以将实际地形地图以及其他信息调入虚拟空间中，从而可以秘密地演习作战方案。

作为 SIMNET 的改进型，美军开发了称为 NPSNET 的系统，这是一个实时三维视觉模拟系统，它能够显示地面上的车辆或者空中飞行物的运动。虚拟环境包括道路、建筑物、各种类型的土壤、烟雾以及高地等特征。NPSNET 具有车辆、树林、房屋、标志以及其他特征物，它一次最多可以支持 500 辆车辆。车辆的控制可以用预备指令或其他的计算机交互来完成，可以使用音响效果来增加用户的控制感觉，系统还可以显示车辆在虚拟环境中的位置和方向。该系统在 1991 年的 Siggraph 国际会议上进行了展示。可以预料，军方会更多地使用虚拟现实技术来达到高效、廉价的军事演习的目的。海湾战争证明，至今它所投入的费用是一个极有价值的投资。

8. 教育和虚拟现实

教育是一个传授知识的过程，在学习过程中，学生总有许多的疑问有待解答。学习有多种方式，通过读书来学习的方法效率并不高；在课堂上听讲也有其局限性；然而通过亲身实践——做、看、听来学习不仅效率高，而且很有趣。它允许学生和现有的各种信息交互作用。在体育课上，学生可以进入仿真环境，去亲自实践一位 NBA 球员在篮球场上的表演；在物理课上，学生可以参与到一种科学可视化环境中，使他可以在一个虚拟环境中去发现各种物理定律，其方法允许测试万有引力的变化如何影响虚拟物体，或者将地球大气层中的磁场与月球磁场进行比较；在文学课上，学生可以接受虚拟的莎士比亚的拜访，而且这位虚拟的莎士比亚可以亲自讲解它的话剧，这种情况还可以是交互的，学生提问题，并能听到解答；历史课可以在一个四周围绕着投影屏幕的课堂上进行，使学生们可以目睹古战场的重演；而音乐系的学生可以参与世界上最好的管弦乐队的演出，并接受个别辅导。应该说，虚拟现实技术在教育方面的应用有着广阔的前景。

以物理课程为例，美国休斯顿大学和 NASA 的约翰逊空间中心共同开发的虚拟物理实验室使上述学习方式成为现实。使用该系统，学生们可以很容易地演示和控制引力的大小和方向、物体的形变与非形变碰撞、摩擦系数等物理现象。为了显示物体的运动轨迹，可以对不同大小和质量的运动物体进行轨迹追踪。还可以停止时间的推移，以便仔细观察随时间变化的现象。学生通过使用数据手套可以与系统进行各种交互。

7.4　人工智能

50 多年来，人工智能获得了很大发展，也引起众多者的日益重视，成为一门广泛交叉的前沿学科。特别是近 10 多年来，现代计算机的发展已能够存储极其大量的信息，并能对信息进行极其快速的处理，软/硬件功能的长足进步，使人工智能获得了进一步的发展。可以预言，人工智能的研究成果将能够创造出更多、更高级的智能"产品"，并使它在越来越多的领域内超越人类智能。本节简要介绍人工智能的基本概念、研究领域、人工智能应用较成功的领域——专家系统，以及当前人工智能的研究热点——人工神经网络。

7.4.1　什么是人工智能

在人类的各种活动中，人类的"自然智能"处处可见，如解题、猜谜语、进行讨论、编写计算机程序等，甚至驾驶汽车或骑自行车，都需要"智能"。如果机器能够执行这种任务，就可以认为机器已具有某种性质的"人工智能"。人工智能的思想起源于 20 世纪 40 年代，但直到 1956 年的一次关于"用机器模拟人类智能"的国际研讨会上，才第一次使用"人工智能"（AI，Artificial Intelligence）这一术语，标志着人工智能学科的诞生。

然而，要给人工智能下一个准确的定义是困难的，不同学科背景的学者对人工智能有不同的理解，提出了不同的观点。这些不同的观点主要有符号主义（Symbolism）、连接主义（Connectionism）和行为主义（Actionism）等，或者叫做逻辑学派（Logicism）、仿生学派（Bionicsism）和生理学派（Physiologism）。此外还有计算机学派、心理学派和语言学派等。下面先给出有关人工智能的三种狭义的定义，然后简要说明有关人工智能的 3 种观点。

1．有关人工智能的 3 种定义

（1）智能机器（Intelligent Machine）。能够在各类环境中自主地或交互地执行各种拟人任务的机器。

（2）人工智能（学科角度）。从学科角度看，人工智能是计算机科学中涉及研究、设计和应用智能机器的一个分支。它近期的主要目标在于研究用机器来模仿和执行人脑的某些智力功能，并开发相关理论和技术。

（3）人工智能（能力角度）。从能力角度看，人工智能是智能机器所执行的与人类智能有关的功能，如判断、推理、证明、识别、感知、理解、设计、思考、规划、学习和问题求解等思维活动。

2．有关人工智能的 3 种观点

（1）符号主义。符号主义认为，人的认知基元是符号，而且认知过程即为符号操作过程。它认为，人是一个物理符号系统，计算机也是一个物理符号系统，因此能够用计算机来模拟人的智能行为，即用计算机的符号操作来模拟人的认知过程。也就是说，人的思维是可操作的。它还认为，知识是信息的一种形式，是构成智能的基础。人工智能的核心问题是知识表示、知识推理和知识运用。知识可用符号表示，也可用符号进行推理，因而有可能建立起基于知识的人类智能和机器智能的统一理论体系。

符号主义认为，人工智能的研究方法应该是功能模拟方法，通过分析人类认知系统所具备的功能和机能，然后用计算机模拟这些功能，实现人工智能。符号主义试图用数理逻辑方法来建立人工智能的统一理论体系。

（2）连接主义。连接主义认为，人的思维基元是神经元而不是符号处理过程，认为人脑不同于电脑，并提出连接主义的大脑工作模式，用于取代符号操作的电脑工作模式。

连接主义主张，人工智能应着重于结构模拟，即模拟人的生理神经网络结构，并认为功能、结构和智能行为是密切相关的。不同的结构表现出不同的功能和行为。提出了多种人工神经网络和众多的学习算法。

（3）行为主义。行为主义认为，智能取决于感知和行为，提出智能行为的"感知-动作"模式。行为主义认为，智能不需要知识，不需要表示，不需要推理；人工智能可以像人类智能一样逐步进化；智能行为只能在现实世界中与周围环境交互作用而表现出来。它认为，人工智能的研究方法应采用行为模拟方法，且功能、结构和智能行为是不可分的，不同的行为表现出不同的功能和不同的控制结构。

对人工智能的各种问题的争论可能还要持续下去。尽管未来的人工智能系统很可能是集各家之长的多种方法的结合，但是各种方法仍具有单独的研究价值，以实现各种人工智能的目标。

符号主义曾长期一枝独秀，为人工智能的发展做出了重要贡献。它是最早采用"人工智能"术语的，后来发展了启发式算法、专家系统、知识工程理论与技术，并在 20 世纪 80 年代取得了很大发展，尤其是专家系统的成功开发与应用，对人工智能走向工程应用和实现理论联系实际具有特别重要的意义，即使在其他学派出现之后，它仍然是人工智能的主流派别。

连接主义认为，人工智能源于仿生学，特别是对人脑模型的研究。它从神经元开始进而研究神经网络模型和脑模型，开辟了人工智能的又一发展道路。20 世纪 70 年代对脑模型的研究曾出现过热潮，后又低落下来。20 世纪 80 年代中期提出硬件模拟神经网络以及多层网络中的反向传播（BP）算法后，从模型到算法，从理论分析到工程实现为神经网络计算机走向市场打下了基础，现在人工神经网络的研究正处于高潮阶段。

行为主义认为，人工智能源于控制论。控制论把神经系统的工作原理与信息理论、控制理论、逻辑，以及计算机联系起来。其早期研究工作的重点是模拟人在控制过程中的智能行为和作用，如对自寻优、自适应、自校正、自镇定、自组织和自学习等控制系统研究。在 20 世纪 80 年代诞生了智能控制和智能机器人系统。直到 20 世纪末，行为主义才以人工智能新学派的面目出现。

纵观人工智能的发展史可以预见，三大学派将长期共存与合作，取长补短并走向融合和集成，共同为人工智能的发展做出贡献。

7.4.2　人工智能的主要研究方向与应用领域

在人工智能中，人们关注和研究的问题很多，如语言处理、自动定理证明、视觉系统、问题求解及自动程序设计等。在过去的 40 多年中，已经建立了一些具有人工智能的计算机系统，如能够求解微分方程、下棋、设计和分析集成电路、合成人类自然语言、检索情报、诊断疾病、控制太空飞行器和水下机器人等具有不同程度人工智能的计算机系统。

人工智能从研究到走向应用，其间发展了许多新的理论，共同构成了前景看好的真实的人工智能。人工智能会不断发展，直至成为我们人类世界的不可分的一部分。

下面简要介绍人工智能的主要研究方向与应用领域。

1．问题求解

人工智能的第一个大的成就就是发展了能够求解难题的下棋（如国际象棋）程序。在下棋程序中应用的某些技术，如向前看几步，并把复杂问题分为几个比较简单的子问题，发展成为表示搜索和问题归纳的人工智能的基本技术。

智能下棋程序与人类棋手之间的巨大差别还在于人类棋手所具有的但尚不能明确表达的能力，如国际象棋大师们洞察棋局的能力。另一个差别是问题表示的选择，即人们常常能够找到某种思考问题的方法，从而使求解变得容易且又解决了该问题。

2．逻辑推理与定理证明

早期的逻辑演绎研究工作与问题求解相当密切。已经开发出的程序能够借助于对事实数据库的操作来"证明"断定。只要本原事实是正确的，那么程序就能够证明这些从事实得出的定理，而且也仅仅是证明这些定理。

对数学上臆测的定理寻找一个证明或反证，确实称得上是一项智能任务。为此，不仅需要有根据假设进行演绎的能力，而且需要某些直觉技巧。有几个定理证明程序已在有限的程序上具有某些这样的技巧。例如，1976 年 7 月，美国的 K.Appel 等人合作解决了长达 124 年之久的难题——四色定理。他们用三台大型计算机，花去 1200 小时的 CPU 时间，并对中间结果进行人为反复修改 500 多处。四色定理的成功证明曾轰动计算机界。

3．自然语言理解

目前语言处理研究的主要课题是语言翻译。人工智能在语言翻译与语言理解程序方面已经取得了一定的成就，发展了自然语言处理的新概念。

问题的核心在于人与人交流时，几乎不费力地进行极其复杂却又只需要一点点理解的过程。而计算机对语言的生成和理解是一个极为复杂的编码和解码问题，如上下文知识（情景）、背景知识、表情等。

4．自动程序设计

自动程序设计是指能够以各种不同目的描述（用高级语言或英语描述算法）来编写计算机程序，它与定理证明和机器人问题求解中的许多基础研究是相互重叠的。从某种意义上讲，编译程序已在做"自动程序设计"的工作。编译程序接受一份有关想做什么的完整的源码说明，然后编写出一份目标码程序去实现。

自动程序设计研究的重大贡献之一是作为问题求解策略的调整概念：先产生一个不费事的但有错误的解，然后再修改它，使它正确工作，这种做法一般要比坚持要求第一个解就完全没有缺陷的做法更有效。它是一种通过自身调整进行学习的人工智能系统。

5．专家系统

专家系统是一个具有大量专门知识与经验的程序系统。它应用人工智能技术，根据某个领域中多个专家提供的知识和经验，进行推理和判断，模拟人类专家的决策过程，以解决那些需要专家决定的复杂问题。目前的专家系统中，在咨询服务（如化学和地质数据分析、计算机系统结构、建筑工程以及医疗诊断等）方面已达到很高水平。

研制专家系统的关键是专家知识的表达和运用。专家系统与传统计算机程序最本质的区别在于，专家系统所要解决的问题一般没有算法解，并且经常要在不完全、不精确、不确定的信息基础上得出结论。

随着人工智能整体水平的提高，专家系统也获得了长足发展，正在开发的新一代专家系统有分布式和协同式专家系统等。

6．机器学习

学习是人类智能的主要标志和获得知识的基本手段。机器学习（自动获取新的事实及新的推理算法）是使计算机具有智能的根本途径。学习是一个有特定目的的知识获取过程，其内部表现为新知识结构的不断建立和修改，外部表现为性能的改善。传统的机器学习，倾向于使用符号表示而不是数值表示，使用启发式方法而不是算法，使用归纳而不是演绎。

一个学习过程本质上是学习系统把导师提供的信息转换成被系统理解并应用的形式的过程。学习方法可以有许多种，如机械式学习、讲授式学习、类比学习和归纳学习等。近年来又发展出了基于解释的学习、基于事例的学习、基于概念的学习、基于神经网络的学习和遗传学习等。

7．神经网络

由于传统的冯·诺依曼体系结构的局限，计算机只能在一些比较简单的知识范畴内建立清楚的理论框架，部分地表现出人的某些智能行为，但在视觉理解、直觉思维、常识和顿悟等问题上力不从心。这是因为传统计算机不具备学习能力，无法快速处理非数值计算的形象思维等问题，也无法求解那些信息不完整、具有不确定性和模糊性的问题。

神经生理学家、心理学家与计算机科学家的共同研究得出结论：人脑是一个功能特别强大、结构异常复杂的信息处理系统，其基础是神经元及其互连关系。人工神经网络就是一种用类似人脑的"神经元"所构成的网络，它能更有效地处理直觉和形象思维信息。对人脑神经元和人工神经网络的研究，有可能创造出新一代人工智能机——神经计算机。

对神经网络模型、算法、理论分析和硬件实现方面的研究，已为神经网络计算机走向应用提供了物质基础。现在，神经网络已在模式识别、图像处理、组合优化、自动控制、信息处理、机器人学等领域获得日益广泛的应用。人们期望神经计算机将重建人脑的形象，极大地提高信息处理能力，在更多方面取代传统的计算机。

8．机器人学

机器人学包括对操作机器人装置程序的研究，从机器人手臂的最佳移动到实现机器人目标的动作序列规划，这是人工智能研究的重要分支。智能机器人研究和应用体现出广泛的学科交叉，涉及机器人体系结构、机构、控制、智能、视觉、触觉、力觉、听觉、机器人装配、恶劣环境下机器人及机器人语言等。

机器人已在工业、农业、商业、旅游业、空中、海洋和国防等领域获得越来越普遍的应用。机器人外科手术已成功地用于脑外科、胸外科和膝关节等手术。新开发的微型移动机器人可以进入管道进行检查作业。预计不久将要产生毫米级甚至纳米级医疗机器人，直接进入人体器官进行各种疾病的诊断和治疗。微型机器人在精密机械加工、现代光学仪器、超大规模集成电路、现代生物工程、遗传工程、医学和医疗工程中大有用武之地。

9. 模式识别

人工智能所研究的模式识别，是指用计算机代替或帮助人类的感知模式，是对人类感知外界功能的模拟，即研究计算机模式识别系统。

实验表明，人类接收外界信息 80%以上来自视觉，10%左右来自听觉，所以模式识别研究集中在对文字、二维图像、三维图像的识别。目前研究的热点是活动目标的识别和分析，它是景物分析走向实用化研究的标志。在语音识别方面，性能良好的能识别单词声音的识别系统已进入实用阶段，神经网络用于语音识别也取得成功。目前模式识别学科正处于大发展阶段，基于人工神经网络的模式识别将有更大发展。

10. 机器视觉

机器视觉已从模式识别的一个分支发展成一门独立学科。计算机系统装上电视输入装置，使它能够"看见"周围景物。可见景物由传感器编码，并被表示为一个灰度数据的矩阵，经检测器处理，根据景物的表面和形状推断有关景物的三维特性信息，最后利用某个适当模型来表示该景物。

整个感知问题的要点是形成一个精炼的表示，以取代难以处理的、极其庞大的、未经加工的输入数据，从而把多的惊人的输入感知数据简化为一种易于处理的和有意义的描述。计算机视觉通常分为低层视觉和高层视觉两类。低层视觉主要执行预处理功能，使被观察对象突现出来。高层视觉则主要是理解所观察的形象，这时需掌握与所观察对象相关联的知识。机器视觉已在机器人装配、卫星图像处理、工业过程监控、飞行器跟踪和制导、电视实况转播等领域获得广泛应用。

11. 智能控制

智能控制是一类无须人的干预就能够独立驱动智能机器实现其目标的自动控制，它是自动控制的新发展。

智能控制是同时具有非数学广义世界模型（以知识表示）和数学公式模型表示的混合控制过程，它往往具有复杂性、不完全性、模糊性或不确定性，它也是不存在已知算法的非数学过程，它以知识进行推理，以启发来引导求解过程。因此研发智能控制系统时，把重点放在对任务和世界模型的描述、符号和环境识别，以及知识库和推理机的设计开发上。智能控制的核心在高层控制，其任务在于对实际环境或过程进行组织，即决策和规划，以实现广义问题的求解。

智能控制有很多研究领域，如智能机器人规划与控制、智能过程规划、智能过程控制、专家控制系统、语音控制以及智能仪器等。

12. 数据挖掘与知识发现

随着大规模数据库和互联网的迅速发展，仅查询检索数据库已不能提取数据库中有利于用户实现其目标的结论性信息。数据库是新的知识源，数据库中包含的大量知识应得到挖掘与利用。数据挖掘和知识发现能自动处理数据库中大量原始数据，抽取出有意义的模式，可帮助人们发现知识，找出所需问题的解答。

从数据库中挖掘并发现知识，首先要解决被发现知识的表达问题。其概念要比数据更确切、更直接、更易于理解。因此要用最基本的概念来描述复杂的概念，用各种方法对概念进行组合，以表示知识。

数据库中的知识发现具有 4 个特征：

- 发现的知识是可以表达的。
- 发现的内容是对数据库内容的精确描述。
- 发现的知识是用户感兴趣的。
- 发现的过程是高效的。

除上述应用领域外，其他人工智能应用领域还十分广阔，如智能检索、智能调度与指挥、计算智能（神经计算、模糊计算和进化计算）、人工生命等领域。

7.4.3 专家系统

1. 概述

专家系统是一个智能计算机程序系统，其内部含有大量的某个领域专家水平的知识与经验，能够利用人类专家的知识和解决问题的方法来处理该领域问题。专家系统是一种模拟人类专家解决领域问题的计算机程序系统，它使人工智能从实验室走向现实生活，并产生巨大的经济效益。例如，利用探矿专家系统 PROSPECTOR 发现了美国华盛顿州的一处钼矿，开采价值超过一亿美元。又如，1979 年投入使用的 VAX 计算机配置的专家系统 XCON，每年可为 DEC 公司节省 1500 万美元的开支。

专家系统具有下列特点：

① 启发性。专家系统能运用专家的知识与经验进行推理、判断和决策，其中大部分工作和知识是非数学性的。

② 透明性。专家系统能解释本身的推理过程和回答用户提出的问题，以便用户能了解推理过程。

③ 灵活性。专家系统能不断增长知识，更新知识。

专家系统有许多类型，按其应用特点分类如下：

① 解释专家系统。通过对已知信息和数据的分析与解释，确定涵义。

② 预测专家系统。通过对过去和现在已知状态的分析，推断未来可能发生的情况。

③ 诊断专家系统。根据观察到的情况（数据）来推断出某个对象故障的原因。

④ 设计专家系统。根据设计要求，求出满足设计问题约束的目标配置。

⑤ 规划专家系统。寻找出某个能够达到给定目标的动作序列或步骤。

⑥ 监控专家系统。对系统、对象或过程的行为进行不断观察，并把观察到的行为与其应当具有的行为进行比较以发现异常情况，发出警报。

⑦ 控制专家系统。自适应地管理一个受控对象或客体的全面行为，使之满足预期要求。

⑧ 调试专家系统。对失灵的对象给出处理意见和方法。

⑨ 教学专家系统。根据学生特点、弱点和基础知识以最适当的教案和教学方法对学生进行教学和辅导。

⑩ 修理专家系统。对发生故障的对象进行处理，使其恢复正常工作。

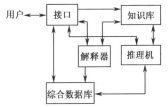

图 7-36　专家系统的简化结构图

2．专家系统的结构

专家系统的简化结构如图 7-36 所示。由图可知，专家系统的主要由以下部分组成。

（1）知识库。用于存储某领域专家系统的专门知识，包括事实、可行操作与规划等。为了建立知识库，要解决知识获取和知识表示两个问题。知识获取涉及如何从专家获得专门知识；知识表示则要解决如何用计算机能够理解的形式表达和存储知识。

（2）综合数据库。又称全局数据库，用于存储领域问题的初始数据和推理过程中得到的中间数据（信息），即被处理对象的一些当前事实。

（3）推理机。用于记忆所采用的规则和控制策略的程序，使专家系统能以逻辑方式协调工作。推理机能够根据知识进行推理并导出结论。

（4）解释器。它能向用户解释专家系统的行为，包括解释推理结论的正确性以及系统输出其他候选解的原因。

（5）接口。能使系统与用户进行对话，使用户能输入必要的数据，提出问题和了解推理过程及推理结果等。系统通过接口，要求用户回答提问，并回答用户提出的问题，进行必要的解释。

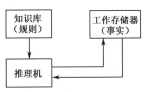

图 7-37　基于规则的专家系统的工作模型

3．基于规则的专家系统

基于规则的专家系统，是使用一套包含在知识库内的规则对工作存储器内的问题信息（事实）进行处理，通过推理机推断出新的信息的计算机程序，其工作模型如图 7-37 所示。

为了说明如何根据工作存储器中的已知"事实"，利用知识库内的"规则"，由推理机按一定的"推理"方法推断出新的信息（即新的事实），下面将列举一个简单的基于规则的产生式专家系统——"动物识别"专家系统 IDENTIFIER。

该系统的知识库由 15 条规则组成，可识别 7 种动物，规则的基本格式是：

IF（如果）……THEN（则）……

规则集如下：

- 规则　I1　如果　该动物有毛发
　　　　　　　则　它是哺乳动物
- 规则　I2　如果　该动物能产乳
　　　　　　　则　它是哺乳动物
- 规则　I3　如果　该动物有羽毛
　　　　　　　则　它是鸟类动物
- 规则　I4　如果　该动物能飞行
　　　　　　　　　它能生蛋
　　　　　　　则　它是鸟类动物
- 规则　I5　如果　该动物是哺乳动物
　　　　　　　　　它吃肉
　　　　　　　则　它是食肉动物
- 规则　I6　如果　该动物是哺乳动物
　　　　　　　　　它长有爪子
　　　　　　　　　它长有利齿
　　　　　　　　　它眼睛前视
　　　　　　　则　它是食肉动物
- 规则　I7　如果　该动物是哺乳动物
　　　　　　　　　它长有蹄
　　　　　　　则　它是有蹄动物
- 规则　I8　如果　该动物是哺乳动物
　　　　　　　　　它反刍
　　　　　　　则　它是有蹄动物，并且是偶蹄动物
- 规则　I9　如果　该动物是食肉动物
　　　　　　　　　它的颜色是黄褐色
　　　　　　　　　它有深色的斑点
　　　　　　　则　它是猎豹
- 规则　I10　如果　该动物是食肉动物
　　　　　　　　　它的颜色是黄褐色
　　　　　　　　　它有黑色条纹
　　　　　　　则　它是老虎

- 规则 I11 如果 该动物是有蹄动物

  它有长腿

  它有长颈

  它的颜色是黄褐色

  它有深色的斑点

  则 它是长颈鹿

- 规则 I12 如果 该动物是有蹄动物

  它的颜色是白的

  它有黑色条纹

  则 它是斑马

- 规则 I13 如果 该动物是鸟类

  它不会飞

  它有长颈

  它有长腿

  它的颜色是黑色和白色相杂

  则 它是鸵鸟

- 规则 I14 如果 该动物是鸟类

  它不能飞行

  它能游泳

  它的颜色是黑色和白色

  则 它是企鹅

- 规则 I15 如果 该动物是鸟类

  它善于飞行

  则 它是海燕

该规则集可识别的 7 种动物是猎豹、老虎、长颈鹿、斑马、鸵鸟、企鹅和海燕，见上述规则 I9～I15。这 7 种动物可以分为两大类：哺乳动物和鸟类，用规则 I1～I4 区分。哺乳动物又分为食肉动物和有蹄动物，用规则 I5～I8 区分。食肉动物又细分为猎豹和老虎，用规则 I9 和 I10 区分。有蹄动物又细分为长颈鹿和斑马，用规则 I11 和 I12 区分。最后用规则 I13～I15 区分三种鸟类：鸵鸟、企鹅和海燕。

显然，该规则集是由动物专家根据这 7 种动物的特征构造的，它获取了动物专家的知识，并用 IF-THEN 语句表达，存储在知识库中。

动物识别专家系统根据用户提出的"事实"，由推理机推出"结论"，其推理方法有正向推理和逆向推理两种：

（1）正向推理。该推理过程是从给定的"事实"出发，试图使事实与规则的 IF 部分相匹配，然后启用该规则的 THEN 部分作为新的"事实"。重复上述过程，直到推出"结论"或推不出"结论"。

（2）逆向推理。该推理过程是先假设一个"结论"，然后利用 IF-TNEN 规则去推论支持该假设的"事实"（即 IF 部分）。若该事实与给定的事实相符，则表明假设的"结论"是正确的；否则，需重新假设另一个"结论"。重复上述过程，直到推出"结论"或推不出"结论"。

产生式系统可以正向推理或逆向推理，至于哪一个更好些，取决于推理的目标和搜索空间的形状。如果目标是从一组给定事实出发，找到所有能推断出来的结论，那么应该采用正向推理。如果目标是证实或否定某一特定结论，那么应该采用逆向推理。例如，对医疗中的大多数诊断问题，人们倾向于应用逆向推理。这时，先假设某种可能的疾病，然后去核对是否所有的症状都符合。如果症状相符，就证实了这种疾病，反之就否定了这种疾病。

下面以"动物识别"系统为例，简要说明正向推理的过程。

设用户提供的动物特征（即存入工作存储器的事实）如下：

● 颜色是黄褐色的。

● 有深色的斑点。

● 能反刍、能产乳。

● 有长颈和长腿。

问：该动物是一种什么动物？

正向推理的过程如图 7-38 所示。图中，矩形符号表示给定的事实（作为 IF 部分），半圆符号表示所应用的规则，实心矩形符号表示中间结论或最后结论（即 THEN 部分）。

图 7-39 给出了基于规则的专家系统的结构框图，该图是由图 7-36 和图 7-37 组合而成的。

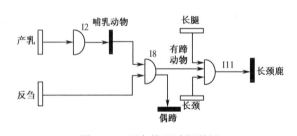

图 7-38 正向推理过程举例

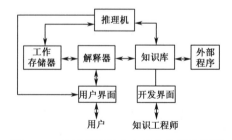

图 7-39 基于规则的专家系统的结构框图

4. 新一代专家系统

新一代专家系统应具有以下特征：

① 采用并行技术与分布处理。基于各种并行算法，采用各种并行推理和执行技术，适合在多处理器的硬件环境中工作。它是一种具有分布处理功能的专家系统。

② 多专家系统协同工作。在这种系统中有多个专家系统协同合作，各子专家系统之间可

以互相通信。

③ 采用高级语言和知识语言描述。知识工程师只需要一种高级专家系统描述语言对系统进行功能、性能以及接口描述，并用知识表示语言描述领域知识，专家系统的生成系统就能自动或半自动地生成所要的专家系统。

④ 具有自学习功能。应具有知识获取工具，并能根据已有知识和用户对系统提问的应答，通过推理获得新知识，扩充知识库。

⑤ 引入新的推理机制。除演绎推理之外，引入归纳推理（包括联想、类比等推理），各种非标准逻辑推理，以及基于不完全知识和模糊知识的推理等，在推理机制上应有一个突破。

⑥ 具有自纠错和自完善能力。随着时间的推移，通过反复的运行，能不断地修正错误，不断地完善自身，并使知识越来越丰富。

⑦ 具有先进的智能人机接口。该接口能理解自然语言，实现语音、文字、图形和图像的直接输入/输出。

7.4.4 人工神经网络

人工神经网络（ANN：Artificial Neural Nets）是人工智能的重要研究领域之一，研究课题有神经网络专家系统、神经网络计算机、神经网络智能信息处理系统及控制系统等。人工神经网络的研究解决了诸如知识表达、推理学习、联想记忆等难题。对它的研究涉及计算机科学、控制论、信息科学、微电子学、心理学、认知科学、物理学和数学等学科。它标志着认知科学、计算机科学及人工智能的发展进入了新的转折点。

为了说明什么是人工神经网络，先简要说明生理神经元的结构及主要特性，然后说明如何使用人工神经网络来模拟这些特性。

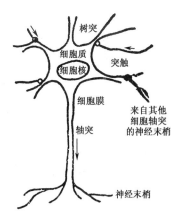

图 7-40 生理神经元结构示意图

1. 生理神经元的结构与功能

（1）生理神经元的结构。人脑组织的基本单元是神经细胞，也称"神经元"。人脑是由大量神经元组成的"巨系统"。生理神经元的结构如图 7-40 所示。

从生物控制与信息处理的角度看，生理神经元的结构特性如下：

① 细胞体。细胞体由细胞核、细胞质与细胞膜等组成。

② 轴突。它是细胞体向外伸出的最长的一条分支，也称"神经纤维"。它有两种结构形式：有髓鞘纤维、无髓鞘纤维。"轴突"相当于细胞的"输出"电缆，其端部的许多神经末梢为信号输出端子，用于传出神经冲动。

③ 树突。它是细胞体向外伸出的许多较短的分枝。它相当于细胞的"输入端"，接受来自四面八方的传入神经冲动。

④ 突触。细胞与细胞之间通过轴突（输出）与树突（输入）相互联结，其"接口"称

为"突触"，即神经末梢与树突相接触的"交界面"。突触有两种类型：兴奋型突触和抑制型突触。

⑤ 膜电位。细胞膜内外之间有电位差，约为 20～100 mV，称为"膜电位"。膜电位在膜外为正，在膜内为负。

⑥ 结构可塑性。由于"突触"的信息传递特性是可变的，随着神经冲动传递方式的变化，其传递作用可增强或减弱，所以细胞之间的联结是柔性的，称为"结构可塑性"。

（2）生理神经元的功能。脑神经生理学研究结果表明，每个人脑大约含有 10^{11}～10^{12} 个神经元，每一神经元又约有 10^3～10^4 个突触。神经元通过突触形成的网络，传递神经元间的兴奋与抑制。大脑的全部神经元构成极其复杂的拓扑网络群体，用于实现记忆与思维。从生物控制论的观点，神经元作为控制和信息处理的基本单元，具有下列一些重要的功能与特性：

① 时空整合功能。神经元对于不同时间通过同一突触传入的神经冲动，具有时间整合功能。对于同一时间通过不同突触传入的神经冲动，具有空间整合功能。两种功能相互结合，具有时空整合的输入信息处理功能。

② 兴奋与抑制状态。神经元具有两种常规工作状态：兴奋——是传入冲动时的时空整合的结果，它使细胞膜电位升高，超过动作电位的阈值（约为 40 mV）时，细胞进入兴奋状态，产生神经冲动，由轴突输出；抑制——是传入冲动时的时空整合的结果，它使膜电位下降至低于动作电位的阈值时，细胞进入抑制状态，无神经冲动输出。它满足"0-1"律，对应"兴奋—抑制"状态。

③ 脉冲与电位转换。突触界面具有脉冲/电位信号转换功能。沿神经纤维传递的电脉冲为等幅、恒宽、编码（约 60～100 mV）的离散脉冲信号，而细胞膜电位变化为连续的电位信号。在突触接口处进行数模转换时，是通过神经介质以量子化学方式实现（电脉冲—神经化学物质—膜电位）的变换过程。

④ 神经纤维传导速度。神经冲动沿神经纤维传导的速度在 1～150 m/s 之间，因纤维的粗细、髓鞘的有无而不同：有髓鞘的粗纤维，其传导速度在 100 m/s 以上；无髓鞘的细纤维，其传导速度可低至数米每秒。

⑤ 突触延时和不应期。突触对神经冲动的传递具有时延和不应期，在相邻的二次冲动之间需要一个时间间隔，即为不应期。在此期间对激励不响应，不能传递神经冲动。

⑥ 学习、遗忘和疲劳。由于结构可塑性，突触的传递作用有增强、减弱和饱和，所以细胞具有相应的学习功能、遗忘或疲劳效应（饱和效应）。

随着脑科学和生物控制论研究的进展，人们对神经元的结构和功能有了进一步的了解，神经元并不是一个简单的双稳态逻辑元件，而是超级的微型生物信息处理机或控制机。

2．人工神经元的组成与分类

（1）人工神经元的组成。人工神经网络（或模拟神经网络）由模拟神经元组成，可把 ANN 看成是以处理单元 PE（Processing Element）为节点，用加权有向弧（链）相互连接而成的有向图。其中，处理单元是对生理神经元的模拟，而有向弧则是"轴突—突触—树突"对的模拟。有向弧的权值表示两处理单元间相互作用的强弱。图 7-41 表示人工神经网络的组成略图，

也称为 M-P 神经元模型，它于 1943 年
由麦卡洛克（W.S.Mccul Loch）和皮茨
（W.Pitts）提出。图中，来自其他神经元
的输入乘以权值，然后相加。把所有总
和与阈值电平比较，当总和高于阈值时，
其输出为 1；否则，输出为 0。大的正权
对应于强的兴奋，小的负权对应于弱的
抑制。

在简单的人工神经网络模型中，用
权和乘法器模拟突触特性，用加法器模
拟树突的互连作用，而且用与阈值比较
来模拟细胞体内电化学作用产生的开关特性。

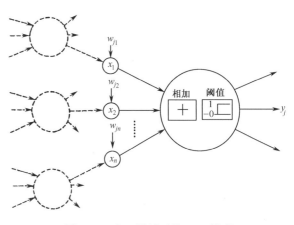

图 7-41　人工神经元的 M-P 模型

（2）人工神经网络的数学描述。令来自其他处理单元（神经元）i 的信息为 x_i，它们与本
处理单元的互相作用强度为 w_i，$i=0, 1, \cdots, n-1$，处理单元的内部阈值为 θ，那么本神经元的
输入为

$$\sum_{i=0}^{n-1} w_i x_i$$

而处理单元的输出为

$$y = f\left(\sum_{i=0}^{n-1} w_i x_i - \theta\right)$$

式中，x_i 为第 i 个元素的输入；w_i 为第 i 个元素与本处理单元的互连权重；f 称为激发函
数（Activation Function）或作用函数，它决定节点（神经元）的输出。该输出为 1 或 0 取决
于其输入之和大于或小于内部阈值 θ。激发函数一般具有非线性特性。常用的非线性特性如
图 7-42 所示，现分述如下。

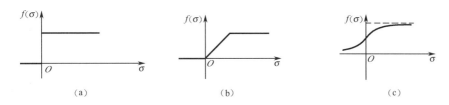

图 7-42　常用激发函数的输入/输出非线性特性

① 阈值型。对于这种模型，神经元没有内部状态，激发函数为一阶跃函数，如图 7-43
（a）所示。这时，输出为

$$f(x_i) = U(x_i) = \begin{cases} 1 & x_i > 0 \\ 0 & x_i \leqslant 0 \end{cases}$$

② 分段线性强饱和型。如图 7-43(b)所示。

③ Sigmoid 型。激发函数称为西格莫伊德（Sigmoid）函数，简称 S 型函数，其输入/输

出特性常用对数曲线或正切曲线等表示。它是最常用的激发函数，如图 7-43(c)所示。

3．神经网络模型

根据图 7-42 给出的 M-P 神经元模型，可以导出组成神经网络模型的几种基本逻辑元件，如图 7-43 所示。图中的数字是各种元件的阈值，实心小圆圈是原变量输入，空心小圆圈是反变量输入。神经元模型导出的神经网络逻辑元件与普通逻辑元件的差别在于：输出相对于输入有一个固定节拍的时间延迟 τ 。

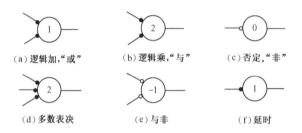

(a) 逻辑加,"或"　　(b) 逻辑乘,"与"　　(c) 否定,"非"

(d) 多数表决　　(e) 与非　　(f) 延时

图 7-43　由 M-P 模型导出的逻辑元件

利用图 7-44 中类似的逻辑元件，可以构成具有各种逻辑功能的"开环"神经网络，如图 7-45 所示。该网络中，x_1，x_2 是网络输入，x_8 是网络输出，x_3，x_4，x_5，x_6，x_7 是各元件的状态（输出）。根据各元件的逻辑关系，可以写出如下网络逻辑方程组：

$$x_8(t) = x_5(t-\tau) + x_6(t-\tau) + x_7(t-\tau)$$
$$x_5(t) = x_1(t-\tau) \cdot x_2(t-\tau) \cdot x_3(t-\tau) \cdot \overline{x}_4(t-\tau)$$
$$x_6(t) = x_1(t-\tau) \cdot x_2(t-\tau) \cdot \overline{x}_3(t-\tau) \cdot \overline{x}_4(t-\tau)$$
$$x_7(t) = x_1(t-\tau) \cdot \overline{x}_2(t-\tau) \cdot x_3(t-\tau) \cdot \overline{x}_4(t-\tau)$$
$$x_3(t) = \overline{x}_1(t-\tau)$$
$$x_4(t) = \overline{x}_2(t-\tau)$$

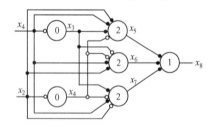

图 7-44　开环神经网络模型

图4-46　具有记忆功能的神经元模型

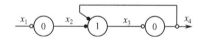

图 7-45　闭环神经网络模型

若将神经元的输出通过兴奋性突触反馈到输入端,则可构成具有记忆功能的神经元模型。它一旦被外来输入激发,将保持在兴奋状态,如图 7-46 所示。其输入与输出关系为：

$$x_2(t) = x_1(t-\tau) + x_2(t-\tau)$$

利用反馈,可构成各种"闭环"神经网络,如图 7-47 所示,其网络逻辑方程如下：

$$x_4(t) = \overline{x}_3(t-\tau)$$
$$x_3(t) = x_2(t-\tau) + x_4(t-\tau)$$

$$x_2(t) = \overline{x}_1(t-\tau)$$

输入 x_1 与输出 x_4 的逻辑关系为：

$$x_4(t) = x_1(t-3\tau) + \overline{x}_4(t-2\tau)$$

类似地，利用 M-P 神经元模型可构成各种开环和闭环神经网络模型，它们具有各种逻辑运算、记忆和延时（有限拍）功能，其网络结构和参数是恒定的，可用通常的逻辑电路来实现。这是一类结构固定、参数不变、具有有限逻辑和时序功能的局部脑模型。利用具有时间整合和不应期特性的改进神经元模型，可以构成具有短期记忆功能的局部脑模型。

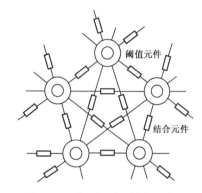

"联想"是人脑的重要功能之一，是人的智能活动中的一种有效的方法，如联想记忆、联想推理、联想识别等。同时，联想也是思维活动中经常发生的过程。因此联想是脑模型研究中的重要课题。1969 年，中野提出了"联想机"脑模型，它可以在联想记忆、联想识别方面模仿脑的部分联想功能。其原理结构如图 7-46 所示。图中，"◎"表示"阈值"元件，相应于神经元；"─□─"表示"结合"元件，相应于突触联系。

图 4-46　联想机原理结构示意图

联想机的原理主要依据以下两点：

① 人脑的分布式记忆。人脑对于某事件、某事物的记忆是分布式的，其特征信息是在脑神经多处分散编码的。

② 突触联系的可塑性。神经细胞之间的突触联系是可塑的，其导通能力（导纳或结合系数）是可变的。

以上只是简要介绍了人工神经网络模型的基本概念，在以后的相关专业课中将会对它们进行详尽的讨论。

习题 7

1．什么是计算机网络？按网络的作用范围，计算机网络可分为哪几类？

2．什么是计算机网络的拓扑结构？常用的有哪几种？

3．简要说明基带传输与宽带传输的差别。

4．什么是网络通信协议？OSI 模型将网络协议分为哪几层？

5．什么是 Internet 的 IP 地址和域名，指出你所上网的计算机的 IP 地址及域名。

6．比较 TCP/IP 协议与 OSI 模型的分层协议，简要说明 TCP/IP 协议各层的主要功能。

7．说明 E-mail 的地址格式及 Internet 电子邮件的工作方式。

8．解释下列名词：WWW，浏览器，HTTP，HTML。

9. 尽可能多地列举出你所接触到的多媒体元素。

10. 说明 CD-ROM、DVD 的区别。

11. 说明 txt 文件和 doc 文件的差别。

12. 用同一幅图片来实验，比较 bmp 格式文件与其他格式文件数据量的大小。

13. 多媒体计算机系统由哪几部分构成？

14. 打开 sina.com 的主页，说明它使用了哪些多媒体元素？

15. 用 Windows 的画图工具制作一幅矢量图画。

16. 用 Windows 的录音机录制一段声音。

17. 测试 Windows media player 都能播放哪些格式的文件？

18. 用 PowerPoint 制作一个包括文字、声音和视频片段的幻灯片。

19. 什么是虚拟现实？其基本特征是什么？

20. 简要说明虚拟现实的关键技术。

21. 虚拟现实系统中常用的交互设备有哪些？

22. 举例说明虚拟现实的应用前景。

23. 试从学科和能力角度说明人工智能的含义。

24. 简要说明人工智能的主要研究方向与应用领域。

25. 什么是专家系统？其主要特点是什么？

26. 以"动物识别"专家系统为例，说明基于规则的产生式专家系统的组成及工作原理。

27. 试说明人工神经元的 M-P 模型是如何模拟生理神经元的？

28. 在人工神经网络（ANN）的数学描述中，常用的激发函数有哪 3 种？

第 8 章

计算机信息安全及职业道德

计算机技术的发展，特别是计算机网络的广泛应用，对社会经济、科学和文化的发展产生了重大影响。与此同时，也不可避免地会带来一些新的社会、道德、政治与法律问题。例如，计算机网络使人们更迅速而有效地共享各领域的信息，但却出现了引起社会普遍关注的计算机犯罪问题。计算机犯罪是一种高技术型犯罪，计算机网络是犯罪分子攻击的重点。由于其隐蔽性会对网络安全构成很大威胁。有关统计资料表明，计算机犯罪案件正在以每年100%的速度增长，Internet 网站被攻击的事件则以每年 10 倍的速度增长，平均每 20 秒钟就会发生一起 Internet 入侵事件。从 1986 年发现首例计算机病毒以来，20 年间计算机病毒的数量正以几何级数增长，它们的活动几乎到了无孔不入的地步。美国国防部与银行等要害部门的计算机系统都曾经多次遭到非法入侵者的攻击，美国金融界为此每年损失近百亿美元。

本节将简要介绍与计算机信息安全有关的问题，包括计算机信息安全的基本概念、威胁计算机安全的诸多因素（病毒、黑客及计算机犯罪），以及与此相关的计算机职业道德问题。

8.1　计算机信息安全概述

8.1.1　什么是计算机信息安全

信息系统的安全问题是一个十分复杂的问题，至今很难对计算机信息安全下一个确切的定义。这里引用《信息系统安全导论》一书中对信息系统安全所下的定义：确保以电磁信号为主要形式的、在计算机网络化（开放互连）系统中进行自动通信、处理和利用的信息内容，在各个物理位置、逻辑区域、存储和传输介质中，处于动态和静态过程中的机密性、完整性、可用性、可审查性和抗抵赖性，与人、网络、环境有关的技术安全、结构安全和管理安全的总和。这里的人指信息系统的主体，包括各类用户、支持人员，以及技术管理和行政管理人员；网络则指以计算机、网络互连设备、传输介质、信息内容及其操作系统、通信协议和应用程序所构成的物理的与逻辑的完整体系；环境则是系统稳定和可靠运行所需要的保障体系，包括建筑物、机房、动力保障与备份，以及应急与恢复体系。

尽管信息系统安全是一个多维、多层次、多因素、多目标的体系，但信息系统安全的唯一和最终目标是保障信息内容在系统内的任何地方、任何时候和任何状态下的机密性、完整性和可用性。

① 机密性（Security）。指系统中的信息只能由授权用户访问。

② 完整性（Integrity）。指系统中的资源只能由授权用户进行修改，以确保信息资源没有被篡改。

③ 可用性（Availability）。指系统中的资源对授权用户是有效可用的。

许多安全问题是由一些恶意的用户希望获得某些利益或损害他人而故意制造的。根据他们攻击的目的和方式可以将威胁手段分为被动攻击和主动攻击两种。

被动攻击是指通过偷听和监视来获得存储和传输的信息。例如，通过收集计算机屏幕或电缆辐射的电磁波，用特殊设备进行还原，以窃取商业、军事和政府的机密信息。主动攻击主要是指修改信息和创建假信息，一般采用的手段有重现、修改、破坏和伪装。例如，利用网络漏洞破坏网络系统的正常工作和管理。

目前，我国与世界各国都非常重视计算机、网络与信息安全的立法问题。从 1987 年开始，我国政府就相继制定与颁布了一系列行政法规。它们主要包括：《电子计算机系统安全规范》（1987 年 10 月），《计算机软件保护条例》（1991 年 5 月），《计算机软件著作权登记办法》（1992 年 4 月），《中华人民共和国计算机信息与系统安全保护条例》（1994 年 2 月），《计算机信息系统保密管理暂行规定》（1998 年 2 月），全国人民代表大会常务委员会通过的《关于维护互联网安全的决定》（2000 年 12 月）等。

国外关于网络与信息安全技术的相关法规的研究起步较早，比较重要的组织有美国国家标准与技术协会（NIST），美国国家安全局（NSA），美国国防部（ARPA），以及很多国家与国际性组织（如 IEEE-CS 安全与政策工作组，故障处理与安全论坛等）。它们的工作重点各有侧重，主要集中在计算机、网络与信息系统的安全政策、标准、安全工具、防火墙、网络防攻击技术研究，以及计算机与网络紧急情况处理与援助等方面。

用于评估计算机、网络与信息系统安全性的标准已有多个，但是最先颁布，并且比较有影响的是美国国防部的黄皮书（可信计算机系统 TC-SEC-NCSC）评估准则。该评估准则于 1983 年公布，1985 年公布了可信网络说明（TNI）。可信计算机系统评估准则将计算机系统的安全等级分为 4 类 7 个等级，即 D，C1，C2，B1，B2，B3，A1。其中，D 级系统的安全要求最低，A1 级系统的安全要求最高。

8.1.2　威胁计算机网络安全的主要因素

当前计算机系统大多以网络作为运行平台，因而计算机的安全问题主要表现为计算机网络的安全问题。网络可以为计算机信息的获取、传输、处理、利用与共享提供一个高效、快捷、安全的通信环境与传输通道。网络安全就是要保证在网络环境中存储、处理与传输的各种信息的安全。威胁网络安全的主要因素及要解决的关键问题如下。

（1）网络防攻击问题。要保证运行在网络环境中的信息系统的安全，首要问题是保证网络自身能够正常工作。也就是说，首先要解决：如何防止网络被攻击；或者网络被攻击了，但是由于预先采取了攻击防范措施，网络仍然能够保持正常工作状态。

在 Internet 中，对网络的攻击分为两种基本类型：服务攻击与非服务攻击。服务攻击是指对网络提供某种服务的服务器发起攻击，造成该网络"拒绝服务"，网络工作不正常。在非服务攻击的情况下，攻击者使用各种方法对网络通信设备（如路由器、交换机）发起攻击，使网络通信设备严重阻塞或瘫痪，从而造成一个局域网或几个子网不能正常工作或完全不能工作。

（2）网络安全漏洞问题。网络运行将涉及计算机硬件与操作系统、网络硬件与网络软件、数据库管理系统、应用软件，以及网络通信协议等。各种计算机的硬件与操作系统、应用软件都会存在一定的安全问题，它们不可能是百分之百无缺陷或无漏洞的。例如，UNIX 是 Internet 中应用最广泛的网络操作系统，但是在不同版本的 UNIX 操作系统中，或多或少都会找到能被攻击者利用的漏洞。TCP/IP 协议是 Internet 使用的最基本的通信协议，同样 TCP/IP 协议中也可以找到能被攻击者利用的漏洞。用户开发的各种应用软件可能会出现更多能被攻击者利用的漏洞。网络攻击者研究这些安全漏洞，并且把这些安全漏洞作为攻击网络的首选目标。

（3）网络信息的保密问题。网络中的信息安全保密主要包括两个方面：信息存储安全与信息传输安全。信息存储安全是指如何保证静态存储在连网计算机中的信息不会被未授权的网络用户非法使用。网络中的非法用户可以通过猜测用户口令或窃取口令的办法，或者设法绕过网络安全认证系统，冒充合法用户，非法查看、下载、修改、删除未授权访问的信息，使用未授权的网络服务。信息传输安全是指如何保证信息在网络传输过程中不被泄露与不被攻击，即从源节点发出的信息在传输过程中不被截获、窃听、篡改或伪造等。

保证网络中信息安全的主要技术是数据加密与解密算法。在密码学中，将源信息称为明文，为了保护明文，可以将明文通过某种算法进行变换，使之成为无法识别的密文。对于需要保护的重要信息，可以在存储或传输过程中用密文表示。将明文变换成密文的过程称为加密；将密文经过逆变换恢复成明文的过程称为解密。

（4）网络内部安全防范问题。这种威胁主要来自网络内部，一是如何防止信息源节点用户对其发送的信息事后不承认，或者信息目的节点接收到信息之后不认账，即出现抵赖问题。"防抵赖"是保证网络信息传输安全的重要内容之一。特别地，它是电子商务应用中必须解决的一个重要问题，因为电子商务会涉及商业洽谈、签订商业合同，以及大量资金在网上划拨等重大问题。二是如何防止内部具有合法身份的用户有意或无意地做出对网络与信息安全有害的行为。例如，有意或无意地泄露网络用户或网络管理员口令；违反网络安全规定，绕过防火墙私自和外部网络连接，造成系统安全漏洞；违反网络使用规定，越权查看、修改、删除系统文件、应用程序及数据；违反网络使用规定，越权修改网络系统配置，造成网络工作不正常；违反网络使用规定，私自将带有病毒的个人磁盘或游戏盘拿到公司的网络中使用。这类问题经常会出现，并且危害性极大。

（5）网络防病毒问题。网络病毒的危害人人皆知，据统计，目前 70%的病毒发生在网络上。联网微型机病毒的传播速度是单机的 20 倍，网络服务器消除病毒所花费的时间是单机的 40 倍。电子邮件炸弹可以轻易地使用户计算机瘫痪。有些网络病毒甚至会破坏系统硬件。有关病毒的定义、特点及防治方法将在后面讲述。

（6）网络数据的备份与恢复问题。在实际的网络运行环境中，数据备份与恢复功能是非常重要的。因为网络安全问题可以从预防、检查、反应等方面着手，去减少网络的不安全因素，但是要完全消除不安全事件是做不到的。

网络信息系统的硬件与系统软件都是可以用钱买到的，而数据是多年积累的成果，并且可能价值连城，是一家公司、企业的"生命"。如果数据一旦丢失，并且不能恢复，那么就可能会给公司和客户造成不可挽回的损失。一个实用的网络信息系统必须具有网络数据备份与恢复等功能。

8.2　计算机病毒

信息社会建立了遍布全球的 Internet，同时也创造了计算机病毒，福祸同降。1983 年计算机病毒首次被确认时，并没有引起人们足够的重视。直到 1987 年，计算机病毒才开始受到世界范围的普遍重视。我国于 1989 年发现计算机病毒。至今，全世界已发现数万种病毒，并且其数量还在快速增加。

据"Security Portal"的报告，排在 1999 年计算机安全问题第一位的就是计算机病毒事件，而与计算机病毒相关的黑客问题也在其中占有相当大的比例。因此，在当今网络时代，需要更加注重对计算机病毒的防治。

病毒的花样不断翻新，编程手段越来越高，防不胜防。特别是 Internet 的广泛应用，使计算机病毒空前活跃，网络蠕虫病毒传播更快更广，Windows 病毒更加复杂，带有黑客性质的病毒和特洛伊木马等有害代码大量涌现。病毒与黑客、陷门、漏洞、有害代码等相互结合起来，并通过网络的快速传播和破坏，对信息社会造成极大的威胁，为世界带来了一次次的巨大灾难。本节将简要介绍计算机病毒的有关问题。

8.2.1　病毒的定义和特点

1994 年 2 月 28 日颁布的《中华人民共和国计算机信息系统安全保护条例》中对计算机病毒有如下定义："计算机病毒，是指编制或者在计算机程序中插入的破坏计算机功能或者毁坏数据，影响计算机使用，并能自我复制的一组计算机指令或者程序代码。"就像生物病毒一样，计算机病毒有独特的复制能力。它可以很快地蔓延，又常常难以根除。它们能把自身附着在各种类型的文件上，当文件被复制或从一个用户传送到另一个用户时，它们就随同文件一起蔓延开来。计算机病毒具有以下基本特点：

① 隐蔽性。病毒程序代码驻存在磁盘等媒体上，无法以操作系统提供的文件管理方法观察到。有的病毒程序设计得非常巧妙，甚至用一般的系统分析软件和工具都无法发现它的存在。

② 传染性。当用户利用磁盘、网络等载体交换信息时，病毒程序趁机以用户不能察觉的方式随之传播。即使在同一台计算机上，病毒程序也能在磁盘上的不同区域间传播，附着到多个文件上。

③ 潜伏性。病毒程序感染正常的计算机之后，一般不会立即发作，而是潜伏下来，等到激发条件（如日期、时间、特定的字符串等）满足时才产生破坏作用。

④ 破坏性。当病毒程序发作时,通常会在屏幕上输出一些不正常的信息,同时破坏磁盘上的数据文件和程序。如果是开机型病毒,可能会使计算机无法启动。有些"良性"病毒不破坏系统内现存的信息,只是大量地侵占磁盘存储空间,或使计算机运行速度变慢,或造成网络堵塞。

8.2.2　三种有影响的病毒

(1)蠕虫病毒。计算机蠕虫是一种通过网络进行自身复制的病毒程序。蠕虫是一个独立运行的程序,自身不改变其他的程序,但可携带一个具有改变其他程序功能的病毒。为了自身复制,网络蠕虫使用了某种类型的网络传输机制,如电子邮件机制,蠕虫将自己的复制品通过邮件发送到其他系统。

世界性第一个大规模在 Internet 上传播的网络蠕虫病毒是 1998 年底的"Happy 99"网络蠕虫病毒。当用户在网上向外发出信件时,"Happy 99"网络蠕虫病毒会顶替信件或随信件从网上到达发信的目标。到了 1 月 1 日,收件人一执行邮件服务程序便会在屏幕上不断出现绚丽多彩的礼花,机器就不再干什么了。目前,该病毒已有 10 多个变种产生,不断地到处实施破坏。

(2)宏病毒。宏病毒主要是利用软件本身所提供的宏能力来设计的病毒。所以凡是具有编写宏能力的软件都有宏病毒存在的可能,如 Word,Excel 都相继传出宏病毒危害的事件。在我国台湾省最著名的计算机病毒是 Taiwan NO.1 Word 宏病毒。

(3)CIH 病毒。CIH 病毒是一种运用新技术、会格式化硬盘的新病毒。它通常利用网络用户上网时进行传播感染。目前较新的变种病毒会在每月 26 日发作,并会展现其最强大的破坏力——格式化硬盘。据报道,1999 年 4 月 26 日 CIH 病毒的爆发使我国 36 万台计算机受到攻击,直接经济损失近 10 亿元人民币。

8.2.3　病毒的分类

计算机病毒可以按不同标准分类。同一病毒由于分类标准的不同,可以属于很多类。常用的分类方式主要有如下几种。

(1)按攻击对象或系统平台分类。病毒可分为 Windows 病毒、Mac 病毒、UNIX 病毒、Linux 病毒和网络病毒等。

2000 年 12 月在日本东京举行了"亚洲计算机反病毒大会",几乎世界各国的反病毒专家和著名的反病毒厂商都参加了这次会议,大会对 2000 年 11 月以前的病毒种类和数量做出了初步的统计,其结果如表 8-1 所示。当时,世界上的计算机病毒是以每星期 10 种的速度递增。

(2)按连接方式分类。分为源码型、入侵型、操作系统型和外壳型病毒。

表 8-1　病毒种类和数量的初步统计

病毒各类	病毒数量
DOS 病毒	40000 多种
Win32 病毒	15 种
Win9x 病毒	600 多种
Win NT/Win 2000 病毒	200 多种
Word 宏病毒	7500 多种
Excel 宏病毒	1500 多种
PowerPoint 病毒	100 多种
Script 脚本病毒	500 多种
Macintosh 苹果机病毒	50 种
Linux 病毒	5 种
手机病毒	2 种
合　　计	55000 多种

源码型病毒较为少见，主要是难以编写和传播。因为它要攻击高级语言编写的源程序，在源程序编译之前插入其中，并随源程序一起编译、连接成可执行文件。这样刚刚生成的可执行文件便已经被感染了。

操作系统型病毒可用其自身部分加入或替代操作系统的部分功能。由于其直接感染操作系统，因此这类病毒的危害性较大。

入侵型病毒将自己插入到感染的目标程序中，使病毒程序与目标程序成为一体。这类病毒编写起来很难，要求病毒能自动在感染目标程序中寻找恰当的位置，把自身插入，同时还要保证病毒能正常实施攻击，且感染的目标程序能正常运行。

外壳型病毒将自身附着在正常程序的开头或结尾，相当于给正常程序加了一个外壳，对原程序不做修改。大部分的文件型病毒都属于这一类，这类病毒易于编写，数量也最多。

（3）按破坏力分类。可将病毒分为良性病毒和恶性病毒。

良性病毒是指那些只表现自己，而不破坏计算机系统的病毒。它们多出自一些恶作剧者之手，病毒制造者编制病毒的目的不是为了对计算机系统进行破坏，而是为了显示他们在计算机编程方面的技巧和才华。但这种病毒会干扰计算机系统的正常运行。

恶性病毒就像计算机系统中的"癌"，它的目的就是破坏系统中的信息资源。常见的恶性病毒的破坏行为是删除计算机系统中存储的数据和文件；也有一些恶性病毒不删除任何文件，只是对磁盘乱写一气，表面上看不出病毒破坏的痕迹，但文件和数据的内容已被改变；还有一些恶性病毒对整个磁盘或磁盘的特定扇区进行格式化，使磁盘上的信息全部丢失。CIH病毒，是一种更加恶毒的病毒，它不仅破坏计算机系统内的数据，还破坏计算机硬件。

（4）按传染方式分类。可将病毒可分为以下几种：

① 引导型病毒。也称引导扇区病毒，该病毒把自己的病毒程序放在磁盘的引导扇区，当作正常的引导程序，而将真正的引导程序搬到其他位置。这样，当计算机启动时，就会把引导扇区的病毒程序当作正常的引导程序来运行，使寄生在磁盘引导扇区的静态病毒进入计算机系统。

② 系统程序型病毒。这种病毒专门感染操作系统程序，一旦计算机用染毒的操作系统启动，这台计算机就成了传播病毒的基地。

③ 一般应用程序型病毒。这种病毒感染计算机的一般应用程序，如电子表格等。

（5）按病毒宿主分类。分为引导型、文件型和混合型病毒。引导型病毒利用磁盘的启动原理工作，修改系统启动扇区。文件型病毒感染计算机文件。混合型病毒兼有以上两种病毒的特点，既感染引导区又感染文件，因此这种病毒更易传染。

对计算机病毒进行命名的方法，各个组织或公司不尽相同。有时对同一种病毒，不同的软件会报出不同的名称。如"SPY"病毒，KILL杀毒软件起名为"SPY"，KV300杀毒软件则叫"TPVO-3783"。

给病毒命名时，一般根据与病毒相关的地点、人名、特征字符、发作时的症状、发作的时间等信息命名。

8.2.4 反病毒技术概述

（1）病毒的预防。"预防为主，治疗为辅"这一方针完全适用于对计算机病毒的处理。运用一些现存的病毒检测程序或人工检测方法，完全可以及时发现病毒，并在其造成损失前解决问题。

病毒的蛛丝马迹可能隐藏在下列现象之中：

① 文件的大小和日期发生变化；

② 系统启动速度比平时慢；

③ 没做写操作时出现"磁盘写保护"信息；

④ 对贴有写保护的软盘操作时音响很大；

⑤ 系统运行速度异常慢；

⑥ 用 MI 检查内存时，发现不该驻留的程序已驻留；

⑦ 键盘输入、打印输出、显示器显示出现异常现象；

⑧ 有特殊文件自动生成；

⑨ 磁盘空间自动产生坏簇或磁盘空间减少；

⑩ 文件莫名其妙丢失；

⑪ 系统异常死机的次数增加等。

一般情况下，可从以下几个方面采取预防措施：

① 访问控制。建立访问控制策略不仅是一种良好的安全措施，而且可以防止恶意程序的传播，保护用户系统免遭病毒传染。

② 进程监视。进程监视会观察不同的系统活动，并且拦截所有可疑行为，防止恶意程序侵入系统。

③ 校验信息的验证。常用的校验信息是循环冗余校验码（CRC），这是一种对文件中的数据进行验证的数学方法。如果文件内部有一个字节发生了变化，校验和信息就会改变，而文件大小可能是相同的。一般情况下，未被病毒感染的系统首先应生成一个基准记录，然后规律性地使用 CRC 方式来检查文件的改变情况。

④ 病毒扫描程序。最流行的病毒检测方法是使用病毒扫描软件。病毒扫描程序使用特征文件（Signature Files）在被传染的文件中查找病毒。特征文件实际上就是列出了所有已知病毒和它们的属性的数据库。这些属性包括各种病毒的代码、传染文件的类型和有助于查找病毒的其他信息。通过使用独立的文件存储这些信息，用户可以对已有软件的相应文件进行替代而升级，以查找最新的病毒，不需要用户对整个程序进行升级。目前每个月都会有新病毒出现，因此这种方法是十分有效的。

⑤ 启发式扫描程序。启发式扫描程序（Heuristic Scanner）会进行统计分析，以决定具有程序代码的文件中存在病毒的可能性。这种扫描程序不像病毒扫描程序那样比较程序代码

和特征文件，而是使用分级系统判定所分析的程序代码含有病毒程序的概率。如果程序代码得到了足够高的评分，启发式扫描程序就会通知用户发现了病毒。现在病毒扫描程序都具有启发式扫描功能。

（2）病毒的检测。计算机病毒发作后，必然会留下痕迹。所谓检测计算机病毒，就是要到病毒寄生场所去检查、发现异常情况，并最终确认计算机病毒是否存在。病毒静态时存储于磁盘、光盘等外存储介质中，激活时驻留在内存中。因此对计算机病毒的检测分为对内存的检测和对外存储介质的检测。

① 比较法。它是用原始备份与被检测的引导扇区或被检测的文件进行比较。可以靠打印的代码清单进行比较，或用程序来进行比较。这时不需要专用的查病毒程序，只要用常规 DOS 软件和 PCTOOLS 等工具软件就可以进行。此外，比较法还可以发现一些不能被现有的查病毒程序发现的计算机病毒。

② 搜索法。它是用各种病毒体含有的特定字符串对被检测的对象进行扫描。如果在被检测对象内部发现了某一种特定字符串，则表明发现了该字符串所代表的病毒。

③ 特征字识别法。它是基于特征串扫描法发展起来的一种新方法，其工作速度更快、误报警更少。特征字识别法只需从病毒体内抽取很少几个关键的特征字来组成特征字库。由于需要处理的字节很少，且又不必进行串匹配，因此大大加快了识别速度。当被处理的程序很大时，特征字识别法的速度优势更加突出。

④ 分析法。其目的在于确认被检测的磁盘引导区和程序中是否真的含有病毒。如果有病毒，则需要确认病毒类型以及是否是新病毒；如果是新病毒，则要搞清楚病毒体的大致结构，提取特征识别用的字符串或特征字，添加到病毒代码库供病毒扫描和识别程序用；详细分析病毒代码，为制定相应的反病毒措施提供依据。

⑤ 通用解密。基于 CPU 仿真器的通用解密（GD：Generic Decryption）是最近几年新发展起来的一种对付多态病毒的有效技术。GD 方法用以下方式扫描多态文件病毒：扫描程序在一个完全封闭的虚拟机中执行目标文件的机器代码，这个仿真程序执行时好像正常运行在原操作系统下一样。因为程序在虚拟机中执行，因此它根本无法感觉到计算机的实际状态。如果目标文件已经感染病毒，这个仿真程序继续进行，直到病毒把它自己解密且把控制传送给不变的病毒体。在这个解密过程完成之后，扫描程序搜索虚拟机中的区域确定病毒的种类。到现在为止，通用解密已经证明是检测多态病毒最成功的技术。

⑥ 人工智能技术在反病毒中的应用。传统程序设计方法编制的反病毒软件，一般限于固定模式和参数的计算机病毒检测或消除，具有局限性，总是滞后于计算机病毒的研制。随着病毒与反病毒对抗的加剧，计算机病毒的智能化程度日趋增强，必须采用人工智能的方法和技术编制检测和防治病毒的软件。

建立防治计算机病毒的专家系统时，要求系统在动态运行过程中具有不断总结经验、不断学习、不断改进和提高的能力。计算机病毒专家系统的核心是知识库和推理机。需要根据计算机病毒的类型、特征及其表现手段和方式，建立有一定通用性的计算机病毒检测和判定系统，并使系统具有可扩充性和可移植性。

（3）病毒的消除。消除病毒的方法很多。对普通用户来讲，最简单的方法就是使用杀毒软件。下面介绍三种方法。

① 引导型病毒。磁盘格式化是消除引导型病毒的最直接方法。但是，用此种方法格式化磁盘之后，不但病毒被杀掉了，数据也被清除了。形象地说，磁盘"格式化"有点像战场上的"同归于尽"。

② 文件型病毒。破坏性病毒在感染时，由于是将病毒程序硬性覆盖掉一部分宿主程序，使宿主程序被破坏。所以，即使把病毒杀掉，宿主程序也不能修复，如果没有备份，将造成损失。其他文件型病毒感染健康程序后，一般可以将病毒安全地杀除。

③ 病毒交叉感染。有时一台计算机内潜伏着几种病毒，当一个健康程序在这个计算机上运行时，会感染多种病毒，引起交叉感染。在这种情况下，杀毒要格外小心，必须分清病毒感染的先后顺序，先杀除后感染的病毒。否则，会把程序"治死"，虽然病毒被杀死了，但程序也不能使用了。

8.3　计算机黑客

8.3.1　什么是计算机黑客

黑客（Hacker）的出现是当今信息社会不容忽视的一个独特现象。黑客一度被认为是计算机狂热者的代名词。他们一般是一些对计算机有狂热爱好的学生。随着计算机与网络应用的深入，人们对黑客有了更进一步的认识。黑客中的一部分人不伤害别人，但是也做一些不应该做的糊涂事；而相当大比例的黑客不顾法律与道德的约束，或出于寻求刺激，或被非法组织所收买，或因为对某个企业、组织有强烈的报复心理，而肆意攻击和破坏一些组织与部门的网络系统，危害极大。研究黑客的行为、防止黑客攻击是网络安全研究的一项重要内容。

8.3.2　黑客的主要攻击手段

目前，黑客攻击的方式和手段多种多样，按其破坏程度和破坏手法主要分为以下几种。

（1）饱和攻击。饱和攻击又称拒绝服务攻击，其攻击原理是，通过大量的计算机向同一主机不停地发送 IP 数据包，使该主机穷于应付这些数据包而无暇处理正常的服务请求，最终保护性地终止一切服务。著名的 YAHOO 网站和亚马逊网上书店就曾被攻击而停止服务。但由于这种攻击手段简单，其攻击来源可以很容易地通过路由器来加以识别，因而事后难逃制裁，况且要组织大量的计算机（至少几十万台）也不是一件容易的事，所以除了一些特殊大事（如两国爆发战争等）外，一般情况下，这种攻击可以不用考虑。

（2）攻击网站。这种攻击主要是通过修改网站的主页和网页链接来达到自己目的的一种攻击手段。它对计算机的损害最小，但影响很大。因为主页是一个网站的形象代表，也是该网站的主要经营和表现途径。虽然事后可以通过备份数据很快加以恢复，但在网页被改的时间内对网站的影响将是致命的。要更改一个网站的网页有多种方式，黑客采用较多的方法主要有两种：一种是通过 WWW 方式直接修改，另一种则是通过控制主机进行修改。

（3）陷门（Trap Doors）攻击。陷门是进入程序的秘密入口，它使知道陷门的人可以不经过通常的安全访问过程而获得访问。程序员为了进行调试和测试程序，已经合法使用了很多年陷门技术。开发者可能想要获得专门的特权，或者避免繁琐的安装和鉴别过程，或者想要保证存在另一种激活或控制程序的方法，如通过一个特定的用户 ID、秘密的口令字、隐蔽的事件序列或过程等，这些方法都避开了建立在应用程序内部的鉴别过程。

黑客们费尽心机地设计陷门，目的就是为了以特殊的方式进入系统，并使他们在系统中的行为不被系统管理员所察觉。在正常情况下，操作员在系统内的一些关键操作是会被日志记录下来的。系统发生问题时，系统管理员可以通过分析日志来发现问题的起因。而很多陷门程序能够提供一种使其活动不被系统日志记载的途径，使得黑客通过陷门进入系统，却在系统日志中没有该黑客已进入系统的痕迹。

（4）特洛伊木马攻击。特洛伊木马是指一个有用的，或者表面上有用的程序或命令过程，但其中包含了一段隐藏的、激活时将执行某种有害功能的代码，可以控制用户计算机系统的程序，并可能造成用户系统被破坏甚至瘫痪。黑客常利用特洛伊木马程序进行攻击。

特洛伊木马程序可以用来非直接地完成一些非授权用户不能直接完成的功能。例如，为了获得对共享系统上另一个用户的文件访问权，用户 A 可能创建特洛伊木马程序，在执行时修改请求用户文件的访问权限，使得该文件可以被任何用户读出。然后，通过把程序放在公共目录下，并将它像实用程序一样命名，从而诱惑用户运行该程序。在一个用户运行了该程序之后，用户 A 接着就可以访问该用户文件中的信息了。很难检测出来的特洛伊木马的例子是被修改过的编译器，该编译器在对程序（如系统注册程序）进行编译时，将一段额外的代码插入到该程序中。这段代码在注册程序中构造了陷门，使用户 A 可以使用专门的口令来注册系统。通过阅读注册程序的源代码，永远不可能发现这个特洛伊木马。特洛伊木马程序是一个独立的应用程序，不具备自我复制能力，但同病毒程序一样有潜伏性，常常有更大的欺骗性和危害性，而且特洛伊木马计算机程序可能包含蠕虫等病毒程序。

8.4　计算机犯罪

计算机犯罪的概念是 20 世纪五六十年代在美国等信息科学技术比较发达的国家首先提出的。国内外对计算机犯罪的定义不尽相同。美国司法部从法律和计算机技术的角度将计算机犯罪定义为：因计算机技术和知识起了基本作用而产生的非法行为。欧洲经济合作与发展组织的定义是：在自动数据处理过程中，任何非法的、违反职业道德的、未经批准的行为都是计算机犯罪行为。我国将计算机犯罪定义为：行为人运用所掌握的计算机专业知识以计算机为工具或以计算机资产为攻击对象，给社会造成严重危害并应受刑法处罚的行为。计算机资产包括硬件、软件、计算机系统中存储、处理或传输的数据及通信线路等。

一般来说，计算机犯罪可以分为两大类：使用了计算机和网络新技术的传统犯罪和计算机与网络环境下的新型犯罪。前者利用网络诈骗和勒索、侵犯知识产权、充当网络间谍、泄露国家秘密及从事反动或色情等非法活动等；后者一般为未经授权非法使用计算机、破坏计算机信息系统、发布恶意计算机程序等。

和传统犯罪相比，计算机犯罪更加容易，往往只需要一台连到网络上的计算机就可以实施。计算机犯罪在信息技术发达的国家发案率非常高，造成的损失也非常严重。据估计，美国每年因计算机犯罪造成的损失高达几十亿美元。

1997 年 3 月 18 日公布的我国新刑法与修订前的刑法相比，增加了许多内容，其中包括有关计算机犯罪方面的规定，它们分别是第 217 条第 1 项、第 285 条至第 287 条。这些规定填补了我国刑法在计算机犯罪领域的空白，为打击日益严重的计算机犯罪提供了法律依据。同时，这些规定与计算机安全管理方面的有关行政法规构成了一个完整的体系，为行政法规的贯彻和执行提供了有力的保障。修订前的刑法中并没有规定计算机犯罪的条款，使行政法规中追究刑事责任的规定多流于形式，造成不同法律部门之间的不协调，这就使行政法规难以充分发挥作用。新刑法的公布使这一问题得到了妥善的解决。

新刑法规定了 4 种形式的计算机犯罪：第 217 条规定的软件盗版的犯罪、第 285 条规定的非法侵入的犯罪、第 286 条规定的计算机破坏的犯罪和第 287 条规定的利用计算机实施的犯罪。其中第 286 条下分三款，每一款规定了一种破坏计算机系统的犯罪：第一款规定的是破坏系统功能的犯罪；第二款规定的是破坏系统中的数据和程序的犯罪；第三款规定的是利用计算机病毒实施破坏的犯罪。

尽管新刑法对计算机犯罪的规定总结了当前我国计算机犯罪的实际情况，并吸收了目前学者们对于计算机犯罪的研究成果，但与国外相比尚存在一些值得研究的问题。

8.5　防火墙的基本概念

目前，保护网络安全的最主要手段是构筑防火墙，它是企业内部网与 Internet 间的一道屏障，可以保护企业网不受来自外部的非法用户的入侵，也可以控制企业内部网与 Internet 间的数据流量。

8.5.1　什么是防火墙

防火墙（Firewall）的概念起源于中世纪的城堡防卫系统，那时人们为了保护城堡的安全，在城堡的周围挖一条护城河，每一个进入城堡的人都要经过吊桥，并且还要接受城门守卫的检查。人们借鉴了这种防护思想，设计了一种网络安全防护系统，这种系统被称为防火墙。

防火墙是在网络之间执行控制策略的系统，它包括硬件和软件。设置防火墙的目的是保护内部网络资源不被外部非授权用户使用，防止内部受到外部非法用户的攻击，故防火墙一定安装在内部网络与外部网络之间，其结构如图 8-1 所示。

图中防火墙通过检查所有进出内部网络的数据包的合法性，判断是否会对网络安全构成威胁，为内部网络建立安全边界。

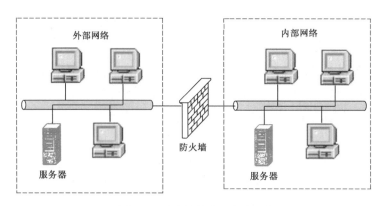

图 8-1　防火墙的位置与作用

最简单的防火墙由一个包过滤路由器（Packet Filtering Router）组成，而复杂的防火墙系统是由包过滤路由器和应用级网关（Application Gateway）组合而成。由于组合方式有多种，因此防火墙系统的结构也有多种形式。

8.5.2　包过滤路由器

路由器按照系统内部设置的分组过滤规则（即访问控制表），检查每个分组的源 IP 地址、目的 IP 地址，决定该分组是否应该转发。普通的路由器只对分组的网络层报头进行处理，对传输层报头是不进行处理的。而包过滤路由器需要检查 TCP 报头的端口号字节，以保护内部网络，通常它也叫做屏蔽路由器。

实现包过滤的关键是制定包过滤规则。包过滤路由器将分析接收的包，按照每一条包过滤规则加以判断，凡是符合包转发规则的包被转发，凡是不符合包转发规则的包被丢弃。包过滤规则一般基于部分或全部报头的内容。例如，对于 TCP 报头信息，可以是源 IP 地址、目的 IP 地址、协议类型、源 TCP 端口号、目的 TCP 端口号等。图 8-2 给出了包过滤路由器结构示意图。

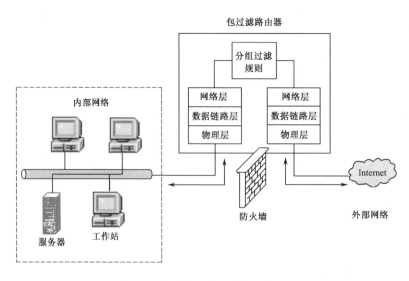

图 8-2　包过滤路由器结构示意图

包过滤是实现防火墙功能的有效与基本的方法。其优点是：结构简单，便于管理，造价低；由于包过滤在网络层、传输层进行操作，因此这种操作对于应用层来说是透明的，它不要求客户与服务器程序做任何的修改。

包过滤方法的缺点是，在路由器中配置包过滤规则比较困难；对一些协议（如 FTP）的效果不明显；与其他方法相比，黑客比较容易欺骗包过滤路由器。

8.5.3 应用级网关

包过滤可以在网络层、传输层对进出内部网络的数据包进行监控，但是网络用户对网络资源和服务的访问发生在应用层，因此必须在应用层建立用户身份认证和访问操作合法性的检查和过滤功能，该功能是由应用级网关完成的。

多归属主机（或称多宿主主机）具有两个或两个以上的网络接口，每个网络接口与一个网络连接。由于它具有在不同网络之间交换数据的"路由"能力，因此也称为网关。但是，如果将多归属主机用在应用层的用户身份认证与服务请求合法性检查方面，那么这一类可以起到防火墙作用的多归属主机就叫做应用级网关，或应用网关。

图 8-3 给出了应用级网关的工作原理示意图。例如，内部网络的 FTP 服务器只能被内部用户访问，那么所有外部网络用户对内部 FTP 服务的访问都被认为是非法的。应用级网关的应用程序访问控制软件在接收到外部用户对内部 FTP 服务的访问请求时，都认为是非法的，丢弃该访问请求。同样地，如果确定内部网络用户只能访问外部某几个确定的 WWW 服务器，那么凡是不在允许范围内的访问请求一律被拒绝。

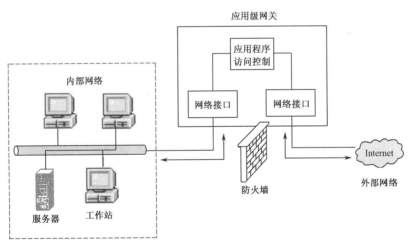

图 8-3 应用级网关工作原理示意图

应用代理（Application Proxy）是应用级网关的另一种形式，它们的工作方式不同。应用级网关以存储转发方式，检查和确定网络服务请求的用户身份是否合法，决定是转发还是丢弃该服务请求。因此从某种意义上说，应用级网关在应用层"转发"合法的应用请求。应用代理与应用级网关的不同之处在于，应用代理完全接管了用户与服务器的访问，隔离了用户主机与被访问服务器之间的数据包的交换通道。在实际应用中，应用代理的功能是由代理服务器（Proxy Server）去实现的。

图 8-4 给出了应用代理的基本工作原理示意图。当外部网络主机用户希望访问内部网络的 WWW 服务器时，应用代理截获用户的服务请求。如果检查后确定为合法用户，允许访问该服务器，那么应用代理将代替该用户与内部网络的 WWW 服务器建立连接，完成用户所需要的操作，然后再将检索的结果回送给请求服务的用户。对于外部网络的用户来说，它好像是"直接"访问了该服务器，而实际访问服务器的是应用代理。应用代理应该是双向的，它既可作为外部网络主机用户访问内部网络服务器的代理，也可作为内部网络主机用户访问外部网络服务器的代理。

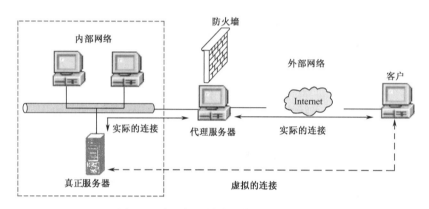

图 8-4　应用代理基本工作原理示意图

8.5.4　防火墙产品简介

随着网络安全与防火墙技术的发展，入侵检测技术已逐步应用在防火墙产品中。这种防火墙可以对各层的数据进行主动的、实时的检测，在分析这些数据的基础上有效地判断出各层中的非法入侵。这种防火墙一般还带有分布式探测器，它可以放在各种应用服务器或网络节点中，不仅能够检测来自网络外部的攻击，还对来自网络内部的恶意破坏有较强的防范能力。

目前，主要的防火墙产品有 Checkpoint 公司的 Firewall-1 防火墙，Sonic System 公司的 Sonicwall 防火墙，Net Screen 公司的 NetScreen 防火墙，Alkatel 公司的 Internet Device 防火墙，NAI 公司的 Gauntlet 防火墙等。这些防火墙产品主要采用的是代理服务器技术，但在某些方面已经开始使用入侵检测技术。

8.6　计算机职业道德

信息是最有价值的商业资源之一。先于竞争对手获取信息，并对信息进行分析、综合及评估的企业，都有可能在竞争中获得优势。当今，在对复杂事物做出决策时，缺乏及时、准确的信息是公司生存和发展的严重障碍。信息技术（IT）系统的基本目标之一是高效率地将大量数据转换成信息和有用知识，但对于许多公司（包括一些 IT 公司）而言，这些技术是非常昂贵的。为了使自身在竞争中处于有利地位，就会出现用非法手段来获取有利于自己的信息或破坏竞争对手的信息的行为，这种用计算机犯罪获取信息的方式虽然受到法律的强制规范，但并非靠法律这种手段就能彻底解决。道德正是法律行为规范的补充，但它是非强制性的，属自律范畴。增强职业道德规范是对计算机及信息技术从业人员管理的一项重要内容。

8.6.1　职业道德的基本范畴

道德是社会意识形态长期进化而形成的一种制约，是一定社会关系下，调整人与人之间及人与社会之间关系的行为规范的总和。计算机职业道德是指在计算机行业及其应用领域所形成的社会意识形态和伦理关系下，调整人与人之间、人与知识产权之间、人与计算机之间，以及人和社会之间关系的行为规范的总和。

在计算机信息系统及其应用所构成的社会范围内，经过一定时期的发展，经过新的社会伦理意识与传统的社会道德规范的冲突、平衡、融合，形成了一系列的计算机职业行为规范。

8.6.2　计算机职业道德教育的重要性

当前计算机犯罪和违背计算机职业规范的行为非常普遍，已成为很大的社会问题，不仅需要加强计算机从业人员的职业道德教育，而且也要对每一位公民进行计算机职业道德教育，增强人们遵守计算机道德规范的意识。这不仅有利于计算机信息系统的安全，而且有利于整个社会对个体利益的保护。计算机职业道德规范中一个重要的方面是网络道德。网络在计算机信息系统中起着举足轻重的作用，大多数"黑客"开始是出于好奇和神秘感，违背了职业道德，侵入他人计算机系统，从而逐步走向计算机犯罪。

为了保障计算机网络的良好秩序和计算机信息的安全性，减少网络陷阱对青少年的危害，有必要启动网络道德教育工程。根据计算机犯罪具有技术型、年轻化的特点和趋势，这种教育必须从学校教育开始。道德是人类理性的体现，是灌输、教育和培养的结果。对抑制计算机犯罪和违背计算机职业道德现象，道德教育活动更能体现出教育的效果。

随着计算机应用的日益发展，Internet 应用的日益广泛，开展计算机职业道德教育是十分重要的。在西方发达国家，网络道德教育已成为高等学校的教育课程，而我国在这方面还是空白，学生只重视学技术理论课程，很少探讨计算机网络道德问题。在德育课上，所讲授的内容同样也很少涉及这一新领域。

8.6.3　信息使用的道德规范

根据计算机信息系统及计算机网络发展过程中出现过的种种案例，以及保障每一个法人权益的要求，美国计算机伦理协会总结、归纳了以下计算机职业道德规范，称为"计算机伦理十戒"：

（1）不应该用计算机去伤害他人。

（2）不应该影响他人的计算机工作。

（3）不应该到他人的计算机里去窥探。

（4）不应该用计算机去偷窃。

（5）不应该用计算机去做假证明。

（6）不应该复制或利用没有购买的软件。

（7）不应该在未经他人许可的情况下使用他人的计算机资源。

（8）不应该剽窃他人的精神作品。

（9）应该注意你正在编写的程序和你正在设计的系统的社会效应。

（10）应该始终注意，你使用计算机是在进一步加强你对同胞的理解和尊敬。

习题 8

1．信息系统安全的最终目标是什么？

2．简述威胁计算机网络安全的主要因素。

3．试述计算机病毒的定义及特点。

4．简述预防病毒的主要措施。

5．什么是计算机黑客？简述黑客常用的 4 种攻击方式。

6．试述计算机犯罪的定义及分类。

7．什么是防火墙？说明两种最简单防火墙的工作原理。

8．试述"计算伦机理十戒"的核心是什么？

第 9 章

计算机导论实验

9.1 计算机硬件实验

一、实验目的

1．掌握二进制数与十进制数的转换。

2．掌握计算机各组成部件在计算机系统中的功能。

二、实验要求

按照以下实验步骤的要求进行操作，并把实验步骤、所出现的问题以及解决方法填入实验报告并上交。

三、实验学时

4 学时

四、实验环境

中文版或英文版的 Windows XP （Windows 7）。

五、实验步骤

1．二进制数转换（打开二进制文件夹，运行二进制.exe 文件并进行操作）

该实验程序为学生介绍了二进制数，展示数据是如何以 0 和 1 进行电子存储的，并提供二进制数和十进制数之间的转换练习。计算机使用二进制代码来处理和存储数据，理解二进制数有助于学生了解数字式计算机的工作原理。在本次实验中，学生将学习二进制数字系统，并实现二进制数和十进制数的相互转换。

（1）单击【介绍】按钮开始二进制的学习，通过单击【下一页】进行实验的学习与测试，要求学生回答所有快速测试问题。在完成所有测试问题后，请将快速测试问题的答案写在报告中。

（2）单击【练习】按钮开始演示板窗口，开始二进制的练习，单击【煤油灯】按钮，（灯的灯亮表示 1、灯暗表示 0），通过单击不同位置的灯可以看到对应不同的二进制与十进制的值。单击不同位置的煤油灯来输入要转换的二进制数。将下列二进制数转换成十进制数：

00000101，00010111，01010101，10010010，11111110

（3）单击【转换器】按钮，练习如何将十进制数转换成二进制数。学生在纸上计算二进制数结果。检查答案时，在十进制框里输入十进制数，单击二进制框来查看等价的二进制数值。单击【检查】按钮检查结果是否正确。将下列十进制数转换成二进制数：

77，25，92，117，214

（4）单击【转换测验】按钮，测试十进制数与二进制数的相互转换。共有 10 道题供学生测试，请将十道题的题目和结果写在报告中。

2．使用鼠标（打开鼠标文件夹，运行鼠标.exe 文件并进行操作）

该实验利用基本鼠标功能和操作以及带有对话框的交互式练习，指导学生通过制作海报锻炼使用鼠标的技能。

（1）使用鼠标实验告诉学生如何单击、双击和用鼠标拖动对象。单击【介绍】按钮开始鼠标的学习，通过单击【下一页】进行实验的学习与测试，要求学生回答所有快速测试问题。在完成所有测试问题后，请将快速测试问题的答案写在报告中。

（2）单击【练习】按钮，在窗口中，学生使用鼠标，通过制作海报来练习控制窗口的能力。请练习为一个事件建立一个海报，选择图形，输入海报文字（包括自己的班级、学号、姓名），然后选择字体、字型风格和边界。最终完成的海报以图片形式保存，打印并贴在报告上上交。

3．使用键盘（打开键盘文件夹，运行键盘.exe 文件并进行操作）

该实验让学生了解键盘的各个组成部分和基本的键盘操作。通过交互式打字练习，训练学生基本的击键技能，包括自调速的打字辅导，可以帮助学生提高打字速度和准确率。

（1）键盘实验为学生提供有关键盘轮廓和特殊键结构化的指导。单击【介绍】按钮开始键盘的学习，通过单击【下一页】进行实验的学习与测试，要求学生回答所有快速测试问题。在完成所有测试问题后，请将快速测试问题的答案写在报告中。

（2）单击【练习】按钮，启动打字教程。学生能用窗口中的练习和测试模式训练打字技巧。参加打字测试后交打字结果以图片形式保存，打印并贴在报告上上交。

4．CPU 模拟器（打开 CPU 文件夹，运行 CPU.exe 文件并进行操作）

该实验使用一个微处理模拟器让学生来了解简单汇编语言程序的执行过程，并从中看到 ALU、控制单元和寄存器的变化。学生可以运行预备好的程序或自己编写程序来了解微处理器实际上是如何运行的。

（1）单击【介绍】按钮开始学习如何使用模拟 CPU 来工作`，通过单击【下一页】进行实验的学习与测试，要求学生回答所有快速测试问题。在完成所有测试问题后，请将快速测试问题的答案写在报告中。

（2）单击【练习】按钮，使用文件菜单打开一个名为 Add.cpu 的程序，使用【取指令】按钮和【执行指令】按钮执行程序，并回答下列问题：（注意：指令的含义在简单的微机指令集.doc 文档中）

程序中包含了多少条指令？

在程序加载后执行前，指令计数器的值是多少？

INP 3 M1 指令完成什么功能？

MMR M1 REG1 指令完成什么功能？

在内存什么位置保存了求寄存器 1 和寄存器 2 之和的指令？

在程序执行完毕后，累加器中的值是多少？

在程序执行完毕后，和放在内存的什么位置？

（3）单击【练习】按钮，使用 File 菜单打开一个名为 Count5.cpu 的程序，使用【取指令】按钮和【执行指令】按钮执行程序，并回答下列问题：

程序的输入值是什么？

当程序执行时，寄存器 1 中的值会发生什么变化？

在程序执行 JPZ P5 指令时，会发生什么情况？

在程序执行完毕后，累加器和寄存器中的最终值是多少？

（4）单击【练习】按钮，使用 File 菜单打开一个名为 Bad1.cpu 的程序，该程序用于两数相乘，要求将结果放在内存地址 M3 中，注意程序中有错误。请回答下列问题：

内存中的什么位置包含了错误的指令？

什么指令使程序计算出正确结果？

5. 故障排除（打开故障排除文件夹，运行故障排除.exe 文件并进行操作）

该实验使用一个模拟计算机来实现启动过程，让学生学会识别与启动相关的最常见的问题并调试和解决这些故障。

计算机经常会出现故障，如果能够对某些常见的硬件故障进行诊断，对系统维护将会非常有用。在这个实验中，使用了引导过程出现故障的模拟计算机，学生将学习对这些故障做出推测并进行验证。

（1）单击【介绍】按钮，学习如何做出硬件错误的假定并验证引导过程。当学生按介绍工作时，回答所有快速测试问题。当完成介绍的工作时，学生将看到回答快速测试问题的总结报告。将总结报告以图片形式保存，并上交。

（2）单击【练习】按钮，使用 File 菜单加载 System11.trb 程序。单击【启动计算机】按钮，观察模拟计算机会出现什么情况。对计算机不能引导做出假定。使用检测菜单检查各种电缆和开关的状态。当学生认为自己已经找到故障原因时，从诊断列表中选出它。如果诊断正确，把它记下来。如果不对，再次做出假定并进行验证，直到正确诊断出问题为止。

（3）有时问题的原因不一样，但是现象却很相似。使用 File 菜单加载 System03.trb 程序，诊断其中的故障。对 System06.trb 执行同样操作，描述这两者的故障，描述故障现象的异同。

（4）单击【练习】按钮，使用 File 菜单加载 System02 和 System08，它们会出现键盘故障，但是原因却并不相同。描述 System02 和 System08 的故障原因，在诊断出故障后，该用什么办法解决？

（5）单击【练习】按钮，使用 File 菜单加载 System04，System05，System07，System09，System14 等文件。它们会在引导的时候出现相同的故障现象，但实际上故障并不一样。诊断每个系统中的故障，并要求学生指出做出判断的依据。

6. 计算机硬件组成器（运行整机安装.EXE 程序和整机介绍.EXE 进行操作）

该实验通过模拟整机结构和整机内部让学生了解计算机硬件的组成，可分别点击每个器件以查看安装及功能特点，在实验报告中写出每个部分的名称。

9.2　Office 办公软件实验

一、实验目的

1．掌握 Word 中文字输入、文字格式、段落格式和页面格式的使用方法。

2．掌握 Word 中不同种类文档的编辑方法，以及艺术字、图片、文本框和文字方向等设置方法。

3．掌握 Word 中表格的创建、修改、删除方法。

4．掌握 Excel 中创建、保存和打开文件的方法。

5．掌握 Excel 中文字、数字填充、数字自动填充及公式输入和自动填充的方法。

6．掌握 Excel 中统计图表的制作方法。

7．掌握用 PowerPoint 制作"标题"幻灯片和"项目清单"幻灯片，利用插入图片、艺术字和"绘图"工具栏修饰幻灯片的方法。

8．掌握用 PowerPoint 制作、"表格"和"图表"幻灯片的方法。

9．掌握利用 PowerPoint 修改幻灯片母版命令为演示文稿统一添加特殊的背景效果。

二、实验学时

4 学时

三、实验环境

1．中文版或英文版的 Windows XP（Windows 7）。

2．中文版或英文版的 Microsoft Office。

四、实验步骤

1. Word 的使用

短文原始样本如下：

使用多媒体计算机辅助教学注意的问题

　　使用多媒体计算机加上大屏幕投影机辅助教学，实际上就是扩大了黑板的功能。它可以把在黑板上描绘的静止图形变成可动的图形，甚至是一段动画、录像等；它可以把教师逐句板书变成逐段展示；它还可以把教师用录音机播放的内容，通过计算机一并实现，等等。这些无疑为教师的课堂教学中教学方法和手段的选择提供了极大的空间。在国外，最流行的不是使用 CAI 软件，而是把计算机当作纸和笔一样应用于教育。

　　要搞好课堂教学设计需要有正确的教育思想并运用正确的教学理论，需要对本学科教学内容有深刻理解，对教学要求有准确把握，能恰当选择教学方法和手段。用多媒体计算机加上大屏幕投影机辅助教学，并不排斥各种传统教学手段的运用。相反，只有两者相辅相成才能获得好的教学效果。在运用效果上计算机辅助教学如果不比传统教学手段优越，则宁可选用后者。因为这从经济上更为合算。

具体步骤如下：

（1）用"标尺"调整段落的首行缩进（即每个段落的开始缩进两个汉字的位置）。

（2）字符格式化（使文章中的第一行作为标题，定义为"楷体 3 号字并加粗"，把文章中的所有"多媒体计算机"一词定义为"斜体字"，并在该词的下面加上"着重号"）。

（3）段落格式化（使标题行居中）。

（4）段落的复制（把文章内容复制一份）。

（5）段落的修饰（对复制的段落加上边框和底纹效果）。

（6）分栏（把原文中的第二自然段分成两栏并加上栏线）。

（7）首字下沉（把原文中的第二自然段首字下沉三行）。

（8）设置页眉与页脚（页眉内容：网络天地；页脚内容：第 n 页）。

（9）创建艺术字。

①　利用"绘图"工具栏上"插入艺术字"按钮分别创建"使用多媒体计算机辅助教学"和"注意的问题"艺术字效果，在"'艺术字'库式样"对话框中选择两种不同的式样。

②　分别选中所创建的艺术字，选择"格式"菜单中的"艺术字"命令，弹出"艺术字"对话框，在"环绕"选项卡中设置一种环绕方式。

（10）实现图文混排效果。

①　选择"插入"菜单中的"图片"命令，从级联菜单中选择"剪贴画"命令打开"Microsoft 剪辑库"对话框，从中找到合适的图片，单击"插入"按钮。此时，图片出现在文档窗口中，选中图片，用鼠标指针拖动图片四周的控制块可以实现图片的放大或缩小。

②　在选中图片后，选择"格式"菜单中的"图片"命令，会弹出"设置图片格式"对话框。选择"环绕"选项卡，在其中选择"紧密型"，单击"确定"按钮就实现了图文混排。这时，可以把图片拖到文章的任意位置上。

（11）制作水印效果。

①　选择"视图"菜单中的"页眉和页脚"命令，然后选择"插入"菜单中的"图片|剪贴画"命令，插入一幅剪贴画并调整剪贴画的位置和大小。

②　选择"格式"菜单中的"图片"命令，弹出"设置图片格式"对话框，在其中选择

"环绕"选项卡的"无"环绕方式。然后切换到"图片"选项卡，在"图像控制"中的"颜色"下拉列表框中选择"水印"，单击"确定"按钮。

③ 在"页眉和页脚"工具栏单击"关闭"按钮，就可看到水印效果。

（12）在文字的下方制作下面的表格，标题为学生成绩表。

学生成绩表

姓　　名	英　　语	计算机导论	数　　学	物　　理	总　　分
王名	85	95	67	87	
李一	94	89	87	96	
张明礼	86	65	75	79	
赵志红	90	85	81	80	
马逸	65	67	74	79	

① 利用表格中的公式，求出各个同学的总分，并对总分进行排序。

② 在表格的最后增加一行，行标题为平均分，求出其平均分。

③ 将表格第一行的行高设置为 0.8 厘米，该行文字为宋体，并水平、垂直居中，其余各行的行高设置为 0.65 厘米。

④ 将表格中的外框线设置为 2.25 磅的粗线，内框线为 1 磅，对每个同学的各科成绩填充 15%的灰色底纹。

（13）在学生成绩表下方绘制下面的不规则表格。

2．Excel 的使用

（1）认识 Excel 的用户界面

① 启动 Excel，观察其窗口组成。特别要注意工作表的形式和编辑栏的组成。

② 分别打开"文件"、"编辑"、"格式"，以及其他菜单，观察其包含的内容。

③ 选择"文件"菜单的"属性"选项，弹出"属性"对话框，观察对话框的结构。先切换到对话框的"常规"选项卡，查看其内容，再切换到其他选项卡查看内容。

（2）Excel 文档的创建、保存和打开操作

① 启动 Excel，并在自动命名的文档中输入一些文字或数字（内容自拟）。

② 将当前文档以"练习1"为文件名，保存到桌面上，然后关闭 Excel。

③ 双击桌面上刚创建的名为"练习 1"的 Excel 文档，打开它。给工作表最前面添加一行："数据表标题"，将文件名换成"练习 2"，保存到某个指定的文件夹中，然后关闭 Excel。

④ 打开 Excel，再打开刚创建的名为"练习 2"的文档，略作修改（内容自拟），再次以"练习 2"为名保存到桌面上，然后关闭 Excel。

（3）数据与公式输入

按以下要求，将图 9-1 所示内容填充到当前工作表中从 A1 单元格开始的区域：

① "学号"一栏使用自动填充功能且作为文字输入。

② 使用公式给"总分"栏填充第一个数值，然后使用自动填充功能填充其他数值。

③ "平均分"一行使用求平均值的统计函数填充。方法是：在编辑栏左侧的下拉列表框中选中函数 AVERAGE，并在随后弹出的对话框中输入区域名（或用拖放的方法选定区域），然后单击"确定"按钮。

④ 每个单元格中的数据均居中。

学　　号	姓　名	计算机导论	英　语	高等数学	物　理	总　分
4101020101	张红	95	90	98	92	
4101020102	李丽	65	80	78	56	
4101020103	韩莉莉	58	42	50	82	
4101020104	蔡明亮	78	70	80	85	
4101020105	邢小萌	89	60	65	70	
	平均分					

图 9-1　学生成绩表

（4）制作统计图表

① 给上述工作表中再添加几行（内容自拟）。

② 作"数学"成绩的饼图，并标记每一块所占总成绩的百分比。

③ 以"学号"作为横坐标，制作"数学"、"物理"成绩的折线图。

④ 将折线图再改成柱状图。

（5）对表中数据排序

将图 9-2 的表格按书名完成分类汇总，计算每种教材的销量和金额。方法如下：

① 单击数据列表中"书名"一列中的任一单元格；再单击常用工具栏中的排序按钮（这种方式可以对所有数字记录依书名排序），选择"数据"菜单中的"分类汇总"命令，出现如图 9-3 所示的对话框。

② 在"分类字段"下拉列表框中选择进行分类的字段，本例选中"书名"；

③ 在"汇总方式"下拉列表框中选择汇总

图 9-2　教材销售统计表

的函数，包括求和、计数、最大值、最小值、乘积、标准偏差、总体标准偏差、方差等，本例选中"求和"；

④ 在"选定汇总项"下拉列表框中选定汇总函数进行汇总的对象，并且一次可选多个对象，本例选定"数量"和"金额"；

⑤ 单击"确定"按钮，显示分类汇总的结果如图 9-4 所示。

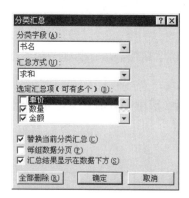

图 9-3　分类汇总对话框

图 9-4　分类汇总的结果

3．PowerPoint 的使用

（1）制作"标题"幻灯片和"项目清单"幻灯片。

① 按照图 9-5 样例幻灯片的内容制作"标题"与"项目清单"幻灯片。其中将第 1 张幻灯片的学号、姓名、班级内容按照自己的实际信息填写。

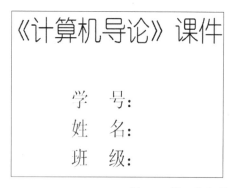

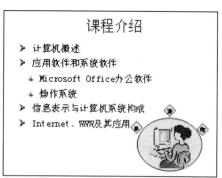

图 9-5　第 1 张和第 2 张幻灯片文字内容

② 修饰幻灯片中的文字，修改"项目清单"幻灯片中的项目符号。

③ 在"项目清单"幻灯片中插入一幅图片，并在该图片之后增加一个圆形的背景，利用"绘图"工具栏中的自选图形给图片添加一个小标题"真方便"。

（2）播放艺术字、图片和绘制图形。

① 为第 1 张幻灯片增加"计算机导论课件"艺术字效果，并利用"填充色"按钮为艺术字填充一种渐变效果。

② 参照图 9-6 的样例，利用插入图片、艺术字和"绘图"工具栏制作第 3 张幻灯片。

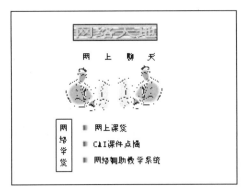
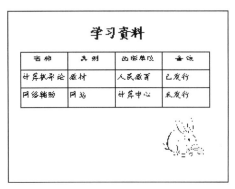

图 9-6　第 3 张和第 4 张幻灯片文字内容

（3）"表格"幻灯片和"图表"幻灯片的制作。

① 参考图 9-6 和图 9-7，分别制作一张"表格"幻灯片和"图表"幻灯片。

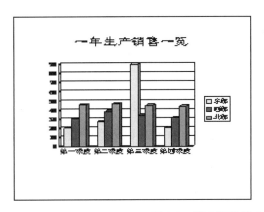
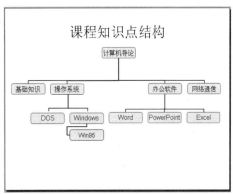

图 9-7　第 5 张和第 6 张幻灯片文字内容

（4）修饰幻灯片的母版。进入幻灯片的母版，插入一幅图片并将它放在左上角；回到幻灯片视图或幻灯片浏览视图浏览每张幻灯片。

（5）在幻灯片浏览视图中操作幻灯片。调整幻灯片的次序，把第 3 张幻灯片放到整个文稿的最后；给所有的幻灯片设置播放效果。

（6）设置超链接。在第 2 张幻灯片中，为"Internet、WWW 及其应用"设置超链接效果，要求鼠标单击"Internet、WWW 及其应用"时，会跳转到"网络天地"这张幻灯片上。因为这个跳转是在文稿内进行的，所以在"网络天地"幻灯片中还要设置一个"返回"按钮，单击该按钮可以回到原始位置。

（7）"组织结构图"幻灯片的制作。参照图 9-7 的结构，创建一个组织结构图的基本框架，并添加同事名称及其下属名称。

（8）给幻灯片中的对象设置动画效果。为每张幻灯片添加多媒体效果。

9.3　操作系统文件管理实验

一、实验目的

1．掌握 DOS 常用命令。

2．掌握 Windows 目录管理操作。

3．掌握 Windows 中碎片的管理方法。

二、实验要求

按照以下实验步骤的要求进行操作，并把实验步骤、所出现的问题以及解决方法填入实验报告并上交。

三、实验学时

2 学时

四、实验环境

中文版或英文版的 Windows XP 或 Windows 7。

五、实验步骤

1．DOS 目录、文件夹和文件（打开"DOS 目录、文件和文件夹"文件夹，运行 DOS 目录、文件和文件夹文件.EXE 文件操作）

DOS 操作系统曾经在上百万台计算机上使用。理解 DOS 命令会帮助大家掌握计算机文件管理的基本概念。本实验主要练习学习使用基本 DOS 命令。

点击【学习】按钮，了解如何使用 DOS 命令行界面。通过单击【下一页】进行实验的学习与测试，要求学生回答所有快速测试问题。在完成所有测试问题后，请将快速测试问题的答案写在报告中。（记住：想退出 DOS 时，要用 EXIT 命令来关闭 DOS 命令行界面）。

点击【练习】按钮，进入 DOS 命令行界面，在练习中，请同学们写出以下问题答案。（注意：关于 DOS 命令的使用在本实验文件夹中的【DOS 命令使用.doc】文件中）

命令 DIR、DIR /p 和 DIR /w 出现的不同结果。

当输错命令时，如 DIT 时，会发生什么现象？

当输入 DIR/?会出现什么现象？对命令参数"/?"有什么认识？

显示驱动器 D 上的目录。（请在报告上写出完成这个功能的 DOS 命令）

显示驱动器 D 上文件名使用字母"T"开头的文件。（提示：先建立几个以字母"T"开头的文件）（请在报告上写出完成这个功能的 DOS 命令）

清除文件名使用"New"开头的所有文件。（提示：先建立几个以"New"开头的文件）

（请在报告上写出完成这个功能的 DOS 命令）

在 D 盘根目录中建立一个一级子目录 STUDENT，两个二级子目录 STU1 和 STU2，在 STU1 下再建立二个三级子目录 REPORT 和 NEWS。（请在报告上写出完成这个功能的 DOS 命令）

将 C:\WINNT 目录中的所有扩展名为 TMP 的文件复制到 D:\STUDENT\STU1 中（请在报告上写出完成这个功能的 DOS 命令），将 C:\WINNT 目录中文件名以 T 开头的所有文件复制到 D:\STUDENT\STU2 中（请在报告上写出完成这个功能的 DOS 命令），并用 DIR 命令检测复制操作是否正确执行（其中，C:表示安装系统的磁盘盘符）。

删除 D:\STUDENT 及其子目录。（请在报告上写出完成这个功能的 DOS 命令）

查看 C:\WINNT 目录中 INI 文件内容。（请在报告上写出完成这个功能的 DOS 命令）

2．Windows 目录、文件夹和文件（打开"Windows 目录、文件夹和文件"文件夹，运行 Windows 目录、文件夹和文件.EXE 文件操作）

在本实验中，读者将学会使用图形用户界面管理文件系统。

点击【学习】按钮，了解如何使用图形用户界面。通过单击【下一页】进行实验的学习与测试，要求学生回答所有快速测试问题。在完成所有测试问题后，请将快速测试问题的答案写在报告中。

在【练习】中，C 作为缺少驱动器。双击文件夹 C:\来显示它的内容。回答下列问题：

在驱动器 C 的根目录下有多少个数据文件？

在驱动器 C 的根目录下有多少个系统文件？

驱动器 C 的根目录有子目录吗？如何区分？

在 DOS 目录下有多少个文件？

3．碎片整理和磁盘操作（打开"碎片整理和磁盘操作"文件夹，运行碎片整理和磁盘操作.EXE 文件操作）

在本次实验中，读者将格式化一个模拟磁盘、存储文件、删除文件、恢复文件。通过这些过程观看 FAT 的变化。读者还将看到磁盘上的文件如何成为碎片以及碎片整理程序如何重新组织磁盘上的簇。

1）单击【学习】按钮，开始学习在格式化磁盘、存储文件、删除文件、恢复文件时 FAT 的变化。在完成学习的工作后，请将快速测试问题的答案写在报告中。

2）打开【计算机导论上机资料】文件夹，打开 DEFRAG.EXE 文件，输入学号和姓名后单击。单击【Explore】及【OK 按钮】，打开【Defragmentation and Disk Operations】窗体，进行下面操作：

- Format 按钮来格式化模拟磁盘。存储文件 1、2、3、4 和 6，放得下吗。
- 在练习中，格式化模拟磁盘。把文件都存在磁盘上，会发生什么情况？
- 在练习中，格式化模拟磁盘。存储 FILE-3、FILE-4 和 FILE-6。然后删除 FILE-6。现在存储 FILE-5。尝试恢复 FILE-6，会发生什么情况？为什么？

● 在练习中，格式化模拟磁盘。反复存储和删除文件，直到上面的所有文件都成为碎片为止。

9.4 网络综合应用实验

一、实验目的

1．掌握网络的基本配置方法。

2．掌握网络浏览器的使用方法。

二、实验要求

按照以下实验步骤的要求进行操作，并把实验步骤、所出现的问题以及解决方法填入实验报告并上交。

三、实验学时

2 学时

四、实验环境

1．中文版或英文版的 Windows XP（Windows 7）。

2．网络浏览器 IE。

五、实验步骤

1．建立网络（打开"网络"文件夹，运行网络.EXE 文件操作）

本实验如何建立一个网络。假如你现在是一个计算机实验室的主管，看看你是否能使所有使用你实验室计算机的学生感到满意。在这个网络实验室中，你控制一个模拟计算机网络为学生计算机实验和学生从家里拨号提供服务。通过监控使用和安装新的设备，看看你是否能使所有的学生感到高兴。

1）单击【介绍】按钮，学习怎样使用模型去检测和配置网络。通过单击【下一页】进行实验的学习与测试，要求学生回答所有快速测试问题。在完成所有测试问题后，请将快速测试问题的答案写在报告中。

2）单击【练习】按钮，自己通过演示板窗口进行网络配置。用文件/打开以 nw1.net 存储的方式将网络进行配置。记录如下表（在上机报告中）所示的有关统计情况，回答下列问题：

（1）在一天中超过 25%的实验室使用者的时间是多少个小时？

（2）远程用户是否对拨号进行的服务满意？

（3）打印机使用频率是高还是低？

（4）当前的需求是否超过了文件服务器的范围？

（5）你将如何完善网络以满足访问要求？

3）在练习中，用文件/打开以 wfcc.net 存储的方式将网络进行配置。重新完善系统，使用不超过 30 台的设备创建你认为最优的网络系统，要求学生不能访问工作站和调制解调器的百分比不能超过 25%，服务器和打印机的负载不能是 100%。在满意你的网络设计后，请在报告中写出你配置的各个设备名称及数目。

2. 局域网内资源共享

1）两人或两人以上编组，首先查看各自主机的网络配置（提示：通过"控制面板"|"系统"|"网络标识）"|"属性"查看，二人的工作组名必须相同）

2）设置共享资源

3）访问网上邻居

3. IE 检索与下载

1）检查你所用机器是采用何种方式上网？具体机器是如何设置的？

2）启动 IE 浏览器，若要打开读者所在学校（如北方工业大学）的主页，应该输入的网址信息是什么？

3）如何将我们学校的教学信息网设置为主页？

4）如何将经常访问的网页放入收藏夹？

5）如何利用 ftp 下载文件？

6）常用的网络下载软件有什么？选择其中一个练习其使用。

7）如何申请电子邮箱？请大家给 ncut_jsj2010@163.com 发一封电子邮件，电子邮件内容中请写清你所在班级、学号、姓名、对计算机导论课程的感想。（要求发送一个附件）

8）在百度页面中输入自己姓名的关键字，你找到多少页面信息？缩小查找范围，在信息框中输入自己的出生地，又找到多少页面信息？

9.5　多媒体综合应用实验

一、实验目的

1. 掌握多媒体信息的处理技术及原理。

2. 掌握多媒体工具软件的使用方法。

二、实验要求

按照以下实验步骤的要求进行操作，并把实验步骤、所出现的问题以及解决方法填入实验报告并上交。

三、实验学时

4 学时

四、实验环境

1．中文版或英文版的 Windows XP 或 Windows 7。

2．Windows 多媒体处理工具： Media player、录音机、Windows 画图。

五、实验步骤

1．学习多媒体信息的处理技术及原理（运行 MMSOFT.EXE 程序进行操作）

本实验告诉学生，多媒体信息系统是如何工作的，并让学生了解多媒体系统应用设计中的相关知识。

（1）单击【Steps】按钮，回答所有的快速测试问题。当完成 Steps 的工作时，将看到回答快速测试问题的总结报告。将总结报告以图片形式保存，并上交。

（2）单击【Explore】按钮，浏览 STS－79 多媒体任务记录，里面有多少视频？图形是矢量图，如果将它放大？效果会怎样？

2．声音信息的获取与处理

（1）通过麦克风、手机或录音笔等录制 2 分钟左右的声音。

（2）使用 2～8 种不同的采样频率或不同的位深度录制相同长度的声音，比较不同采样频率和位深度的声音文件的大小。

（3）对同一段声音通过声音编辑软件进行不同的压缩格式处理，比较不同格式的声音文件的大小和音质。

（4）使用声音播放软件，如 Winamp 播放器，播放不同的声音文件。

（5）在报告中写出不同的采样频率不同位深度的文件大小、声音质量情况。

3．图像信息的获取与处理

（1）通过数码照相机、网络等获取彩色图片。

（2）利用 Windows 画图程序进行图像编辑，如翻转、旋转、拉伸、扭曲、反色、放大、缩小、裁剪、颜色调整等。

（3）在图片的右下方输入自己的学号和姓名。

（4）把图像文件保存为不同格式的文件，如 bmp，jpg，gif 等，并上交。

（5）在上交的报告中写出单色位图、16 色位图、256 色位图、24 位位图、真彩色位图等格式的图像文件的大小和图片质量情况。

4．视频节目制作

（1）通过摄像机、光驱、网络获取 3～5 分钟的数字视频。

（2）使用视频编辑软件编辑视频文件。

（3）为视频配音、添加字幕。

（4）把视频保存为不同的文件格式，比较不同视频格式的文件大小和质量，并上交。

9.6　Access 数据库应用实验

一、实验目的

1．掌握 Access 定义、创建数据库的基本方法和步骤。

2．掌握表的排序、筛选、表间关系创建及调整表布局等操作。

3．掌握数据库查询和 SQL 查询语句的应用。

二、实验要求

按照以下实验步骤的要求进行操作，并把实验步骤、所出现的问题以及解决方法填入实验报告并上交。

三、实验学时

4 学时

四、实验环境

1．中文版或英文版的 Windows XP 或 Windows 7。

2．中文版或英文版 Microsoft Access 数据库。

五、相关知识

表有"设计视图"和"数据表视图"两种视图。"设计视图"用来设计数据表的窗口，它的上部显示该表所包含字段的字段名和字段类型，下部显示当前字段的各种属性值，可以由此创建、查看及修改表结构。"数据表视图"用来显示数据，可以查看、添加、删除及编辑数据表中的数据，或对记录进行筛选和排序等操作。

查询就是从一个或多个表中搜索符合指定条件的数据，其优点在于，能将多个表或查询中的数据组合在一起以得到所需的信息。

1. Access 基本操作

（1）启动 Access（提示：单击"开始"按钮，弹出"开始"菜单，执行"程序"→"Microsoft Access"命令，即可启动 Access）。

（2）创建数据库文件（提示：启动 Access 后，单击"文件"→"新建"，选择 "空 Access 数据库"，在"保存位置"下拉列表框中选择保存文件的文件夹，在"文件名"文本框中输入数据库名称，单击"创建"按钮）。

（3）在数据库中建表。打开刚刚建立的数据库，单击"表"对象按钮，然后双击"使用设计器创建表"，将显示"表 1：表"设计窗口。在该设计窗口中输入字段名称，选择数据类型，并在"字段属性"框中单击"常规"标签，填写相关属性。在预选的主关键字段名称上单击鼠标右键，然后在弹出的快捷菜单中选择"主键"命令，则该字段被定义为主关键字段（主关键字段的字段名称前会以小钥匙图形来表示。单击工具栏的"保存"按钮，出现"另存为"对话框，在"表名称"文本框内输入表名称，单击"确定"按钮）。

2. Access 表的操作

打开已经建好的数据库，在数据库中选择已建的表对象，假设这里选择的是一张"家庭成员"表，双击打开如图 9-8 所示。

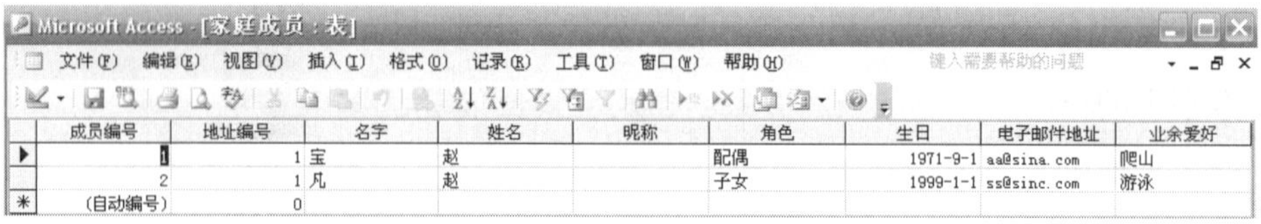

图 9-8

（1）排序。通过对表中某个字段排序，可以重排记录顺序。如选择表中"地址编号"字段，执行"记录"→"排序"→"升序"命令，则数据记录就按照"地址编号"进行排序。

（2）创建表间关系。当有多个表时，有时还需要定义表之间的关系。方法是：执行"工具"→"关系"命令，在"显示表"中选择表的名字，然后把一个表的字段拖到另一表中的另一个字段上即可。

（3）调整表布局。

以下的表布局调整操作是基于列的，需要选中字段名称后才能进行。

● 拖动字段，左、右移动调整字段的排列顺序。

● 执行"格式"→"重命名列"命令，可以更改字段名称。

以下操作是对于全表进行的。

● 执行"格式"→"字体"命令，可以更改表视图中的字体、字号和颜色。

● 执行"格式"→"行高"命令，可以调整表视图中的行高或行宽。

● 执行"格式"→"数据表"命令，可以调整背景颜色、网格线颜色、边框和线条的样式、单元格效果、网格线显示方式。

3. Access 表的查询操作

（1）在设计视图中创建查询。

在数据库窗口中选择"查询"选项卡，在其中选择"在设计视图中创建查询"。然后在"显示表"对话框中选择查询表。在查询设计视图窗口中选择要显示的字段，再在查询设计视图窗口中的"条件"栏中建立条件查询。例如，在"名字"字段的"条件"栏中输入"宝"。打开生成的新查询，就可以看见所有"名字"为"宝"的成员了。

（2）运用 SQL 语言进行查询。

在进入到查询设计视图窗口之后，可以在"视图"菜单下选择"SQL 视图"进入利用 SQL

语言进行操作的界面，用相关 SQL 语句就可以直接进行有关数据表的查询操作。

六、实验步骤

1. 认识数据库（打开"数据库"文件夹，运行数据库.EXE 文件操作）

（1）点击【学习】按钮，学习数据库基本术语和怎样操作"经典图书数据库"。通过单击【下一页】进行实验的学习与测试，要求学生回答所有快速测试问题。在完成所有测试问题后，请将快速测试问题的答案写在报告中。

（2）单击【练习】按钮。通过回答下列问题，确信用户能使用基本数据库术语来描述"经典图书数据库"。

① 里面包含多少条记录？

② 每条记录包含多少个域（字段）？

③ 在关于 Margaret Mitchell 作品的记录中索引号域的内容是什么？

④ 作者域中值为 Thoreau 的记录的标题域内容是什么？使用什么域进行记录排序？

（3）单击【练习】按钮，操作数据库，并回答下列问题：

① 使用主题域排序时，文件中第一条记录是什么？

② 使用查询按钮，搜索所有 West 的作品，可以找到多少？

③ 使用查询按钮，搜索所有 Main 的作品，可以找到多少？

④ 作者域中值为 Thoreau,Henry David 的记录的标题域内容是什么？

2. 使用 Access 建立数据库

创建数据库 YP_Sale.mdb。分别建立以下 3 张表，要求为每张表定义主关键字段，并为每张表输入 3 条以上的合理记录（注意：完成后写在报告中）。

（1）yp_info（药品基本信息表）

含　义	字段名称	类　型	宽　度
药品编号	YNo	文本	8
药品名称	YName	文本	30
药品简码	Yjm	文本	10
生产厂商	YFac	文本	50
类型	Ytype	文本	20
单价	Yprice	数字	
是否处方药	Ycf	是/否	1
备注	Ybz	备注	

（2）gy_info（供应商信息表）

含　义	字段名称	类　型	宽　度
供应商编号	Gno	文本	8
供应商名称	Gname	文本	20
供应商地址	Gaddress	文本	30
供应商电话	Gtel	文本	15

（3）yp_sale（药品销售信息表）

含　义	字段名称	类　型	宽　度
药品编号	YNo	文本	8
供应商编号	Gno	文本	8
销售数量	ShuLiang	数字	
金额	price	数字	

3．数据表基本操作

（1）对上述 3 个表进行基本表操作。

① 在 yp_info 表中筛选出所有的处方药。

② 按单价和类型分别对 yp_info 表进行升序和降序排列。

③ 建立 yp_info 表和 gy_info 表及 yp_sale 表之间的表间关系。

④ 将各表中的关键字段所在列数据设为粗体，网格线颜色设为黑色。更改 yp_info 表中 Ycf 列的字段名为 YPChuFang，隐藏 yp_info 表中的"备注"列。

（2）对上述 3 个表进行基本的查询操作。

① 查询所有处方药的药品名称和生产厂商。

② 查询所有单价在 10 元以下的药品名称和生产厂商。

③ 查询所有类型为针剂药品的名称、供应商名称和销售数量，并按数量降序排列。

④ 查询每个药品及其销售情况。

专业学习指南

附录 A 计算机科学与技术专业知识体系与科学方法论

1. 知识体系

计算机科学与技术学科是研究计算机的设计、制造和利用计算机进行信息获取、表示、存储、处理、控制等的理论、原则、方法和技术的学科。它包括科学与技术两方面。科学侧重于研究现象、揭示规律；技术则侧重于研制计算机和研究使用计算机进行信息处理的方法与技术手段。计算机科学与技术学科还具有较强的工程性，因此，它是一门科学性与工程性并重的学科，表现为理论性和实践性紧密结合的特征。

IEEE/ACM 将计算机科学的知识体系划分为知识领域、知识单元和知识点三个层次。知识领域（Area）代表一个特定的学科子领域。知识领域被分割成知识单元（Unit）,代表各个知识领域中的不同方向。知识点（Topic）是整个体系结构中的底层，代表知识单元中单独的主题模块。相关知识领域中知识单元按照教学需要进行不同的组合，可以对应不同的课程。

计算机科学的 14 个知识领域如图 A-1 所示，其具体含义如下。

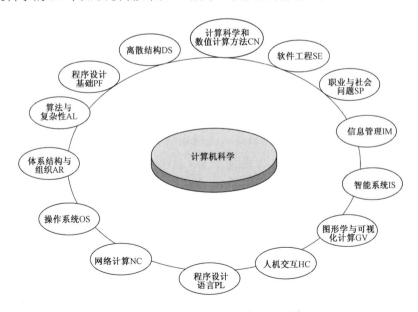

图 A-1 计算机学科 14 个知识领域

（1）离散结构（DS）。计算机是以离散变量为研究对象，离散数学是研究离散量关系及结构的数学分支，是计算机科学的理论基础。本领域的主要内容包括函数、关系、集合、逻辑、图和树等。通过本领域的学习，可以提高逻辑推理、抽象概括及归纳构造能力。

（2）程序设计基础（PF）。程序设计是每一个计算机专业学生必须具备的能力。本领域的主要内容包括基本程序设计结构、算法和问题求解、基本的数据结构、递归、事件驱动的程序设计等。通过本领域的学习，可以提高编程能力。

（3）算法与复杂性（AL）。算法设计与分析是计算机科学的核心问题之一，是计算机专业学生的一门重要的专业基础课程。本领域的主要内容包括基本算法分析、算法策略、、分布式算法、基本可计算行、P 和 NP 复杂类、自动机理论、高级算法的分析、密码算法、几何算法、并行算法。通过本领域的学习，可以掌握算法设计的常用方法，以便运用这些方法独立地设计解决计算机应用中实际问题的有效算法，并能够利用已有算法去解决实际问题。

（4）体系结构与组织（AR）。体系结构与组织以冯·诺依曼模型作为教学起点，进而介绍较新的计算机组织结构体系。学生应当了解计算机的系统结构，以便在编写程序时能根据计算机的特征编写出更加高效的程序。在选择计算机产品方面，应当能够理解各种部件选择之间的权衡，如 CPU、时钟频率和存储器容量等。本领域的主要内容包括：数字逻辑和数字系统、数据的机器表示、汇编级机器组织、存储系统组织和体系结构、接口和通信、功能的组织、多道处理和预备体系结构、网络和分布式系统体系结构。

（5）操作系统（OS）。操作系统是硬件性能的抽象，用户通过它来控制硬件并进行计算机用户间的资源分配工作。学生通过操作系统课程，掌握计算机操作系统的基本原理及组成、计算机操作系统的基本概念，了解计算机操作系统的发展特点、设计技巧和方法、对常用计算机操作系统进行基本的操作使用。本领域的主要内容包括原理、并发、调度与分派、存储管理、设备管理、安全和保护、文件系统、实时和嵌入式系统、容错。

（6）网络计算（NC）。网络计算主要讲述网络计算的体系结构和编程技术，综合了各种网络计算技术，反映了国内外前沿技术的发展。本领域的主要内容包括通信和组网、网络安全、Web 及应用、网络管理、压缩和解压、多媒体数据技术、无线和移动计算等。

（7）程序设计语言（PL）。程序设计语言是程序员与计算机之间"对话"的媒介。它主要讲述各种程序设计语言的不同风格、不同语言的语义和语言翻译、存储分配等方面的知识。本领域的主要内容包括虚拟机、语言翻译导引、声明和类型、抽象机制、面向对象程序设计、函数式程序设计、语言翻译系统、类型系统。

（8）人机交互（HC）。人机交互主要指交互式对象的人的行为，知道怎样利用以人为中心的途径来开发和评价交互式软件。本领域的主要内容包括人机交互基础、建立简单的图形用户接口、以人为中心的软件评价、以人为中心的软件开发、图形用户接口设计、图形用户接口程序设计、多媒体系统的人机接口、协同和通信的人机接口。

（9）图形学和可视化计算（GV）。计算机图形学和可视化计算包括计算机图形学、可视化技术、虚拟现实、计算机视觉。其中计算机图形学是一门以计算机产生并在其上展示的图像作为通信信息的艺术和科学。可视化技术主要目标是，确定并展示存在于科学的和比较抽象的数据集中的基本的相互关联结构与关系。虚拟现实是要让用户经历由计算机图形学以及可能的其他感知通道所产生的三维环境。计算机视觉的目标是推导一幅或多幅二维图像所表示的三维图像世界的结构及性质。本领域的主要内容包括图形学基本技术、图形系统、图形通信、几何建模、基本绘制、高级绘制、高级技术、计算机动画、可视化、虚拟现实、计算机视觉。

（10）智能系统（IS）。人工智能领域所关注的是关于自动主体系统的设计和分析，智能系统主要介绍一些技术工具以解决用其他方法难以解决的问题。通过该领域知识的学习，学生可以针对特定的问题选择合适的方法解决问题。本领域的主要内容包括智能系统的基本问题、搜索和约束满足、知识表示与推理、高级搜索、高级知识表示与推理、代理、自然语言处理、机器学习与神经网络、人工智能规划系统。

（11）信息管理（IM）。信息管理技术在计算机的各个领域都是至关重要的。通过该领域知识的学习，学生需要建立概念上和物理上的数据模型，确定什么样的信息系统方法和技术适合于一个给定的问题，并选择和实现合适的 IM 解决方案。本领域的主要内容包括信息模型与信息系统、数据库系统、数据建模、关系数据库、数据库查询语言、关系数据库设计、事务处理、分布式数据库、物理数据库设计、数据挖掘、信息存储与检索、超文本和超媒体、多媒体信息与多媒体系统。

（12）职业和社会问题（SP）。职业和社会问题主要讲述与信息技术领域相关的基本文化、社会、法律和道德等问题。通过这一领域知识的学习，学生应该知道这个领域的过去、现在和未来以及自己所处的角色。本领域的主要内容包括计算的历史、计算的社会背景、分析方法和工具、职业和道德责任、基于计算机系统的风险与责任、知识产权、隐私与公民的自由、计算机犯罪、计算中的经济问题。

（13）软件工程（SE）。软件工程知识领域，通过介绍软件工程中的方法学来培养学生的软件素质，提高学生的软件开发能力。本领域的主要内容包括软件设计、软件工具和环境、软件过程、软件需求与规格、软件验证、软件演化、软件项目管理、基于构件的计算、形式化方法、软件可靠性、专用系统开发。

（14）计算科学和数值计算方法（CN）。计算科学和数值计算方法是早期计算机科学与技术学科的一个重要部分，它是从实例计算过渡到模型计算很好的桥梁，提供了许多有价值的思想和技术，包括数字表示精确度、建模和仿真。本领域的主要内容包括数值分析、运筹学、建模与仿真、高性能计算。

2．学科方法论

在计算机科学与技术学科的教育中，学科方法论的内容占有非常重要的地位。

计算机科学与技术学科方法论系统研究该领域认识和实践过程中使用的一般方法，研究这些方法及其性质、特点、内在联系、变化与发展，它主要包含三个方面：学科方法论的三个过程（又称为学科的三个形态）、重复出现的 12 个基本概念、典型的学科方法。前者描述了认识和实践的过程，后两者分别描述了贯穿于认识和实践过程中问题求解的基本方面与要点。

（1）三个过程。学科方法论的三个过程为抽象、理论、设计。如图 A-2 所示。

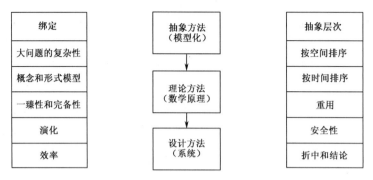

图 A-2　三个过程和 12 个基本概念

① 抽象（模型化）：它主源于实验科学，主要要素为数据采集方法和假设的形式说明、模型的构造与预测、实验分析、结果分析。在为可能的算法、数据结构和系统结构等构造模型时使用此过程。然后对所建立的模型的假设、不同的设计策略，以及所依据的理论进行实验。用于和实验相关的研究，包括分析和探索计算的局限性、有效性、新计算模型的特性，以及对未加以证明的理论的预测的验证。抽象的结果为概念、符号、模型。

② 理论（数学原理）：它与数学所用方法类似，主要要素为定义和公理、定理、证明、结果的解释。用这一过程来建立和理解计算机科学与技术学科所依据的数学原理。其研究内容的基本特征是构造性数学特征。

③ 设计（系统）：它源于工程学，用来开发求解给定问题的系统和设备。主要要素为需求说明、规格说明、设计和实现方法、测试和分析，用来开发求解给定问题的系统。

（2）重复出现的 12 个基本概念。蕴含学科基本思想的重要概念是计算机科学与技术学科方法论的第二个方面。作为问题求解过程中要考虑的一些要点，对它们的深入了解，并在实际工作中使用这些概念，是毕业生成为成熟的计算机科学家和工程师的重要标志之一。这12 个基本概念及描述见表 A-1 所示。

表 A-1　12 个基本概念及其描述

序号	概念名称	概念描述
1	绑定	通过把一个抽象的概念和附加特性相联系使得抽象的概念具体化的过程。也就是具体问题的合理抽象描述和抽象描述对具体问题的恰当表示
2	大问题的复杂性	随着问题规模的增长，复杂性呈非线性增加的效应，这是区分和选择各种方法的重要因素。依此来度量不同的数据规模、问题空间和程序规模
3	概念和形式模型	对一个想法或问题进行形式化、特征化、可视化和思维的各种方法，是实现计算机问题求解的最典型、最有效的途径
4	一致性和完备性	包括正确性、健壮性和可靠性这类相关概念。从某种意义上说，这是一个计算机系统所追求的
5	效率	关于诸如空间、时间、人力、财力等资源耗费的度量，要求人们在设计和实现系统时，要对相应的因素给予强烈的关注
6	演化	变更的实施和它的意义。变更时对整个系统的各个层次所造成的影响，以及面对变更的事实，抽象、技术和系统的适应性及充分性
7	抽象层次	计算中抽象的本质和使用。在处理复杂事物、构造系统、隐藏细节和获取重复模式方面使用抽象，通过具有不同层次的细节和指标的抽象，能够表达一个实体和系统
8	按空间排序	在计算机科学与技术学科中局部性和近邻性的概念。除物理上的定位外（如在网络和存储中），还包括组织方式的定位（如处理机进程、类型定义和有关操作的定位），即概念上的定位（如软件的辖域、耦合、内聚）

续表

序号	概念名称	概念描述
9	按时间排序	事件排序的时间概念。包括在形式概念中把时间作为参数，把时间作为分布于空间的进程同步的手段，作为算法执行的基本要素
10	重用	在新的情况或环境下，特定的技术概念和系统成分可被再次使用的能力
11	安全性	软件和硬件系统对合适的请求给予响应，并抗拒不合适的、非预期的请求以保护自己的能力；系统承受灾难事件的能力
12	折衷与决策	计算中折衷的现实和这种折衷的处理意见。选择一种设计来代替另一种设计所产生的技术、经济、文化及方面的影响。折衷是存在于所有知识领域各层次上的基本事实。例如：算法研究中时间和空间的折衷，对于矛盾的设计目标的折衷，硬件设计折衷，在各种制约下优化计算能力所蕴含的折衷

（3）典型的学科方法。典型的学科方法是计算机科学与技术学科方法论的第三部分。包括数学方法和系统科学方法。

① 数学方法，是指以数学为工具进行科学研究的方法，该方法用数学语言表达事物的状态、关系和过程，经推导形成解释和判断。包括问题的描述、变换。如公理化方法、构造性方法（以递归、归纳和迭代为代表）、内涵与外延方法、模型化与具体化方法等。其基本特征是，高度抽象、高精确、具有普遍意义。它是科学技术研究简洁精确的形式化语言、数量分析和计算方法、逻辑推理工具。

② 系统科学方法，其核心是将研究的对象看成一个整体，以使思维对应于适当的抽象级别上，并力争系统的整体优化。一般遵循如下原则：整体性、动态、最优化、模型化。具体方法有，系统分析法（如结构化方法、原型法、面向对象的方法等）、黑箱方法、功能模拟方法、整体优化方法、信息分析方法等。

我们在系统设计中常用的具体方法还有自底向上、自顶向下、分治法、模块化、逐步求精等。

3. 专业课程设置及对学生能力的要求

计算机科学与技术专业的课程设置主要有三个层次，在教与学中要处理好三种关系，并注意培养学生的4种能力，如图 A-3 所示。

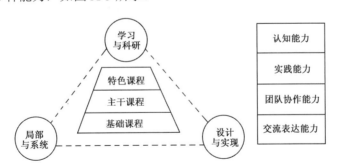

图 A-3　专业课程设置及学生能力要求

附录 B　计算机科学与技术专业的职业类别

与计算机科学与技术专业有关的职位很多，比较能体现专业特色的职位有以下几种。

1. 软件工程师

软件工程师是 IT 行业中基础岗位，其职责是根据开发进度和任务分配，完成相应模块软件的设计、开发、编程任务；进行程序单元、功能的测试，查出软件存在的缺陷并保证其质量；进行编制项目文档和质量记录的工作；维护软件使之保持可用性和稳定性。

2. 软件测试工程师

软件测试工程师，是目前 IT 行业极端短缺的职位。软件测试工程师就是利用测试工具按照测试方案和流程对产品进行性能测试，甚至根据需要编写不同的测试工具、设计和维护测试系统，对测试方案可能出现的问题进行分析和评估，以确保软件产品的质量。

3. 硬件工程师

硬件工程师是 IT 行业中基础岗位，其职责是根据项目进度和任务分配，完成符合功能要求和质量标准的硬件开发产品；依据产品设计说明，设计符合功能要求的逻辑设计、原理图；编写调试程序，测试开发的硬件备；编制项目文档及质量记录。

4. 硬件测试工程师

硬件测试工程师属于专业人员职位，他负责硬件产品的测试工作，保证测试质量及测试工作的顺利进行；编写测试计划、测试用例；提交测试报告，撰写用户说明书；参与硬件测试技术和规范的改进和制定。

5. 技术支持工程师

技术支持工程师是一个跨行业的职位。其职责是负责平台、软、硬件的技术支持；负责用户培训、安装系统以及与用户的联络；从技术角度辅助销售工作的进行。如果细分的话，可以分成企业对内技术支持和企业对外技术支持，在对外技术支持中又可以分为售前与售后两大类。售前技术支持更倾向于产品销售，而售后技术支持则更偏向于工程师角色。

6. 网络工程师

网络工程师是能根据应用部门的要求进行网络系统的规划、设计和网络设备的软硬件安装调试工作，能进行网络系统的运行、维护和管理，能高效、可靠、安全地管理网络资源；作为网络专业人员对系统开发进行技术支持和指导。一个比较常见的网络工程师资格认证考试是 CCNP（Cisco Certified Network Professional，CISCO 认证资深网络工程师）。

7. 系统工程师

系统工程师资格就是具备较高专业技术水平，能够分析商业需求，并使用各种系统平台和服务器软件来设计并实现商务解决方案的基础架构。

8. 数据库工程师

数据库工程师其职责是负责大型数据库的设计开发和管理；负责软件开发与发布实施过程中数据库的安装、配置、监视、维护、性能调节与优化、数据转换、数据初始化与倒入/倒出、备份与恢复等，保证开发人员顺利开发；保持数据库高效平稳运行以保证开发人员及客户满意度。

9．软件架构师

软件架构师是软件行业中一种新兴职业，工作职责是在一个软件项目开发过程中，将客户的需求转换为规范的开发计划及文本，并制定这个项目的总体架构，指导整个开发团队完成这个计划。架构师的主要任务不是从事具体的软件程序的编写，而是从事更高层次的开发构架工作。他必须对开发技术非常了解，并且需要有良好的组织管理能力。可以这样说，一个架构师工作的好坏决定了整个软件开发项目的成败。

10．信息安全工程师

信息安全工程师主要负责信息安全解决方案和安全服务的实施；负责公司计算机系统标准化实行，指定公司内部网络的标准化，计算机软硬件标准化；提供互联网安全方面的咨询、培训服务；协助解决其他项目出现的安全技术难题。

11．计算机图形图像设计制作师

计算机图形图像设计制作师（CG），是一种前卫职业，制作师的创意在动画制作过程中显得尤为重要。深入地了解动画剧本，对动画人物、场景进行艺术性的创造，要求必须具备扎实的美术功底和强烈的镜头感。一个动画制作师不仅要有电脑动画制作能力，过硬的美术功底也是必不可少的。

附录C　计算机行业背景知识

1．信息技术的先驱及开创者

（1）阿伦·图灵。阿伦·图灵（Alan Turing，1912—1954），计算机科学之父，英国数学家。1951 年被选为英国皇家学会院士。1936 年，图灵发表了一篇著名的论文《论可计算数及其在判定问题中的应用》，论文中提出了一种十分简单但运算能力极强的理想计算装置，这一装置是一种理想的计算模型，这种计算模型奠定了计算机组成部件、工作方式和顺序，被称为图灵机，图灵的这一思想奠定了整个现代计算机的理论基础。

当美国计算机协会 ACM 在 1966 年纪念电子计算机诞生 20 周年，决定设立计算机界的第一个奖项以表彰在计算机科学技术领域做出的杰出贡献的人时，很自然地将其命名为"图灵奖"，以纪念这位计算机科学理论的奠基人。图灵奖被称为"计算机界的诺贝尔奖"。

（2）冯·诺依曼。冯·诺依曼（John Von Nouma，1903－1957），美藉匈牙利人，数学家。冯·诺依曼在数学的诸多领域都进行了开创性工作，并作出了重大贡献．在第二次世界大战前，他主要从事算子理论、集合论等方面的研究。冯·诺依曼在格论、连续几何、理论物理、动力学、连续介质力学、气象计算、原子能和经济学等领域都作过重要的工作。冯·诺依曼对人类的最大贡献是对计算机科学、计算机技术、数值分析和经济学中的博弈论的开拓性工作。他于 1945 年提出了"程序内存式"计算机的设计思想。这一卓越思想为电子计算机的逻辑结构设计奠定了基础，已成为计算机设计的基本原则。由于他在计算机逻辑结构设计上的伟大贡献，他被誉为"计算机之父"。现在计算机的结构仍为"冯·诺依曼机"。

（3）姚期智。姚期智（Andrew Chi-Chih Yao，1946—），美籍华人（祖籍湖北孝感），计算机科学家。1946 年平安夜出生于上海，1967 年姚期智毕业于台湾大学，1972 年获哈佛大学物理学博士学位。

姚期智教授获得过美国工业与应用数学学会波利亚奖（Pólya Prize），美国计算机协会算法与计算理论分会（ACM SIGACT）高德纳奖（Donald E.Knuth Prize）等荣誉。2000 年，因为姚期智对计算理论，包括伪随机数生成、密码学与通信复杂度的诸多贡献，美国计算机协会（ACM）决定把该年度的图灵奖授予他。姚期智教授是目前唯一一位获得此奖项的华人及亚洲人，目前他是清华大学理论计算机科学研究中心教授。

（4）王选。王选（1937—2006），中国科学院院士、中国工程院院士，北京大学教授，九三学社成员。1937 年 2 月生于上海，江苏无锡人。他是汉字激光照排系统的创始人和技术负责人，被人们赞誉为“当代毕升”和“汉字激光照排之父”。他所领导的科研集体研制出的汉字激光照排系统为新闻、出版全过程的计算机化奠定了基础，被誉为“汉字印刷术的第二次发明”。2001 年获得国家最高科学技术奖，他是第三个获得此奖项的科学家。

（5）金怡濂。金怡濂（1929— ），计算机科学家，是我国巨型计算机事业的开拓者之一。1929 年 9 月出生于天津市，原籍江苏常州，1951 年毕业于清华大学电机系，2002 年国家最高科学技术奖获得者。

金怡濂提出了基于通用 CPU 芯片的大规模并行计算机设计思想、实现方案和多种技术相结合的混合网络结构，解决了 240 个处理机互连的难题，从而研制出运算速度达到当时国内领先水平的并行计算机系统。金怡濂主持研制国家重点工程——“神威”巨型计算机系统，担任总设计师。

（6）徐家福。徐家福（1925— ），中国计算机软件学先驱，中国计算机科学奠基人之一。江苏南京人，1948 年毕业于国立中央大学（1949 年更名为南京大学），1957 年至 1959 年去苏联莫斯科大学进修，1981 年起任南京大学计算机系教授、博士生导师，培养出中国第一位计算机软件学博士。现任南京大学计算机软件新技术国家重点实验室名誉主任、中国计算机学会副理事长。徐家福教授主要研究高级语言、新型程序设计与软件自动化。代表性成果有：研制出中国第一个 ALGOL 系统、系统程序设计语言 XCY、多种规约语言；参加制定 ALGOL、COBOL 国家标准；率先在中国研制出数据驱动计算机模型 FPMND；研制出兼顾函数式和逻辑式风格的核心语言 KLND 及相应的并行推理系统；完成 8 个软件自动化系统。

2. 著名计算机学术团体与公司

（1）IEEE-CS。IEEE-CS（Institute of Electrical and Electronic Engineers Computer Society），美国电气与电子工程师学会计算机学会，它是目前世界上最大的计算机学术团体。

IEEE-CS 的宗旨是推进计算机和数据处理技术的理论和实践的发展，促进会员之间的信息交流与合作。IEEE-CS 设有若干专业技术委员会、标准化委员会以及教育和专业技能开发委员会。专业技术委员会组织专业学术会议、研讨会，覆盖计算机科学与技术各领域并随计算机科学与技术的发展而变化。标准化委员会负责制定技术标准。教育和专业技能开发委员会负责制定计算机科学与技术专业的教学大纲、课程设置方案以及继续教育发展，并向各高等学校推荐。

（2）ACM。ACM（Association for Computing Machinery），美国计算机学会，创立于1947 年，是世界上最早和最大的计算机教育和科研协会，现已成为计算机界最有影响的两大国际性学术组织之一（另一为 IEEE-CS）。ACM 下面建立了几十个专业委员会（正式名称是SIG—Special Interest Group），几乎每个 SIG 都有自己的杂志。据不完全统计，由 ACM 出版社出版的定期、不定期刊物有 40 多种，几乎覆盖了计算机科学技术的几乎所有领域。

（3）CCF。CCF（China Computer Federation），中国计算机学会。成立于 1962 年 6 月，全国性一级学会。学会具有广泛的业务范围，包括学术交流、科学普及、技术咨询、教育评估、优秀成果及人物评奖、刊物出版、计算机名词标准化等。中国计算机学会下设 9 个工作委员会，33 个专业委员会，这些专业委员会涵盖了计算机研究及应用的各个领域。学会的会刊有《计算机学报》、《计算机研究与发展》、《软件学报》、《CAD 与图形学》等近二十多种刊物。学会网址为 http://www.ccf.org.cn。

（4）IBM。IBM（International Business Machines Corporation，国际商用机器公司）是由1911 年成立的计算制表记录公司（Computing-Tabulating-Recording Company，即 CTR 公司）发展而来的。1981 年 8 月 IBM 公司发布第一台 PC，由于 IBM-PC，IBM 商标开始进入家庭、学校、中小企业。Intel 和微软的霸业在此基础上萌芽。1985 年，IBM 公司投资的科研项目催生了 4 位诺贝尔奖获得者。1997 年 5 月 11 日，IBM 的"深蓝"（Deep Blue）计算机击败世界象棋大师 Gary Kasparov。

（5）Intel。英特尔（Intel）公司成立于 1968 年，是世界上最大的 CPU 及相关芯片制造商。世界上 80%左右的计算机都使用 Intel 公司生产的 CPU。1971 年，英特尔推出了全球第一个微处理器 4004。这一举措不仅改变了公司的未来，而且对整个工业产生了深远的影响。

1993 年英特尔推出了高性能微处理器 Pentium，中文名为"奔腾"；因为用 80586 数字作为下一代芯片编号，不能作为注册商标，启用拉丁文 Pentium（有"五"之意）表示第五代产品。

（6）Microsoft。微软（Microsoft，缩略为 MS）是全球最著名的软件商。据统计全球 90%以上的微机都装有 Microsoft 操作系统。微软公司是由比尔·盖茨（Bill Gates）和保罗·艾伦（Paul Allen，1983 年离开微软）于 1975 年创立的。微软生产的软件产品除操作系统外，还有办公软件 Microsoft Office，网页浏览器 Internet Explorer（目前世界上使用最广泛的一种浏览器）和中小数据库 SQL Server 等。

（7）联想集团。联想集团（英文名为 legend，传奇之意，现改名为 Lenovo）成立于 1984年，是国内最大的计算机制造商，联想品牌个人计算机多年来在中国及亚太市场的销量一直保持首位。

联想集团 1990 年在国内推出联想系列微机，在市场上获得成功。自主开发微机成功，造就了联想今日成就的根基。

2004 年 12 月联想集团以总价 12.5 亿美元收购 IBM 的全球 PC 业务，其中包括台式机和笔记本业务。联想的收购行为，是中国 IT 行业在海外投资最大的一次，至此，联想集团将成为年收入达 130 亿美元的世界第三大 PC 厂商。

3. 著名计算机奖项

（1）图灵奖。图灵奖，计算机科学界的最崇高奖项，有"计算机界的诺贝尔奖"之称。图灵奖是由 ACM 于 1966 年设立的奖项，奖金 2.5 万美元。专门奖励那些在计算机科学研究中做出创造性贡献，推动计算机科学技术发展的杰出科学家。从实际执行过程来看，图灵奖偏重于计算机科学理论、算法、语言和软件开发方面。由于图灵奖对获奖条件要求极高，评定审查极为严格，一般每年只奖励一名计算机科学家。从 1966 年到 2006 年的 38 届图灵奖，共计有 47 名科学家获此殊荣，其中美国学者最多。

（2）计算机先驱奖。IEEE-CS 的计算机先驱奖（Computer Pioneer Award）设立于 1980 年。它用以奖励那些理应赢得人们尊敬的学者和工程师。计算机先驱奖同样有严格的评审条件和程序，但与其他奖项不同的是，这个奖项规定获奖者的成果必须是在 15 年以前完成的，以确保成果经得起时间的考验。

在 1980 年一次向 32 位科学家授予计算机先驱奖以后，1981 年的计算机先驱奖只授予一位科学家，那就是美籍华裔科学家杰弗里·朱（Jeffrey Chuan Chu）。杰弗里·朱 1919 年 7 月出生于天津。1942 年进入美国宾夕法尼亚大学，他是世界上第一台电子计算机 ENIAC 研制组的成员，是 ENIAC 总设计师莫奇利和埃克特的得力助手。

附录 D　常见英文计算机缩略语对照表

英文缩略语	英文含义	中文含义
AB	Address Bus	地址总线
AI	Aritificial Intelligence	人工智能
AGP	Accelerated Graphics Ports	加速图形接口
ALU	Arithmetic-Logic Unit	算术逻辑单元
ASCII	American Standard Code for Information Interchange	美国信息交换标准码
ATM	Automatic Teller Machine	自动取款(出纳)机
ATM	Asynchronous Transfer Mode	异步传输模式
Bit	binary digit	位，二进制数字
CB	Control Bus	控制总线
CD-ROM	Compact Disc,Read Only Memory	只读光盘
CD-R	Compact Disc,recordable	可刻录光盘
CD-RW	Compact Disc,rewritable	可重写光盘
CISC	Complex Instruction Set Computer	复杂指令集计算机
CPU	Central Processing Unit	中央处理器
CRT	Cathode Ray Tube	阴极射线管
DB	Data Bus	数据总线
DBMS	Database Management System	数据库管理系统
DNS	Domain Name Server	域名服务器
DOS	Disk Operating System	磁盘操作系统
DVD	Digital Video Disc	数字化视频光盘
EBCDIC	Extended Binary-Coded Decimal Interchange Code	扩充的二进制编码的十进制交换码
EEPROM	Electronically Erasable Programmable ROM	电可擦除只读存储器

续表

英文缩略语	英 文 含 义	中 文 含 义
EPROM	Erasable Programmable Read -Only -Memory	可擦除可编程只读存储器
FIFO	First In First Out	先入先出
FILO	First In Last Out	先进后出
FTP	FileTransfer Protocol	文件传送（输）协议
GIF	Graphics Interchange Format	可交换的图像文件格式
GUI	Graphical User Interface	图形用户界面
HTML	HyperText Markup Language	超文本链接标记语言
IP	Internet Protocol	网际协议
ISO	International Organization for Standardization	国际标准化组织
ISDN	Integrated Services Digital Network	综合业务数字网
IT	Information Technology	信息技术
LAN	Local Area Networks	局域网
LCD	Liquid Crystal Display	液晶显示器
MAN	Metropolitan Area Networks	城域网
MIS	Management Information Systems	管理信息系统
OLE	Object Linking and Embedding	对象链接和嵌入
OS	Operating Systems	操作系统
PC	Personal Computer	个人计算机
PROM	Programmable Read-Only Memory	可编程序只读存储器
RAM	Random Access Memory	随机存取存储器
ROM	Read-Only Memory.	只读存储器
RISC	Reduced Instruction Set Computer	精简指令系统计算机
SQL	Structured Query Language	结构化查询语言
TCP	Transmission Control Protocol	传输控制协议
TIFF	Tag Image File Format	标签图像文件格式
TGA	Garget Image Format	光栅图像文件格式
URL	Uniform Resource Locator	统一资源定位器
USB	Universal Serial Bus	通用串行总线
WAN	Wide Area Network	广域网
WORM	Write Once, Read Many	写一次，读多次
WWW	World Wide Web	万维网

参 考 文 献

[01] 王玉龙等　计算机导论（第 3 版），北京：电子工业出版社，2009

[02] 王玉龙　　数字逻辑实用教程．北京：清华大学出版社，2002

[03] 周以真　　计算思维，中国计算机学会通讯，2007，3（11）：83-85

[04] 工业和信息化教育，北京：电子工业出版社，2013 年 6 月刊：基于计算思维的大学计算机教育

[05] 王伟主编　计算机科学前沿技术，北京：清华大学出版社，2012

[06] 陈国良等　计算思维导论，北京，高等教育出版社，2012

[07] 董荣胜等　计算思维与计算机导论，计算机科学，2009，

[08] 樊孝忠等　信息技术基础实用教程．北京：清华大学出版社，2001

[09] 麦中凡等　计算机软件技术基础．北京：高等教育出版社，1999

[10] 丁宝康，董健全　数据库实用教程．北京：清华大学出版社，2001

[11] 蔡自兴，徐光佑　人工智能及其应用（第二版）．北京：清华大学出版社，1996

[12] 方勇，刘嘉勇　信息系统安全导论．北京：电子工业出版社，2003

[13] 吴功宜，吴英　计算机网络教程（第 3 版）．北京：电子工业出版社，2003

[14] 中国计算机科学与技术学科教程 2002 研究组．中国计算机科学与技术学科教程 2002．北京：清华大学出版社，2002

[15] 计算机科学技术百科全书编撰委员会．计算机科学技术百科全书．北京：清华大学出版社，1998

[16] 高等学校计算机科学与技术专业发展战略研究报告暨专业规范（试行），高等教育出版社，2006

[17] 北方工业大学计算机系，计算机科学与技术专业专业学习指南，2013

[18] 　Jeannette M. Wing. Computational Thinking[J]. Communications of the ACM,2006,49(3): 33-35

[19] Timothy J. O'Leary, Linda I. O'Leary. Computing Essentials. Mc Gtaw-Hill, 2000

[20] Behrouz A. Forouzan. Foundations of Computer Science from Data Manipulation to Theory of Computation. Thomson, 2002